PR im Social Web

*Marie-Christine Schindler
& Tapio Liller*

O'REILLY®
Beijing · Cambridge · Farnham · Köln · Sebastopol · Tokyo

Kommentare und Fragen können Sie gerne an uns richten:
O'Reilly Verlag
Balthasarstr. 81
50670 Köln
E-Mail: kommentar@oreilly.de

Copyright:
© 2011 by O'Reilly Verlag GmbH & Co. KG
1. Auflage 2011

Bibliografische Information Der Deutschen Nationalbibliothek
Die Deutsche Nationalbibliothek verzeichnet diese Publikation in der
Deutschen Nationalbibliografie; detaillierte bibliografische Daten
sind im Internet über *http://dnb.d-nb.de* abrufbar.

Lektorat: Susanne Gerbert, Köln
Fachliche Unterstützung: Marco Wolpert, Köln
Korrektorat: Kathrin Jurgenowski, Köln
Umschlaggestaltung: Michael Oreal, Köln
Produktion: Karin Driesen, Köln
Satz: III-satz, *www.drei-satz.de*
Belichtung, Druck und buchbinderische Verarbeitung:
Druckerei Kösel, Krugzell; *www.koeselbuch.de*

ISBN 978-3-89721-563-4

Dieses Buch ist auf 100% chlorfrei gebleichtem Papier gedruckt.

Inhalt

Teil I: Grundlagen

Teil II: Praxis

Teil III: Serviceteil

Vorwort
von Professor Thomas Pleil

Die Kommunikation von Unternehmen, Nonprofit-Organisationen und öffentlichen Institutionen befindet sich im Umbruch. Ausgelöst wird dieser vor allem durch zwei Entwicklungen: Auf der einen Seite verändert sich die Medienlandschaft. Während Tageszeitungen, Printmagazine und Fachzeitschriften heftig um Leser aller Generationen kämpfen müssen und jüngere Menschen ihren Fernsehkonsum reduzieren, verbringen die Menschen immer mehr Zeit im Internet, das allmählich zum Leitmedium wird. Doch es wäre zu kurz gegriffen, nur einen Wandel in der Mediennutzung und damit Probleme in den traditionellen Geschäftsmodellen der Verleger zu konstatieren.

Denn die Veränderungen am Medienmarkt gehen einher mit Veränderungen des öffentlichen Raumes und damit auch der Meinungsbildung. Während bis vor wenigen Jahren vor allem Journalisten bestimmten, welche Themen für die Öffentlichkeit relevant sind, und öffentliche Meinungsbildung hauptsächlich mit Hilfe der Massenmedien stattfand, entstehen (und verschwinden) nun im Internet laufend neue, oftmals thematisch sehr fokussierte Mikroöffentlichkeiten. Im Unterschied zur Medienöffentlichkeit haben die Teilhaber in diesem vormedialen Raum weitaus mehr Möglichkeiten, als nur Informationen zu konsumieren. Denn sie können nun öffentlich diskutieren, Fragen stellen, Forderungen an Unternehmen erheben oder Produkte bewerten beziehungsweise Gleichgesinnten empfehlen.

Was bedeutet dies nun für die PR? Zum einen muss sie erkennen, dass die in der Praxis lange dominierende Pressearbeit allein nicht mehr genügt, um erfolgreich zu kommunizieren. Stattdessen erweitern sich die Möglichkeiten: Auch Unternehmen oder Nonprofit-

Organisationen haben die Möglichkeit, an den Gesprächen des vor-medialen Raumes teilzuhaben. Hierzu müssen sie sich zunächst genau umsehen und feststellen, wo die für sie relevanten Themen behandelt werden. Dann gilt es, zuzuhören und zu entscheiden, ob eine sinnvolle Beteiligung möglich ist.

Diese Möglichkeiten stellen die PR gleichzeitig aber auch vor Her-ausforderungen: Eine vielfältigere Kommunikation lässt sich ers-tens nicht ohne die entsprechenden Ressourcen bewerkstelligen. Zweitens stellt die Kommunikation im vormedialen Raum andere Anforderungen: Hier muss die PR die Erwartungen der Beteiligten kennen und sich darauf einstellen. Stichworte wie Transparenz, Geschwindigkeit, Authentizität oder Dialogfähigkeit werden in die-sem Zusammenhang oft genannt. Dies führt zwangsläufig zu einem anderen Kommunikationsstil und zu neuen inhaltlichen Konzep-ten. Die interne Ressourcenfrage sowie die externe Erwartung, nicht länger mit anonymen Unternehmen oder Marken kommuni-zieren zu wollen, führen auch zur Frage, ob die bisher oft so hoch gehaltene One Voice-Policy in jeder Situation noch funktionieren kann oder ob nicht Mitarbeiter zu manchen Themen die besseren Kommunikatoren sind.

Um Fragen wie diese beantworten zu können und vor allem, um nüchtern zu betrachten, welche Bedeutung die veränderte Öffent-lichkeit für die einzelne Organisation hat, gilt es, zu verstehen und zu analysieren – unter anderem mit Hilfe entsprechender Literatur; sicher aber auch durch regelmäßigen Besuch der vielen neuen virtu-ellen Agoras und Stadien, die die auch weiterhin bedeutsame Land-schaft der Massenmedien ergänzen.

Thomas Pleil
Professor für Public Relations
Hochschule Darmstadt

Einführung

Dieses Buch gäbe es ohne Social Web nicht

Vor Ihnen liegt ein Buch, das ein Schulbeispiel dafür ist, was das Social Web möglich macht. Denn dieses Buch wäre ohne die vielfältigen Möglichkeiten, mit Social Media Informationen auszutauschen, über oft verschlungene Wege Menschen kennenzulernen und Beziehungen zu knüpfen, nicht entstanden.

Und so fing alles an: Die begeisterte Social-Media-Nutzerin Marie-Christine Schindler schlug O'Reilly ein Buchkonzept zum Thema »PR im Social Web« vor. Die diplomierte PR-Beraterin knüpft damit an 20 Jahre PR-Erfahrung an, in denen sie konsequent Theorie mit Praxis verbunden hat. In den ersten acht Jahren in der Beratung ihrer Kunden bei Trimedia, einer der großen Schweizer PR-Agenturen, später in der Erwachsenenbildung beim Schweizerischen Public Relations Institut SPRI und bei der Schweizerischen Text Akademie. Seit 1995 hat sie mehrere Online-Auftritte konzipiert und aufgebaut, mit Social Media gearbeitet und sich im Rahmen ihrer Masterarbeit wissenschaftlich mit dem Thema PR im Social Web auseinandergesetzt.

Schnell war klar: Das Thema ist brandaktuell; zudem war ihr Blog zum Thema Kommunikation im Social Web in einer eingängigen Art geschrieben, die den Verlag überzeugte. Aber es musste noch ein zweiter Autor gefunden werden, der die deutsche Sicht der Praxis ins Buch einbringen sollte. Keine einfache Sache, im Online-Gewusel jemanden mit gleicher Wellenlänge zu finden, von dem man glaubt, dass er oder sie mit ähnlichem Qualitätsanspruch und Stil an das Thema herangeht.

Tapio Liller hat sich mit Hilfe des Social Web ein klares Profil als Fachmann für digitale Kommunikation aufgebaut: als Mit-Initiator der Fachkonferenz PR 2.0 FORUM, bloggender Inhaber der Kommunikationsagentur Oseon, aktiver Twitterer mit nutzwertigen Beiträgen, Team-Mitglied beim »Social Media PReview Podcast« und mit seiner Präsenz auf Facebook. Der erste Kontakt zwischen Marie-Christine Schindler und Tapio Liller verlief über Twitter und E-Mail, nach einem persönlichen Treffen in Berlin auf der re:publica im April 2010 beschlossen die Zürcherin und der Frankfurter, das gemeinsame Buchprojekt zu wagen.

Abgesehen von einem zusätzlichen Treffen in Frankfurt verlief die Zusammenarbeit zu diesem Buch virtuell über Skype, Twitter, Facebook, E-Mail und Diigo. Beeindruckend war herauszufinden, wie gut man Menschen im Social Web aufgrund ihres Auftritts über verschiedene Plattformen und verschiedene Medien hinweg einschätzen kann.

Sie werden in diesem Buch viel über Netzwerke lesen, über strong und weak ties, das Teilen von Wissen und den Aufbau einer Online-Reputation. Dieses Buch ist ein Beweis dafür, wie das Social Web Zusammenarbeit und Projekte möglich macht, die ohne diese Transparenz, die offene Art zu kommunizieren und die Bereitschaft, Wissen zu teilen, nicht zustande gekommen wären.

Was dieses Buch bietet

Wenn Sie mit der Kommunikation im Social Web starten, machen Sie sich auf die Reise in eine neue, aber nicht gänzlich unbekannte Welt. Sobald Sie einmal Land und Leute und ihre Gepflogenheiten kennengelernt haben, werden Sie sich deutlich leichter orientieren und bewegen. Wir begleiten Sie mit diesem Buch auf Ihrer Reise. Das Buch haben wir in drei Teile gegliedert:

Kapitel 1 und 2 richten den Blick auf die gesellschaftlich-medialen Rahmenbedingungen moderner Kommunikationsarbeit. Wir gehen der Frage nach, was sich in der Mediennutzung aber auch im Zusammenleben der Menschen durch die fortschreitende »Digitalisierung« ändert. Wir zeigen auf, welche Auswirkungen dies auf das Verhältnis von Unternehmen und Organisationen zu ihren Öffentlichkeiten hat. Sie werden bereits eine erste Vorstellung davon bekommen, wie Sie Social Media professionell nutzen können. In diesem ersten Teil legen wir die theoretische Grundlage für ein umfassendes Verständnis des Social Web und seiner gesellschaftlich-ökonomischen Dynamik.

Kapitel 3 bis 12 widmen sich der PR-Praxis und betrachtet exemplarisch, wie die Nutzung von Social Media typische Arbeitsgebiete von Kommunikationsprofis bereichern und an die veränderten Rahmenbedingungen anpassen kann. Schwerpunkte bilden die Medienarbeit, Issues Management und Krisenkommunikation, Corporate Publishing, Personalmarketing/HR-Kommunikation und interne PR, PR-Events, Produkt-PR, Support/Kundenservice, Konzeption und schließlich die rechtlichen Rahmenbedingungen. Jedes Thema unterfüttern wir mit zahlreichen Beispielen aus der PR-Praxis und geben Tipps für die eigene Umsetzung. Ein weiteres Kapitel widmet sich den veränderten Anforderungen an den PR-Profi in Zeiten des Social Web. Wir betrachten auch, wie sich die Zusammenarbeit von Agenturen und unternehmensinternen Kommunikationsfachleuten verändert und welche Rolle den PR-Profis innerhalb und außerhalb von Organisationen künftig zufällt.

Im Serviceteil finden Sie 10 wichtige Tipps für den Start ins Social Web, ein Experteninterview zum Thema Community Management, die Online-PR-Richtlinien des DRPR, ein umfassendes Glossar und den Index.

Wen sprechen wir an?

Dieses Buch richtet sich an Kommunikationsprofis in Unternehmen und Agenturen im deutschsprachigen Raum. Es soll Pressesprechern, Leitern Unternehmenskommunikation, PR-Beratern, PR-Fachleuten, Redakteuren und Mitarbeitern in PR-Agenturen einen fundierten Einstieg in das Thema »PR im Social Web« vermitteln und ihnen Anregungen für die eigene Berufspraxis geben.

Wir möchten mit diesem Buch aber auch Absolventen einer Kommunikationsausbildung erreichen, die sich systematisch mit der Berufspraxis vertraut machen wollen. Ferner ist dieses Buch auch gedacht für Studenten an Hochschulen und Fachhochschulen, die PR und Kommunikation studieren und den Bogen von der Theorie zur Praxis schlagen möchten.

Webadressen zu diesem Buch

Die im Buch erwähnten Links finden Sie hier:
http://groups.diigo.com/group/pr-im-social-web

Für Rückfragen und Anschlussdiskussionen erreichen Sie uns hier:
http://www.facebook.com/PRimSocialWeb

Auf Twitter kommunizieren wir unter *@mcschindler* und *@tapioliller*

Unsere Blogs finden Sie hier:

http://www.mcschindler.com
http://www.opensourcepr.de

Danksagungen

Ein solches Buch entsteht nicht bei den Autoren im stillen Kämmerlein, sondern es ist das Resultat der Zusammenarbeit in einem Team. Für uns war es eine Reise in eine unbekannte Welt, und wir danken unserer umsichtigen Lektorin Susanne Gerbert, aber auch dem ganzen Team des O'Reilly-Verlags für die gute Betreuung. Jedes O'Reilly-Buch wird von einem Fachgutachter begleitet, der das ganze Buch liest und beurteilt; wir danken Marco Wolpert für seinen Einsatz.

Dieses Buch baut auf unsere langjährige Erfahrung als PR-Berater sowie auf umfassende Lektüre auf. Überzeugt und auch ein Stück weit geprägt hat uns die Art und Weise, wie Prof. Dr. Thomas Pleil die von ihm so benannte »Cluetrain-PR« vermittelt und selbst lebt. Er war unser absoluter Wunschkandidat für das Vorwort dieses Buches, und wir sind stolz und glücklich, dass er zugesagt hat, es zu schreiben. Ein besonderer Dank gebührt auch Henning Krieg für seinen Gastbeitrag zum Thema Recht.

Über das Social Web kann man nicht schreiben, ohne selbst darin zu leben. Wir waren immer wieder beeindruckt, zu erfahren, wie groß die Bereitschaft im Social Web ist, Wissen zu teilen, und wie viele Profis bis zur Entstehung dieses Werks mitgefiebert haben. Sie haben uns über die vergangenen Wochen und Monate begleitet, indem sie auf unsere Fragen geantwortet, Meinungen beigesteuert, Quellen eröffnet und neue Perspektiven eingebracht haben. Dieser facettenreiche Input hat es uns möglich gemacht, die Inhalte fachlich breit auf die Praxis abzustützen, neue Erkenntnisse einzubringen und schließlich ein Buch für uns alle zu schreiben.

Ein Buch zu schreiben ist kein »nine-to-five«-Job und wir danken unseren Partnern Karen Liller und Jacques Schindler sowie unseren Familien, die uns in dieser Zeit mit viel Verständnis und jederzeit offenem Ohr den nötigen Freiraum und ihre Unterstützung gegeben haben.

Wir sind am Ziel unserer Reise und wünschen Ihnen eine ebenso gute Zeit bei der Lektüre, wie wir sie bei der Entstehung dieses Buches erlebt haben. Wir freuen uns, wenn wir den Bogen vom Buch zurück ins Social Web schlagen können. Nicht nur haben wir auf Diigo die in diesem Buch vermerkten Links hinterlegt. Wir freuen uns auch auf Rückfragen und Anschlussdiskussionen mit Ihnen auf unserer Facebook-Seite.

Marie-Christine Schindler & Tapio Liller
Zürich und Frankfurt am Main

Teil I: Grundlagen

KAPITEL 1

Medien und Gesellschaft im Wandel

@haekelschwein
Herr haekelschwein

Ich möchte nicht wissen, was eine Zeitung zu allen Themen schreibt, sondern was alle Zeitungen zu einem Thema sagen. Internet ist Querlesen

27 März via Birdhouse ☆ Von den Favoriten entfernen ⇄ Retweete ↩ Antworten

Die Entwicklung zum Mitmach-Web

Wir sind alle Zeugen. Zeugen einer Geschichte, die heute geschrieben wird. Die Zeiten, als das Internet ein reines Informationsmedium war, sind vorbei: Das Web hat sich in großen Entwicklungssprüngen zum Social Web gewandelt. Die heutige Netzrealität hat unser Leben bereits verändert; weitere tiefgreifende Entwicklungen, die sich auf unseren Medienkonsum, aber auch die Art und Weise, wie wir miteinander kommunizieren, auswirken, stehen noch bevor. Dies bleibt nicht ohne Folgen für die Unternehmenskommunikation.

Machen Sie mit uns eine kleine Zeitreise zurück in das geschichtsträchtige Jahr 1990. Im Februar kam Nelson Mandela nach 27 Jahren Gefängnis wieder frei. Im April setzte das Space Shuttle »Discovery« das Hubble-Teleskop im Orbit aus. Im Oktober feierte Deutschland die Wiedervereinigung. Und dann, am 13. November, ereignete sich etwas, das unser Leben bis heute verändert hat. Tim Berners Lee, Erfinder des World Wide Web, stellte die allererste Website der Welt online[1]. Damit legte er den Grund-

---

1   *http://info.cern.ch/hypertext/www/theProject.html*

stein für das globale Dorf«, zu dem die Welt fortan dank elektronischer Vernetzung werden sollte. Seine Forschungsgruppe machte nicht nur das Verlinken von Dokumenten über Hypertext populär, sondern sie vertrat bereits damals auch die Ansicht, dass jeder Nutzer grundsätzlich in der Lage sein sollte, Inhalte ins Netz einzuspeisen und mit anderen Inhalten zu verknüpfen – heute wird dies als besonderes Merkmal des Web 2.0 hervorgehoben.

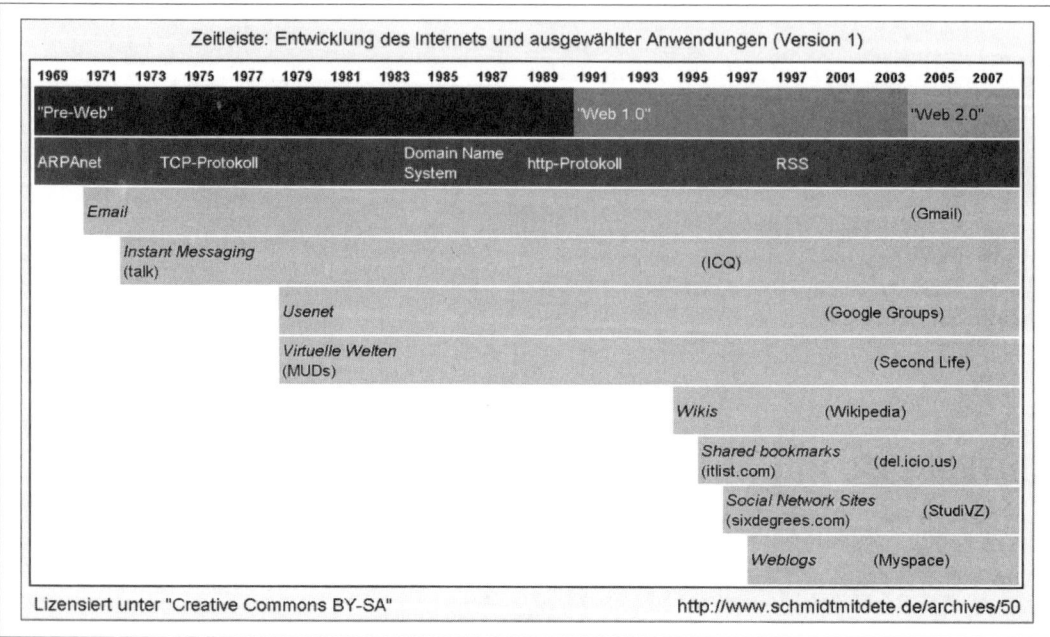

http://www.schmidtmitdete.de/archives/50

Abbildung 1-1▲
Die Entwicklung des Internets

Nach dieser »Pre-Web«-Phase (siehe Abbildung 1-1) folgte die erste Generation des Internet, das wir heute als Web 1.0 kennen. Dieses war in den Anfängen neben den Universitäten noch vorwiegend Unternehmen vorbehalten, denn die technischen und finanziellen Hürden waren für private Anwender zu hoch. Bis Mitte der 1990er Jahre mussten für die Publikation von Inhalten technische Spezialisten hinzugezogen werden, was sich auf die Dynamik und Aktualität der Seiten auswirkte. Webauftritte waren virtuelle Visitenkarten und eine Übertragungsleitung für Präsentationen; das Internet war ein reines Abrufmedium, kommuniziert wurde über E-Mail.

Tim O'Reilly prägte 2004 den Begriff »Web 2.0«. Die Ziffern 2.0 haben sich zu einem Wert für eine Reihe von Veränderungen entwickelt, die Geschäftsmodelle, Prozesse der Softwareentwicklung und Nutzungspraktiken des Internets betreffen. Der Zusatz »2.0« spielt auf die Benennung von Software-Versionen an – wir sind der Meinung, dass die Bezeichnung Social Web noch besser geeignet ist, schließlich haben wir es hier mit Beziehungen zu tun. Aus diesem Grund verwenden wir bevorzugt den Begriff »Social Web«. Was macht das Social Web aus? Neu ist, dass der Konsument (Consumer) auch zum Produzenten wird (Prosumer). Er publiziert aber nicht nur Inhalte, die er selbst erstellt hat, sondern er kommentiert, korrigiert und bewertet auch Beiträge von anderen Usern. Diese Möglichkeit des gegenseitigen Austausches verschafft dem Web 2.0 die soziale Komponente.

Heute stehen wir bereits an der Schwelle zum Web 3.0, dem sogenannten semantischen Web, das Informationen nach seiner Bedeutung klassifiziert. Die niedrige Schwelle zur Veröffentlichung von Texten, Fotos, Video oder Podcasts macht die Vielfalt von Informationen und Kanälen immer schwerer überschaubar. Eine Struktur muss her, und es sind die Nutzer selbst, die diese aufbauen. Bereits heute versehen sie Webeinträge mit Schlagworten (Tags) und legen diese online ab, sie kennzeichnen unangemessene Inhalte oder heben besonders wertvolle Beiträge mit Flags hervor. Mit RSS-Feeds stellen sie sich die Inhalte ihrer Wahl zu einem Nachrichtenstrom zusammen. Menschen strukturieren vor und machen Informationen für Computer verwertbar. Letztlich sind es dann Maschinen, welche diese Informationen im Web interpretieren und automatisch weiterverarbeiten. Wie schon im Web 2.0 ist jeder Teilnehmer gleichzeitig Produzent und Konsument.

Ein paar Zahlen zur Nutzung von Internet und Social Media im deutschsprachigen Raum

Fast 50 Millionen Deutsche sind online, das sind fast 70% der Bevölkerung. Drei Viertel von ihnen sind täglich im Netz.

In der Schweiz benutzen 74,5% der Erwachsenen ab 14 Jahren das Internet täglich oder mehrmals pro Woche.

Jeder fünfte deutsche Nutzer geht mit mobilen Geräten wie Laptops oder Netbooks online, jeder zehnte mit dem Handy.

Ende 2010 besitzt bereits jeder sechste Deutsche sowie jeder dritte Schweizer und jeder dritte Österreicher ein Profil bei Facebook.

Über 600 Millionen Menschen sind auf Facebook aktiv.

Der durchschnittliche Facebook-Benutzer hat 130 Freunde.

Twitter wurde am 31. März 2006 lanciert, damals hieß der Dienst noch Twittr.

Weltweit gibt es über 200 Millionen Twitter-Accounts.

Pro Sekunde werden ungefähr 1280 Tweets verschickt, pro Tag sind das 110 Millionen Tweets.

Auf YouTube werden jeden Tag über 2 Milliarden Videos angeschaut.

Jede Minute werden 35 Stunden Videomaterial auf YouTube geladen.

So kommt das »social« ins Web

Alle sprechen von social, aber was bedeutet das in einer Online-Welt, in der sich die Menschen nicht persönlich zu Gesicht bekommen? Was macht das Social Web zu dem, was es heute ist? Müsste man einen Bauplan für das Social Web entwerfen, dürften folgende Elemente nicht fehlen:

- Jeder kann publizieren.
- Jeder kann Feedback geben und Dialoge beginnen.
- Gespräche in einer ungezwungenen, natürlich wirkenden Sprache lösen die typische Rhetorik der Unternehmenskommunikation ab.
- Wissen ist frei verfügbar und wird geteilt.
- Die Hierarchien sind flach, Reputation entsteht durch Vernetzung.

Mit diesen neuen Kommunikationspraktiken sind heute auch Unternehmen und Organisationen konfrontiert. Umso wichtiger ist es, ihre Bedeutung zu verstehen. Schauen wir uns deshalb diese und weitere Merkmale des Social Web einmal aus der Nähe an.

Jeder kann publizieren

Richtig. Jeder kann publizieren, auch Sie. Die technischen Schwellen dazu sind ja inzwischen ausreichend niedrig, wie wir gesehen haben. Wie sieht es bei Ihnen aus? Veröffentlichen Sie regelmäßig online Inhalte, die Sie selbst generiert haben? Falls Sie diese Frage mit ja beantworten können, dann gehören Sie einer Minderheit an. Denn entscheidend ist hier nicht das Publizieren, sondern das Können. In der Tat werden die wenigsten Onliner selbst aktiv. Die 90–9–1-Regel des dänischen Webexperten Jakob Nielsen besagt, dass im Social Web ein Verhältnis von passiver zu aktiver Teilnahme herrscht, das sich bemerkenswert konsequent durch alle Plattformen hindurch zieht (Abbildung 1-2). Was verbirgt sich hinter 90–9–1?

- 90 von 100 sind lediglich inaktive Zuschauer des Geschehens.
- 9 von 100 kommentieren das Geschriebene.
- 1 von 100 schreibt.

Wir haben es bei jenen Menschen, die im Internet sind, mit einem großen, konsumierenden Publikum zu tun. Natürlich gibt es

Abweichungen, wenn man die Zahlen exakt herunterrechnet, aber wir können 90–9–1 als Faustregel mitnehmen (im angelsächsischen Raum spricht man auch von der 1-Prozent-Regel). Die Medienjournalistin Ulrike Langer hat in ihrem Blog *www.medialdigital.de* einige Werte herausgearbeitet:

- Auf ungefähr 90 User, die bei Wikipedia Einträge lesen, aber dort niemals auch nur ein fehlendes Komma korrigieren, kommen ungefähr neun, die bestehende Beiträge redigieren oder aktualisieren. Und nur einer von 100 veröffentlicht einen eigenen neuen Eintrag.

- Auf 90 Käufer bei Amazon kommen ungefähr neun, die eine von jemand anderem verfasste Produktrezension bewerten. Aber nur einer setzt sich hin und schreibt selbst eine.

- Auf 90 Facebook-Fans einer großen Marke kommen vielleicht zehn, die bei einem Beitrag auch mal den Gefällt mir-Button anklicken. Aber nur einer macht sich die Mühe, auch einen Kommentar in eigenen Worten zu formulieren und sei es nur ein LOL! (Laughing Out Loud).

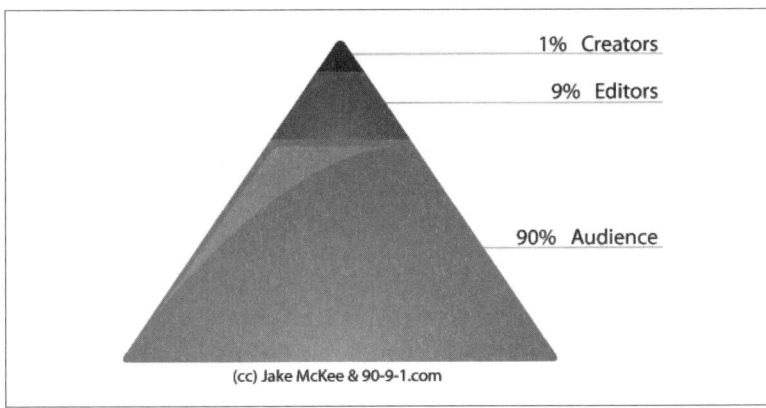

◀ **Abbildung 1-2**
90–9–1-Regel: nur wenige Onliner werden aktiv.

Was bedeutet das für die Unternehmen? Die gute Nachricht ist, dass nicht plötzlich eine ganze Armada von Nutzern auf sie zusteuert, die sie in Grund und Boden schreibt. Das heißt aber auch, dass es gar nicht so leicht ist, mit dem Gros der Internetnutzer in einen aktiven Dialog zu treten. Unter diesen Gesichtspunkten werden Sie nicht leichtfertig vorschlagen, zu einem Thema »eine Community« aufzubauen, weil Sie erahnen können, dass diese nicht ohne Weiteres zum Selbstläufer wird. Die Mehrheit schweigt, oder sie ist für uns nicht hörbar. Wir werden aber noch zeigen, dass es sich durchaus lohnt, sich um die aktive Minderheit zu bemühen.

Warum schweigt die Mehrheit? Hierfür kann es verschiedene Ursachen geben, die einerseits in der Infrastruktur und anderseits in den persönlichen Ressourcen begründet sind:

- Nicht alle haben einen Computer zu Hause und falls ja, haben sie möglicherweise erschwerten Zugang, weil sie ihn mit mehreren Mitgliedern des gleichen Haushalts teilen müssen.

- Wir dürfen im Always-on-Zeitalter nicht davon ausgehen, dass auch »everybody on« ist. Viele Haushalte sind noch nicht im schnellen Netz angekommen und wählen sich noch mit analoger Leitung ein. Gemäß ZDF/ARD-Online-Studie nutzten im Frühjahr 2010 49 Millionen Deutsche, also 69,4 Prozent der Gesamtbevölkerung, das Internet nur gelegentlich.

- Viele Anwendungen leben von der mobilen Nutzung: Hier ein Tweet abgesetzt, dort ein Foto oder eine Meldung bei Facebook gepostet und auf der Zugfahrt noch einen kurzen Post im Blog veröffentlicht. Ohne Smartphone oder einen Rechner mit mobilem Internetzugang fällt diese flexible Art der Nutzung im passenden Moment weg.

- Wer publiziert, muss etwas zu sagen haben. Das setzt eine gewisse Sicherheit voraus. Zumal auch damit zu rechnen ist, dass der Beitrag kommentiert, zitiert oder kritisiert wird.

- Wer publiziert, exponiert sich und das ist nicht jedermanns Sache; zumal man im Social Web nie genau weiß, wer alles zur schweigenden, mitlesenden Mehrheit gehört.

- Auch wenn Themen und Inhalte vorhanden sind, muss der Onliner in der deutschen Sprache sattelfest sein und einen Sachverhalt logisch, leserfreundlich, klar und in einem Stil auf den Punkt bringen, bei dem auch noch die Lektüre Spaß macht.

- Wer über ein Thema schreiben will, muss sehr viel dazu lesen. Beides, die Lektüre und das Formulieren des Beitrags, sind zeitintensiv. Viele Menschen nutzen ihre Zeit lieber anders.

- Publizieren bedeutet, Wissen zu teilen. Viele Menschen setzen Wissen noch mit Macht gleich, die sie nicht abgeben oder teilen wollen.

Jeder kann Feedback geben und Dialoge beginnen

Alle sprechen vom Dialog. Aber Moment mal, wie sollen wir denn mit einer schweigenden Mehrheit in den Dialog treten? Was ist denn eigentlich ein Dialog? Wikipedia definiert das so:

Kapitel 1: Medien und Gesellschaft im Wandel

> »Ein Dialog ist eine mündlich oder schriftlich zwischen zwei oder mehreren Personen geführte Rede und Gegenrede. Er ist Teil des Sprachgebrauchs. Sein Gegensatz ist der Monolog, das Gespräch einer Person mit oder vor sich alleine.«

Kein Wunder, dass Unternehmen erschrecken, wenn allerorts davon gesprochen wird, dass im Social Web der Dialog gepflegt werde; wer will denn das bewältigen? Mirko Lange, im Social Web unter dem Namen »talkabout« unterwegs, hat in seinem Blog dieses Eisen angepackt, und dass es heiß ist, zeigen die unzähligen Kommentare, die dazu eingegangen sind. Er stellt dort die folgende gewagte These auf:

> »Es braucht keinen (direkten) Dialog, um erfolgreich als Unternehmen über Social Media zu kommunizieren.«

Das klingt vielleicht etwas überraschend, ist aber im Kern richtig überlegt. Dazu noch einmal Mirko Lange: »In Social Media tauschen Menschen *öffentlich* Meinungen aus. Im Sinne des Cluetrain Manifestes[2] findet also ein Gespräch statt, dem jeder zuhören kann.« Damit verlegt er den Fokus vom Dialog auf das Gespräch als Oberbegriff. Ein Gespräch kann ein Dialog sein, muss aber nicht. Menschen bilden sich Meinungen aus Gesprächen, aus solchen, die sie selbst geführt haben und aus solchen, die sie »mitgehört« haben. Sicherlich haben Sie auch schon in der Bahn oder im Restaurant gesessen und einem Gespräch nebenan gelauscht. Aus dem, was Sie entnommen haben, habe Sie sich Ihre ureigene Meinung gebildet. Solche Gespräche laufen auch im Social Web: auf Facebook, Twitter, in Blogs, in Gruppen bei XING oder LinkedIn. Wenn Sie verschiedene Medien verfolgen, entsteht daraus ein Grundrauschen. Manche Aussagen werden Sie an verschiedenen Orten wiederentdecken, und aus der Vielfalt von Ansichten (natürlich auch aus dem, was Sie weiterhin persönlichen Gesprächen und den klassischen Medien entnehmen) bilden Sie sich eine Meinung. Und genau darum geht es.

Wenn Unternehmen kommunizieren, machen sie ein möglichst attraktiv aufbereitetes Angebot an Informationen, damit sich Menschen eine Meinung bilden können. Natürlich möchten sie, dass die Meinung im Sinne der Organisation ausfällt und dass die daraus

---

2 Das Cluetrain-Manifest ist der Titel einer Sammlung von 95 Thesen über das Verhältnis von Unternehmen und ihren Kunden im Zeitalter des Internets und der New Economy, die 1999 (während des Dotcom-Booms) von den US-Amerikanern Rick Levine, Christopher Locke, Doc Searls und David Weinberger veröffentlicht wurden.

abgeleitete Handlung das gesteckte Ziel erreicht: Menschen sprechen (gut) über das Unternehmen, kaufen die Produkte oder buchen die Dienstleistungen, empfehlen sie weiter. Aber das tun sie erst, wenn sie überzeugt sind. Wenn Sie den einzigen Getränkestand in der Wüste betreiben, dann geht das einfach. Je größer die Konkurrenz wird, je eher Ihre Leistung gegen eine andere ausgetauscht werden kann und je mehr das Preisetikett über Kauf oder Nichtkauf entscheidet, desto wichtiger ist es, dass Konsumenten neben dem reinen Produkt auch eine »Welt darum herum« entdecken. Unternehmen können zur Gestaltung dieser Welt beitragen und so sichtbar werden und bleiben. Wenn Sie das verstanden haben, wissen Sie, dass es nicht alleine darum geht, dass ein Dialog mit Rede und Gegenrede entsteht, sondern dass Unternehmen an den Gesprächen teilnehmen, Position beziehen, eine eigene Perspektive einbringen und auf diese Weise Einfluss nehmen. So fließen auch Ihre Argumente in die Gespräche ein. Dialog ist demnach ein pars pro toto, steht also als Teil für das facettenreiche Ganze.

Feedback per Mausklick

Natürlich gibt es im Social Web unzählige Rückmeldungen und, wenn es gut läuft, daraus folgend auch Dialoge. Ein Feedback muss aber nicht zwingend eine wortreiche, differenzierte Darlegung der eigenen Meinung sein. Auf den meisten Social-Media-Plattformen kann es mit Social-Media-Buttons sehr niedrigschwellig eingeholt werden. Es gleicht eher einer Bestätigung, dass ein Thema mehr oder weniger wohlwollend zur Kenntnis genommen wurde, wie die folgenden Beispiele zeigen:

YouTube ist eine Video-Sharing-Plattform, die die Möglichkeit bietet, Videos hochzuladen und zu bewerten. Vergleichbare Plattformen sind Vimeo und Sevenload.

- Der Button »Gefällt mir«: Nicht nur auf Facebook, sondern auch auf zahlreichen Blogs und Webseiten.
- »Mag ich« oder »Mag ich nicht«: Bei YouTube muss nicht alles gemocht werden. Aber auch für Dinge, die nicht gefallen, reicht ein Mausklick.
- Bezahlung: Flattr ist ein soziales Mikro-Bezahlsystem, der Name ist ein Wortspiel aus »to flatter« (schmeicheln) und »Flatrate«. Wer bei flattr mitmacht, legt eine monatliche Summe ab zwei Euro aufwärts fest, die er für Netzinhalte insgesamt ausgeben möchte, und verteilt diese Summe per Klick. Nach einem ähnlichen System funktioniert »Kachingle«.
- Faven: Auf Twitter können Tweets mit einem Sternchen versehen und so als Favorit markiert werden.

- Rating: Wahlweise wird ein Stern oder ein Radiobutton angeklickt. Eine Skala zeigt die durchschnittliche Beliebtheit eines Beitrags.
- Bewertungsplattformen: Ob es um die Bewertung von Tourismusangeboten (z.B. via *tripadvisor.de*), Arbeitgeber (via *kununu.de*) oder Shops (via *onlineshops.de*) geht: Diese themenspezifischen Plattformen haben es darauf angelegt, dass der Onliner auf einfache Art und Weise und, wenn gewünscht, ohne viele Worte seine Meinung zum Angebot abgeben kann. Ins Social Media Monitoring, also die systematische Beobachtung des Social Web, müssen auch solche Plattformen, soweit für die eigene Branche vorhanden, mit einbezogen werden.

Nicht als Feedback im klassischen Sinn, aber dennoch als Wertschätzung zu interpretieren ist natürlich jeder neue Abonnent im Blog oder Fan auf der Facebook-Seite, die Verlinkung in einem anderen Blog, ein Lesezeichen bei Social-Bookmarking-Diensten wie Diigo oder Mister-Wong oder der Retweet bei Twitter. Aber auch die Besucherstatistiken geben einige Hinweise. Webstatistiken sagen unter anderem aus, woher die Besucher kommen (via direkten Link oder über eine Empfehlung), ob sie einmal oder wiederholt kommen, welche Beiträge sie bevorzugen und wie lange sie auf der Seite verweilen. Auch die Fanseite bei Facebook führt eine integrierte Statistik. Neben diversen demografischen Daten liefert sie Informationen zu den Interaktionen wie »gefällt mir«, Kommentare, aber auch Abmeldungen, die ebenfalls als Feedback interpretiert werden können.

Hinweis   Im Dezember 2010 hat eine Meldung von Yahoo! für Aufregung gesorgt, nach der der beliebte Social Bookmarking-Dienst Delicious nicht mehr zu den strategisch wichtigen Angeboten des Konzerns gehöre. Dies hat in der Community zu Mutmaßung geführt, Delicious würde geschlossen. Inzwischen wird von einem Verkauf gesprochen, zur Drucklegung dieses Buches sind dazu aber keine weiteren Details bekannt.

Die Konversationen sind verteilt

Der Lohn und die Anerkennung für jeden Autor ist das Feedback, und dazu gehört auch der Kommentar. Und jeder Satz ist bereits aussagekräftiger als ein »gefällt mir«. Fester Bestandteil jedes Blogs ist das Kommentarfeld, wobei der Blogbetreiber festlegt, ob ein Kommentar gleich nach dem Absenden öffentlich sichtbar wird oder erst freigeschaltet werden muss. Der Ablauf scheint logisch:

Ich schreibe meinen Blogpost und der Leser schreibt ins vorgesehene Feld unter dem Blog seinen Kommentar, so er denn will. Erfahrungsgemäß werden die Kommentarfelder manchmal genutzt, aber auch nicht immer.

Denn die Leser haben im Social Web auch andere Möglichkeiten, sich zu einem bestimmten Thema zu äußern. Im Berufsalltag erleben wir das ja nicht anders: Manche Menschen werden nach einer Sitzung ihre Meinung lieber beim Büronachbarn los oder sie schicken dem Kollegen in der Niederlassung eine SMS. Onliner verhalten sich ebenso unterschiedlich: Sie wählen, ob sie einen Beitrag mit wenigen Zeichen ihren Followern auf Twitter empfehlen oder den Link mit einer kurzen Mitteilung auf Facebook für ihre Freunde sichtbar machen. In Windeseile kann sich die Nachricht auf Twitter weiterverbreiten, und ebenso schnell kann eine Debatte auf Facebook entstehen. Dort sprechen Menschen mit, die sonst niemals auf das Blog gestoßen wären, die aber etwas zum Thema zu sagen haben. Ist in einem Blog ein relevantes Thema besprochen worden, kann es vorkommen, dass ein anderer Blogger die Idee aufgreift und in seinem eigenen Blog weiterspinnt, normalerweise mit einer Verlinkung auf den Ursprungstext. Social Media Monitoring muss diese Realität, nämlich dass die Konversationen verteilt sind, berücksichtigen. Wenn ein Blogbeitrag keine Kommentare erhält, bedeutet das also nicht, dass über das Thema nicht gesprochen worden wäre, sondern eben möglicherweise anderswo.

Interaktion und Interaktivität: Zweieiige Zwillinge

Diese beiden Schlüsselbegriffe sind für die Kommunikation im Social Web zentral. Auch wenn sie ähnlich klingen, so beleuchten sie doch zwei ganz unterschiedliche Aspekte: Bei der Interaktion kommunizieren Menschen miteinander, und zwar wechselseitig und aufeinander bezogen. Auch wenn sie nicht unbedingt physisch am gleichen Ort anwesend sind, können sie auf vielfältige Weise miteinander verbunden sein: durch Freundschaft, Bewunderung, gleichen Bildungsstand oder durch gleiche Interessen. Hier geht es also um einen wechselseitigen Austausch zwischen Menschen.

Die Interaktivität wird möglich durch Anwendungen, die es dem Benutzer erlauben, ins Geschehen steuernd einzugreifen. Beispiele im Social Web sind personalisierbare Videos, in denen ein Spieler wahlweise sich selbst, seine Facebook-Freunde einfügen und/oder den weiteren Verlauf der Story wählen kann. Aber auch interaktive Spiele und Flash-Animationen wie die Tigerland-Spendenseite von WWF (*www.wwf-tigerland.de*) sind auf die aktive Beeinflussung durch den Spieler ausgelegt. Interaktiv sind aber auch jene Social-Media-Plattformen, die ausgehend von den bisherigen Bewegungen des Benutzers im Social Web Vorschläge für Freunde, Themen oder Seiten machen.

Gespräche finden in einer ungezwungenen Sprache statt

Sprache erzeugt Gemeinschaft und dass dem so ist, verstehen Sie spätestens dann, wenn Sie einer Gruppe Jugendlicher beim Gespräch lauschen. Möglicherweise verstehen Sie einige Ausdrücke nicht, aber Sie spüren das verbindende Element. Verbindend ist ein gemeinsamer Schatz an Wörtern aus dem Alltag, auf den alle gleichermaßen zurückgreifen. Wenn Sie nicht alles verstehen, liegt das daran, dass Sie auf diesen Schatz nicht zugreifen können oder wollen. Jugendliche verändern ihre Sprache gegenüber der Erwachsenensprache, um sich abzugrenzen und den Community-Gedanken zu verstärken. Sprechen Jugendliche von »fett«, meinen sie »super und sehr gut«, Sie hingegen denken möglicherweise an die nächste Diät. Und haben Sie schon einmal versucht, mit Jugendlichen in ihrer Sprache zu diskutieren? Geht nicht, Sie ernten schiefe Blicke, weil Sie mit dem sich rasant verändernden Vokabular nicht mithalten können. Außerdem wird Ihr Versuch, den sozialen Graben über die Sprache zu überwinden, als Angriff auf den geschlossenen Zirkel der jungen Leute gewertet. Entsprechend abweisend wird die Reaktion ausfallen.

Die Wahl der richtigen Sprache

Dieses kleine Beispiel zeigt, dass wir bei der Wahl unserer Sprache intuitiv jede Menge Entscheidungen fällen, bevor wir die richtigen Worte wählen. Ob Sie im Jahresgespräch mit Ihrem Vorgesetzten, im Fußballklub unter Sportkollegen oder am Familientisch mit Ihren Kindern sitzen: Sie passen nicht nur die Inhalte, sondern ein Stück weit Ihre Sprache an. Und wie verhält es sich mit dem Ort? Sprechen Sie mit Ihrem Vorgesetzten gleich, wenn Sie sich im Sitzungszimmer zur Projektbesprechung treffen und wenn Sie gemeinsam mit ihm auf dem Firmenausflug auf der Sesselbahn sitzen? In der Regel verläuft das Gespräch, sofern das Verhältnis nicht gestört ist, im zweiten Fall deutlich unverkrampfter. Sie sind vermutlich eher bereit, auch über Dinge zu sprechen, die im Sitzungszimmer keinen Platz finden würden. Auf der Sesselbahn kann sich ein lockeres Gespräch entwickeln über die Frage, ob Sie Urlaub am

Meer oder in den Bergen vorziehen. Ob Sie eher pauschal bleiben und von Bewegung an der frischen Luft sprechen, oder ob Sie sehr konkret vom Campen oder Ihrem Lieblings-Wellnesshotel sprechen, entscheiden Sie selbst. Im Gespräch erfahren Sie mehr über Vorzüge und Ansichten Ihres Gegenübers, machen sich Ihre Gedanken und ziehen Ihre Schlüsse. Dies ist natürlich auch der tiefere Sinn von Betriebsausflügen, dass sich die Team-Mitglieder wieder stärker als die Menschen erleben, die sie sind.

Was das nun mit der Kommunikation im Social Web zu tun hat? Sehr viel, wie Sie gleich sehen werden. Im Social Web begeben wir uns an einen neuen Ort. Am Anfang ist er uns unbekannt. Während wir intuitiv wissen, wie wir uns in einem Restaurant, in einer Bibliothek oder in der Schalterhalle der Bank zu verhalten haben, ist hier zunächst alles noch neu. Schnell stellen wir aber fest, dass der Umgang lockerer ist als im Alltag und Kontakte sehr schnell geknüpft werden. Locker bedeutet aber nicht ohne Sorgfalt. Wir entscheiden im Social Web nicht nur über die Inhalte, sondern sehr stark über die Sprache, wie wir auftreten. Rechtschreibfehler, unvollständige Sätze, Abkürzungen, Kraftausdrücke und unverständliche Wörter haben hier nichts verloren. Wer sich im Social Web bewegt, ist zwar offen für den Austausch, nicht aber anbiedernd und unpassend kumpelhaft. Das gilt auch für die Inhalte. Wir sprechen im Restaurant unseren Tischnachbarn meist nicht spontan an. Wenn sich dennoch einmal ein Gespräch ergibt, halten wir erst etwas Distanz, bis wir unserer Gegenüber besser einschätzen können, und erzählen nicht gleich unsere intimsten Geheimnisse.

Wie Unternehmen Menschen ansprechen

Zur Sprache gehört auch die Ansprache. Im Social Web sind Menschen unterwegs, die Stellung beziehen. So ist es nachvollziehbar dass »ich« und »du« vorherrschen. Ob Blogpost, Facebook-Meldung oder Tweet, sie werden sehr häufig mit der »Ich-Form« an die eigene Person gebunden. Die Ansprache untereinander verläuft sehr informell und eher in der »Du-Form«. Dies mag in Ordnung sein, wenn man privat im Social Web unterwegs ist. Für das Berufsleben stellt sich die Sachlage anders dar. Die informelle Ansprache mit »du« wird als authentisch empfunden. Sie ist aber nicht gleichbedeutend mit Authentizität. Diesem wichtigen Thema widmen wir uns gleich im nächsten Abschnitt.

Knackpunkt in dieser Frage ist das Spannungsfeld zwischen dem eigenen Auftritt und dem Kontext, also dem Ort, wo wir uns bewegen. Auf Twitter und Facebook haben wir die Frage gestellt, ob Unternehmen im Social Web für die Ansprache du oder Sie wählen sollen. Die Antworten fielen kontrovers aus: Interessanterweise kamen aus Twitter eher jene Vertreter, die das Unternehmen mit seiner Kultur in den Mittelpunkt stellen, welches sich für eine Ansprache entscheidet. In Facebook herrschte eher die Grundstimmung Wir sind doch hier unter uns und wählen daher das Du. Ob du oder Sie die richtige Ansprache ist, muss jedes Unternehmen für sich selbst festlegen. Weniger der virtuelle Ort (Facebook, Twitter ...) als vielmehr das Selbstbild der Organisation/des Unternehmens ist für die Beantwortung dieser Frage entscheidend. Dass man in der Ansprache durchaus flexibel sein kann, zeigt die Firma Blacksocks auf Facebook. Sehen Sie sich die folgenden Beispiele an (Abbildung 1-3 bis 1-5).

◄ **Abbildung 1-3**
Formelle Ansprache in Facebook

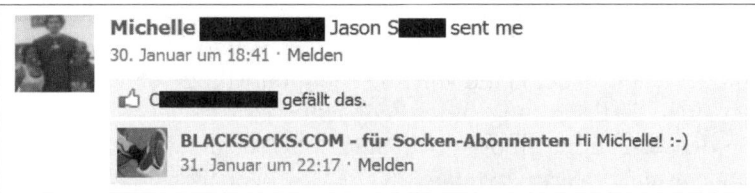

◄ **Abbildung 1-4**
Ansprache mit Vornamen, angepasst an die Konventionen im angelsächsischen Sprachraum

◄ **Abbildung 1-5**
Die neutrale Ansprache in Facebook

Blacksocks stellt sich bei der Ansprache auf sein Gegenüber ein und wählt zwischen einer für Facebook zugegebenermaßen sehr formellen Ansprache, der Ansprache mit Vorname für Fans aus dem angelsächsischen Raum und einer neutralen Ansprache. Auf diese neutrale Ansprache greifen viele Seitenbetreiber zurück. Und wenn man alle Mitglieder einer Community ansprechen will? Dann ist auch die pauschale Ansprache wie »Was meint ihr dazu« und »Wie ist es euch schon ergangen« durchaus denkbar. Natürlich liegt dies letztlich im Ermessen jeder einzelnen Organisation.

Authentizität: Was ist das?

Fragt man den Mann auf der Straße, was für ihn authentisch bedeute, wird er vermutlich auf alles hinweisen, was persönlich, natürlich, unverkrampft und vielleicht auch ein bisschen privat wirkt. Internetnutzer sind heute viel eher bereit, Persönliches und Privates zumindest teilweise, im Rahmen ihres Social-Media-Profils, öffentlich zu machen. Indem sie Informationen über sich preisgeben, machen sie es möglich, dass sich andere Menschen mit gleichen Interessen zu ihnen gesellen und sich virtuelle Gemeinschaften bilden. Wichtig ist, dass sie sich geben, wie sie sind, und sich nicht verstellen – dann wirken sie auch authentisch.

Für Unternehmen präsentiert sich die Lage etwas komplizierter. Schon vor dem Web 2.0 haben sich Kommunikationsprofis überlegt, wie authentisch ein Manager als Repräsentant eines Unternehmens sein kann oder sein muss. Im »Mitmach-Web« mit seinen flachen Hierarchien wird diese Frage noch dringlicher. Ist ein Bankvorstand authentisch, weil er in Jeans und kariertem Hemd mit der Angel in der Hand auftritt? Nicht unbedingt, denn hier spielen auch die Erwartungen der Beobachter eine Rolle. Erwartungen werden von außen an öffentlich agierende Personen, Unternehmen oder an eine Marke herangetragen. Der Beobachter bewertet die Erscheinung und stellt fest, ob das, was er wahrnimmt, mit seinem Vorstellungsbild übereinstimmt. Und wenn er sich einen Bankenvorstand in einem Anzug mit Krawatte vorstellt, wird er es möglicherweise begrüßen, wenn diese Kleidung etwas moderner daherkommt. Über die Angelrute wird er dagegen vermutlich den Kopf schütteln. Authentizität verschafft man sich nicht selbst, sie wird von außen zugewiesen. Ein Unternehmen muss sich also nicht nur Gedanken machen, welche Erwartungen es mit seinem Auftritt und seiner Kommunikation schürt, sondern auch, wie diese ankommen. Das ist oftmals eine Gratwanderung, denn Geschmäcker und somit Erwartungen sind ja verschieden.

Wissen ist frei verfügbar und wird geteilt

Aristoteles wusste bereits: »Das Ganze ist mehr als die Summe seiner Teile«. Heute sprechen wir von Koorientierung und von »kollektiver Intelligenz« und wollen damit sagen, dass eine Gruppe von Menschen ein Problem oder eine Aufgabe oft gemeinsam besser löst als eine Person allein. Jeder Einzelne bringt seinen persönlichen Wissens- und Erfahrungsschatz mit ein, auf diese Weise werden neuartige Leistungen erbracht, welche die Einzelleistungen übertreffen. Daraus, und bezogen auf das Web 2.0, leiten sich Schlagwörter ab wie »Weisheit der Massen«, »kollektive Intelligenz« und »Crowdsourcing«. Konkret bedeutet dies, dass Menschen selbstorganisiert, ohne Hierarchien und starre Organisationsstrukturen, gemeinsam an Projekten arbeiten. Prominentestes Beispiel ist ohne Zweifel Wikipedia, eine der umfangreichsten Enzyklopädien und meistbesuchten Internetseiten der Welt, die von unzähligen freiwilligen Autoren geschrieben, redigiert und aktuell gehalten wird.

Erfolgreich mit Wikinomics

In unserer Gesellschaft ist Wissen und Know-how eine wesentliche Grundlage für ein erfolgreiches Unternehmen. Umso paradoxer klingt es, wenn dieses »Wissen im Social« Web nun einfach so geteilt und die Maxime »Wissen ist Macht« abgelöst werden soll. Woher beziehen Unternehmen ihr Wissen? Viel davon wird intern generiert und manchmal wird versucht, diesen Prozess mit Kreativzirkeln und Erfahrungsgruppen (ERFA) anzukurbeln. Meist greifen aber Unternehmen, gegen Einwurf barer Münze, auf externes Wissen zurück und holen es sich bei Beratern, Fachverbänden, Ausbildungsinstituten oder schlicht durch Zukauf von anderen Unternehmen. Nicht immer sind die Resultate in diesen Konstellationen befriedigend. Entweder wird für das anstehende Problem nicht genau der richtige Partner gefunden oder die Unternehmenskultur lässt keine Innovationen zu. Autoritäre, auf Befehl und Gehorsam beruhende Managementstrukturen unterdrücken Ideenreichtum und Motivation, die gerade in schnellen, wettbewerbsintensiven Märkten unverzichtbar sind. Warum ist das so? Solche Strukturen benutzen Wissen als Herrschaftswissen, schließen so andere von einem Entscheidungs- oder Ideenfindungsprozess aus und ersticken Initiativen im Keim.

Organisationen, die es schaffen, sich zu öffnen statt sich abzuschotten, die Vertrauen vorschießen statt hundertprozentige Kontrolle haben zu wollen, werden es eher schaffen, die besten Köpfe heran-

Wikipedia ist eine Universal-enzyklopädie, die durch freiwillige und ehrenamtliche Autoren auf- und ausgebaut wird. Ein Wiki ist ein Webangebot, dessen Seiten jedermann ohne technische Vorkenntnisse direkt im Webbrowser bearbeiten kann.

zuholen. Dieser Weg braucht sicher da und dort ein Umdenken, aber er lohnt sich. Jeder Mensch hat ein Gebiet, auf dem er ein kleiner Experte ist. Und jeder Mensch fühlt sich in seinem Selbstwertgefühl bestätigt, wenn er seinen Teil zu einer Lösung beitragen kann. Je mehr Menschen zusammenarbeiten, desto mehr Perspektiven kommen zusammen. In vielen Unternehmen führt der Weg zu neuen Lösungen über ein Brainstorming. Warum also nicht das Hirn über die Unternehmenspforten hinaus vergrößern? Ein Unternehmen, das seine Informationen teilt, wirkt nicht nur sympathisch, es erhält auch wertvolle Rückmeldungen, und das dank dem Social Web unter Umständen von unerwarteter Seite. Don Tapscott, ein kanadischer Berater und Buchautor, hat für diese Form des Wirtschaftens den Begriff Wikinomics (Wikipedia + Economics) geprägt.

Aber wann ist genug Wissen geteilt? Im Interview mit der Süddeutschen Zeitung antwortet Don Tapscott auf die Frage »Alle Geschäftsgeheimnisse ins Netz? Das wäre doch Selbstmord« das Folgende: »Natürlich muss man differenzieren: Einiges Wissen sollte geheim bleiben, einiges nur innerhalb des Unternehmens geteilt werden – und manches darf für jeden zugänglich sein ...« Wissen zu teilen, bedeutet loszulassen, und dieser Prozess kann schmerzhaft und einschneidend sein. Erst wenn Unternehmen entdecken und einsehen, dass die Zusammenarbeit im Web 2.0 Mehrwert und Nutzen bringt, werden sie bereit sein, die eigenen Geschäftsmodelle anzupassen und ihr Unternehmen auf Enterprise 2.0 auszurichten. Von Enterprise 2.0 sprechen wir übrigens dann, wenn Unternehmen Social Software für die Projektkoordination, das Wissensmanagement und für die gesamte interne Kommunikation einsetzen.

»Warum macht es dann nicht jeder?«, wollte die Süddeutsche von Don Tapscott wissen und meinte damit den Ausbau des Geschäfts über Netzwerkmodelle: »Weil eingefahrene Gewohnheiten schwer zu ändern sind. Vor 30 Jahren sagten die Kritiker, Manager werden nie internetfähige Computer nutzen – weil sie nicht selbst tippen werden. Können Sie sich das vorstellen? Der gesamte Wechsel zur Internetgesellschaft wurde mit diesem einen Argument in Frage gestellt. Und genauso ist es heute. Eine Web-2.0-Kultur würde die Machtverhältnisse in Firmen von Grund auf ändern. Daran haben viele Unternehmensführer überhaupt kein Interesse.«

Crowdsourcing: Wenn das Netz mitarbeitet

Der Trend zum Crowdsourcing ist klar erkennbar, auch wenn es eine Gratwanderung bleibt, wie viel Wissen geteilt wird. Folgender Vergleich soll Ihnen dabei helfen, Ihre Bedenken etwas abzubauen: Wissen allein ergibt wenig Sinn, wenn es nicht richtig genutzt wird. Was nützt mir das Kochrezept eines Spitzenkochs, wenn mir die passenden Zutaten, die Infrastruktur und die Fingerfertigkeit in der Zubereitung fehlen? Wenn ein Spitzenkoch seine Rezepte in einem Kochbuch veröffentlicht, bedeutet das nicht, dass er danach sein Restaurant schließen muss. Im Gegenteil, er vergrößert nicht nur seinen Bekanntheitsgrad und den Zulauf, sondern er erhält, wenn er es richtig angeht, Fragen und Anregungen, die ihn auf neue Ideen bringen.

Bereits jetzt sind einige findige Unternehmen dazu übergangen, die Menschen im Web für die Entwicklung von Ideen zu mobilisieren. Im Kleinen tun sie das dann, wenn sie ihren Kunden zuhören, Reklamationen ernst nehmen und als Chance zur Verbesserung und nicht als unangebrachte Störung empfinden. Software-Entwickler sind schon lange dazu übergegangen, Beta-Releases zu Testzwecken freizugeben. Fiat entwickelt gar über eine eigene Website sowie Facebook und Twitter das Konzeptauto Fiat Mio zusammen mit Onlinern. Und Starbucks stellt auf seiner Website fest: »You know better than anyone else what you want from Starbucks. So tell us«.

Marktplätze für Ideen

Atizo.com, *Amazee.com* und *Innocentive.com* sind Marktplätze für Innovationen. Hier schreiben Unternehmen ihre Projekte aus und setzen eine mehr oder weniger hohe Prämie aus. So hat beispielsweise die Migros-Klubschule, eine der größten Weiterbildungseinrichtungen der Schweiz, bei Atizo die Frage gestellt: »Welche überraschenden Kurs- und Weiterbildungsangebote wünschst du dir von der Klubschule Migros?« Die Community entwickelte innerhalb kürzester Zeit 735 Ideen, von denen schließlich 15 Ideen ausgezeichnet und zur genaueren Evaluation zugelassen wurden. Die Schweizer Firma Bischofszell wählte im Rahmen einer ähnlichen Initiative aus 475 Ideen und baute damit ihr Sortiment an alkoholfreien Getränken aus. Und die Mammut Sports AG gab der Community eine schwere Aufgabe: Sie suchte eine »Substitutionslösung für den Reißverschluss«. Zwei Deutsche Studenten, Christian Schwanert und Gabriel Leonhard, haben mit ihrem Team ein sechzigseitiges Konzept verfasst, einen Funktionsprototypen entwickelt und diesen auf professionelle Art und Weise getestet.

Allen Initiativen gemeinsam ist das Bewertungssystem. Mitglieder bewerten die eingereichten Ideen mit Punkten und Kommentaren. Menschen mit guten Ideen landen auf den vorderen Plätzen und werden mit Aufmerksamkeit belohnt. Dies spornt zum Weitermachen an.

Frei verfügbar heißt nicht frei nutzbar

Aber Achtung: Bloß, weil Wissen im Netz frei verfügbar ist, bedeutet das nicht, dass es auch frei genutzt werden darf. Die Frage nach den rechtlichen Rahmenbedingungen ist komplex, denn wir haben kein weltumspannendes einheitliches Rechtssystem. Das Urheber- und Persönlichkeitsrecht, wie wir es als PR-Schaffende kennen, ist auch im Social Web eine gute Richtschnur. Das heißt, dass das Web trotz der großen Freiheiten und der Großzügigkeit beim Verbreiten von Inhalten kein rechtsfreier Raum ist. Für manche mag dies trivial klingen, die meisten sind sich dessen aber nicht bewusst, wenn sie großzügig Textpassagen und Bilder aus Fremdbeiträgen für eigene Konzepte und Präsentationen verwenden.

Etwas Licht ins Dunkel bringen die Creative Commons. Was das ist, sagen wir gleich mit der Formulierung auf der deutschen Plattform: »Creative Commons (CC) ist eine Non-Profit-Organisation, die in Form vorgefertigter Lizenzverträge eine Hilfestellung für die Veröffentlichung und Verbreitung digitaler Medieninhalte anbietet. Ganz konkret bietet CC sechs verschiedene Standard-Lizenzverträge an, die bei der Verbreitung kreativer Inhalte genutzt werden können, um die rechtlichen Bedingungen festzulegen. [...] CC-Lizenzen richten sich als sogenannte Jedermann-Lizenzen an alle Betrachter dieser Inhalte gleichermaßen und geben zusätzliche Freiheiten. Das bedeutet, dass jeder mit einem CC-lizenzierten Inhalt mehr machen darf als das Urheberrechtsgesetz erlaubt. Welche Freiheiten genau zusätzlich geboten werden, hängt davon ab, welcher der sechs CC-Lizenzverträge jeweils zum Einsatz kommt.« Die Lizenzen sind weltweit einheitlich, einfach verständlich und stehen allen Interessierten gratis zur Verfügung. Wie die sechs Stufen aussehen, entnehmen Sie der Abbildung 1-6.

Für die Details zu den einzelnen Stufen verweisen wir aufs Internet. Anzufügen ist noch, dass auch diese Rechte nicht in Stein gemeißelt sind. Direkte Absprachen sind selbstverständlich möglich. So kann ein Fotograf, der seine Bilder unter einer CC-Lizenz mit den Bedingungen »Namensnennung – Keine Bearbeitung« ins Netz gestellt hat, einem anfragenden Grafikdesigner erlauben, ein bestimmtes Bild doch zu bearbeiten. Jedes Land hat eine eigene Plattform mit umfassenden Informationen. In dem Moment, wo Sie für Ihre Organisation Inhalte ins Netz stellen, deren Verwertung Sie jedoch definieren wollen, werden die CC ein Thema für Sie. Ihre Gratis-Lizenz erhalten Sie hier *http://creativecommons.org/choose/*, dabei wählen Sie Ihre Präferenzen aus. Die Seite gibt Ihnen gleich den passenden HTML-Code aus, den Sie in Ihre Seite, normalerweise ins Impressum, einbauen können.

◀ **Abbildung 1-6**
Sechs Lizenzstufen
http://de.creativecommons.org

Wir sind keine Juristen und übergeben daher in Kapitel 12 das Wort an den Rechtsanwalt Henning Krieg. Er wird dort detaillierter auf Urheberrecht, Persönlichkeitsrecht und andere im Web 2.0 relevante Rechtsbereiche eingehen.

Die Hierarchien sind flach, Reputation entsteht durch Vernetzung

Charakteristisch für das Social Web sind die Beziehungen zwischen Menschen, die meist auf gemeinsamen Interessen basieren. Hierarchien sind, soweit überhaupt auszumachen, flach. Wer einen sozialen Status erreichen will, tut dies nicht aufgrund eines Titels, sondern durch eine gute Vernetzung und seinen aktiven Beitrag zur Gemeinschaft. Wie funktioniert das? Im Social Web treffen wir immer mehr Bekannte aus unserem Alltag, fast 600 Mio. Menschen weltweit sind inzwischen allein auf Facebook angemeldet. Und wir entdecken noch viel mehr Menschen, die uns bisher nicht bekannt waren, mit denen uns aber gleiche Interessen verbinden.

Kommt Ihnen diese Situation bekannt vor? In einem Gespräch stellen Sie fest, dass Sie »über drei Ecken« mit der gleichen Person wie

Ihr Gesprächspartner bekannt sind und staunen, wie klein die Welt doch ist. Und schon sind wir mittendrin im »Kleine-Welt-Phänomen« von Stanley Milgram, der festgestellt hat, dass jeder Mensch auf der Welt mit jedem anderen über eine überraschend kurze Kette verbunden ist. Natürlich sind wir mit diesen Menschen nicht so stark verbunden wie mit unseren Freunden oder unserer Familie. »Strong ties«, also starke Verbindungen, basieren auf einem gemeinsamen Erfahrungsschatz, emotionaler Bindung und gegenseitigem Vertrauen. Zu den Bekannten der Bekannten führt uns hingegen eine schwache Bindung. Der Soziologe Mark Granovetter stellte 1973 fest, dass gerade diese »weak ties« für die Bildung von beruflich orientierten Netzwerken enorm wichtig sind, denn diese sind auf Informationsaustausch und ökonomische Chancen ausgerichtet (Abbildung 1-7).

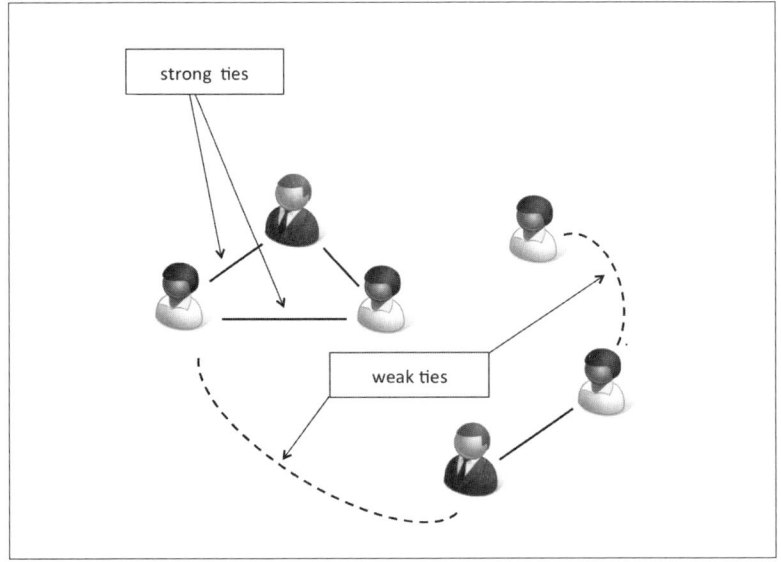

Abbildung 1-7 ▶
Weak ties spielen in beruflich ausgerichteten Netzwerken eine zentrale Rolle.

Weak ties überbrücken soziale Distanzen, zudem eröffnen sie Menschen Zugang zu Informationen, die sie in ihren eigenen Kreisen nicht finden. Fremde, unvoreingenommene Menschen mit anderen Perspektiven bringen neue Informationen und Sichtweisen ins Spiel, die unter Umständen wichtige Puzzle-Steine zur Lösung eines Problems sind. Und genau das macht diese Netzwerke so mächtig. Im Social Web bauen wir solche lockeren Beziehungen mit zunächst schwachen Bindungen auf. Wir suchen also nicht in erster Linie Freunde fürs Leben. Wenn wir mit Menschen Kontakte knüpfen, dann tun wir das mit folgenden Gedanken: »Du kennst dich in einem Gebiet aus, das auch mich interessiert, lass uns eine Verbindung knüpfen und uns weiter unterhalten. Wer weiß, vielleicht wird mal was draus«.

Es sind auch diese schwachen Bindungen, die das gesellschaftliche Universum in ein Global Village verwandeln. Mit dem Social Web wird diese Welt noch kleiner. Im Alltag braucht es ein längeres Gespräch und den Zufall, dass dieses in die richtige Richtung und auf die entsprechende Person gelenkt wird. Communities wie XING, Facebook, LinkedIn usw. sind genau darauf ausgelegt, die Verbindungen unserer Kontakte schnell sichtbar zu machen. Dessen sollten wir uns übrigens auch im Umkehrschluss bewusst sein. Wir legen im Social Web unsere Verbindungen für unsere Umwelt offen. Zudem schlagen alle Netzwerke weitere Onliner vor, die für uns aufgrund der von uns veröffentlichten Informationen von Interesse sein könnten.

Die Kontaktnahme im Social Web ist denkbar einfach. Kontakte sind aber wertlos, so lange sie nicht gepflegt werden. Auch hier können wir auf unsere Alltagserfahrungen zurückgreifen. Wenn wir auf einer Veranstaltung nach der ersten Begrüßung kein Wort mehr von uns geben, wird sich unser Gegenüber wohl oder übel einen anderen Gesprächspartner suchen. Interessant bleiben wir auch online, indem wir am Gespräch teilhaben und uns mitteilen. In beiden Wörter steckt das Wort teilen. Teilen können wir vieles: Wissen, Interessen, Humor, Gefühle von Ärger bis Freude – wie viel wir dabei von unserer Persönlichkeit preisgeben, bleibt uns überlassen.

Die Vernetzung im Social Web ist für manche Menschen gewöhnungsbedürftig. Auch wenn Facebook uns Freunde zum Profil hinzufügen lässt, müssen dies noch lange keine Freunde im eigentlichen Sinne sein. Wir haben beobachtet, dass auf Facebook oder in stärker geschäftlich ausgerichteten Netzwerken wie XING oder LinkedIn einerseits bestehende Kontakte, auch Freundschaften, weitergepflegt, andererseits durchaus auch neue Kontakte im Sinne von weak ties geknüpft werden. Über die Einstellung im eigenen Profil legen wir fest, was wir unseren echten Freunden und was wir unseren Kontakten zeigen. Noch etwas bizarrer verhält es sich auf Twitter. In der Offline-Welt würden wir uns wohl kaum einfach so jemandem an die Fersen heften und seine Gespräche abhören. Auf Twitter geht das per Mausklick auf »Follow« – und wenn wir das Interesse verloren haben, mit »Unfollow«. Aus diesen Gesprächen, nicht nur auf Twitter, sondern auch in anderen Netzwerken, lässt sich ungeahnt viel über das Leben eines Menschen erfahren: Ob er im Beruf Erfolg hat, kürzlich umgezogen ist, am Abend gern in die Sauna geht oder ob er gerade Ärger hat. Abweichungen zwischen den Netzwerken werden (unbewusst) registriert. Wenn Sie also persönliche Dinge von sich preisgeben, müssen Sie sich im Klaren sein, dass jemand Ihnen zuhört, vermutlich wie die Mehrheit schweigt, aber sich dennoch mit der Zeit ein Bild von Ihnen macht. Achten Sie bei der Kommunikation also auf den Schutz der Privatsphäre (Ihre und die der anderen) und auf Konsistenz.

Wie Menschen im Social Web mitmachen

Auf welche Weise engagieren sich Menschen im Social Web? Das Marktforschungsunternehmen Forrester Research hat unter der Leitung von Charlene Li (heute Altimeter Group) und Josh Bernoff den Grad der Mitwirkung im Social Web untersucht. Sie haben den Begriff »Groundswell« geprägt:

> »Der Groundswell ist ein sozialer Trend, bei dem die Leute weltweit neue Technologien nutzen, um Informationen, Hilfen und Tipps voneinander zu bekommen statt wie früher von Unternehmen, Medien und Institutionen.«

Den Autoren geht es nicht in erster Linie um die neuen Technologien an und für sich, sondern um deren Nutzung, und daraus folgend um die fundamentale Veränderung beim Verhalten im Internet. Sie haben die Konsumenten nach dem Grad ihrer Beteiligung am Groundswell klassifiziert und in ursprünglich sechs und – mit zunehmender Popularität von Twitter – dann in sieben Gruppen eingeteilt (Abbildung 1-8).

Jede Leitersprosse repräsentiert eine Verbrauchergruppe, wobei jene Gruppe mit den schwächsten Aktivitäten auf der untersten Sprosse untergebracht ist. Rufen wir uns die 90–9–1-Regel nochmals in Erinnerung: Von 100 Personen online produziert nur 1 Prozent Inhalte, 9 Prozent interagieren damit, alle anderen konsumieren bloß. Mitgerechnet werden also nur jene, welche mindestens einmal pro Monat auf einer Ebene aktiv sind; die Conversationalists, wir nennen Sie die Plauderer, werden sogar erst dann gezählt, wenn sie mindestens einmal pro Woche ein Update machen, d.h. eine neue Meldung veröffentlichen. Das bedeutet, dass beispielsweise bei Twitter nicht die registrierten, sondern die effektiv genutzten Accounts relevant sind. Ein User kann zudem gleichzeitig Mitglied von mehreren Gruppen sein, also als Zuhörer (»Zuschauer«) bei Podcasts, als Mitmacher auf Facebook und als Sammler bei *diigo.com*.

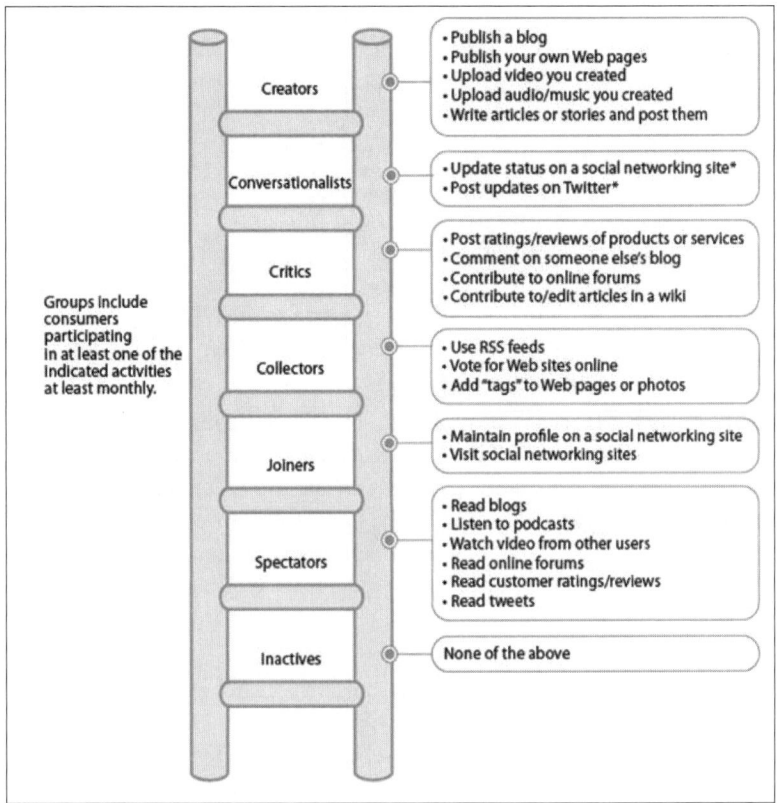

◀ Abbildung 1-8
Social-Technographics-Leiter
(Abdruck mit freundlicher Genehmigung von Forrester Research Inc.)

Was tun die Menschen auf den verschiedenen Sprossen?

- Inaktive (Inactives): Sie bleiben gegenüber dem Groundswell noch verschlossen. Sie sind zwar möglicherweise im Internet, nutzen aber keine der neuen Technologien.

- Zuschauer (Spectators): Sie konsumieren das, was andere produzieren: Blogs, Videos, Podcasts, Foren, Besprechungen. Diese Aktivitäten verlangen am wenigsten Mühe ab, entsprechend ist diese Gruppe bisher in allen Regionen die größte. Kleiner wird sie mit zunehmendem Alter der Onliner; die jugendlichen Nutzer von 18–24 sind die fleißigsten Konsumenten.

- Mitmacher (Joiners): Diese Gruppe wird selbst in sozialen Netzwerken aktiv. Der Siegeszug von Facebook, das im September 2010 Google in der täglichen Nutzung erstmals überholt hat, unterstreicht die Rolle von Mitmach-Netzen wie diesem. Auch hier haben die jugendlichen Nutzer die Nase vorn. Je älter der Kreis, desto zurückhaltender ist die Beteiligung.

- Sammler (Collectors): Mitglieder dieser Gruppe sammeln und organisieren Inhalte, unter anderem von den Onlinern auf den obersten Sprossen, für sich und für andere. Hierfür nutzen sie RSS-Reader für Inhalte, die sie regelmäßig konsumieren. Diese ordnen sie mit Tags und Bemerkungen oder gewichten sie, indem sie darüber abstimmen.

- Kritiker (Critics): Sie reagieren auf anderen Content im Web, schreiben Kommentare in Blogs oder Onlineforen und bearbeiten Wikis. Die Differenz in der Anzahl von Kritikern und Kreatoren ist in den meisten Ländern relativ klein – daraus schließen wir, dass die hier aktiven Menschen sowohl kritisch als auch kreativ unterwegs sind.

- Plauderer (Conversationalists): Sie äußern ihre Meinung zu anderen Usern oder Themen entweder über Twitter oder Social Networks wie Facebook, dies tun sie mindestens einmal pro Woche. Forrester hat die Zahlen für diese Gruppe 2010 zum ersten Mal erhoben, sie hat bereits eine beachtliche Größe, wie die Illustration in Abbildung 1-9 zeigt, mit steigender Tendenz.

- Kreatoren (Creators): Auf der obersten Sprosse finden sich jene Onliner, die mindestens einmal im Monat einen Blog oder einen Online-Artikel veröffentlichen, eine Website unterhalten oder Videos, Audios und Fotos ins Netz hochladen. Diese Zahl dürfte weiter wachsen, wenn noch mehr Smartphones auf den Markt kommen, welche die mobile Nutzung des Social Webs zulassen.

Abbildung 1-9 ▶
Mit dem Gratistool von Forrester lassen sich regionale Nutzerprofile erstellen: http://www.forrester.com/empowered/tool_consumer.html

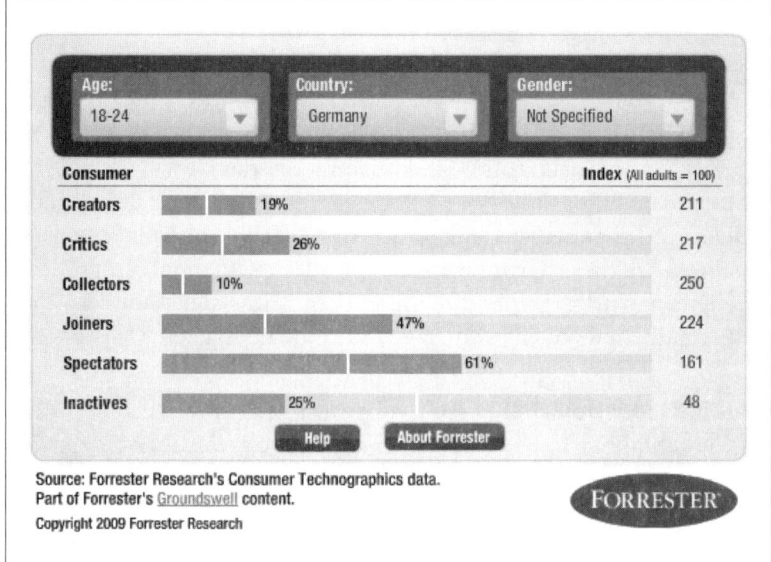

Forrester Research erarbeitet weltweit für die wichtigsten Regionen eigene Profile, da die Nutzung je nach vorhandenen Zugängen, Technologien und Kulturen markant abweichen kann. Auf seiner Homepage bietet das Unternehmen ein Gratis-Tool, mit dem regional, nach Alter und Geschlecht eruiert werden kann, in welcher Weise die avisierte Zielgruppe im Social Web aktiv ist (Abbildung 1-9).

Wie sieht die Verteilung in Westeuropa aus? Uns liegen die derzeit aktuellsten Zahlen von Forrester aus dem zweiten Quartal 2010 vor (Abbildung 1-10). Dazu schicken wir voraus, dass es sich um einen Durchschnitt aus Deutschland, Frankreich, Großbritannien, Holland, Italien, Schweden und Spanien handelt. 68% der Europäer, die online sind, nutzen auch Social Media, das sind 7% mehr als noch im Vorjahr. Während es in Italien, Holland und Schweden schwierig ist, Dialoggruppen zu finden, die Social Media nicht nutzen, gilt das Gegenteil für Frankreich, aber auch Deutschland. Wie Social Media genutzt wird, hängt ganz offensichtlich mit der Kultur zusammen.

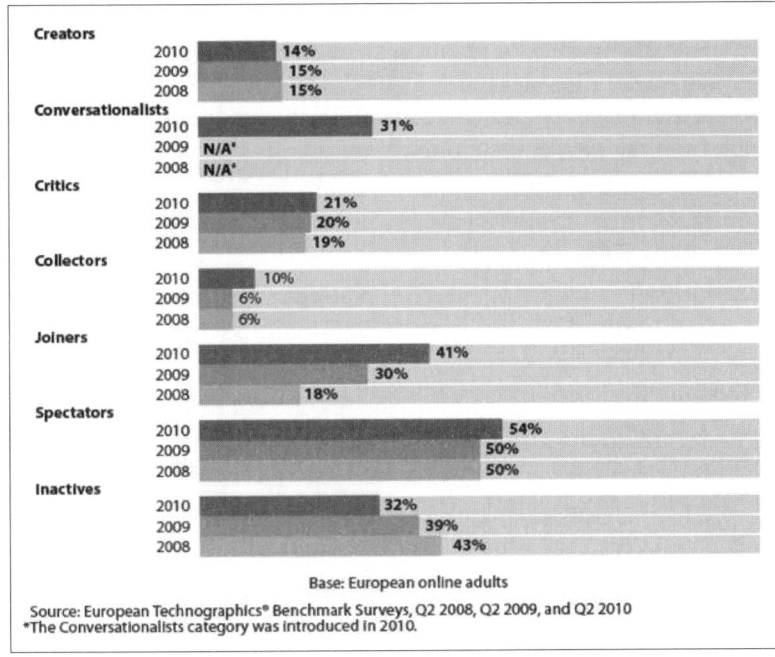

◀ **Abbildung 1-10**
Social Technographics:
Zahlen 2010 für Europa

Die Nutzung von Social Media nimmt aber nicht nur zu, auch die Gewichtung bei der Mitwirkung verschiebt sich. Ausdruck dafür ist die neue Kategorie der »Conversationalists«. Man kann leicht in

Versuchung kommen, sich zuerst auf Anwendungen und Technologien zu stürzen. Aber halt: Erst müssen wir mehr über die Menschen erfahren, die wir ansprechen wollen. Was nutzen sie, wie aktiv sind sie, wozu sind sie bereit und auf welche Weise können wir demnach mit ihnen in Verbindung treten und eine Beziehung aufbauen? Und was wir heute beschließen, muss morgen nicht unbedingt noch gültig sein. Starbucks startete »My Starbucks Idea« erst als Blog, dann bildete man eine Communitiy, und inzwischen gehören Facebook und Twitter mit zum Kommunikationsmix.

Social Media: das neue Universum

QYPE ist eine Empfehlungsplattform. Nutzer tragen ihre liebsten Restaurants, Geschäfte oder Ausflugsziele ein. Daraus entsteht ein Städteguide, der es erlaubt, Neues, Beliebtes oder Altbewährtes zu entdecken.

Welche Internetangebote meinen wir genau, wenn wir von Social Media sprechen? Die Rede ist von ganz unterschiedlichen Formen sozialer Plattformen und Netzwerke, die zum gegenseitigen Austausch von Meinungen, Eindrücken und Erfahrungen dienen. Zu den bekanntesten Beispielen zählen Facebook, YouTube oder Twitter. Als Kommunikationsmittel werden dabei Text, Bild, Audio oder Video verwendet. Von den traditionellen Massenmedien unterscheiden sich Social Media in erster Linie dadurch, dass sie auf Interaktion beruhen. Zudem besteht kein Gefälle mehr zwischen Sender und Empfänger, denn der Empfänger hat es in der Hand, selbst auch zum Sender zu werden. Die Benutzer erstellen ihre eigenen Inhalte – wir sprechen auch von benutzergenerierten Inhalten oder User Generated Content.

Drei Facetten der Nutzung

Jan Schmidt, wissenschaftlicher Referent für digitale interaktive Medien und politische Kommunikation am Hans-Bredow-Institut für Medienforschung, hat drei Facetten identifiziert, wie das Social Web genutzt wird:

- Informationsmanagement: Online verfügbare Informationen können gefunden, bewertet und verwaltet werden.
- Identitätsmanagement: Der User kann verschiedene Aspekte von sich selbst im Internet darstellen.
- Beziehungsmanagement: Kontakte können abgebildet, gepflegt und neu geknüpft werden.

Diese drei Grundanforderungen werden Sie übrigens überall im Social Web, in jeder einzelnen Anwendung, wieder antreffen. Sie werden feststellen, dass sie zwar unterschiedlich ausgeprägt, aber immer alle drei vertreten sind.

Die Qual der Wahl

Die Technologie des Web 2.0 entwickelt sich rasant, und täglich kommen Dutzende neue Anwendungen dazu. Diese schillernde Vielfalt zeigt auch das Konversationsprisma von Brian Solis, Autor von zahlreichen Büchern zu New Media und Inhaber der PR- und New-Media-Agentur FutureWorks im Silicon Valley. Das von Ethority an den deutschen Markt adaptierte Schaubild zeigt die Social-Media-Landschaft in Deutschland mit allen relevanten Konversationskanälen (Abbildung 1-11). Wenn Sie diese Illustration zum ersten Mal studieren, werden Sie von der Dimension wohl gleichermaßen beeindruckt wie erschlagen sein.

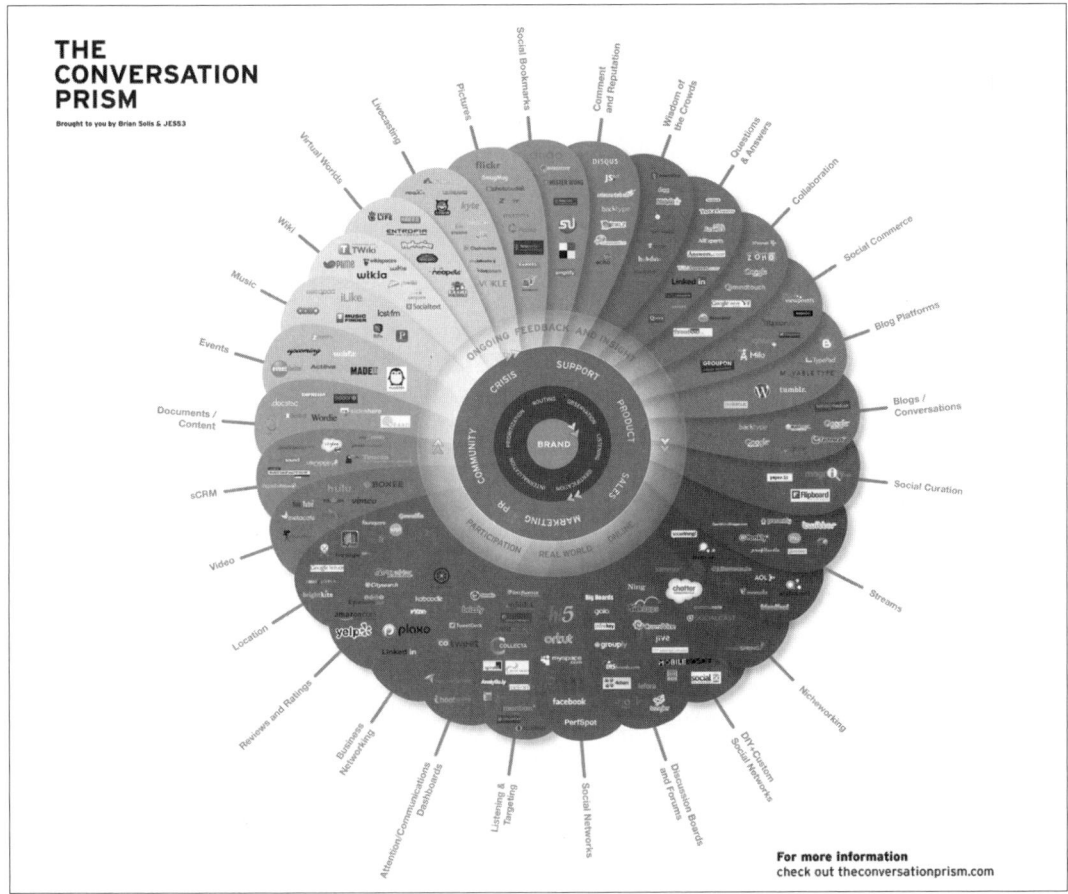

Wir sind versucht, unsere Aufmerksamkeit auf Facebook, YouTube, Twitter, Wikipedia und vielleicht noch Blogs, also die Mainstream-Plattformen zu beschränken. Dabei gibt es zahlreiche weitere Kanäle,

▲ **Abbildung 1-11**
Social Media Prisma
(Quelle: Ethority,
theconversationprism.com)

die unseren Zweck möglicherweise besser erfüllen oder die Auftritte in den Mainstream-Medien zumindest auf hervorragende Weise ergänzen. Und genau das will diese Grafik, die immer nur eine Momentaufnahme sein kann, zeigen. Sie öffnet uns den Blick für die Bandbreite, die Verschiedenheit der Anwendungsbereiche und die Vielfalt von Social Media. Menschen tauschen sich an vielen Orten im Web mit Bild, Text und Ton aus. Sie publizieren, diskutieren, suchen, sammeln und teilen Inhalte über sich selbst, über Produkte und Dienstleistungen oder über Unternehmen.

Schauen wir uns exemplarisch einige der neben den bereits genannten sozialen Netzwerken wichtigsten Medienkategorien an:

- Social Bookmarks (auf deutsch soziale Lesezeichen) sind Plattformen, auf denen Links von mehreren Nutzern gemeinsam auf einem Server im Internet oder im Intranet abgelegt und verschlagwortet werden. Interessant sind zum Beispiel *diigo.com* oder *Mister-Wong.com*.

 Hinweis   Auf *http://groups.diigo.com/group/pr-im-social-web* sind übrigens die wichtigsten in diesem Buch genannten Links zusammengestellt.

- Media Sharing ermöglicht den Austausch von Bildern (z.B. bei *Flickr* oder *Picasa*) oder Präsentationen und White Papers (z.B. *Slideshare* oder *Scribd*).
- Die Zusammenarbeit im beruflichen Alltag erleichtern unter anderem die Anwendungen *Dropbox* für den Austausch von Dokumenten, *Skype* für Gespräche über das Web – einzeln oder in Gruppen – sowie *amazee* für die Zusammenarbeit in Gruppen.
- Foren sind virtuelle Orte zum Austausch und zur Archivierung von Gedanken, Meinungen und Erfahrungen. Ob zu Kino, Games oder Fernsehen – es gibt kaum ein Thema, zu dem Sie, zum Beispiel via Google-Suche, nicht auch Foren finden könnten.

Und wie finden Sie heraus, wo Sie sich aktiv beteiligen sollten? Indem Sie erst einmal zuhören und beobachten. Zuhören bedeutet, ein Social Media Monitoring aufzubauen. Da die Gespräche immer stärker auf verschiedene Plattformen verteilt sind, müssen Sie diese über verschiedene Kanäle hinweg aufbauen. Wie das geht, behandeln wir in Kapitel 4.

In aller Munde: Twitter und Facebook

Es würde den Rahmen dieses Buches sprengen, alle populären Social-Media-Anwendungen detaillierter zu beschreiben. Wir beschränken uns an dieser Stelle auf Twitter und Facebook, weil diese beiden Plattformen zurzeit am meisten im Gespräch sind.

- Twitter ist ein Microblog, in dem Meldungen von maximal 140 Zeichen veröffentlicht werden. Diese werden all jenen Nutzern in ihrem Nachrichtenstrom angezeigt, die dem Verfasser »folgen«. Das funktioniert etwa so wie bei einem Abo: Wenn man jemandem folgt, kann man die von ihm veröffentlichten Kurznachrichten (»Tweets«) lesen. Folgen sich Twitterer gegenseitig (was sie können, aber nicht müssen), werden sie als Friends bezeichnet. Twitter wird verwendet für kurze, in sich geschlossene Meldungen, für die Bekanntmachung von Nachrichten und neuen Blogbeiträgen, wobei auf die entsprechende Meldung verlinkt werden kann, sowie für die Empfehlung von Beiträgen, Filmen sowie Fotos (ebenfalls verlinkbar). Jeder Twitterer, der seinen Lesern eine solche Nachricht zur Lektüre empfiehlt, indem er sie mit der Retweetfunktion (RT) weitergibt, trägt zur Verbreitung bei.

Ein **Microblog** ist eine Form des Bloggens, bei der die Benutzer kurze, SMS-ähnliche Textnachrichten veröffentlichen können. Prominentester Service ist Twitter.

Dieses Schneeballsystem kann einem Thema innerhalb kürzester Zeit zu großer Verbreitung und Prominenz verhelfen. Twitterer können jemandem, der ihnen folgt, eine Direct Message (DM) senden, die nur dieser sieht. Der Nachrichtenstrom fließt chronologisch, Themen werden nicht gebündelt angezeigt. Eine Hilfe ist der Hashtag (#), mit dem Themen zusammengefasst werden können, also zum Beispiel #WM für alle Tweets über die Weltmeisterschaft. Beliebt sind solche Hashtags zum Beispiel für die begleitende Kommunikation von Veranstaltungen. Das Tempo, mit dem ein Nachrichtenstrom vorwärts fließt, hängt von der Anzahl der Twitterer ab, die jemand abonniert hat. Anspruch ist es nicht, sämtliche Tweets zu lesen, sondern punktuell einen Teil der Meldungen zu verfolgen. Muss ein Thema gezielt verfolgt werden, lohnt es sich, ein Monitoring aufzubauen, die Konten der entsprechenden Twitterer in einer Liste zu organisieren und / oder nach dem Hashtag zu suchen.

Vergleichbare Systeme für die Kommunikation in geschlossenen Gruppen, z.B. in der internen Kommunikation, sind Yammer oder *status.net*, wobei der letztere Dienst auch die Installation hinter der Firewall erlaubt. Wie Twitter genau funktioniert, steht im Twitter-Buch von Tim O'Reilly und Sarah Milstein, das ebenfalls im O'Reilly-Verlag erschienen ist.

- Facebook ist ein soziales Netzwerk, in dem sich Menschen gegenseitig »befreunden«. Einseitige Beziehungen wie bei Twitter gibt es nicht. Auf Facebook stellt man eine Freundschaftsanfrage, die vom anderen angenommen werden muss, damit sie gültig wird. Sie kann aber auch ignoriert werden, ohne dass der Anfragende darüber informiert wird. Auch »entfreunden« erfolgt ohne weitere Mitteilung. Jeder Benutzer verfügt über eine Profilseite, auf der er sich vorstellen und Fotos oder Videos hochladen kann. Auf der Pinnwand des Profils können Besucher öffentlich sichtbare Nachrichten hinterlassen oder Notizen/Blogs veröffentlichen. Alternativ zu öffentlichen Nachrichten können sich Benutzer persönliche Nachrichten schicken oder chatten. Auf Facebook kann jedes Mitglied beliebige Gruppen eröffnen, Firmen, Organisationen oder Künstler können eine Fanseite aufbauen. Für beide Bereiche kann sich jeder, der will, als Mitglied oder Fan hinzufügen. Facebook wurde lange Zeit vor allem privat genutzt. Inzwischen sind zahllose Unternehmen mit eigenen Auftritten online. Freunde sind zunehmend nicht mehr persönliche Bekannte, sondern Kontakte, die sich bereits von anderen Plattformen oder noch gar nicht kennen. Mit der Einstellung der Privatsphäre und mit Kontaktlisten stellt jedes Mitglied selbst ein, wer welche Informationen zu Gesicht bekommt. Wie Facebook genau funktioniert, steht im Facebook-Buch von Annette Schwindt, das ebenfalls im O'Reilly-Verlag erschienen ist.

XING und LinkedIn sind darauf ausgelegt, im beruflichen Umfeld zu netzwerken, also mit Geschäftspartnern Kontakt aufzunehmen sowie Jobs, Kollegen und Mitarbeiter zu finden.

Weitere soziale Netzwerke, die im deutschsprachigen Raum beliebt sind und nach ähnlichem Muster funktionieren, sind zum Beispiel StudiVZ, die Lokalisten, myspace sowie die Business-Netzwerke XING und LinkedIn. Sie weisen jedoch in ihrer Popularität erhebliche Schwankungen auf.

Die Dynamik der neuen Gemeinschaft

Nutzer sind im Social Web Mitglied einer virtuellen Gemeinschaft und somit Teil der gesellschaftlichen Öffentlichkeit. Das klingt Ihnen zu abstrakt? Dann schauen wir uns ein Beispiel an. Im Sommer 2010 wurde in Münster ein Blumenkübel von Vandalen umgestoßen und sorgte kurz darauf im Internet für Furore. Was war geschehen? Eine Praktikantin der Münsterschen Zeitung hatte zu tief in die rhetorische Kiste gegriffen und eine triviale Meldung mit folgendem Satz eröffnet: »Fassungslos waren die Bewohner des Antoniusstifts, als sie am Dienstagmorgen vor die Tür sahen: Einer der zwei Blumenkübel vor dem Eingang des Altenheimes wurde umgestoßen und lag zerbrochen vor dem Eingang.« Dazu gab es ein

Foto vom Topf. Ein Redaktionskollege setzte die Meldung mit Link in Twitter ab. Ein weiterer Onliner griff sie auf und machte daraus ironisch eine +++EIL+++-Meldung.

Was darauf geschah, war in der Tat überraschend: Diese kleine Meldung fand bei Twitter schnell Verbreitung und an diesem einen Tag überboten sich Twitterer im Minutentakt mit ironischen, zynischen und lustigen Kommentaren zum Hashtag Blumenkübel. Wie Sie inzwischen wissen, wird der Hashtag auf Twitter eingesetzt, um Tweets zum selben Thema zu kennzeichnen. Das Thema entwickelte eine beeindruckende Dynamik: #Blumenkübel schaffte es binnen kurzer Zeit auf Platz fünf der weltweiten Twitter-Trends, was darauf schließen lässt, dass zum Thema einige tausend Tweets abgesetzt wurden. Die gleichentags eröffnete Seite auf Facebook zog über 10.000 Fans an (Abbildung 1-13), und schließlich wurde das Thema auch von den klassischen Medien wie BILD, ZDF heute und Handelsblatt aufgegriffen (Abbildung 1-12).

◀ Abbildung 1-12
Der Blumenkübel, der die Welt bewegte

So pflanzte sich das Thema auch in die Offline-Welt fort, sodass auch Leute im Bild waren, die sich sonst nie im Social Web bewegen.

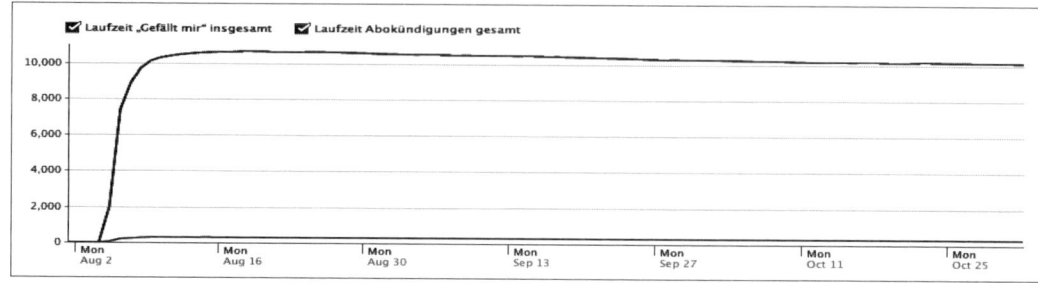

Abbildung 1-13 ▲
Beachtlicher Fanzuwachs innerhalb eines Tages für die Facebook-Gruppe Blumenkübel

Natürlich kann man dieses Beispiel belächeln und als trivial abtun. Es zeigt aber mit großer Deutlichkeit, wie viele Menschen im Web 2.0 gemeinsam ein Thema aufgreifen und ihm eine manchmal überraschende Dynamik verleihen können. Diese Dynamik muss nicht positiv für die Betroffenen sein: Es gibt einige Beispiele, bei denen sich viele »Davids« im Web gegen einen »Goliath« solidarisiert und ein Thema in Schwung gebracht haben. Für das Unternehmen sicher unerwünschte Prominenz hat Jack Wolfskin im Oktober 2009 mit einer Abmahnrunde erlangt. Der Outdoor-Bekleidungshersteller mit der Wolfspfote hatte zwei junge Mütter und stickbegeisterte Damen abgemahnt, die ihre Werke mit Tatzen versehen hatten, die dem Jack-Wolfskin-Logo ähnelten. Ein Beitrag im »Werbeblogger« über diese juristische Intervention gab den Ausschlag für eine Welle der Wut, die übers Wochenende via Social Web über Jack Wolfskin hereinbrach. Die Verantwortlichen bei Jack Wolfskin dürften nach dem Wochenende nicht schlecht über das immense negative Echo gestaunt haben.

In der Offline-Welt erleben wir ein solches Gefühl von Gemeinschaft mit uns unbekannten Menschen zum Beispiel, wenn wir im Fußballstadion gemeinsam mit den anderen Fans unserer Mannschaft zujubeln. So ist das auch im Social Web. Hier finden Menschen nicht aufgrund von gleichen demografischen Eigenschaften, sondern durch ein gemeinsames Interesse zusammen. Interessieren sich genügend Menschen für ein Thema, erhält es mehr Aufmerksamkeit und gewinnt an Relevanz.

Dynamik entwickeln nicht nur Themen, sondern auch Menschen. Ein Twitterer, der mit mentions (@) häufig erwähnt, mit Retweet (RT) zitiert und mit steigenden Follower-Zahlen belohnt wird, oder ein Blogger mit wachsenden Abonnentenzahlen, Backlinks (Links von anderen Blogs) und Kommentaren in seinem Blog fühlt sich motiviert und angespornt, weiterhin sein Bestes zu geben. Brian

Solis sagt das so: Mit Social Media, und insbesondere mit Twitter, erschaffen wir eine neue Generation von digital extravertierten Menschen, die mit jeder Online-Interaktion Selbstvertrauen gewinnen. Dieses wird verstärkt durch jedes neue Update, jeden neuen Follower, Retweets, öffentliche Anerkennung und Rückverlinkung auf eigene Beiträge[3]. Im Social Web haben solch aktive Menschen die Chance, sich eine Online-Reputation aufzubauen, die bis zu einer Mikro-Prominenz in ihrem Themengebiet führen kann.

Neuerungen müssen Fuß fassen

Vieles ist neu. Und neue Errungenschaften etablieren sich nicht von heute auf morgen, es braucht seine Zeit, bis sich genügend Anwender zusammenfinden, wie Abbildung 1-14 zeigt. Die Ersten sind die Early Adopters, jene frühzeitigen Anwender, die enthusiastisch alles ausprobieren, was neu und innovativ ist. Ihnen folgt die frühe Mehrheit (»early majority«), die einen pragmatischen Ansatz verfolgt und darum vorne mit dabei ist, weil sie einen Mehrwert und Nutzen erwartet. Eher konservativ ist die späte Mehrheit, die nicht zurückstehen will und sich aus diesem Grund an den Entwicklungszug anhängt. Ganz zuletzt kommen jene Nachzügler, die einen Dienst oder ein Angebot nur deshalb nutzen, weil es gar keine Alternative mehr gibt. Sobald zum Beispiel ein Anbieter seine Produkte nur noch im Online-Shop anbietet, müssen sie den Schritt ins Internet tun – oder auf den Kauf verzichten. Jede technische Neuerung und jedes Produkt muss diesen Prozess von der Verbreitung bis hin zur erfolgreichen Annahme aufs Neue durchlaufen.

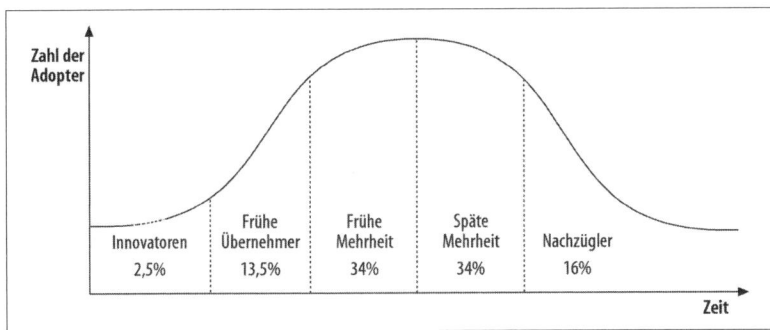

◀ **Abbildung 1-14**
Prozess der Verbreitung von Innovationen

---

3 »In Social Media, with an emphasis on Twitter, we are creating a new generation of digital extroverts who gain confidence in online interaction reinforced by every new update, follower, retweet, public acknowledgment and linkback.«

Und wie gehen Menschen mit den rasanten Entwicklungen um? Sie wagen sich zwar unterschiedlich schnell an die Neuerungen, wie wir gesehen haben. Aber sie nutzen diese mit der Zeit und irgendwann können sie sich nicht mehr vorstellen, je ohne sie gelebt zu haben. Hand aufs Herz, könnten Sie sich Ihr Leben ganz ohne Internet vorstellen? Dann geht es Ihnen vermutlich wie 70% der Deutschen, die inzwischen online sind: Für sie ist das Internet zum Alltag geworden, sie nutzen es gewohnheitsmäßig (fast) täglich. Dies ergibt die ARD/ZDF-Online-Studie2010. Zu den meistgenutzten Inhalten im Netz gehören aktuelle Nachrichten; etwa 58% informieren sich inzwischen über das Neueste vom Tage über das Internet.

Fast vergessen ist die Zeit, als sich die ganze Familie um das einzige Fernsehgerät im Haushalt versammelte, um die Abendnachrichten zu verfolgen. Vorbei auch die Zeit, als die Medien diktierten, wann, wo und wie Informationen konsumiert werden können. Geschichte jene Momente, bei denen die volle Konzentration auf einem Medium lag. Heute bestimmt jeder selbst, wann, wo und wie er sich informiert. Bessere technische Voraussetzungen, einfach zu bedienende Software und der fast lückenlose Zugang zum Internet schaffen hierzu die idealen Voraussetzungen. Die klassischen Medien wie Printmedien, Radio und Fernsehen haben dabei keineswegs ausgedient. Die ARD/ZDF-Online-Studie 2010 zeigt, dass am Morgen das Radio und am Abend das Fernsehen die Medien der Wahl sind. Zeitungen und Zeitschriften gehören zum Morgenkaffee und im Internet werden Medienangebote den ganzen Tag hindurch genutzt. Dabei fällt aber das Rascheln der Zeitung immer öfter aus und die TV-Fernbedienung bleibt ungenutzt liegen, weil diese Medien zunehmend auch online konsumiert werden.

Immer kleinere, mobile Geräte, die für immer mehr Menschen erschwinglich sind, sowie leistungsfähigere Internetzugänge öffnen auch den Weg zur Nutzung unterwegs. Nachrichten erreichen uns, wo und wann immer wir dies wollen. Wer die Morgennachrichten im Radio verschlafen hat, hört sie auf dem Weg zur Arbeit nochmals. Eilmeldungen hören wir nicht mehr primär im Radio, sondern erfahren sie über Twitter oder andere Online-Newskanäle. Und natürlich haben wir die Möglichkeit, unterwegs nicht nur Mails abzurufen und zu beantworten, sondern auf Twitter, Facebook und weiteren sozialen Plattformen zu kommunizieren, was wir gerade erleben und sehen.

Mobil ist aber nicht nur die Nutzung, sondern zunehmend sind es auch die Inhalte. Ortsbasierte Dienste wie Wikihood, Foursquare,

Qype oder Facebook Places geben uns Auskunft über den Ort, an dem wir uns gerade aufhalten: Wo gibt es in der Nähe ein Restaurant, eine Apotheke, Sehenswürdigkeiten, sind Freunde in der Nähe und haben sie uns vielleicht einen Tipp hinterlassen? So werden Online-Angebote Teil der Offline-Welt. Diese geobasierten Angebote stecken heute noch in den Kinderschuhen, aber sie werden in Zukunft eine wichtige Rolle spielen.

Die neue Medienvielfalt und ihre Folgen

Wir haben also die Qual der Wahl, das Überangebot an Informationen zwingt den Nutzer zur Selektion. Oft trifft er diese Wahl nur unzulänglich, indem er mehrere Medien gleichzeitig nutzt. So ist es nicht unüblich, dass sich der Medienkonsument verpasste Sendungen anhört und gleichzeitig in der Zeitung blättert. Oder dass er einen Text schreibt und zwischendurch immer wieder mal auf Twitter oder Facebook nach News Ausschau hält und gleichzeitig telefoniert. »Multitasking« heißt das Schlüsselwort, und es bedeutet, dass Menschen (vermeintlich) immer geschickter zwei oder drei Medien gleichzeitig nutzen. Das bleibt nicht ohne Folgen. Die Konzentrationsspanne wird kürzer, die Ablenkungen sind zahlreich und längere Beiträge verfolgen viele kaum mehr bis zum Ende. Wir können zudem nie allen Medien gleichzeitig dieselbe Aufmerksamkeit schenken. So degradieren wir jene, die unsere Konzentration am wenigsten beanspruchen, wie Radio und immer stärker auch Fernsehen, zu Begleitmedien.

Veränderte Mediennutzung fordert die Anbieter

Für die Anbieter von traditionellen Medien stellt diese neue Form der Mediennutzung gleich eine dreifache Herausforderung dar. Sie können sich nicht mehr nur auf einen Kanal konzentrieren, sondern müssen dahin gehen, wo ihre Zielgruppen sind, und die News möglicherweise auf mehrere Kanäle verteilen. Zudem stehen sie mitten im Wettbewerb um Aufmerksamkeit, und sie punkten nur mit attraktiven, in Text, Bild und Ton aufbereiteten Informationen. Hinzu kommt der Zeitdruck. Onliner erwarten von ihrer Zeitung rund um die Uhr aktuelle Informationen im Web. Trotz aller Anstrengungen verlieren die klassischen Massenmedien ihre Rolle als alleinige Gatekeeper, sie entscheiden nicht mehr alleine, welche Informationen den Weg in die breite Öffentlichkeit schaffen. Gerade mit dem Social Web erhalten Menschen und Gruppierungen, die wissen, wie man sich Gehör verschafft, eine immer gewichtigere Stimme.

Thomas Pleil, Professor für Public Relations an der Hochschule Darmstadt, spricht in diesem Zusammenhang vom 'vormedialen Raum'. Damit meint er, dass Öffentlichkeit nicht mehr allein durch professionelle Kommunikatoren wie Journalisten und PR-Profis hergestellt wird. Im Social Web können Themen zum Beispiel via private Blogs, Facebook oder Twitter in die öffentliche Wahrnehmung gelangen. Diese Orte der Veröffentlichung können Konversationen und Diskussionen auslösen, ohne dass klassische Medien daran beteiligt sind. Durch die Vernetzung der Menschen und die Verlinkung der Inhalte können Themen fast beliebig große Öffentlichkeiten erreichen. Wenn es in Folge dazu kommt, dass Journalisten der traditionellen Medien diese Diskussionen aufgreifen und für ihr Medium aufbereiten, dann geht, um es mit den Worten von Thomas Pleil zu sagen, der vormediale Raum in den medialen Raum über.

In einer Trendstudie haben die Forscher Lothar Rolke und Johanna Höhn von der Fachhochschule Mainz vorausgesagt, dass die deutschen Tageszeitungen bis ins Jahr 2018 30% ihrer Leser an das Internet verlieren werden. Insbesondere beim Kampf um die Gunst der Jugendlichen sind sie fast chancenlos, zu groß ist die Konkurrenz. »Besonders erstaunt hat uns zum einen die Selbstverständlichkeit, mit der die jüngere Generation die verschiedenen Online-Angebote nutzt, und zum anderen die Geschwindigkeit, mit der die 35- bis 50-Jährigen gelernt haben, die neuen Informations- und Kommunikationsmöglichkeiten zu gebrauchen«, erklärte Rolke gegenüber Spiegel Online. Mittlerweile ist das Internet als kombinierter Informations-, Unterhaltungs- und Einkaufsführer fester Bestandteil unseres Alltags und Berufslebens.

Die alten Medien passen sich an

Als die ersten Telefone, das Radio und später TV-Geräte in die Haushalte kamen, wurde immer wieder aufs Neue gerätselt, ob die neue Errungenschaft das bisher Dagewesene ablösen würde. Das sogenannte Riepl'sche Gesetz der Medien besagt, dass kein Instrument der Information und des Gedankenaustauschs, das einmal eingeführt wurde und sich bewährte, von anderen vollkommen ersetzt oder verdrängt wird. Heute wissen wir, dass neue Technologien die alten meist ergänzen. Das Fernsehen wurde einst als Feind von Radio und Kino gesehen. Beide gibt es heute noch. Warum? Die bisherigen Angebote passen sich eher den neuen Gegebenheiten an, statt zu verschwinden. Die Radiomacher beispielsweise gingen dazu über, kürzere Beiträge auszustrahlen und die Sendezeit mit Background-Musik und leichter Unterhaltung zu füllen. So wurde das Radio über kurz oder lang zum Begleitmedium.

Die Anpassung des Mediums ist ein Thema, die alternative Nutzung der Technologie ein anderes. Heute machen viele Fernsehsender ausgewählte Sendungen auch online zugänglich. Analog dazu stellen Radiostationen ausgewählte Sendungen als Podcast zu Verfügung, der Hörer legt so selbst fest, wann und wo er einen Beitrag hören möchte. Aber auch Printmedien wie das Geo-Magazin, die Süddeutsche Zeitung oder die Frankfurter Allgemeine Zeitung nutzen diese Technologie, um leseverdrossenen Medienkonsumenten ihre Inhalte auf lebendige Weise über das Ohr zu präsentieren. Zahlreiche Unternehmen wie Coca-Cola, Mercedes Benz, die Bank Julius Baer und Audi setzen Podcasts in der internen wie auch in der externen Kommunikation ein. Zeitungen kämpfen mit schwindenden Leserzahlen (Abbildung 1-15), und schon längst haben sie ihre Inhalte ins Internet gestellt, um näher ans Publikum zu rücken.

Podcasts sind einzelne oder Serien von Beiträgen in der Form einer Audio- oder Videodatei (Videocast) im Internet, die man sich auf Computer, MP3-Player o.ä. herunterladen kann.

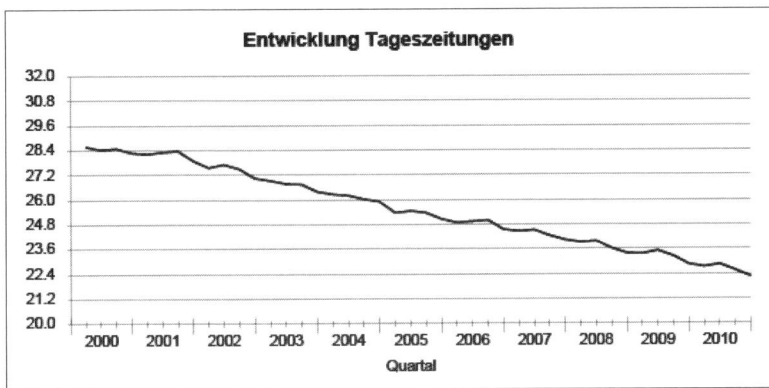

◀ **Abbildung 1-15**
Der Sinkflug der Auflagen der bezahlten Tageszeitungen ist ungebremst. Quelle: www.ivw.de

Viele Publikationen sind auch dazu übergegangen, ihre News als App (Anwendung) für iPhone und andere Smartphones bereitzustellen. Sie haben verstanden, dass die Menschen nicht mehr zwingend auf dem Papier, sondern auf verschiedenen technischen Geräten lesen. So werden Tablet-PCs, wie das iPad oder der Kindle, das Leseverhalten weiter beeinflussen und den Sog der Printmedien ins Netz weiterhin verstärken. Medienforscher Heinz Bonfadelli, Professor an der Universität Zürich, sagt dazu in einem Interview mit Die Zeit, dass künftig mehr gelesen werde, wenn auch in kleineren Portionen, und dass dies vor allem online geschehen werde. Diese Erkenntnis müssen Unternehmen für ihre Kommunikation nutzen.

Wie, darauf kommen wir später in diesem Buch noch einmal zu sprechen.

Medienanbieter sehen in dieser Entwicklung auch neue Geschäftsmodelle. Sie arbeiten fieberhaft an Lösungen, um ihre Printerzeugnisse in einem ansprechenden Format auch auf mobile Geräte zu bringen. Mit dem Schritt ins Internet gehen die Medien auf den Leser zu. Sie setzen sich aber auch einer größeren Konkurrenz aus, denn schon einen Klick weiter wartet das nächste Informations-Angebot.

Natürlich gibt es bei der Entwicklung von neuen Medien immer auch Verlierer. Ein eindrückliches Beispiel sind die Filme für analoge Kameras, die aus den Ladenregalen nahezu verschwunden sind. Diese Entwicklung bedeutet natürlich nicht, dass die Fotografie tot wäre: Dank Digitalkameras wird heute mehr fotografiert denn je. Ein Beispiel dafür, dass eine ganze Industrie stark unter einem veränderten Medienumfeld leiden kann, ist die Musik-Industrie. Musik-CDs werden zunehmend von – teilweise illegalen, kostenlosen – Online-Angeboten verdrängt, sodass sich damit nur noch schwer Geld verdienen lässt. Heute sind es Bücher, Magazine und Zeitungen, welche die Reise in die digitale Welt antreten. Damit wird aber auch klar, dass Texte nicht verschwinden werden; gelesen wird weiterhin – Printmedien verlängern ihre Reichweite in die Online-Welt und nutzen deren Vorteile.

Orientierung im Social Web

Den Mediennutzern verlangt das Web 2.0 einiges ab. Sie schwimmen alle in einem permanenten Strom von Informationen, aus dem sie herausfiltern müssen, was für sie interessant und relevant ist. Niemand nimmt für sich in Anspruch, dass er eine Zeitung von der ersten bis zur letzten Zeile durchliest. Dennoch sind wir genügend medienkompetent, um uns vom Umfang der Informationen nicht erschlagen zu lassen. Wir haben unsere eigene Strategie der Zeitungslektüre entwickelt und nutzen für die Auswahl Hilfsmittel: Ressort, Autor, Titel, Lead und Illustrationen sind Elemente, an denen wir unsere bewusste oder auch unbewusste Entscheidung für die Lektüre fest machen. Und wir haben kein Problem damit, Artikel, die uns nicht interessieren, »links liegen« zu lassen. Ein solcher selektiver Konsum ist auch online möglich. Newcomer im Social Web, besonders auf Twitter, sind erst mal von der riesigen Flut an Informationen eingeschüchtert. Wie das Beispiel mit der Zeitung illustriert, muss dies nicht sein. Es reicht, punktuell mitzulesen, um sich ein Bild zu machen. Und wir nutzen auch online Entscheidungshilfsmittel wie Autor, Quelle und Aufmachung. Wichtige Informationen werden sichtbar, weil sie weitergereicht werden und daher immer wieder im Informationsfluss auftauchen.

»If the news is that important, it will find me.«

Wenn die Nachricht wirklich wichtig ist, wird sie mich erreichen, hat laut »New York Times« ein amerikanischer Student schon Ende März 2008 gesagt und damit den Nagel auf den Kopf getroffen.

Mit Schlagwörtern klassifizieren

Wie schafft man es, die Fülle an Informationen, die das Internet theoretisch zugänglich macht, zu strukturieren? Eine große unsortierte Sammlung von Informationen ist für uns zunächst einmal genauso wertlos wie ein Karton voller alter Familienfotos, die nicht beschriftet sind. Damit Informationen für uns einen Wert erhalten und zu Wissen werden, das wir teilen und wieder abrufen können, ist es nötig, diese zu kennzeichnen. Solche Kennzeichen nennt man Tags. Taggt, d.h. kennzeichnet man beispielsweise einen Link, dann gibt man ihm jene Schlagwörter, die man mit dem Inhalt assoziiert. Eine Präsentation, die zeigt, wie man in PowerPoint eine Animation einfügt, könnte folgende Tags tragen: PowerPoint, Illustration, Tipp, Präsentation, Marketing. Hier gibt es kein »richtig« oder »falsch«, jeder Nutzer legt die Stichwörter intuitiv fest und ruft sie so auch ab. Arbeitet ein Team zusammen, werden im Zweifelsfall besser ein paar Stichwörter mehr angelegt, als dass man sich über die Festlegung eines einzigen passenden Begriffs streitet. Die Inhalte müssen ja von allen wiedergefunden werden. Das Verfahren, Begriffe zu klassifizieren, nennt man Taxonomie. Wird die Verschlagwortung von Dingen und Inhalten von einer großen Gruppe Menschen kollektiv benutzt, spricht man von Folksonomy (abgeleitet aus folktaxonomies, zu Deutsch Laien-Taxonomien). Links zu wertvollen Inhalten können auf geeigneten Plattformen wie *www.diigo.com* und *www.mister-wong.com* abgelegt, abgerufen und mit anderen Onlinern geteilt werden.

Wenn Menschen zu Suchmaschinen werden

Wir kanalisieren also die Informationsflut, indem wir auswählen, gewichten und nach Bedeutung klassifizieren. Wenn wir ein Produkt kaufen, eine Antwort finden oder ein Problem lösen müssen, fragen wir Google. Uns antwortet eine von Algorithmen gesteuerte

Maschine. Stellen wir auf Twitter, Facebook oder XING eine Frage, antworten uns Menschen. Die Chance, dass die Antwort für uns relevant ist und uns weiterhilft, ist je nach Fragestellung ungleich größer. Für die Selektion verlassen wir uns deshalb nicht alleine auf Suchmaschinen, sondern zunehmend auch auf Tipps und Meinungen von anderen Onlinern. Wertvolle Helfer sind auch Dienste wie beispielsweise *www.diigo.com*. Sie bieten nicht nur die Möglichkeit, Links zu speichern (Bookmarking) und diese mit Bemerkungen und intuitiven Schlagwörtern (Tags) zu versehen. Sie bieten auch die Möglichkeit, Bookmarks zu teilen (siehe Abbildung 1-16). Ein Klick auf das »Share zeigt uns nicht nur, wer außer uns den Link gespeichert hat, sondern welche Themen die jeweilige Person ebenfalls interessieren und unter welchen Tags sie diese abgelegt hat. Ein weiterer Vorteil ist, dass diese Anwendungen alle webbasiert sind und sich hervorragend für ein standortübergreifendes Knowledge-Management in Unternehmen und Organisationen eignen, da man von überall auf die Informationen zugreifen kann. Will sich ein Unternehmen als Kompetenzzentrum für ein Thema etablieren, kann es dies tun, indem es passende Inhalte kuratiert. Dies bedeutet, dass es interessante Links zusammenträgt, diese aussagekräftig kommentiert, mit Tags versieht und seinen Stakeholdern zugänglich macht.

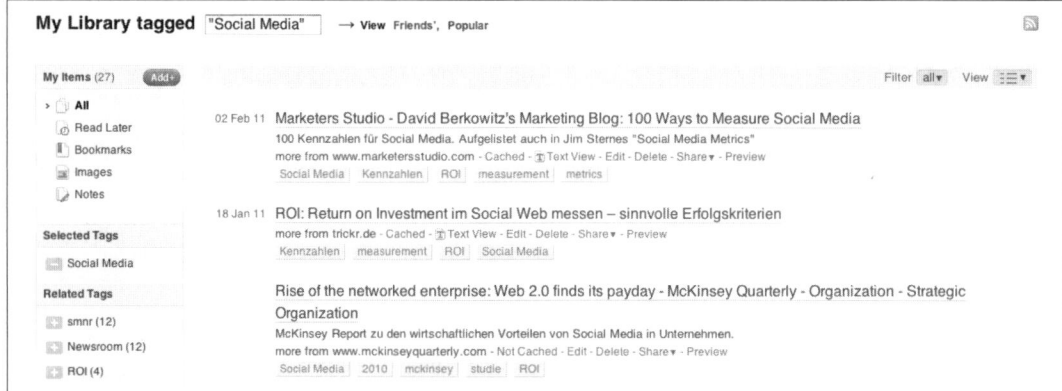

Für die Unternehmenskommunikation hat die Selektion noch eine weitere Dimension. Bietet ein Unternehmen spannend aufbereitete Inhalte, die überdies attraktiv aufgemacht sind, erhöht das seine Chance, bei der Selektion berücksichtigt zu werden. Der Leser wählt aber letztlich selbst, aus welchen Quellen, Massenmedien offline wie online, Unternehmensnachrichten oder sozialen Netzwerken er seinen Nachrichtenstrom zusammenstellt und sich die Informationen holt, für die er sich interessiert. Dass er sich dabei die besten Rosinen aus dem Kuchen pickt, dessen muss sich jeder bewusst sein, der Informationen anbietet.

Auf einen Blick

- Wir legen selbst fest, wann, wo und wie wir kommunizieren und uns informieren.
- Die mobile Nutzung von Online-Inhalten und damit verbunden geobasierte (standortbezogene) Dienste halten Einzug in unseren Alltag.
- Wir kombinieren verschiedene Medien (Zeitung, Radio, TV) und nutzen diese auf unterschiedlichen Trägern (PC, iPad, Smartphone).
- Die klassischen Massenmedien, ob offline oder im Web, sind nicht mehr die alleinigen Gatekeeper.
- Wir konsumieren nicht mehr linear, sondern parallel. Bei diesem Multitasking werden verschiedene Medien (Radio, TV) zu Begleitmedien degradiert.
- Informationen werden erst dann auffind- und verwertbar, wenn sie durch die Teilnehmer im Web mit Hilfe von Tags strukturiert und online abgelegt werden.
- Die Gespräche sind verteilt auf verschiedene Kanäle, die Leser entscheiden selbst, wo sie kommentieren wollen.
- Der vormediale Raum macht es möglich, dass Themen unabhängig von klassischen Medien und Berufskommunikatoren in die öffentliche Wahrnehmung gelangen. So werden – zum Beispiel über private Blogs, Facebook oder Twitter – Diskussionen ausgelöst, die durch vielfache Verlinkung große Kreise ziehen können.
- Die Menschen im Social Web sind durch gemeinsame Interessen und nicht durch demografische Daten verbunden.
- Nach der 90-9-1-Regel sind nur wenige Menschen wirklich als Kreatoren aktiv. Der größte Teil der Inhalte wird von einigen wenigen Aktiven publiziert.
- Egal welche Anwendung sie nutzen, für Menschen stehen im Social Web immer die gleichen drei Dinge im Vordergrund: Identitätsmanagement, Beziehungsmanagement, Informationsmanagement.
- Die Summe des geteilten Wissens ist größer als die einzelnen Teile. Crowdsourcing wird von immer mehr Unternehmen genutzt.
- Mobile Anwendungen sind der große Trend. Sie werden dank immer besserer und günstigerer Smartphones und erleichtertem Zugang zum Internet mittelfristig fester Bestandteil unseres Alltags sein.

KAPITEL 2

Was sich ändert: Folgen für die PR

@sarahcooley
Sarah Cooley

BP wants Twitter to shut down a fake account mocking the oil company. Twitter wants BP to shut down the oil leak that's ruining the ocean.

2 Juni via Tumblr ☆ Von den Favoriten entfernen ↺ Retweete ↩ Antworten

Die Renaissance der PR

Jeder, der schon versucht hat, einem Laien zu erklären, was PR bedeutet und bewirkt, weiß, wie schwierig das ist. Aus über 500 Definitionen von PR überzeugt uns jene von Albert Oeckl, der uns bereits 1964 eine klare Anweisung für den Berufsalltag mitgegeben hat:

> »Öffentlichkeitsarbeit ist das bewusste, geplante und dauernde Bemühen, gegenseitig Verständnis aufzubauen und Vertrauen zu pflegen.«

Wenn Oeckl von bewusstem Bemühen spricht, heißt das: PR-Schaffende wissen, wie wichtig Kommunikation ist, damit die internen und externen Abläufe eines Unternehmens funktionieren. Sie kennen die Unternehmensziele und bauen ihre systematische Planung darauf auf. Ihre Arbeit legen sie auf Kontinuität aus, abrupte Kurswechsel oder Zufälligkeiten versuchen sie zu vermeiden. Ihnen ist klar, dass es einen Ausgleich zwischen den Interessen des Unternehmens und denen der (Teil-)Öffentlichkeit braucht. Mit Transparenz und offener Information nach innen und nach außen wollen sie Verständnis aufbauen, das in Vertrauen resultiert.

Alles bekannt und darum Schnee von gestern? Dass wir hier etwas ausgeholt haben, hat seinen guten Grund. In dieser Definition stecken Schlüsselbegriffe, die auch heute, in der Zeit der Realtime-PR und des Mitmachweb, ihre Gültigkeit behalten: bewusst, geplant, dauernd, gegenseitig, Verständnis, Vertrauen. Welchen dieser Begriffe würden Sie heute aus dem PR-Wortschatz streichen? Sie haben ihre Bedeutung nicht verloren, aber die Rahmenbedingungen haben sich verändert.

Ein wichtiger Bestandteil dieser Definition ist die Planbarkeit der PR-Arbeit: So gilt bis heute das Konzept als Basis jeder soliden PR-Arbeit. Dieses legt die Kommunikation nach innen und nach außen fest, in Einklang mit den unternehmerischen Zielen. Ziele, Zielgruppen und klare, abgestimmte Botschaften werden in die Kommunikationsstrategie eingebettet. Sauber terminierte Maßnahmen- und Budgetpläne erlauben es, das anstehende Jahr bereits im Vorfeld gedanklich abzuschreiten. Die Corporate Identity gibt den Rahmen vor. Die »One-Voice-Policy« sichert einen einheitlichen Auftritt mit dem Ziel, ein stimmiges Gesamtbild und eine möglichst große Wiedererkennung zu erreichen. Das Unternehmen, und vertretend dafür die PR, hat kommunikativ das Heft in der Hand. Kontrolle bestimmte die PR – bis jetzt.

Und heute? Wir haben bereits verstanden, dass das Web 2.0 die Kommunikation verändert, dass es an ihren Grundfesten rührt und ein radikales Umdenken erfordert. Wir erleben eine allgemeine Aufbruchsstimmung ins Social Web, und solange das Wissen um die Möglichkeiten und Mechanismen gering oder noch wenig strukturiert ist, beobachten wir verschiedene, oft von Vorurteilen geprägte Stimmungslagen. Gerade bei den Verantwortlichen in Unternehmen und Organisationen wechseln sich Euphorie, Unsicherheit und Ablehnung ab. Einerseits scheinen die Möglichkeiten im Social Web angesichts neuer Freiheiten in der Kommunikation und Offenheit im Umgang fast grenzenlos. Anderseits fürchten viele den Verlust von Kontrolle, gerade wegen dieser Freiheiten und der Offenheit. Andere wiederum tun das Social Web als »Hype« ab, der nicht von Dauer und darum auch nichts für ein seriös arbeitendes Unternehmen sein könne. Und es entstehen Fragen: Wie gehen wir damit um, wenn im Web kritisch über uns gesprochen wird? Müssen wir permanent den Dialog pflegen, woher nehmen wir dafür die Zeit? Wir wollen doch unser Wissen der Konkurrenz nicht preisgeben, müssen wir alles teilen? Wie verhalten wir uns im Social Web? Was geschieht, wenn wir Fehler machen? Und werden wir überhaupt aufgenommen? Viele Fragen, die PR-Schaffenden auf den Nägeln brennen. Die Fragen sind berechtigt, aber es besteht kein Grund zur Unruhe.

Richtig ist, dass über kurz oder lang kein Unternehmen mehr um das Social Web herumkommt. Wenn es nicht selbst aktiv wird, muss es zumindest die Ohren spitzen. Die Gespräche im Netz werden für immer mehr Anbieter relevant. Möglicherweise gehören auch Sie zu jenen Kunden, die sich immer öfter im Internet informieren, bevor sie ein Produkt kaufen oder eine Dienstleistung in Anspruch nehmen. Auch Reklamationen oder Verbesserungsvorschläge finden zunehmend den Weg ins Web. Neu ist, dass Meinungen und Anliegen nicht mehr diskret über ein Kontaktformular oder per Mail abgewickelt werden, sondern potentiell für jedermann sichtbar sind. Diese Art der öffentlichen Beobachtung kann für ein Unternehmen unangenehm sein, auf der anderen Seite aber auch eine riesige Chance bedeuten, wenn das Thema richtig angegangen wird. Schritt Nummer eins ist, dass ein Unternehmen zuhört, damit es im Bild ist, welche Rolle es in den Online-Konversationen spielt.

Richtig ist auch, dass einige Herausforderungen anstehen, die PR-Praktiker für ihre Organisation meistern müssen. Diese betreffen nicht nur die Inhalte, sondern auch Abläufe und Strukturen im Unternehmen, ein Thema, das wir in diesem Kapitel noch weiter vertiefen. Einige postulieren bereits den völligen Verlust von Kontrolle, doch dieses Szenario erscheint uns bei Weitem zu pessimistisch und angstgetrieben. Wir sind der Meinung, dass wir in der Kommunikation zwar die Zügel lockern, den Gaul aber dennoch nicht ohne Führung durchbrennen lassen sollten. Wenn Sie dieses Buch fertig gelesen haben, werden Sie nicht nur die Zusammenhänge besser verstehen, sondern einige handfeste Ratschläge und Instrumente in der Hand haben, die Ihnen helfen, Ihre Kommunikation im Social Web zu planen. Und ja, Sie haben richtig gelesen, ohne Planung geht es auch in Zukunft nicht. Ihr folgen aber auf den Fersen eine gute Portion Intuition und Flexibilität.

Neue Wege zum Ziel

Mit der Verbreitung des World Wide Web Mitte der 1990er Jahre haben sich die Strukturen der öffentlichen Kommunikation schrittweise verändert, die traditionellen Massenmedien haben immer mehr an Dominanz verloren. Viele Jahre war Medienarbeit die

Königsdisziplin der PR. Nach dem Motto »wahr ist, was in der Zeitung steht« waren diese Druckerzeugnisse mächtige Multiplikatoren. Presseverantwortliche, die sich mit den eingespielten Routinen, Abläufen und Regeln der journalistischen Arbeit auskannten und wussten, mit welchem Material sie die Medien zu bedienen hatten, nutzten mit der Pressearbeit ein mächtiges Kommunikationsinstrument. Journalisten waren die Wärter an der Schleuse des Informationsflusses. Als Gatekeeper entschieden sie, was in den Medien und damit auf der öffentlichen Agenda erschien.

Mit der zunehmenden Verbreitung des Internets öffnete sich ein Ventil: Unternehmen können im Web, ohne Gatekeeper, selbst Öffentlichkeit herstellen und ihre Reputation aufbauen. Damit hat sich aber etwas Grundlegendes verändert: Heute geht es nicht mehr nur darum, die Gunst der Journalisten zu gewinnen, sondern auch die Aufmerksamkeit jener Menschen zu sichern, die für das Wohl der Organisation wichtig sind. Diese erwarten aber angesichts der allgemein stark anschwellenden Informationsflut, dass Sie ihnen neben nutzwertigen Inhalten auch Orientierung bieten. Dies wird zu einem wichtigen Bestandteil des Kommunikationsmanagements.

Formen der Online-PR

PR im Internet gibt es schon seit rund 15 Jahren, die Anfänge gehen bis zum (heute so genannten) Web 1.0 zurück. Thomas Pleil definiert drei Typen von Online-PR, die sich mit der Zeit herausgebildet haben:

- Digitalisierte PR
- Internet-PR
- Cluetrain-PR

Alle drei kommen heute noch vor und werden je nach Ausgangslage und Situation eingesetzt, nachdem der zu erwartende Nutzen und die Kosten abgewogen worden sind. Schauen wir die verschiedenen Typen genauer an; die folgenden Beschreibungen helfen Ihnen zu bestimmen, wo Sie mit Ihrem Unternehmen heute stehen.

Digitalisierte PR informiert

Bereits das Internet der ersten Generation (Web 1.0) war ja eigentlich zur Interaktion vorgesehen, wurde in der PR-Praxis aber vor allem als weiterer Distributionskanal genutzt. Dabei wurde kaum beachtet, dass sich ein kleiner Teil der Nutzer schon damals, und zwar unabhängig von der PR, in Foren und Boards unterhielt. Im Vordergrund steht bei der digitalisierten PR nicht der Dialog, sondern es werden lediglich Informationen über die Organisation und ihre Schlüsselthemen sowie über Produkte und Leistungen bereitgestellt. Corporate Websites fungieren als digitale 24-Stunden-Schalter, an denen bereits vorhandenes PR-Material angeboten wird. Wer es besser weiß und Kapazitäten hat, passt das Material an die Möglichkeiten des Webs an. Das bedeutet, dass Texte in kleine, gut verdaubare Einheiten aufgeteilt und untereinander verlinkt werden (Hypertext). Die Kommunikation verläuft monologisch vom Sender zum Empfänger, also einseitig zum Besucher der Website. Das Unternehmen will in erster Linie online Präsenz zeigen. Mit dieser Art der digitalen PR werden andere Arbeitsgebiete wie beispielsweise Investor Relations oder Media Relations unterstützt und deren Effizienz verbessert.

Internet-PR will überzeugen

Es klingt unglaublich, aber ein wesentlicher Fortschritt in Richtung Austausch mit den Besuchern der Website im Vergleich zur digitalisierten PR ist das zusätzlich geschaffene Feedback- oder Kontaktformular, das ab 1995 mit HTML 2.0 eingeführt wurde. Dieses öffnet doch immerhin einen indirekten Rückkanal von den Bezugsgruppen zur Organisation.

Aber auch auf inhaltlicher Ebene geht die Internet-PR einen Schritt weiter. Der Online-Auftritt soll nicht nur einen Beitrag zur Imagebildung leisten, sondern dazu beitragen, die eigenen Anliegen und Interessen transparent zu machen. Eine Fastfood-Kette bildet also nicht mehr nur strahlende Kinder und das Filialnetz ab, sondern liefert darüber hinaus zum Beispiel Hintergrundinformationen zu den Zutaten und zu Fragen rund um die Entsorgung der Verpackungen. Überdies richtet sie die Möglichkeit ein, die eigene Meinung und Verbesserungsvorschläge über ein Formular mitzuteilen.

Die für den Online-Auftritt verantwortlichen Redakteure passen die Beiträge an die Erwartungen der Leser an. Das klappt nur, wenn sie wissen, wo diese stehen und mit welchen Argumenten sie abgeholt werden können. Sie versuchen also, sich in die Situation des Lesers hineinzudenken und sie beobachten, auf welche Inhalte diese ansprechen. Wichtig ist auch, dass die Besucher dank einer guten Benutzerführung (Usability) der Seite schnell zur gewünschten Information kommen. Die Inhalte werden also nicht nur kanalisiert, sondern es wird auch über die statistische Auswertung der

Seite geprüft, ob und wie sie gefunden und wie häufig sie aufgerufen wird. Obschon die Internet-PR sich bemüht, näher an den Leser heranzutreten, bleibt sie weiterhin monologisch: Eine Seite spricht – die andere Seite hört zu oder liest und kann sich nur begrenzt einbringen. Zum Repertoire der Internet-PR gehören neben der Corporate Website auch Online-Campaigning, Themenwebsites und Online-Magazine.

Cluetrain-PR will verständigen und integrieren

Mit dem Begriff Cluetrain-PR bezieht sich Thomas Pleil auf das vielzitierte Cluetrain-Manifest. Rick Levine, Christopher Locke und weitere Autoren haben im Jahr 1999 in 95 Thesen bemerkenswert visionär beschrieben, wie sich das Verhältnis von Unternehmen zu ihren Kunden durch das Internet neu definiert. »Märkte sind Gespräche« sagen sie und machen damit deutlich, dass im Umgang von Unternehmen und Organisationen mit ihren Zielgruppen das Ende der einseitigen Kommunikation begonnen hat.

Nehmen wir den Begriff »Markt« einmal wörtlich und stellen wir uns folgende Situation vor: Es ist Samstagvormittag, wir besuchen den lokalen Markt. Bei einem Stand bleiben wir stehen und wollen uns von der Marktfrau zu ihrem Käsesortiment beraten lassen. Gerne würden wir mehr erfahren zu den verschiedenen Namen, der Herkunft, dem passenden Wein und dem Preis. Doch alles, was sie uns zur Antwort gibt, ist ein wohlbekannter Werbeslogan. Natürlich würde uns eine solch groteske Situation auf dem Markt nicht begegnen, wohl aber online. Dann schlendern wir weiter, schauen fremden Menschen in die Einkaufstüte, wollen sehen, was sie neben Käse sonst noch gekauft haben. Wir hören ihre Gespräche mit, fragen sie nach ihrer Meinung und hören uns ihre Einkaufsempfehlungen an. Auf dem Markt ist dieses Verhalten sicher nicht überall üblich, im Internet jedoch gehört es heute jedoch ganz selbstverständlich dazu. Wir erhalten auf Amazon & Co. Vorschläge, was andere Onliner, die sich für das gleiche Produkt interessiert haben, auch noch gekauft haben. Und wir sind bereit, uns auf Ratschläge von Menschen, die uns kaum oder auch gar nicht bekannt sind, einzulassen.

So stimmig und schnell erfassbar das Bild des Marktes in der Offline-Welt auch ist, es lässt sich nicht direkt auf die Online-Welt übertragen, weil hier nicht die gleichen Regeln gelten. Der Vorzug, den Konsumenten vom Marktplatz übernehmen, ist jedoch, dass sie künftig auch online nicht mehr einfach wortlos Produkte in ihren Warenkorb legen und zur Kasse gehen. Sie wollen sich auch nicht mehr von einer schön gemachten Seite blenden lassen, sondern klar aufbereitet jene Informationen finden, die sie wirklich interessieren. Und sie erwarten, dass sie in einem offenen Austausch mit dem Anbieter nicht nur transparent über das Angebot informiert werden, sondern auch etwas über den Anbieter erfahren. Natürlich klopfen sie nicht systematisch jedes Unternehmen auf Hintergrundinformationen ab. Aber jeder einzelne hat Themen, zu denen er etwas mehr erfahren möchte als das, was auf dem Etikett steht.

◀ **Abbildung 2-1**
Märkte sind Gespräche, im Web verlaufen sie anders

»Der Kunde ist König«, diesen Spruch machen sich viele Unternehmen zur Devise. Falsch! Der Kunde ist nicht König, er ist Familienmensch, Angestellter, Sportskamerad, Ehepartner und vieles mehr. Kurz – ein Mensch in verschiedenen Rollen mit vielfältigen Interessen. Und genau das ist es, worauf Cluetrain-PR abzielt: den Menschen als Ganzes zu sehen und ihn da abzuholen, wo er mit seinen Interessen steht.

Wir haben es mit Menschen zu tun, die sich mit anderen Menschen austauschen wollen. Sie tauschen sich mit Freunden, Bekannten und Kollegen über Produkte aus; seit Amazon & Co. sind sie es sogar gewohnt, Produkttipps mit Fremden auszutauschen. Sie wissen besser denn je, was ihre Freunde (Peers), Kollegen und jene Bekannten, die sie über sieben Ecken kennen, gerade tun, bevorzugen und konsumieren. Und sie lassen sich in ihren Entscheidungen stark von diesen Eindrücken beeinflussen. Meist beobachten wir auf Facebook, auf Bewertungsplattformen oder in ihren Blogs, wie sie sich äußern. Die meisten Plattformen im Social Web sind zudem darauf ausgelegt, ihnen sofort zu zeigen, was ihre Freunde zum Thema denken. Haben Sie auch schon gestaunt, dass Sie auf Seiten, bei denen Sie es nicht vermutet hätten, ihre Freunde antreffen? Mit dem überall verfügbaren »Gefällt mir«-Button ermöglicht Facebook tiefgreifende Einblicke in die Vorlieben und Interessen unserer Freunde und Bekannten.

Cluetrain-PR berücksichtigt, dass die Menschen untereinander sehr gut informiert und die Konversationen im Web verteilt sind. Unternehmen, die inhaltlich »am Ball« bleiben möchten, betreiben gezieltes Themen- und Issues-Monitoring. Sie folgen kontinuierlich den Gesprächen der digitalen Meinungsmärkte und leiten daraus Maßnahmen ab. Cluetrain-PR bedeutet aber auch, dass sich Unternehmen sozusagen unter das Publikum mischen und Teil von sozialen Netzen werden. Sie bieten also nicht mehr nur professionell aufbereitete Inhalte an, sie machen mit eigenen Präsenzen auf Twitter, Facebook oder YouTube einen großen Schritt auf ihre Zielgruppen zu. Und umgekehrt: Ein Benutzer, der auf Facebook Fan eines Unternehmens wird, lässt dieses auch in sein soziales Netzwerk hinein. Er erlaubt ihm also, Informationen zu schicken, die dann in seiner Nachrichtenübersicht erscheinen. So ist es nur logisch, dass Unternehmen diesen Vertrauensvorschuss nicht verspielen sollten, zum Beispiel, indem sie den Fan mit Spam zuschütten, sondern ihm wirklich nutzwertige Informationen liefern müssen.

Jeder hat ein Thema, zu dem er gerne etwas mehr erfahren möchte, haben wir festgestellt. Jemand, der ein für ihn interessantes Stelleninserat entdeckt, möchte gerne mehr über das Unternehmen wissen, das hinter dem Angebot steht. Der Wähler, der entscheiden muss, welchem Politiker er seine Stimme gibt, interessiert sich auch für den Menschen, der das Wahlversprechen abgibt. Oder schauen wir uns dieses Beispiel an: Jemand, der bei einem Outdoor-Ausrüster seine Trekkingschuhe kauft, könnte sich ebenso für Tipps zu Frühlings-Bergtouren wie auch für neue Techniken der Seil-Sicherung interessieren. Er ist vielleicht bereits ein kleiner Experte auf diesem Gebiet und tauscht sich auch mit seinen Bergsteiger-Kollegen zum Thema aus. Von seinem Ausrüster erwartet er kompetente Antworten. Nicht nur im Laden, sondern auch online. Hier haben wir es also mit einem Mitglied einer thematisch spezialisierten Mikro-Öffentlichkeit zu tun. Ist der PR-Verantwortliche nicht selbst schon passionierter Berggänger, sprengt dies seine Grenzen.

Es wird also sinnvoll sein, weitere Mitarbeiter einer Organisation einzubeziehen und sie zu befähigen, als Multiplikatoren zu wirken und sich in dieser kleinen Öffentlichkeit am Gespräch zu beteiligen. Der offene Austausch, der auf gegenseitige Verständigung und Integration hinausläuft, wird zu einer Leistung der gesamten Organisation. Dieses Engagement trägt wesentlich zum Aufbau der digitalen Reputation bei.

Diese Form der PR, die manchmal Cluetrain-PR und manchmal PR 2.0 genannt wird, definieren wir wie folgt:

> PR 2.0 ist eine Erweiterung der klassischen PR; das bewusste, geplante und dauernde Engagement einer Organisation oder einer Persönlichkeit im Social Web. Sie verfolgt das Ziel, online mit integrierter, vernetzter und transparenter Kommunikation eine Reputation aufzubauen, welche auf Akzeptanz, Verständnis und Vertrauen basiert. Glaubwürdigkeit strebt sie mit personalisierter und authentischer Kommunikation, möglichst in Echtzeit, an. Hauptelemente der öffentlichen Kommunikation mit den Dialoggruppen sind gegenseitiges Zuhören, Interaktion und Kollaboration; im Vordergrund stehen die Bereitschaft und die Fähigkeit zu Dialog und Vernetzung, die auch ohne Vermittler stattfinden kann.

In dieser Definition haben wir die alten und die neuen Anforderungen an die PR miteinander verbunden.

Welches ist der richtige Weg?

Ausgehend von digitalisierter PR über Internet-PR bis zu Cluetrain-PR bzw. PR 2.0 wachsen die Ansprüche an die Kommunikation und machen diese aufwändiger. Bevor wir uns für einen Weg entscheiden und die Strategie festlegen, müssen wir erst einmal die Ausgangslage analysieren. Allzu oft wird das Pferd von hinten aufgezäumt. Früher haben wir öfter eifrige Kunden davon abgehalten, eine Presseinformation zu verschicken, bevor sie »ihre Hausaufgaben gemacht« hatten. Also bevor sie wussten, was sie genau sagen wollten und sich auf kritische Fragen vorbereitet hatten, bevor die Pressemappe fertig war und festgelegt war, wer zum Thema als Gesprächspartner bereitstand. Heute befinden wir uns wieder in einer ähnlichen Situation. Ersetzen Sie Presseinformation mit Facebook-Fanseite und Sie verstehen, wovon wir sprechen.

Social-Media-Berater, die schon einen Twitter-Account oder einen Facebook-Auftritt vorschlagen, bevor sie sich vertieft Gedanken zur Aufgabenstellung gemacht haben, gibt es leider etliche. Wenn Sie dieses Buch gelesen haben, wissen Sie es besser. Wir verstehen den Druck, den Unternehmen verspüren, im Social Web Präsenz zu zeigen, und wir sind überzeugt, dass ein Unternehmen das Social Web nicht links liegen lassen darf. Aber zwischen blindem Aktionismus – »wir sind jetzt auch auf Facebook« – und einem überlegten Vorgehen liegen dennoch Welten. Ihr Vertrauen verdienen jene Berater, die Ihnen gegebenenfalls sagen: »Hände weg von einer Facebook-Seite«, weil dieser Kanal für die anstehenden Aufgaben nicht geeignet ist oder weil die Rahmenbedingungen im Unternehmen eine erfolgreiche Kommunikation im Social Web noch nicht zulassen. Das bedeutet im Übrigen nicht, dass Sie nicht zuhören sollten, im Gegenteil. Bauen Sie Ihr Monitoring im Social Web aus und hören Sie zu, was sich dort tut.

Wir haben die drei Typen der Online-Kommunikation zwar klar umrissen, da es aber um eine schrittweise Entwicklung geht, gibt es in der Praxis auch Zwischenformen. Im Unternehmen müssen in den meisten Fällen Vorgesetzte und Mitarbeiter ihre Einstellungen und ihr Verhalten verändern, und meist ist eine Anpassung von Abläufen und Strukturen nötig. All das vollzieht sich etappenweise. Wenn Sie sich heute schon mal im Social Web umhören, dann ist der erste wichtige Schritt getan.

Die Unternehmenskultur ist entscheidend

Im Internet lesen wir zuhauf Sätze wie »Das Potenzial des Social Web kann nur dann ausgeschöpft werden, wenn die passende Unternehmenskultur oder auch der richtige Geist vorhanden ist«. Oder: »Der Einsatz von Web-2.0-Instrumenten setzt eine Unternehmenskultur voraus, die Offenheit und Transparenz großschreibt.« Gegen diese Feststellungen ist nichts einzuwenden. Aber was fangen wir mit dieser Aussage in der Praxis an? Unternehmenskultur ist ein Begriff, der unserer Meinung nach oft missbraucht wird, um einerseits einem Thema Gewicht zu verleihen: »Das ist eben eine Frage der Kultur«, oder um zu entschuldigen, warum etwas nicht im gewünschten Tempo umgesetzt werden kann: »Das braucht eine Kulturveränderung«. Wenn wir uns auf den Wortsinn von Kultur zurückbesinnen, ist das auch nachvollziehbar. Kultur leitet sich aus dem lateinischen Verb colere ab und bedeutet pflegen und verehren, aber auch wohnen, bewohnen, bebauen, den Acker pflegen. Dies alles sind Tätigkeiten, die auf Langfristigkeit ausgelegt sind. Wir pflegen und verehren nicht heute etwas und lassen es morgen fallen, um uns etwas anderem zuzuwenden.

Nun steht dies auf den ersten Blick im Widerspruch zum Social Web, dessen Technologien sich rasant verändern. Wir können dem Thema etwas von seinem Tempo nehmen, wenn wir uns von der Technologie lösen und uns auf die Leistungen konzentrieren. Haben Sie Bedenken, ein Auto zu fahren, das Sie noch nicht kennen? Kaum, denn Sie wissen, was Sie erwartet: Ein Fahrzeug, das Ihnen als bequemes Transportmittel von A nach B dient. Als Fahrschüler haben wir gelernt, wie man das Fahrzeug bedient und welche Regeln zu beachten sind. War das einmal geschafft und hatten wir ein gewisses Maß an Übung erlangt, spielte es kaum mehr eine Rolle, ob wir uns hinter das Steuer eines Audi, eines Mercedes oder eines Fiat setzten. Diese Lernphase durchlaufen wir auch mit Social Media, die wir für die PR einsetzen.

Wenn es um den Einsatz von Social Media geht, befinden sich PR-Schaffende in einem Spannungsfeld: Im Unternehmen haben Sie es mit Rahmenbedingungen zu tun, die sich nur sehr langsam verändern. Menschen halten an ihren Gewohnheiten und Einstellungen fest, auf Veränderungen reagieren sie mit Verunsicherung. Und selbst wenn sie bereit sind, neue Wege zu gehen, können diese durch starre Abläufe und Strukturen blockiert oder erschwert sein. Unsere Umwelt hingegen legt ein deutlich zügigeres Entwicklungstempo vor. Gemeint sind Privatpersonen, die als Konsumenten frei entscheiden, ob sie ein Face-book-Profil eröffnen, Videos auf You-Tube anschauen oder online einkaufen. Nicht alle Menschen sind Entwicklungen gegenüber gleich aufgeschlossen, sie passen ihre Gewohnheiten unterschiedlich schnell an. Das verschafft Unternehmen ein wenig Zeit. Diese sollten sie aber nicht untätig verstreichen lassen, sondern sich auf die Suche nach der für sie passenden Nutzung des Social Web machen.

Klar ist: Abzuwarten und zu hoffen, dass diese Zeit als Hype vorbeigeht, ist nicht möglich. Social Media sind kein Hype, keine Modeerscheinung. Sie sind vielmehr Ausgangspunkt einer tiefgreifenden Veränderung des Umgangs von Menschen miteinander und von Unternehmen mit ihren Anspruchsgruppen. Wir haben es auch nicht mit einem linearen Prozess zu tun, bei dem wir erst die internen Rahmenbedingungen perfektionieren und dann mit der Kommunikation im Social Web beginnen. Das eine bedingt das andere. Wir setzen uns mit den Möglichkeiten und Regeln des Social Web auseinander, machen erste Erfahrungen und passen wo nötig Abläufe und Strukturen an. Dieses Vorgehen ist so lange in Ordnung, wie eine grundsätzliche Bereitschaft für Veränderungen im Unternehmen gegeben ist. Und das ist eine Frage der Kultur.

Welches ist denn nun die »richtige« Unternehmenskultur, von der so gerne gesprochen wird? Muss sich die Kultur durch den Einfluss des Web 2.0 grundlegend ändern oder können wir es mit Peter F. Drucker halten, der gesagt hat: »Don't change culture, use it ...«? Diese Frage können wir beantworten, wenn wir uns die drei Faktoren, welche die Unternehmenskultur prägen, genauer anschauen. (Abbildung 2-2). Es sind dies die gemeinsamen Wertvorstellungen und Normen sowie die Einstellungen der Mitarbeiter. Letztere basieren auf individuellen Denk- und Verhaltensmustern.

Abbildung 2-2 ▶
Faktoren der Unternehmenskultur

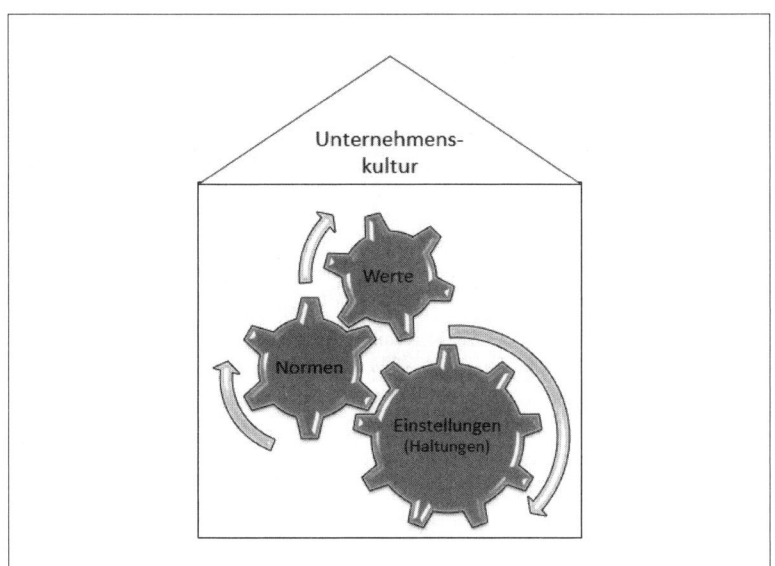

Werte müssen gelebt werden

Die Soziologie bezeichnet Werte als allgemeine Urteilsmaßstäbe, mit deren Hilfe jeder Mensch Objekte und Einrichtungen, aber auch Handlungen und Ideen einschätzt. Die Wertschätzung durch unser Umfeld gibt uns Motivation für unser Tun und eine Daseinsberechtigung. Bezogen auf das Unternehmen repräsentieren sie die Unternehmensethik und meist sind es – auch bei ganz verschiedenartigen Organisationen, egal welcher Größe – die gleichen Werte, die immer wieder genannt werden: Glaubwürdigkeit, Vertrauenswürdigkeit, Transparenz und das Wahrnehmen von gesellschaftlichen, sozialen Verpflichtungen. Dabei handelt es sich um jene

Bekenntnisse eines Unternehmens, die auch ins Leitbild einfließen und veröffentlicht werden. Wir haben für Sie ein paar Beispiele zusammengetragen:

- Integrität und Transparenz bestimmen das Selbstverständnis unserer Gruppe.

- Wir stellen uns unserer Verantwortung – für Mitarbeiter, Gesellschaft und Umwelt.

- Wir sind stolz auf unser Produkt, auf unser Unternehmen – auf uns selbst.

- Unser Management ist sich seiner gesellschaftlichen Verantwortung bewusst und schafft die Voraussetzungen für zeitgemäße Arbeitsplätze und Arbeitsbedingungen. Hierbei werden Vorschriften der Ergonomie und Arbeitssicherheit berücksichtigt.

- Offenheit: Wir arbeiten partnerschaftlich Hand in Hand. Respekt und Wertschätzung füreinander prägen unsere Unternehmenskultur und fördern die Kommunikation und den kontinuierlichen Austausch von Ideen.

- Als Team zum Ziel. Wir wissen genau, dass kein Einzelner von uns so intelligent ist wie wir alle gemeinsam. Teams, die sich auf gegenseitigen Respekt stützen und auf den unterschiedlichen Perspektiven und Erfahrungen ihrer Mitglieder aufbauen, erzielen bessere Ergebnisse und mehr Erfolg.

- Wir suchen innerhalb und außerhalb des Unternehmens aktiv nach neuen Ideen, wir treffen Entscheidungen für die besten Initiativen, und wir setzen sie effizient um.

Wir sehen diesen Werten an, dass sie ganz unterschiedlich verbindlich festgelegt sind. Während die ersten drei sehr offen bleiben, können wir uns bei den folgenden vier schon besser vorstellen, wie sie gelebt werden. Insbesondere die letzten drei Beispiele beinhalten klare Merkmale der Kommunikation im Social Web. Es ist die Rede von kontinuierlichem Austausch von Ideen, von der Weisheit der Masse (keiner ist so intelligent wie alle gemeinsam) und von Crowdsourcing (wir suchen ... außerhalb des Unternehmens aktiv nach neuen Ideen).

So, wie sie sich nach außen präsentieren, scheinen die Leitsätze der meisten Unternehmen keinerlei Hindernis für die Cluetrain-PR darzustellen. Aber man kann natürlich davon ausgehen, dass sie in der Regel ein mehr oder weniger idealisiertes Bild des Unternehmens zeigen. Oder haben Sie schon Unternehmen gesehen, die sich mit ihren Werten öffentlich dazu bekennen, intransparent zu sein und sich nur um die eigenen Interessen zu kümmern? Wie in den ersten Beispielen sind die Werte meist sehr allgemein abgefasst, lassen Interpretationsspielraum und sind somit länger von Bestand. Wir können also bei Peter F. Drucker bleiben und sie stehen lassen, wie sie sind: »Don't change culture, use it ...« Interessanterweise beziehen sich die meisten Aussagen zum Web 2.0 in Unternehmen auf die Werte, wie wir zu Beginn dieses Kapitels gesehen haben. Es sind aber nicht die Werte, denen wir uns in erster Priorität widmen müssen. Nehmen wir als Nächstes die Normen, also die Führung und die Strukturen ins Visier.

Normen bilden das Regelwerk

Die Unternehmensnormen legen fest, wie sich jeder einzelne Mitarbeiter im Unternehmen verhalten soll. Diese Regeln sind in den Führungsgrundsätzen begründet und in den Organisationsstrukturen verankert. Geht es darum, dieses Regelwerk zu verändern, haben kleinere Unternehmen (KMU) die Nase vorn. Mit einem kleinen Führungsgremium, kurzen Entscheidungswegen, flachen Hierarchien und vergleichsweise einfachen Strukturen lassen sich Veränderungen leichtfüßiger bewältigen. Schwerer haben es Konzerne, die zwar über größere personelle und finanzielle Ressourcen verfügen, jedoch Veränderungen bei einer riesigen Anzahl Mitarbeiter, womöglich über mehrere Standorte, Länder und damit einhergehend kulturelle Unterschiede hinweg, begleiten müssen. Wir haben beobachtet, dass in der frühen Phase des Web 2.0 viele kleine Unternehmen als Pioniere im Social Web unterwegs sind und dort eine erfolgreiche Kommunikation aufbauen.

Abbildung 2-3 ▶
Die Saftkellerei Walther ist auf Twitter und auf Facebook

Beeindruckendes Beispiel ist die Saftkellerei Walther in Arnsdorf. Kirstin Walther übernahm 2003 die Leitung und strukturierte den Familienbetrieb, der damals kurz vor dem Ende stand, um. 2006 begann sie, auf neuen Wegen mit ihren Kunden zu kommunizieren. Das Saftblog und Twitter gehören seitdem zu ihren Kommunikationskanälen, wo sie Ideen und Neuentwicklungen, aber auch Probleme der Kelterei zur öffentlichen Diskussion stellt. In den neuen Kanälen bewegt sie sich gewandt, indem sie offen kommuniziert und dabei authentisch wirkt. In einem ihrer Beiträge hielt sie fest, dass das Blog die Rolle des Chefs übernimmt, der früher auf dem Hof mit seinen Kunden sprach, und brachte damit die Charakteristik von Cluetrain-PR treffend auf den Punkt.

Worauf sich Unternehmen und Organisationen einstellen müssen

Welche Anforderungen an die Unternehmensführung gestellt werden, verstehen wir, wenn wir wissen, wie Organisationen und Unternehmen gefordert sind. Wir haben gesehen, dass PR 2.0 mehr umfasst als das Bestücken von neuen Kanälen wie Facebook, Twitter und Flickr oder die Nutzung von Social Software wie Blogprogrammen, Wikis oder Webforen. Sonst wären wir wieder auf dem Stand der digitalisierten PR, bei der sich Unternehmen auf ihrer Website darstellen, indem sie Inhalte in ein Content Management System (CMS) abfüllen. PR 2.0 bedeutet in Ergänzung zur klassischen PR Folgendes:

Flickr ist eine Foto-Community, die es Benutzern erlaubt, ihre Fotos online abzuspeichern, mit Kommentaren und Tags zu versehen und mit anderen Menschen zu teilen. Vergleichbar sind picasa und photobucket.

- Es ist Zeit, das One-Voice-Prinzip zu überdenken. Der PR-Leiter oder Pressesprecher antwortet nicht mehr notwendigerweise allein auf Fragen. Wir erinnern uns an das Beispiel des Outdoor-Ausrüsters: Unternehmen haben es mit thematisch spezialisierten Mikro-Öffentlichkeiten zu tun – nicht immer können die Antworten allein aus der Kommunikationsabteilung kommen, sondern sie müssen gegebenenfalls breiter im Unternehmen abgestützt sein. Immer öfter kommen Menschen auf verschiedenen Hierarchiestufen zu Wort – zum Beispiel auf Facebook –, die aufgrund ihrer fachlichen Kompetenz für das Unternehmen sprechen können. Damit sie dies tun können, sollten sie von den Kommunikationsverantwortlichen auf diese Aufgabe vorbereitet und dafür gecoacht werden.

- Broadcast, mehr oder weniger wörtlich übersetzt das Hinausposaunen von Nachrichten, war gestern. Heute wird von Unternehmen erwartet, dass sie Informationen nicht nur aussenden, sondern dass sie auch bereit sind, den Dialog aufzubauen und zu pflegen. Indem sie Fragen zulassen und beantworten, schaffen sie Transparenz. Sie ergreifen aber auch die Chance, die Bedürfnisse ihrer Anspruchsgruppen zu erfahren. Ein anschauliches Beispiel ist der Schweizer Einzelhändler Migros, der mit *www.migipedia.ch* eine Dialogplattform für Konsumenten eröffnet hat. Auf Wunsch der Community wurde der Kult-Ice-Tea (die entsprechende Seite auf Facebook hat 36.500 Fans) nicht mehr nur in Karton-, sondern auch in PET-Verpackung angeboten (Abbildung 2-4). Das Beispiel zeigt auch, dass der Dialog tiefgreifenden Einfluss auf Leistungen des Unternehmens haben kann.

Abbildung 2-4 ▶
Konsumenten sprechen sich bei einer Umfrage von Migros für die PET-Flasche aus.

- Die Gespräche sind online über verschiedene Kanäle verteilt und oft sind die Verbreitungswege der Inhalte schwer nachvollziehbar. Eine Organisation muss ein professionelles Issues-Monitoring aufbauen, damit die Kommunikationsverantwortlichen im Bild sind, wo welche Inhalte veröffentlicht werden, welche davon relevant sind und wo eine Intervention des Unternehmens sinnvoll oder gewünscht ist. PR-Schaffende stellen nicht nur den Kommunikationsfluss vom Unternehmen ins Web sicher, sondern auch vom Web bis in die betroffenen Abteilungen des Unternehmens. Eine Struktur, welche eine flüssige interne Kommunikation zulässt, wirkt sich zudem noch positiv auf das Wissensmanagement aus.

- Menschen veröffentlichen ihre Meinungen inzwischen fast rund um die Uhr. Mit mobilen Applikationen auf Smartphones ist es inzwischen kein Problem mehr, in der Kinopause oder im Restaurant beim Warten auf das Hauptgericht eine Nachricht abzusetzen. Je nach Branche sind Unternehmen von solchen Meldungen, die auch am Abend oder am Wochenende publiziert werden, betroffen. Dieses Verhalten vergrößert nicht nur die Informationsflut, das Realtime-Web fordert auch die Aufmerksamkeit der Verantwortlichen. Wird ein Thema entdeckt, ist eine Intervention möglich, solange es noch nicht stark verbreitet ist. Bleibt es jedoch vom Unternehmen unbemerkt, kann es sich, unter Umständen auch sehr schnell über das Wochenende, zu einer größeren Geschichte aufbauen. Diese Erfahrung musste Jack Wolfskin im Oktober 2009 machen: Erste Kritiken an ihrer Abmahnung von Bastlerinnen, die nach Ansicht des Unternehmens Markenrechte verletzt hatten, machten an einem Freitagabend die Runde. Einflussreiche Blogger griffen das Thema am Samstag auf und verliehen ihm noch mehr Schub; bis Sonntagabend war es eskaliert. Eine erste Reaktion des Unternehmens noch am Wochenende hätte möglicherweise verhindern können, dass die Wogen so hoch stiegen. Dabei hätte schon eine erste kurze Meldung gereicht im Stil von: »Wir klären den Sachverhalt ab und melden uns wieder.«

Diese Mischung aus Menge und Tempo entwickelt eine Dynamik, die nicht nur die Kommunikation, sondern das gesamte Unternehmen fordert. Welche organisatorischen Rahmenbedingungen braucht es daraus folgend für eine erfolgreiche Kommunikation im Social Web?

Die Führung ist gefordert

Auch wenn nicht jeder einzelne Mitarbeiter nach außen im Namen des Unternehmens das Wort ergreift, ist Kommunikation dennoch eine Teamleistung. Schon von jeher haben die freundliche und kompetente Dame am Firmenempfang oder der zuvorkommende Fahrer des Firmenlastwagens zum positiven Gesamtauftritt eines Unternehmens beigetragen. Diese Beiträge werden nur punktuell von jenen wahrgenommen, die zufälligerweise zu Zeugen werden. Die Vernetzung der Menschen im Social Web bringt es mit sich, dass ein Unternehmen ungleich mehr Berührungspunkte mit seiner Umwelt hat.

Mitarbeiter, die sich mit dem Unternehmen und seinen Leistungen identifizieren, werden zu motivierten und qualifizierten Botschaftern. Management und Vorgesetzte beeinflussen durch ihren Umgang das Betriebsklima nachhaltig positiv, wenn sie folgende Eigenschaften pflegen:

- Kooperativer Führungsstil, bei dem die Mitarbeiter da, wo es von den Abläufen her sinnvoll ist, in den Entscheidungsprozess mit einbezogen werden.

- Fähigkeit, klare Ziele zu vereinbaren, dann aber zu delegieren und in der Umsetzung und Herangehensweise auch Freiheiten zu gewähren.

- Förderung von Eigenverantwortung und Selbstkontrolle und dadurch Reduktion der Fremdkontrolle (von oben) auf das Minimum. Die Mitarbeiter müssen in der Lage sein, im Rahmen ihrer Kompetenzen Entscheidungen zu fällen.

- Den Aufgaben des einzelnen Mitarbeiters angepasste Informationen über Ziele und Strategie, die es den Mitarbeitern möglich macht, nicht nur ihre Aufgaben reibungslos zu erfüllen, sondern auch die größeren Zusammenhänge zu verstehen.

- Förderung von Einstellungen und Strukturen, die kollektives Teilen von Wissen jenseits von Hierarchien fördern.

- Verinnerlichung einer Sichtweise, die den Beitrag zum Ganzen und damit die individuellen Stärken jedes einzelnen Mitarbeiters fördert.

- Kollegialer und partnerschaftlicher Umgang, der von gegenseitigem Respekt geprägt ist und auch Raum lässt für Versuch und Irrtum. Dazu gehört auch eine faire Feedback-Kultur.

Gerade der letzte Punkt könnte heikel sein; Unternehmen oder Führungskräfte mit einer geringen Fehlertoleranz dürften mit diesem Thema Probleme haben. Solange im Unternehmen die Erfahrungen mit der Kommunikation im Social Web fehlen, führt an »Trial and Error« jedoch kein Weg vorbei. Führungskräfte werden immer mehr zu Coaches, die mit ihren Mitarbeitern klare Sprachregelungen erarbeiten, mit ihnen regelmäßig die Ergebnisse ihres Handelns auswerten und entscheiden, in welche Richtung die Reise zum Ziel weitergeht.

Natürlich müssen auch die strukturellen Rahmenbedingungen stimmen. Da die Kommunikation im Social Web die unterschiedlichsten Bereiche des Unternehmens betrifft, widmen wir uns diesem Thema weiter unten in diesem Kapitel genauer.

Menschen bringen ihre Einstellungen mit

Jeder Mitarbeiter, der neu in ein Unternehmen eintritt, lernt erst einmal seine unmittelbaren Aufgaben und Arbeitskollegen kennen. Untrennbar damit verbunden sind die Werte und Normen des Unternehmens, die er meist unbewusst und erst mit der Erfahrung erfasst. Dazu gehören für die Arbeit mehr oder weniger wichtige

Themen wie: Helfen sich die Kollegen gegenseitig? Wie verbindlich sind Abmachungen; werden sie überprüft? Gibt es eine Pausenregelung? Er bringt seinem persönlichen Hintergrund und damit eigene Denk- und Verhaltensmuster mit ein. Diese prägen wesentlich, mit welcher Einstellung er als Arbeitnehmer auf Menschen zugeht und wie er auf Situationen reagiert. Je nachdem nimmt er Hilfe an und profitiert still für sich oder er gibt die Hilfe zurück. Abmachungen hält er akribisch ein, oder er testet die Grenzen und probiert eigene, neue Wege aus, bis jemand interveniert. Pausen sind ihm heilig und er nutzt jede einzelne Minute, oder er unterbricht seine Arbeit dann, wenn diese es zulässt. Die Verhaltensweisen jedes einzelnen Mitarbeiters haben nicht nur große Auswirkungen auf das Betriebsklima, sondern auch auf die Gesamtleistung des Teams, der Abteilung und letztlich der ganzen Organisation. Das ist auch den Verantwortlichen bewusst, die neue Mitarbeiter einstellen. Ziel jedes Vorstellungsgesprächs ist es denn auch, nicht nur die fachlichen Kompetenzen zu beurteilen, sondern abzuschätzen, ob der Kandidat ins Unternehmen beziehungsweise ins Team passt.

Jeder Mitarbeiter ist Teil des Ganzen

Die Gefühlslage am ersten Arbeitstag dürfte bei allen Arbeitnehmern ähnlich, wenn auch unterschiedlich ausgeprägt sein: Eine Mischung aus freudiger Erwartung, Lampenfieber und verschiedenen Vorstellungen, was man in den neuen Job einbringen möchte. Das Lampenfieber beinhaltet die Sorge wie: »Werde ich im Team gut aufgenommen?«, »Werden meine Leistungen genügen?« Es ist ein Urbedürfnis des Menschen, dazuzugehören und integriert zu sein. Die interne Kommunikation im Unternehmen spielt hier eine wichtige Rolle. Bei interner PR geht es um mehr als das Management der Kommunikation innerhalb einer Organisation. Ziel ist es, die Mitarbeiter ins Boot zu holen und auf den gleichen Kurs einzuschwören. Gefordert sind aber auch Führungskräfte, denen es gelingen muss, jedes einzelne Teammitglied als Teil des Ganzen zu sehen und dessen individuelle Stärken zu fördern und auszubauen. Wie weit dies gelingt, hängt wiederum stark von der inneren Einstellung des Mitarbeiters ab.

Wie wichtig die Einstellung des Mitarbeiters ist, zeigt uns die Geschichte mit den drei Maurern, die wir dem Managementberater Fredmund Malik entlehnt haben: »Ein Mann kommt auf die Baustelle und sieht drei Maurer sehr fleißig arbeiten. Äußerlich ist zwischen ihnen kein Unterschied zu erkennen. Er geht zum ersten und fragt: ›Was tun Sie da?‹ Dieser schaut ihn verdutzt an und sagt: ›Ich verdiene mir hier meinen Lebensunterhalt‹. Er geht zum zweiten und fragt ihn dasselbe. Dieser schaut ihn sichtbar stolz an und sagt: ›Ich bin der beste Maurer im ganzen Land.‹ Dann geht er zum dritten und stellt ihm dieselbe Frage. Dieser denkt einen kurzen Moment nach und sagt mit leuchtenden Augen: ›Ich helfe hier mit, eine Kathedrale zu bauen.‹« Alle drei Maurer sind gleich qualifiziert, welchen würden Sie einstellen? Für uns ist die Wahl klar. Der erste wird so lange bleiben, wie das Gehalt stimmt, kommt ein besseres Angebot, ist er weg. Der zweite ist zweifellos stolz auf seine Kompetenz, aber es haften ihm auch eine gewisse Arroganz und der Verdacht auf Eigenbrötlerei an. Wir würden den dritten wählen, denn er hat nicht nur den Blick für das ganze Projekt, sondern er kann auch seinen eigenen Beitrag einschätzen. Seine Arbeit ist vielleicht nicht so glanzvoll wie die desjenigen, der das Blattgold am Altar anbringt, aber er weiß auch, dass es für den Altar keinen Platz gibt, wenn er seine Arbeit nicht richtig verrichtet. Ein solcher Mitarbeiter wird nicht für sich allein eine Wand hochziehen, ihm ist bewusst, dass er Teil eines großen Teams ist, mit dem er sich abstimmt. Richtig motiviert und damit auch innovativ arbeiten wird er dann, wenn die Bauleitung ihn als Teil des Ganzen anerkennt und seine Leistung gleichermaßen schätzt und respektiert wie die jedes anderen Mitarbeiters auch.

Change Agents übernehmen eine Schlüsselrolle

Der Mensch ist die kleinste Einheit im Unternehmen. Jede Aufgabe verlangt andere Eigenschaften und Fähigkeiten, wünschenswert ist aber bei allen die Einstellung des dritten Maurers. Während es für gewisse Aufgaben unerlässlich ist, dass jemand genau, ja fast pedantisch und detailverliebt zu Sache geht, verlangen andere Problemstellungen Menschen, die in großen Zügen denken können und konzeptionell stark sind. Die einen eignen sich für Stellen, die einen hohen Anteil an Routinearbeiten aufweisen, die anderen bringen einen höheren Innovationsgrad mit ein. Viele Menschen brauchen ein erhebliches Maß an Routine, um gut zu sein, sagt Malik. Sie benötigen Wiederholungseffekte, die ihnen Sicherheit und Voraussehbarkeit bieten, dann leisten sie Hervorragendes. Routine ist ein Wort, das heute eher Nasenrümpfen hervorruft. Gefragt sind heute Innovation, Veränderung und Flexibilisierung. Gerade mit dem Web 2.0 sind wir wieder mitten im Aufbruch. Für die Produktivität und die Funktionssicherheit eines Unternehmens ist Routine jedoch unabdingbar. Unternehmen brauchen beides: Mitarbeiter, die mit dem Blick fürs Ganze Neues ausprobieren, und Menschen, die sich für die Konstanz der Unternehmensleistung einsetzen. Die gepflegte Homepage, die vollständige Firmendokumentation und der aktuelle Medienverteiler werden auch mit dem Web 2.0 nicht weniger wichtig.

Jene Mitarbeiter, die gerne Grenzen testen und neue Wege gehen, geben oft wichtige Impulse. Heute starten wenige Unternehmen die Kommunikation im Social Web, weil es die Führung am grünen Tisch so beschlossen hat. Oft sind es engagierte Mitarbeiter, die den Anfang machen und von unten nach oben Überzeugungsarbeit leisten. Wir haben in verschiedenen Unternehmen beobachtet, dass einzelne Mitarbeiter, teils ohne selbst in Entscheidungspositionen zu sitzen, aus eigener Initiative die ersten Schritte im Social Web tun. Normalerweise haben sie bereits privat Erfahrungen gesammelt, die sie nun in den Beruf einbringen, indem sie mit verschiedenen Anwendungen experimentieren. Dabei bauen sie auf das explizite oder stillschweigende Einverständnis ihrer Vorgesetzten, aber noch nicht unbedingt auf jenes der ganzen Organisation. Sie tauschen sich regelmäßig mit Kollegen über aktuelle Entwicklungen und Trends aus. Durch ihre Sammlung persönlicher Erfahrungen mit Social Media sind sie in der Lage, diese ihren Vorgesetzten und Kollegen authentisch zu vermitteln. Sie können ihnen Chancen aufzeigen und sie für Risiken sensibilisieren. So können sie im Unternehmen in die Rolle von Change Agents wachsen, die sich auszeichnen durch ihre Fähigkeit zu Dialog, Austausch von Erfahrungen und Wissen auf allen Stufen sowie durch ihr Arbeiten in verteilten Netzwerken. Je nachdem, wie die Unternehmenskultur entwickelt ist, entstehen mehr oder weniger schnell in einzelnen Abteilungen oder Unternehmensbereichen Social-Media-Aktivitäten. Sind die Verantwortlichen im Unternehmen genügend aufgeschlossen und passen die Aktivitäten in die Unternehmens- und Kommunikationsstrategie, werden sie personellen und finanziellen Raum schaffen, die Strukturen anpassen und eine integrierte Kommunikation sicherstellen.

Wir vertreten die Meinung, dass die Nutzung von Social Media in vier bis fünf Jahren in allen Unternehmen selbstverständlich sein wird. Die Kommunikation wird ohne Zweifel viel breiter abgestützt sein als heute. Dass es Unternehmen immer mehr mit thematisch spezialisierten Mikro-Öffentlichkeiten zu tun haben, haben wir bereits am Beispiel des Outdoor-Ausrüsters festgestellt. Daher sollte auch jede Abteilung eines Unternehmens ein bis zwei Mitarbeiter haben, die sich für die Kommunikation im Social Web mitverantwortlich fühlen. Für weitere Abklärungen und Antworten sollten sie intern auf ein routiniertes Team zurückgreifen können. Es wird also längst nicht jeder Mitarbeiter im Social Web für das Unternehmen kommunizieren, wie man dies heute aus gewissen Diskussionen im Web ableiten könnte.

Fassen wir also zusammen: Die Unternehmenskultur ist für den Weg ins Social Web wichtig; entscheidend ist also nicht allein, welche Werte propagiert werden, sondern vor allem die Menschen, die dahinter stehen und das Unternehmen prägen: die Führungskräfte über die Normen und die Mitarbeiter über ihre Einstellung.

Von PR 2.0 zu Enterprise 2.0

Die externe Kommunikation hat Folgen für immer mehr Unternehmensbereiche. Setzt eine Organisation für die Unternehmenskommunikation auf Anwendungen des Web 2.0, spricht man von PR 2.0 oder Cluetrain-PR. Nutzt eine Organisation Social Software darüber hinaus auch im Unternehmen selbst, etwa für die Projektkoordination, das Wissensmanagement und für die gesamte interne Kommunikation, bezeichnen wir das als Enterprise 2.0. Dieser Begriff schließt sowohl die interne wie auch die externe Dimension mit ein. Intern sind es Projektkoordination, Wissensmanagement und die gesamte interne Kommunikation, extern die Funktionen Marketing inklusive Social Customer Relationship Management (SCRM), Reputations- und Issues-Management, Imagebildung und Recruiting. Einige Unternehmen nutzen Social Software auch für die Zusammenarbeit mit externen Experten oder Zulieferern, beispielsweise zur Produktentwicklung oder für das Innovationsmanagement.

Je größer die Loyalität und das Vertrauen der Mitarbeitenden untereinander und in die Führung sind, desto größer ist die Chance, dass sie bereit sind, Wissen zu teilen und die kollektive Intelligenz zu nutzen. Harvard-Professor Andrew P. McAfee, der den Begriff Enterprise 2.0 geprägt hat, formuliert neben einer offenen Unternehmenskultur folgende Anforderungen:

- Bereitstellen einer gemeinsamen Plattform im Intranet, auf der die Zusammenarbeit möglich wird,

- ein Change Management, das auf die Bedürfnisse der Nutzer eingeht, statt an formalen Prozessen festzuhalten sowie

- das volle Commitment der Unternehmensführung.

Wir ergänzen diese Liste um einen weiteren Punkt:

- Eröffnen von Zugängen zu Social Software, welche die interne Kommunikation und den Austausch von Wissen fördern.

Das volle Commitment der Unternehmensführung schließt das Bewusstsein mit ein, dass in der Kommunikation Hierarchien relativiert werden können. Mitarbeiter können Entwicklungen im Unternehmen auch kritisch zu Sprache bringen, die Beiträge für die interne Plattform werden dezentral und ohne Freigabe durch die Vorgesetzten veröffentlicht. Dieses unternehmensinterne Dialogangebot beinhaltet jedoch auch die Verpflichtung, den Feedbackkreis zu schließen und Einwände und Fragen möglichst schnell und passend zu beantworten; ein Aufwand, der bei einer dynamischen Diskussion nicht unterschätzt werden sollte.

Die richtige Wahl der Tools

Die Technologien des Web 2.0, die zum Einsatz kommen, erbringen unterschiedliche Leistungen. McAfee hat unter dem Akronym SLATES (wörtlich engl. Schiefertafel) sechs charakteristische Komponenten zusammengefasst:

- S = Search: Mit Suchfunktionalitäten können Informationen schnell und gezielt gefunden werden.
- L = Links bauen Beziehungen zwischen Informationen auf. Dadurch können Inhalte in ein Verhältnis zueinander, d.h. in einen Kontext gestellt werden.
- A = Authoring ermöglicht es jedem, der will, zum Autor zu werden. Informationen können sehr einfach einem großen Personenkreis zur Verfügung gestellt werden.
- T = Tags werden von Nutzern vergeben und klassifizieren Inhalte. Durch diese Schlagwörter entstehen individuelle Kategoriensysteme (Taxonomien), die nicht zuvor starr festgelegt werden müssen.
- E = Extensions sind die an den Nutzer angepasste Darstellung von Informationen. Dazu gehören Empfehlungen, die aufgrund von bisherigen Einkäufen oder auch Suchläufen gemacht wurden, wie man es beispielsweise von Amazon kennt.
- S = Signals weist auf die Benachrichtigung der Nutzer über Änderungen auf einer Seite hin, auf die sie mittels Abos (z.B. RSS-Feeds) aufmerksam gemacht werden.

Die folgenden Anwendungen dienen dem Informationsmanagement, dem Identitäts- oder dem Netzwerkmanagement:

- Wikis helfen, Wissen unabhängig vom Wissensträger zu bündeln und aktuell im Unternehmen zur Verfügung zu stellen. Sie eignen sich für die interne Weiterbildung und Dokumentation von Abläufen.

- Social Tagging und Bookmarking erlauben es, Standort-unabhängig wichtige Links zu speichern, mit Zusatzinformationen zu versehen und wieder abzurufen.

- Blogs und Foren sind als dialogische Instrumente hilfreich, um im Rahmen von Innovationsprozessen Ideen zu generieren. Sie helfen, wie übrigens Microblogs auch, die durch E-Mails verursachte Nachrichtenflut zu reduzieren und zu bündeln.

- Yammer ist ein internes Microblog-System, das mit Twitter vergleichbar ist und sich in Richtung Social Network im Stil von Facebook entwickelt. Eine ähnliche Lösung bietet der deutsche Anbieter Communote.

- Interne Social Networks: Eine Kontaktverwaltung, die mehr über die Kompetenzen der einzelnen Mitarbeiter aussagt, macht die Recherche nach Experten für eine Aufgabenstellung und die interne Vernetzung einfacher.

In den Anwendungsbeispielen von Enterprise 2.0, die derzeit im Web zu finden sind, werden in der internen Zusammenarbeit Wikis, Blogs und Foren am meisten genutzt.

Wir sind im Übrigen der Meinung, dass der Zugang zu Facebook und anderen sozialen Plattformen durch Unternehmen nicht blockiert werden sollte, da diese im Berufsalltag immer mehr zum Werkzeug werden. Es macht aber Sinn, Regeln zur Nutzung im Unternehmen in Form von Social Media Guidelines aufzustellen. Diese können die Bedingung enthalten, dass Social Media dann während der Arbeitszeit genutzt werden dürfen, wenn sie dazu beitragen, dass die Aufgaben besser erledigt werden und wenn ein Mehrwert für das Unternehmen geschaffen wird. Diesem wichtigen Thema widmen wir uns detaillierter in Kapitel 7.

Wer Enterprise 2.0 nutzt

Gemäß einer Studie der Deutschen Bank aus dem Sommer 2010, die auf Daten von Forrester Research basiert, nutzen 20% der Unternehmen in den USA und Europa Blogs, Foren und Wikis für interne und externe Zwecke. Unternehmen experimentieren oft zuerst intern mit den Web-2.0-Instrumenten, bevor sie Kunden oder Zulieferer aktiv einbeziehen. Kommunikation und Marketing sind heute noch die damit vorrangig verbundenen Ziele; Potenzial besteht aber auch im Bereich Innovation und Kollaboration. Bereits heute nutzen namhafte Unternehmen wie BASF, Lufthansa und Audi, aber auch die Weltbank Enterprise 2.0. Auf *www.e20cases. org* entsteht derzeit eine Sammlung von Fallstudien.

Gemäß der Studie werden in der heutigen Phase soziale Netzwerke und Microblogs wie Twitter meist noch wie traditionelle Kommunikationskanäle verwendet. Informationen, die für die traditionelle Unternehmenskommunikation produziert wurden, werden hier wiederverwendet. Sie werden also als alternative Tools eingesetzt, was die unternehmerischen Prozesse und die Kommunikationskultur kaum berührt, aber auch keine Anwendung »im Sinne des Erfinders« darstellt. Einen Gegenpol bilden Blogs: Sie holen Themen und Kritiker ins Haus und erfordern eine offene Auseinandersetzung. Blogs sind bereits bei jedem fünften befragten Unternehmen eingeführt und bei weiteren 25% geplant.

Dass viele Unternehmen noch in der Experimentierphase sind, dürfte, gemäß Studie, unter anderem an der Unsicherheit in der Einschätzung von Chancen und Risiken des Web 2.0 im geschäftlichen Umfeld liegen.

Die Gesellschaft lebt auch im Social Web

Nicht alles ist anders im Social Web, und es ist gut zu wissen, dass wir vieles, was wir aus unserem Zusammenleben im Alltag kennen, auch ins Web übertragen können. Dies betrifft insbesondere die Art und Weise, wie wir miteinander umgehen. Respekt, Achtung und Anstand machen auch vor der Online-Welt nicht Halt und viele Fragen zur Netiquette (der Etikette im Netz) beantworten sich von alleine, wenn wir auf unsere Erziehung und Erfahrungen zurückgreifen.

Es spielt eine Rolle, welche Rolle Menschen spielen

Menschen verhalten sich allerdings nicht in jeder Situation gleich, sie leben eine Vielzahl von Rollen. So gibt es sozial vorgegebene Rollen, die wir früh erlernen, verinnerlichen und ausfüllen, wie jene des Sohns, der Tochter, des Enkels oder auch jene der Schülerin. Mit dem Heranwachsen kommen laufend neue Rollen und damit verbundene Erwartungshaltungen dazu: Im Privatleben können wir zum Freund, zur Partnerin, zum Ehemann, zur Mutter, aber auch zum Teamkollegen im Sportclub oder zum Mitglied im Verein werden. Im Beruf sind wir Mitarbeiter, Vorgesetzte, Arbeitskollegen, Verkäufer oder Einkäufer. Auf jede Rolle stellen wir uns innerlich und äußerlich ein, indem wir uns beispielsweise entsprechend kleiden, den Ort wechseln oder gar die Ausdrucksweise anpassen.

Je klarer wir den Wechsel zwischen den Rollen vollziehen können, desto besser können wir sie voneinander abgrenzen und leben. Schwierig wird es, wenn Rollen aufeinandertreffen. Wenn also der Vorgesetzte mit seinem Mitarbeiter, mit dem er auch jeden Samstag Tennis spielt, ein Lohngespräch führen muss. Hier wird ihm der Ort helfen, sich zu positionieren, weil er dieses Gespräch im Büro und nicht auf dem Tennisplatz führen wird. Verbesserte Technologien und flexiblere Arbeitsgestaltung tragen dazu bei, dass die Grenzen zwischen Beruf und Privatleben immer mehr verwischen. Mittlerweile sind wir praktisch überall und jederzeit erreichbar und so ist es nicht unüblich, auch einmal am Abend die Geschäfts-Mail zu prüfen, genauso wie es in den meisten Unternehmen in Ordnung ist, tagsüber vom Büro aus einen Termin für den nächsten Arztbesuch zu vereinbaren.

Menschen sind auch online in ganz verschiedenen Rollen mit unterschiedlichen Bedürfnissen unterwegs. Stellen wir uns zur Veranschaulichung einen Menschen vor, nennen wir ihn Klaus Schneider. Klaus Schneider ist Einkäufer für Sportschuhe, Ehemann, Vater von drei Kleinkindern und Hobbyfotograf. Er recherchiert im Internet nach Flügen für die Geschäftsreise, bucht aber auch den nächsten Badeurlaub in einem Hotel mit Kinderclub. Im gleichen Online-Shop bestellt er den neuen Computer fürs Büro und für sich privat eine Kamera. Je nachdem, in welcher Rolle Klaus Schneider unterwegs ist, wird er anders auf Ansprache, Sortiments- und Preisgestaltung reagieren.

Mit dem Social Web rücken die Menschen näher zusammen, die Welt wird zum Dorf. Aber nicht nur die Menschen, sondern auch ihre Rollen vermischen sich, sie zu trennen wird immer anspruchsvoller. Das sehen wir zum Beispiel auch auf der Business-Plattform XING. Im Profil werden Name, Funktion, Firma, Interessen und der bisherige Werdegang abgebildet. Aber wem »gehört« denn nun dieses Profil mit den Kontakten? Klaus Schneider unterhält hier ein Profil, eingetragen ist er als Einkaufsleiter mit Namen seines Arbeitgebers. Seine Verbindungen gehen aber weit über jene aus dem aktuellen Arbeitsverhältnis hinaus und können gleichermaßen private. wie berufliche Kontakte enthalten. Wechselt er den Job, wird er das Profil mit all seinen Kontakten behalten wollen. Wem gehören die Kontakte, die er während seiner Anstellung aufgebaut hat? Es lohnt sich, diese Frage frühzeitig zu klären.

Sehen wir uns ein weiteres Szenario an, wie Berufs- und Privatleben nahe zusammenrücken können: Klaus Schneider ist begeisterter Jogger; logisch, dass er den neusten Sportschuh seiner Firma gleich mal austestet. Den Lauf zeichnet er mit der Runkeeper-App – einem Programm zum »Mitschneiden« von Läufen – auf dem geschäftlichen iPhone auf. Strecke, Distanz und Laufzeit postet er danach in seinem Facebook-Profil. Freunde kommentieren diesen Eintrag und das Gespräch kommt auf die Ausrüstung. Einer seiner Facebook-Kontakte erzählt von einem Schuh aus Klaus' Sortiment, dessen Sohle sich bereits beim zweiten Lauf gelöst hat. Klaus liest den Eintrag am Samstagabend auf dem Sofa auf seinem iPad. Und schon ist er mittendrin – wie und vor allem in welcher Rolle reagiert er? Als Freund? Als Einkäufer? Als Sportsmann? Vom Kontext her ist er im Privatleben, das Thema geht ihn aber beruflich sehr viel an. Natürlich ist das Beispiel erfunden, aber es zeigt, wie die Lebensbereiche verschmelzen und welche Diskrepanz entstehen kann. Wir würden in dieser Situation Klaus raten, in der Sache als Einkäufer, in der Sprache aber als Freund zu reagieren. Er wird den Freund, wenn der das vorher schon getan hat, mit Du ansprechen, wenn nötig Anschlussfragen stellen und ihm dann in Aussicht stellen, dass er das Thema am Montag klärt und Bescheid gibt.

Der Deutsche Rat für Public Relations (DRPR) hat sich mit der Offenlegung von Interessen im Social Web auseinandergesetzt und Richtlinien erarbeitet. Sie finden die »Richtlinien zur Online-PR« hinten im Serviceteil.

Aus Zielgruppen werden Dialoggruppen

Der doch recht eindimensional anmutende Begriff der Zielgruppe stammt aus dem Broadcast-Zeitalter. Er steht für eine Kommunikation, die Nachrichten aufbereitet und diese, meist via Medien, veröffentlicht. Dabei haben PR-Schaffende nie die gesamte Öffentlichkeit angesprochen, sondern zur besseren Übersicht und vor allem zur idealen Abstimmung der Kommunikationsmittel und der Inhalte das Umfeld nach verschiedenen Kriterien segmentiert (wobei Letztere eher dem Marketing entliehen sind):

- Zugehörigkeit zum Unternehmen: intern/extern
- Unternehmensumfelder: Beschaffung (z.B. Zulieferer, Finanzen), Absatz (z.B. Absatzmittler, Zwischenhändler), politisches Umfeld (z.B. Behörden, politische Parteien), kulturelles Umfeld (z.B. Museen, Institutionen zur Kulturförderung), soziales Umfeld (z.B. Gewerkschaften, Arbeitnehmerorganisationen, Schulen), juristisches Umfeld (gesetzlicher Rahmen) usw.
- Themenbezogen: Public Affairs, Finanz-PR, PR für Nonprofit-Organisationen, Krisen-PR, Verbands-PR
- Soziodemografische Kriterien (beobachtbar): Alter, Geschlecht, Familienstand, Bildungsstand, Beruf, geografisches Gebiet usw.
- Psychografische Merkmale: persönliche Charakteristiken, Normen und Werte, Lifestyle, Interessen, Meinungen usw.

Informationen, die an Massenmedien mit einem breiten Publikum gerichtet sind, werden an die entsprechenden Redaktionen (bei Printmedien) oder Sendegefäße (bei elektronischen Medien) adressiert. Es bleibt dann den Journalisten als Gatekeepern überlassen, ob und wie sie die Inhalte in geeigneter Weise für ihre Leser oder Zuschauer aufbereiten. Die Chance von PR 2.0 besteht darin, dass Unternehmen direkt mit ihren Anspruchsgruppen kommunizieren können. Diese im Social Web auszumachen, ist gar nicht so einfach, aber machbar, wenn man weiß, wonach man sucht.

Ist die Zielgruppe tot?

Heute lesen wir mancherorts, dass es im Social Web »die Zielgruppe« nicht mehr gibt. Ja, die Bezeichnung hat sich geändert, wir sprechen heute von Dialoggruppen – das ist aber nur die Dimension der Wortbedeutung (geläufig sind schon länger auch Bezugsgruppen und Stakeholder). Gibt man bei Google den Begriff Zielgruppe ein, erscheinen sogleich auch Verben wie definieren, segmentieren, finden: Es geht also darum, die Gruppe, die wir ansprechen möchten, einzukreisen. Und genau das ist bei den weltumspannenden Kanälen, in denen wir unterwegs sind, die Herausforderung. Facebook, Twitter, YouTube, aber auch der Bilderdienst Flickr haben eine Art Portalcharakter. Das bedeutet, dass alle, die diese Dienste nutzen, durch das gleiche Eingangstor schreiten, und diese Masse von Menschen ist naturgemäß sehr heterogen. Es gibt keine Zielgruppe »Facebooker« und auch keine Zielgruppe »YouTube-Schauer«. Wir kennen zwar die demografischen Daten und das

Social Technographic Profile von Forrester (siehe dazu Kapitel 1) und wissen, dass jüngere Menschen dazu neigen, auf YouTube Filme zu schauen, dass Frauen eher dazu tendieren, Beziehungen in sozialen Netzwerken wie Facebook zu pflegen, während Männer gerne online News konsumieren. Uns sind die Zahlen der Geschlechter und Alterskategorien, aber auch geografische Daten und der Bildungsstand bekannt. Das nützt nur insofern wenig, als es uns die Plattformen in der Regel nicht erlauben, so exakt zu segmentieren. So ist es zum Beispiel nicht möglich, auf Facebook alle Norddeutschen anzusprechen oder via Twitter Tweets an alle Frauen unter 35 zu verschicken. Bei Facebook kann pro Statusupdate lediglich ein Land und eine Sprache ausgewählt werden.

Viele soziale Plattformen bieten aber die Möglichkeit, Menschen aufgrund ihrer Interessen zusammenzubringen. Bei Facebook sind es die Fanseiten oder Gruppen, bei YouTube sind es die Channels, beim Foto-Sharingdienst Flickr lassen sich Gruppen einrichten, bei denen gesteuert werden kann, wer zugelassen wird. Selbst der Microblogging-Dienst Twitter ermöglicht eine Segmentierung, indem man – analog zum großen Bruder Blog – themenspezifische Accounts anlegt. Die demografischen Daten sind also nicht tot, sie kommen nur später ins Spiel. Erst strukturieren wir unsere Dialoggruppen über die Kanäle und Plattformen, die sie nutzen, sowie über die Interessen, die sie bekunden. Wenn sich einmal eine Teilöffentlichkeit gebildet hat, beispielsweise jene der Hobby-Fotografen oder der Trekking-Begeisterten, untersuchen wir sie nach Geschlecht, Alter, geografischer Herkunft und weiteren Kriterien, die wichtig sind, damit wir unsere Kommunikation gezielt ausrichten können.

Content is king, context is queen

Während bei Printmedien, Fernsehen oder Radio das Publikum bereits versammelt ist, muss die eigene Community im Social Web erst aufgebaut werden. Es muss also gelingen, die Inhalte so aufzubereiten, dass die Besucher, die vorbeischauen, sich von ihnen angesprochen fühlen. Wenn sie diese spannend, unterhaltsam oder nützlich finden, kommen sie nicht nur zurück, sie erzählen auch anderen, was sie entdeckt haben, und empfehlen die Inhalte weiter. Was sie wissen wollen, finden wir heraus, indem wir ihnen zuhören, also lesen, was sie schreiben, uns mit ihnen austauschen und das Angebot an ihre Bedürfnisse anpassen. So werden aus den Zielgruppen Dialoggruppen.

Haben Sie auch schon erlebt, dass Sie gemütlich im Garten oder auf dem Balkon sitzen und ihre gegrillten Würste genießen? Eine Wespe fliegt vorbei, riecht das Fleisch, versucht, sich ein Stück abzuzwacken. Dann fliegt sie wieder weg und es dauert gar nicht lange, dann schwirrt schon ein ganzer Schwarm um Ihren Tisch. Natürlich haben Sie kein Inserat für die Wurst geschaltet – aber das duftende Fleisch hat sich herumgesprochen, so quasi durch Word-of-Mouth (WOM). Übertragen auf die Kommunikation im Social Web bedeutet dies, dass Sie Ihre Community nicht vergrößern werden, weil Sie erzählen, dass Sie jetzt auch auf Facebook sind, sondern weil das Angebot passt. Stimmige Inhalte in Wort, Bild, Ton und/oder Video sind also eine Grundvoraussetzung, um Publikum anzuziehen. Zusätzlich spielt im Social Web aber auch die soziale Komponente eine große Rolle. Menschen orientieren sich an ihren Bezugsgruppen (Peergruppen) und bauen sich ihr »Web of Trust« auf: Wer ist auch noch Fan dieser Seite? Wie viele Abonnenten hat der Channel? Von wem wird dieser Film empfohlen? Diese Hinweise dienen als Filter und helfen bei der Auswahl von Themen und Empfehlungen.

Menschen entschließen sich für Online-Angebote nicht nur, weil sie interessant sind, sondern weil sie entweder von vielen anderen, möglicherweise ihnen bekannten Menschen konsumiert, oder weil sie von einer Person, die online ein hohes Ansehen genießt, empfohlen werden. Wir peilen im Social Web also nicht nur Dialoggruppen an, sondern wir versuchen herauszufinden, welche Onliner Einfluss auf andere ausüben, ein Einfluss, den wir auch für unsere Zwecke nutzen können, wenn wir sie zu Verbündeten machen. Neu ist das nicht, auch in der klassischen PR haben wir in unserer Adressdatenbank V.I.Ps und Meinungsführer erfasst. Diese gibt es auch im Social Web, aber wir müssen lernen, sie zu erkennen. Inhalte sind wichtig: content is king, Resonanz erreichen sie durch die Vernetzung: context is queen.

Social Media sind nicht Massenkommunikation

Jede Meldung, die in der Zeitung gedruckt, im Fernsehen gezeigt oder im Radio verlesen wird, schafft den Schritt in die Öffentlichkeit. Es sind die Medien, die als Gatekeeper nach journalistischen Nachrichtenfaktoren, aber auch nach subjektiven und verlagsspezifischen Einstellungen entscheiden, was geeignet ist, den Weg in die Medienöffentlichkeit zu schaffen. Medien publizieren und übernehmen die Rolle des Senders, Empfänger ist ein verstreutes, unbekanntes Publikum, zu dem keine direkte Verbindung besteht. Social-Media-Kommunikation dagegen folgt anderen Regeln, wie Tabelle 2-1 zeigt.

Unternehmen nutzen die Chance, ihre Themen selbst zu setzen und online eine eigene, neue Öffentlichkeit herzustellen. Ziel ist es dabei nicht, die Medienarbeit abzulösen, sondern diese sinnvoll zu ergänzen und zu verstärken. Was ist denn nun Kommunikation im Social Web: Massen- oder Individualkommunikation? Keine einfache Frage, wenn wir an die weltweit 600 Millionen aktiven Facebook-Nutzer denken. Allein in Deutschland, in Österreich und der Schweiz waren es im September 2010 bereits 15 Millionen. Dass die Masse allein als Unterscheidungskriterium nicht ausreicht, zeigt die folgende Gegenüberstellung.

Kommunikation via Massenmedien	Social-Media-Kommunikation
Sie ist öffentlich, also potentiell für jedermann zugänglich.	Sie ist teilöffentlich, der Zugang erfolgt meist über einen Login. Eine Ausnahme bilden z.B. Blogs.
Für die Verbreitung von Inhalten sind Trägermedien wie Zeitung, Zeitschrift, aber auch Abspielmedien wie Rundfunk oder Fernsehen notwendig.	Inhalte finden Verbreitung mit Hilfe von technischen Mitteln, vom Computer bis zum Smartphone und zu passender Social Software.
Die Vermittlung erfolgt indirekt, das bedeutet mit einer räumlichen und/oder zeitichen Distanz.	Die Vermittlung kann indirekt erfolgen, indem z. B. eine Meldung auf eine Pinnwand geschrieben, aber erst später gelesen wird. Sie kann aber auch direkt ausfallen, wenn ein Austausch über den Chat oder über Kommentare stattfindet.
Die Informationsvermittlung vollzieht sich einseitig, ein Rollenwechsel vom Sender zum Empfänger findet nicht statt.	Der Rollenwechsel zwischen Sender und Empfänger gehört zum Wesen der Social-Media-Kommunikation.
Inhalte werden an ein disperses Publikum vermittelt.	Auch bei der Kommunikation im Social Web ist das Publikum dispers, es gruppiert sich jedoch um gemeinsame Interessen z.B. Trekking oder Fotografie.

◀ Tabelle 2-1
Massenmedien- versus Social Media-Kommunikation

Im Social Web verschwimmt die Trennung zwischen Sender und Empfänger – Massenkommunikation wird zur Kommunikation der Massen. Ergänzend zu den Massenmedien erhalten die Medien der Massen wie Facebook, YouTube, LinkedIn usw. Gewicht. Denn sie bieten neben Information auch die Chance, Meinungen auszutauschen, Beziehungen zu pflegen und eine Identität, eine Online-Reputation, aufzubauen. Wir haben bereits im ersten Kapitel gesehen, dass in diesem Raum, wir sprechen vom vormedialen Raum, Themen durch die Vernetzung der Menschen und die Verlinkung der Beiträge Gewicht erhalten und breite Öffentlichkeiten erreichen können. Wir stellen auch fest, dass sich Themen zunehmend über den vormedialen Raum anbahnen und oft über den Online-Journalismus den Weg in die Massenmedien finden. Unternehmen, die den neuen Mechanismen nicht ausgeliefert sein wollen, müssen den vormedialen Raum sorgsamer denn je und in Echtzeit überwachen (Monitoring), die Issues erfassen und einschätzen und rasch reagieren. das Realtime-Web verlangt nach Echtzeit-PR, denn die Multiplikatoren operieren in einer nie geahnten Geschwindigkeit.

Meinungsführer im Social Web

Wir wissen von der 90–9–1-Regel, dass wenige Menschen im Social Web vieles bewegen. Wer sind denn diese aktiven Menschen? Sind es die Digital Natives, denen das Internet bereits in die Wiege gelegt wurde und die mit dem Web aufgewachsen sind? Sind es Digital Immigrants, also jene Generation, die mit der Online-Welt nicht von klein auf vertraut war und den Umgang mit ihr und die Anwendungen schrittweise erlernen musste und es noch tut? Sicherlich sind es nicht die Digital Visitors, also Menschen, die nur dann ins Internet gehen, wenn sie schnell und aktuell praktische Informationen erhalten wollen, ansonsten aber die Online-Welt auf Distanz halten. Da erfüllen die Digital Residents eher die Bedingungen, um zu Meinungsführern zu werden. Sie stützen ihren privaten und beruflichen Alltag weitgehend auf das Web und bewohnen es. Was sie mitbringen, ist eine große Offenheit für den Austausch und die Kontaktpflege in der Online-Welt. Sie wollen mitgestalten, ins Geschehen eingreifen und es hautnah miterleben. Dass wir die junge Generation der Digital Natives nicht mit den Residents gleichsetzen können, hat Professor Peter Kruse erforscht (Abbildung 2-5).

Er hält dazu fest: Digital Resident zu sein, ist kein Geburtsrecht, sondern eine Einstellungssache. Häufig wird angenommen, dass es die jungen Menschen, also die Digital Natives sind, die einen großen Teil der Inhalte bereitstellen. Das ist falsch. Sie hätten zwar, weil sie mit den Anwendungen sehr vertraut sind, das Handwerkszeug dazu. Benötigt wird aber auch inhaltliche Kompetenz. Und da sind es dann doch eher etwas reifere Menschen, welche das Web verinnerlicht haben, die aktiv ins Geschehen eingreifen. Aber natürlich tun das auch hier längst nicht alle.

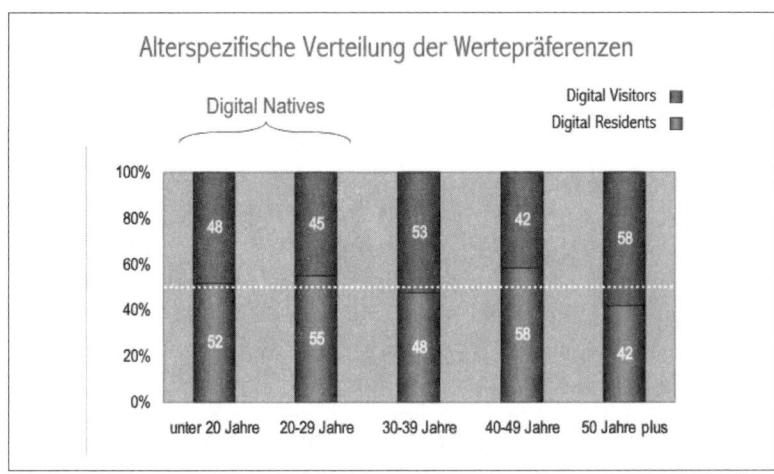

◀ **Abbildung 2-5**
Verteilung Digital Visitors und Digital Residents

Beeinflusser: Die Netzwerker und die Experten

Was zeichnet die gewichtigen Beeinflusser aus? Das Marktforschungsunternehmen Forrester Research, wir kennen es schon von der Social-Technographics-Leiter im ersten Kapitel, liefert mit der Peer Influencer Analysis Antworten. In einer Umfrage[1] wollten die Marktforscher herausfinden, wie oft Beeinflusser über Produkte und Dienstleistungen sprechen und mit wie vielen Menschen sie vernetzt sind. Einerseits interessierten sie sich für die Anzahl der Beiträge in sozialen Netzwerken wie Facebook, MySpace, Twitter und Linked-In. Dort maßen sie nicht nur die Anzahl der Tweets oder Updates, sondern auch die Anzahl der Follower oder Freunde, welche diese auch lesen konnten. Außerdem beobachteten sie die Beiträge in Blogs und Kommentare auf Bewertungsplattformen oder in Diskussionsforen. Hier konnten sie nur die Anzahl der Beiträge erheben, nicht aber die Anzahl der Leser, weil diese Werte nicht für jedermann sichtbar sind.

Und sie fanden bestätigt, dass eine Minderheit von Onlinern den Löwenanteil der Inhalte liefert. Problematisch ist nur, dass diese Minderheit noch immer viel zu groß für eine individuelle Ansprache ist. Das wird sofort klar, wenn wir uns die Facebook-Zahlen in Deutschland, Österreich und der Schweiz anschauen. Gehen wir davon aus, dass von den derzeit 15 Millionen Kontoinhabern 1%

---

1   10 000 Konsumenten in den USA im 4. Quartal 2009

aktiv ist, stehen uns noch immer 150 000 Kontakte gegenüber – und das sind nur die Zahlen von Facebook. Forrester unterteilt daher weiter in zwei Gruppen:

- Mass Connectors sind Netzwerker. Auf Facebook, Twitter, My-Space und LinkedIn sind sie mit einer großen Zahl Menschen verbunden, im Durchschnitt haben sie in allen Netzwerken 537 Kontakte. Sie haben großes Interesse, weitere Kontakte kennenzulernen und sich mit ihnen zu verbinden. Ihren Einfluss üben sie durch ihre große Reichweite aus.

- Mass Mavens sind Experten. Diese Menschen bieten Wissen und Einblicke in Themen, mit denen sie sich vertieft auseinandergesetzt haben. Sie geben ihr Know-how weiter in Blogs, Foren, in Besprechungen und Bewertungen. Sie haben den Wunsch, Fakten, Erkenntnisse und Meinungen einerseits als Inspiration zu sammeln, andererseits aber auch wieder zu verteilen. Sie ziehen ihr Publikum durch die Aufbereitung ihrer Themen an. Die Menschen, die sie erreichen, überzeugen sie mit hoher Wahrscheinlichkeit.

Unternehmen und Organisationen sollten die Aufmerksamkeit der Beeinflusser, d.h. der Mass Mavens und der Mass Connectors, gewinnen. Damit sie wissen, wie sie das anstellen, müssen sie zunächst erforschen, was für die Beeinflusser in der eigenen Branche charakteristisch ist.

Maßstäbe für die Medienarbeit gelten auch online

Auch wenn man bei MassConnectors zuerst an Facebook denkt, so können je nach Branche andere Plattformen wichtiger sein. Sind sie auch auf Twitter? Flickr? Oder auf Business-Plattformen wie XING oder LinkedIn? Wer beschäftigt sich mit unseren Themen? Mit welchen Themen können die MassMavens »ins Boot geholt« werden? Sie sind hungrig nach Hintergrundinformationen, Daten und Fakten und jeglichem Material, das sie einfach aufbereiten und teilen können. Hat ein Unternehmen einen großen Kreis von solchen Experten in seinem Umfeld, macht es absolut Sinn, entsprechende Informationen zumindest in einem eigenen Bereich auf der Website aufzubereiten. Da sie sich von den Informationsbedürfnissen her kaum von jenen der Medien unterscheiden, kann für beide Gruppen ein gemeinsamer Bereich eingerichtet werden. Auch bei der Bearbeitung von Anfragen gebührt ihnen die gleiche Aufmerksamkeit und der gleiche Service wie den Medien. Die Verbreitung der

Informationen hingegen wird wieder von jener der klassischen Massenmedien abweichen. Menschen, die sich mit Kamera und Optik auseinandersetzen, teilen ihr Wissen nicht nur in eigenen Blogs oder auf Twitter. Meist werden sie von Familie, Bekannten und Kollegen zu Rate gezogen, wenn es um die Anschaffung eines neuen Gerätes geht. So verschränkt sich die Online- mit der Offline-Welt.

Aus der klassischen Medienarbeit wissen wir, dass es sinnvoll ist, die Meldungen je nach Thema nicht nur an die großen nationalen Tageszeitungen, sondern auch an kleinere regionale und lokale Publikationen und an die Fachmedien zu schicken. Die Chance, dort abgedruckt zu werden, ist klar größer. Das Gleiche gilt auch für die Beeinflusser. Prominente Blogger im deutschen Sprachraum wie Sascha Lobo, Mario Sixtus oder Robert Basic erreichen mit ihren Beiträgen eine große Zahl Menschen. Ein weniger prominenter Blogger, der sich als Experte zu einem bestimmten Thema etabliert, wird zwar weniger Menschen erreichen, auf diese aber unter Umständen einen größeren Einfluss ausüben.

Noch ein Gedanke zu den Kanälen: Twitter mag noch von einer Minderheit genutzt werden. Aktive Twitterer sind jedoch untereinander meist stärker verbunden als Nutzer anderer Netzwerke. Nachrichten, die den Weg zu Twitter finden, haben große Chancen, dort im Rekordtempo verbreitet zu werden. Sie können den Zugriff auf Blogs, Websites, Fanseiten usw. auf beeindruckende Weise steigern. Anhand der Webstatistik können Sie nachvollziehen, woher die Zugriffe auf die jeweilige Seite kamen.

Wer beschäftigt sich nun also mit unseren Themen und wie gewinnen wir diese Menschen für uns? Diese Frage muss jedes Unternehmen für seine Branche und für seinen Markt selbst beantworten. Ein Weg, Antworten zu finden, ist die Marktforschung. Da es auch im Social Web kulturelle Unterschiede gibt, wird eine Studie aus den USA wenig Anhaltspunkte für den Einsatz im deutschsprachigen Raum bieten. Sie wird aber helfen, die richtigen Fragen zu stellen. Multinational tätige Unternehmen sichern sich Unterstützung von professionellen Anbietern. Diese sind in der Lage, länderspezifische Analysen nach Branche, demografischen Daten, Mediennutzung, Medienwahl und -Verhalten zu machen.

Bei weniger großen Unternehmen sprengt eine solche extensive Forschung natürlich das Budget. Zum Glück gibt es noch andere Methoden, herauszufinden, wo die Interessen liegen.

- Lesen: Studieren Sie die Facebook-Updates und insbesondere die Kommentare dazu. Mit *www.booshaka.com* können Sie die öffentlichen Status-Updates durchsuchen. Nehmen Sie sich täglich zehn bis zwanzig Minuten Zeit, um Tweets von Twitterern zu lesen, die für Sie interessant sind. Mit *www.search.twitter.com* suchen Sie nach den relevanten Stichworten. Folgen Sie Twitterern, die Ihr Thema abdecken. Wenn Sie diese in Listen anlegen, filtern Sie die Meldungen, lesen gezielter und schalten das Rauschen von Beiträgen aus, die für Sie weniger relevant sind. Lesen Sie Blogs von Experten und lassen Sie auch jene von Konkurrenzunternehmen und Branchenverbänden nicht aus. Google lässt eine Suche zu, die nur Blogs einschließt. Wenn Sie diese als RSS-Feed abonnieren, bleiben Sie »am Ball«. Achten Sie auf Erwähnungen und Verlinkungen. Diese geben Ihnen wertvolle Hinweise auf weitere lesenswerte Blogs und vor allem auf Experten, die Sie bislang vielleicht noch nicht entdeckt haben.

- Beobachten: Wie verändert sich die Anzahl der Verbindungen Ihrer Kontakte? Stagnieren sie oder nehmen sie zu? Gehen Sie Menschen nach, die häufiger genannt werden und beobachten Sie deren Einfluss. Wer kommt als MassConnector in Frage?

- Fragen: Starten Sie eine Umfrage auf Ihrer Webseite oder auf dem Blog und versuchen Sie, die Bedürfnisse Ihrer Dialoggruppen zu eruieren. Sie können aber auch einzelne Fragen auf der Facebook-Seite oder auf Twitter stellen. Twitter bietet mit Twtpoll (*www.twtpoll.com*) ein wunderbar leichtfüßiges Werkzeug, mit dem über Multiple Choice, Single Choice oder auch mit offenen Fragen unkompliziert kleine Umfragen gemacht werden können.

Ihr Ziel ist es herauszufinden, wer die Beeinflusser sind, die in Ihrer Branche oder in Ihrem Markt eine Rolle spielen, und welche Informations-Bedürfnisse sie haben. Als angenehmer Nebeneffekt bringt die Lektüre neben einer Horizont-Erweiterung auch zahlreiche Impulse, wie ein Thema auch noch auf andere Weise attraktiv angegangen werden kann.

Wer populär ist, muss nicht einflussreich sein

Auf die Frage, welches denn die neuen Beeinflusser seien, gab Richard Edelman, Chef der gleichnamigen PR-Agentur zur Antwort: »Someone like me«. Das Schlüsselwort ist »someone«, und in der Tat bieten Social Media jedermann die Chance, im Social Web in einem gewissen Kreis prominent zu werden und Einfluss auszuüben. Viele Menschen sind aus dem Offline-Schatten ins Online-Rampenlicht getreten und haben sich eine Reputation aufgebaut. Wer sind die neuen Beeinflusser? Und was macht sie einflussreich? Diese Fragen hat der US-amerikanische Buchautor Brian Solis zusammen mit dem PR-Dienstleister Vocus im Spätsommer 2010 in einem Whitepaper aufgearbeitet. Brian Solis sagt sinngemäß: Einfluss ist die Fähigkeit, messbare Aktivitäten und Ergebnisse zu bewirken. Daran hat auch das Social Web nichts geändert. Was sich hingegen verändert hat, ist die Art von Beeinflussern.

Grundlage des Whitepapers war eine Umfrage unter Kommunikationsspezialisten. Die Mehrheit stammt aus den Staaten, nur 14% aus Europa. Wir sind jedoch der Meinung, dass die Resultate für uns dennoch relevant sind. Interessant und vor allem für die PR-Arbeit wichtig ist die folgende Frage: Ist Popularität mit Einfluss gleichzusetzen? Die große Mehrheit der Teilnehmer schreibt dem Einfluss eine ernsthafte Komponente zu, während Popularität eher mit Spaß verbunden wird. Jemanden zu mögen oder jemandem zuzuhören, ist nicht dasselbe. Während es bei der Popularität eher um Volumen geht – ein Filmstar hat viele Fans und Anhänger – steht beim Einfluss eher der klare Nutzen und daraus folgend die Wirkung im Vordergrund. Ein Mensch muss also nicht populär sein und über eine große Gefolgschaft verfügen, um Einfluss ausüben zu können. Und nicht jeder, der populär ist, übt deswegen einen großen Einfluss aus.

Welche Faktoren tragen zum Einfluss einer Person, einer Marke oder einer Organisation bei?

- Twitter setzt keine gegenseitigen Freundschaften voraus, darum gibt das Verhältnis von Followings zu Followern einen Hinweis auf die Autorität. Jemand, der auf Twitter viele Follower hat, selbst aber nur wenigen folgt, hebt sich als einflussreicher Onliner hervor. Seine Beiträge sind offenbar so wertvoll, dass Menschen auch dann folgen, wenn er nicht zurückfolgt.

- Die Anzahl der Plattformen, auf denen jemand aktiv ist, weist auf eine breite Vernetzung hin. Jemand, der zum Beispiel Profile auf Twitter, Facebook, XING, LinkedIn, YouTube unterhält, ist sehr präsent und demonstriert Offenheit. Auch hat er größere Chancen, bei der Suche nach einem Thema als Person bei Google gut platziert zu sein.

- Es reicht nicht, viele Profile zu eröffnen, diese müssen auch regelmäßig aktualisiert werden. Kontinuität ist ein Ausdruck von Verlässlichkeit und wirkt verbindlich. Wer regelmäßig neue Beiträge veröffentlicht, hält seine Leser auf dem Laufenden und sich selbst im Bewusstsein oder auch im Gespräch.

- Ein weiteres Kriterium ist die Online-Reputation und damit verbunden die Wiedererkennbarkeit. Diese bedingt einen einheitlichen grafischen und inhaltlichen Auftritt über alle Netzwerke. Jemand, der heute über Kaffeebauern in Südamerika und morgen über Sportautos schreibt, wirkt wenig profiliert.

- Interessante Inhalte sind ein Muss. Diese können aktuell, originell oder überraschend sein, auf jeden Fall müssen sie dem Leser einen Nutzen bringen. Nicht alle Beiträge müssen selbst verfasst sein, gerade an der Schwelle zum Web 3.0 machen sich auch Menschen verdient, die es schaffen, im Informations-Dschungel spannende Beiträge auszumachen und darauf hinzuweisen.

  Eine für alle sichtbare Messgröße für einen gelungenen Mix ist der Grad der Weiterverteilung. Das können Retweets auf Twitter, Erwähnungen auf Facebook, Verlinkungen in anderen Blogposts oder auch die Ablage in Bookmarking-Systemen wie beispielsweise diigo sein.

- Natürlich muss das Netzwerk für eine gute Reichweite eine gewisse Größe aufweisen, aber die Größe des Netzwerks ist nicht entscheidend für den Einfluss und die Fähigkeit, messbare Aktivitäten und Ergebnisse zu bewirken. Messbare Aktivitäten sind beispielsweise die Klickraten auf mit speziellen Link-Verkürzern gekürzte Links (Damit die Werte sichtbar werden, muss bei bit.ly der entsprechende Link im Browser mit einem + versehen werden), Web-Statistiken, ausgelöste Aktionen wie der Kauf, die Anzahl von Downloads oder die Anzahl von Teilnehmer bei Umfragen.

Short-URL-Services werden verwendet, um lange Webadressen (URLs) in kurze Links umzuwandeln. Bekannte Dienste sind bit.ly oder tinyurl.com.

Welches sind die Gründe dafür, dass jemand einer Person, einer Marke oder einem Unternehmen folgt?

1. Relevanz: die Inhalte wecken Interesse.

2. Vordenker-Rolle: Die Beiträge setzen Impulse.

3. Austausch: Beziehungen werden gepflegt, das heißt, es wird nicht nur gesendet, sondern es findet ein Austausch statt.

Kaum genannt wurden im Solis' Whitepaper Gründe wie Spaß, Ruhm oder Zurückfolgen. Mit dem Zurückfolgen bei Twitter ist das so eine Sache: Es ergibt wenig Sinn, wenn Personen oder Organisationen ihre Twitter-Gefolgschaft dadurch zu vergrößern suchen, dass sie einer großen Zahl anderer Twitterer folgen. Wir raten an dieser Stelle auch dringend davon ab, irgendwelche Dienste in Anspruch zu nehmen, die solche Rückfolge-Automatismen unterstützen. So lange Sie keine relevanten Inhalte bieten, wird man Ihnen nicht zurückfolgen. Menschen zu beeinflussen ist nicht allein eine Frage von Fähigkeit und Begabung, sondern vielmehr ein Resultat kontinuierlicher und ausdauernder Arbeit. Die Lorbeeren wollen verdient sein, ein Ausruhen darauf ist nicht vorgesehen.

Wie sich Nachrichten verbreiten

Informationen ins Web zu bringen ist heute ein Kinderspiel. Informationen zu verbreiten ist lernbar. Zu lernen, wie sich Informationen selbst verbreiten und so zur Nachricht werden, ist hingegen hohe Schule. Informationen oder Content sind so lange tote Materie, bis es gelingt, das Publikum von der Relevanz zu überzeugen, Interesse zu wecken oder gar Emotionen zu erzeugen. Nur muss das Publikum erst gefunden und erreicht werden. Viele Inhalte fristen denn auch ein einsames Dasein, und wenn sie gefunden werden, dann beruht das meist auf Zufall. Wir erinnern uns: Content is king, context is queen. Informationen ins Web zu setzen reicht also nicht, vergessen wir die Königin nicht. Ein klarer, einheitlicher und authentischer Auftritt und eine gute Vernetzung sind entscheidende Kriterien für den Weg der Information zur Nachricht. Denn nicht nur der Absender entscheidet über die Relevanz einer Meldung, sondern vor allem auch der Leser. Diese Entscheidung macht er fest an den konkreten Inhalten, am Auftritt des Absenders und an den Meinungen seiner Bezugsgruppen.

Der PR-Schaffende wird zum Sämann

Wenn wir eine Medienmitteilung verschicken, dann macht sie sich, sofern sie in die Zeitung oder in die Fachzeitschrift aufgenommen wurde, auf die Reise zum Leser. Publizieren wir die Mitteilung auf unserer Homepage, geschieht erst einmal – nichts. Dies ist vor allem dann der Fall, wenn sie im Pressebereich steht und möglicherweise erst nach mehreren Klicks zu erreichen ist. Dies ist keine Absage an den Pressebereich einer Homepage – im Gegenteil, wir sind der Meinung, dass er weiterhin gebraucht wird. Die Chance jedoch, dass Besucher von alleine auf unserer Seite vorbeikommen und auf die Meldung stoßen, ist gering. Wir müssen also auf uns aufmerksam machen. Bisher geschah das durch den Versand eines Newsletters mit Link auf die Meldung. Hinzugekommen sind RSS-Feeds, die den Leser in seinem Reader oder seiner Mailbox automatisch über neue Beiträge informieren. Das klappt natürlich nur, wenn auf der jeweiligen Seite ein RSS-Button eingebaut wurde. Wir können davon ausgehen, dass Newsletter- und RSS-Abonnenten an einer Nachricht aus unserem Hause erhöhtes Interesse haben. Aber reicht das?

Ein Unternehmen kann nicht mehr davon ausgehen, dass es mit diesen Maßnahmen alle relevanten Dialoggruppen erreicht. Es muss also dahin gehen, wo sie sind: »Fish where the fish are« lautet die Devise. Online bleibt die Website, gegebenenfalls in Verbindung mit einem Blog, Dreh- und Angelpunkt der Kommunikation. Dann geht es aber darum, die Saat auszubringen, und Möglichkeiten gibt es verschiedene. Wie und wo dies geschieht, entscheidet jede Organisation aufgrund ihrer Strategie, Kommunikationsstrukturen und virtuellen Vernetzungen individuell. Wir listen im ersten Schritt jene Maßnahmen auf, die eine Organisation selbst unter Kontrolle hat.

Publikation: Das Thema aufbereiten

- Blog: Im Gegensatz zur Medienmitteilung, die ganz klaren Konventionen folgt, genießt das Blog in Bezug auf Sprache und Aufmachung Freiheiten. Es ermöglicht nicht nur einen regelmäßigen Informationsfluss, sondern vermittelt dem Besucher auch ein Gesamtbild des Unternehmens. Dies gelingt hier besser als mit einer Sammlung von Medienmitteilungen, die immer nur die gewichtigen Themen aufgreifen. Mehr zum Thema Blog erfahren Sie in Kapitel 5. Wichtig ist die Social-Media-Integration, also z.B. ein »Gefällt mir«- und/oder ein Twitter-Button unter dem Text. Manche Blogs sehen verschiedene Bookmarking-Möglichkeiten vor.

- Fotos, Infografiken: Werden nicht auf der eigenen Homepage, sondern in einem Bilder-Sharing-Dienst wie Flickr oder Picasa veröffentlicht. Dort werden sie mit Titel, Bildlegende und Tags versehen. Achten Sie darauf, die Bildfreigabe mit einer Creative-Commons-Lizenz gemäß Vereinbarung mit dem Fotografen zu versehen.

- Filme: YouTube und Sevenload sind Video-Sharing-Plattformen, die in Europa sehr beliebt sind. Filme werden ins eigene Profil geladen und mit Tags versehen. Beachten Sie auch hier Ihre Abmachungen zu den Urheberrechten.

- Präsentationen, Dokumente: Manche Themen lassen sich übersichtlicher in einer Powerpoint-Präsentation mit wenig Text, dafür mit Illustrationen und Infografiken darstellen. Auch umfassendere Werke wie Weißbücher, Auswertungen von Studien oder Anleitungen sind geeignet, um sie im eigenen Profil auf Seiten wie Slideshare oder Scribd zu veröffentlichen.

Distribution: Die Nachrichten verteilen

- Twitter: Hier stehen insgesamt 140 Zeichen zur Verfügung. Mit einer kurzen Meldung von etwa 100 Zeichen Länge wird der Beitrag beschrieben. Ca. 20 Zeichen entfallen auf den Link, der auf den Beitrag verweist. Da die meisten Links für einen Tweet zu lang wären, werden sie mit einem URL-Shortener auf ungefähr 20 Zeichen verkürzt. Ein Hashtag trägt dazu bei, dass ein Thema von Interessenten gefunden werden kann. Vermeldet beispielsweise eine Kaffeerösterei, dass sie eine neue Sorte aus biologischem Anbau anbietet, könnte sie ihren Tweet mit #Kaffee und #Bio ergänzen. Natürlich gilt es abzuwägen, was für den Tweet besser ist: eine etwas ausführlichere Meldung ohne oder eine knapper Hinweis mit Hashtags. Dieser kleine Text entscheidet, ob der Link angeklickt oder die Meldung per Retweet weiterverbreitet wird. Es lohnt sich also durchaus, sich über die Wortwahl ein paar Gedanken zu machen.

- Facebook: Auf der Fanseite wird der Beitrag mit maximal 420 Zeichen angeteasert und verlinkt. Tipp: Hängen Sie den Link an, bevor Sie den Text formulieren. Sie laufen sonst Gefahr, zweimal dasselbe zu schreiben. Für Unternehmen empfehlen wir übrigens Gruppen nicht als offizielle Präsenz. In Gruppen haben Sie u.a. keinen Zugriff auf den Social Graph der Nutzer, sehen also nicht, wie mehrere Personen oder Dinge zueinander in Beziehung stehen.

- RSS: Jedes Blog ist mit einem RSS-Feed ausgestattet. Die Abonnenten erhalten die Meldung über den neuen Beitrag entweder im Reader oder über ihr Mailprogramm.

- Newsletter: Dieser teasert den Beitrag kurz an, verlinkt dann aber auf das Blog. Sie möchten den Leser ja auf Ihre Seite holen, wo er sich idealerweise noch etwas weiter umschaut.

- XING: Die Statusmeldung in XING reicht mit 140 Zeichen für eine kurze Ankündigung aus. Den Link verkürzen Sie über den von XING angebotenen URL-Shortener. Ein Status-Update führt dazu, dass Sie für Ihre Kontakte in der Rubrik »Neues aus meinem Netzwerk« sichtbar werden.
- LinkedIn: Auch hier können Sie Ihre »Network Activity« analog zu XING mit einem kurzen Beitrag publizieren.
- Social Bookmarking: Unterhalten Sie ein Profil bei diigo oder Mr. Wong, speichern Sie den Beitrag als Bookmark und versehen Sie ihn mit Tags.

Wir haben nun unsere Saat ausgebracht, sie kann also wachsen. Und das ist durchaus im Wortsinne gemeint. Ein Teil des Saatguts wird, noch bevor es richtig mit der Erde in Kontakt kommt, von den (Twitter-)Vögeln aufgepickt und weitergetragen. Manche Samen sprießen und die Pflanzen werden erst nach einiger Zeit entweder durch gezielte Suche oder per Zufall entdeckt. Es entwickelt sich also, ganz wie in der Natur, eine eigene Dynamik, die nicht immer durchschaut werden kann.

So verbreiten sich Nachrichten

Menschen kommen auf unsere Website oder auf unser Blog, weil sie uns kennen oder weil sie über die Recherche in einer der gängigen Suchmaschinen direkt auf unser Informationsangebot gestoßen sind. Wie sich Nachrichten oder Kontaktmöglichkeiten zu einer Organisation ohne Ihr eigenes Zutun weiter verbreiten können, sehen wir im zweiten Schritt an.

- Twitter: Wir haben gut getextet, unser Tweet wird per Retweet weitergegeben. Je mehr unserer Follower uns retweeten, und deren Follower wiederum, desto mehr explodiert die Reichweite. Auf diese Weise erfahren auch Twitterer, die uns gar nicht folgen, vom Beitrag. Sind sie vom Inhalt überzeugt, haben wir Chancen, sie auch als Follower und/oder als Abonnenten des RSS-Feeds zu gewinnen.
- Facebook: Was wir veröffentlicht haben, erscheint in der Nachrichtenübersicht unserer Fans. Jeder, der den Eintrag kommentiert oder den »Gefällt mir«-Button entweder auf der Fanseite oder unter dem Blogartikel anklickt, zeigt auch seinen Freunden, dass er den Beitrag mag. Es werden also Menschen

auf unsere Information aufmerksam, zu denen wir bislang noch keinen Zugang hatten.

- Suchmaschinen: Menschen suchen nicht nur Firmen, sie suchen auch Themen. Sucht nun jemand nach dem Wort »Kaffee« oder »Bio«, werden wir mit unseren Bildern oder allen anderen Inhalten, die wir mit diesem Tag versehen haben, auftauchen. Weil große Plattformen wie Flickr oder YouTube aufgrund ihrer hohen Zugriffsrate und starken Verlinkung eine höhere Relevanz bei den Suchmaschinen genießen, haben wir mit Inhalten auf diesen Plattformen eine gute Chance, in den Suchresultaten an prominenter Stelle zu erscheinen.

- Bildersuche: Für Referate, Vorträge oder Präsentationen gehen Onliner auf Bildersuche. Dies tun sie entweder via eine der gängigen Suchmaschinen, oder immer öfter direkt in Flickr, was auch möglich ist, ohne dort Mitglied zu sein.

- Präsentation: Jemand baut Teile unseres Blogs, eine Illustration aus Flickr oder eine Erläuterung aus dem Vortrag in seine Präsentation ein und veröffentlicht diese auf Slideshare. Wenn er die Quelle transparent macht, werden wir nicht nur für seine Zuhörer sichtbar, sondern auch für all jene Menschen, die das Dokument wieder herunterladen, wenn er es online veröffentlicht hat.

- RSS-Reader: Google ist der derzeit wichtigste Reader. Hier lassen sich nicht nur Abonnements verwalten, sondern auch Verbindungen zu anderen Onlinern knüpfen. Auch im Google Reader können Sie Personen auswählen, deren Beiträge Sie regelmäßig lesen wollen. Empfiehlt jemand einen Beitrag aus seinem Feed, wird das bei seinen Abonnenten im Reader als neuer Beitrag angezeigt. So stoßen Leser auf Themen und Quellen, die sie auf andere Weise möglicherweise nicht entdeckt hätten. Und weil sie diese auf Empfehlung von Menschen erhalten haben, deren Urteil sie schätzen, rücken sie in der Vorselektion auf die vorderen Plätze.

Social Bookmarking: Sucht jemand direkt in diigo das Schlagwort »Kaffee«, bekommt er eine Auswahl von Seiten, die andere Onliner für nützlich befunden und darum hier abgelegt haben. Bei beiden Diensten ist es möglich, sich mit anderen Profilinhabern zu vernetzen und zu erfahren, was diese interessant finden. So können auch über mehrere Ecken Menschen zu unserem Link stoßen, die wir bislang noch nicht erreicht haben. Links können auch kommentiert werden. Es gibt Teilnehmer im Social Web, die Links sammeln, in einem eigenen Bulletin veröffentlichen und ihren Abonnenten zugänglich machen. So wird der Empfängerkreis einmal mehr größer.

Diese Liste ließe sich noch beliebig fortsetzen. So wie sich die Nachrichten verbreiten, so kann auch an jeder Stelle ihres Auftretens Kommunikation entstehen. Alle genannten Dienste fördern nicht nur eine Vernetzung mit anderen Onlinern, sondern bieten auch die Möglichkeit zu kommentieren. Verschiedene Plattformen wie YouTube oder Slideshare lassen es zu, Inhalte ins eigene Profil zu speichern, wo sie wiederum gefunden werden können. Natürlich betrifft diese Verbreitung ebenso Beiträge von Menschen, die ihre Inhalte privat ins Social Web einbringen. Wir wollen aufzeigen, dass Unternehmen und Organisationen ihre Reichweite vergrößern können, indem sie ihre Saat weit ausstreuen. Wenn sie dies mit Beiträgen tun, die echten Mehrwert und Nutzen bringen, dann haben wir es weder mit Spam noch mit Broadcasting, sondern mit einem echten Angebot zum Gespräch zu tun. Allerdings darf das Zuhören nicht vergessen werden, das mit einem zuverlässigen Monitoring sichergestellt werden muss. Nur so können Reaktionen schnell entdeckt und adäquat beantwortet werden.

Das Social Web richtig nutzen

Bis hierhin sind Sie uns schon ein ganzes Stück weit gefolgt. Bevor wir in einige ausgewählte Beispiele aus der Praxis einsteigen, fassen wir noch einmal zusammen, wie sich Unternehmen die Dynamik und die Vernetzung des Social Web zunutze machen können. Wir lehnen uns für die einzelnen Punkte an die Themengruppen an, die Charlene Li und Josh Bernoff in ihrem Buch »Groundswell« beschreiben.

Zuhören bringt neue Erkenntnisse

Sie kennen die Situation im Restaurant, in der die Kellnerin Sie fragt, ob Sie gut gespeist hätten? Und Sie merken an ihrem Verhalten, dass dies eine reine Routinefrage war, an deren Antwort sie in keiner Weise interessiert ist. Das ist nicht nur schade, sondern schlicht eine verpasste Chance. Ihre Antwort hätte, zusammen mit anderen Rückmeldungen, einen wertvollen Beitrag für den Wirt und für den Küchenchef sein können. Wenn Sie im Social Web so zuhören wie diese Kellnerin, dann können Sie sich die Mühe sparen. Wenn Sie jedoch echtes Interesse nicht nur für das Thema, sondern auch für Ihre Gesprächspartner mitbringen, werden Sie profitieren – auch wenn Sie im Falle einer negativen Rückmeldung nicht gerne hören, was man Ihnen sagt. In jedem Fall ist für Sie jener Kunde der wertvollere, der Ihnen sagt, wo ihn der Schuh drückt, und nicht jener, der von Ihnen unbemerkt die Faust in der Tasche ballt und dann einfach wegbleibt. Wenn Sie zuhören, erfahren Sie

- was die Leute von Ihnen denken, wie sie Ihr Unternehmen oder Ihre Marke wahrnehmen,
- wo Sie welche Schwächen haben in Bezug auf Produkt, Dienstleistung und Service,
- was die Menschen über Ihre Wettbewerber denken,
- wer über Sie oder Ihre Leistung spricht und ob sich das mit den Menschen deckt, die Sie ohnehin ansprechen wollen,
- wie Sie Ihre eigene Leistung aus einem anderen Blickwinkel betrachten und gegebenenfalls optimieren können,
- welche Leistungen und Anwendungen zusätzlich gewünscht werden – dies bringt Sie auf neue Ideen,
- was man über Sie als Arbeitgeber denkt,
- welche Themen interessieren, die Sie in der Kommunikation nutzen können,
- ob sich Ärger anbahnt. Fangen Sie Kritik frühzeitig ab, können Sie Krisen im Keim ersticken oder wesentlich kleiner halten.

Wichtig ist, dass Sie sicherstellen, dass das Gehörte auch seinen Weg zu den zuständigen Stellen im Unternehmen findet, z.B. Produktentwicklung, Kundensupport, Vertrieb/POS oder auch Personalmanagement (HR) oder Marketingkommunikation.

Sprechen heißt Gespräche führen

Kennen Sie den Schülerspruch: »Wenn alles schläft und einer spricht, dann nennt man sowas Unterricht«? Solche Situationen kommen auch außerhalb der Schulmauern vor. Es gibt Menschen, die sich am liebsten selbst zuhören und pausenlos sprechen. Ironischerweise sind das oft dieselben, die am Anfang des Gespräches im Brustton der Überzeugung sagen, wie wichtig ihnen das Zuhören ist. Gespräche sind ein Wechsel aus Sprechen und Zuhören. Wenn Sie aktiv zuhören, dann nehmen Sie Ihr Gegenüber bewusst wahr.

Jedes Gespräch verläuft auf vier Ebenen, wie der deutsche Psychologe Friedemann Schulz von Thun herausgefunden hat. Jede Aussage beinhaltet folgende Ebenen:

- Sach-Ebene: Sie beinhaltet die Daten und Fakten, die in einer Nachricht enthalten sind, also rein sachliche Aussagen. Der Empfänger prüft, ob die Information nach seinem Verständnis wahr oder unwahr, relevant und ausreichend ist. Der Sender muss die Information also klar und verständlich aufbereiten und übermitteln.

- Selbstoffenbarungs-Ebene: Der Sprecher verrät, bewusst oder unbewusst, einiges über sich selbst, über sein Selbstverständnis, seine Motive, Werte, Emotionen etc. Der Zuhörer prüft, was er über den Sprecher erfahren kann. Jede Nachricht wird zu einer kleinen Kostprobe des Senders – und das gilt auch für Unternehmen.

- Beziehungs-Ebene: Sie zeigt auf, wie der Sprecher zu seinem Gegenüber steht und was er von ihm hält. Sie entscheidet darüber, ob sich der Zuhörer respektiert, akzeptiert, heruntergesetzt oder bevormundet vorkommt. Verläuft die Kommunikation auf Augenhöhe und ist sie geprägt von gegenseitiger Wertschätzung, wird sie als harmonisch empfunden.

- Appell-Ebene: Sie beinhaltet einen Wunsch oder die Aufforderung zu einer Handlung. Der Empfänger fragt sich, was er jetzt denken, wie er handeln oder fühlen soll. Die Art und Weise, wie der Sprecher Einfluss nimmt, kann mehr oder weniger offen, aber auch verdeckt sein.

Natürlich analysieren wir nicht jedes Gespräch nach diesen Ebenen, wahrgenommen werden sie aber, wenn auch weitgehend unbewusst. In schwierigen Situationen, also bei kritischen Kommentaren im Blog oder in einer Krisenlage, lohnt es sich schon mal, zum Seziermesser zu greifen und das Gesagte nach diesen Kriterien auseinanderzunehmen.

Das Social Web bietet, im Gegensatz zur Massen- und Einwegkommunikation, die große Chance, Zwischentöne herauszuhören. Wir haben die Gelegenheit, nachzufragen und – wenn wir feststellen, dass wir missverstanden wurden – korrigierend einzugreifen, indem wir unsere Aussage noch einmal neu formulieren und besser auf unser Gegenüber abstimmen. Ein Gespräch ist ein gegenseitiges Suchen und Abstimmen von Standpunkten. Das gelingt im Social Web dann, wenn wir Erfahrungen sammeln, indem wir uns an sozialen Netzwerken beteiligen, in die Blogosphäre eintauchen und uns in Communities bewegen.

Freunde und Fürsprecher aktivieren

»Tue Gutes und sprich darüber« wird gerne als Beschreibung für PR gebraucht. »Tue Gutes und lass andere darüber reden« trifft unserer Meinung nach den Kern der Sache in der PR 2.0 besser. Wir wissen, dass sich Menschen an ihren Bezugsgruppen orientieren und sich ihr »Web of Trust« aufbauen. Geben wir ihnen doch Orientierung, indem wir Dritte über uns sprechen lassen. Dabei heißt es Hände weg vom Versuch, Freunde zu instrumentalisieren, indem sie bei kritischen Produktrezensionen oder Kommentaren im Blog in Ihrem Auftrag dagegenhalten. So etwas fliegt immer auf und wirkt sich enorm kontraproduktiv aus. Jedes Unternehmen und jedes gute Produkt hat seine Fans. Im Social Web finden wir sie, weil wir den Gesprächen zuhören können. Nehmen wir mit ihnen Kontakt auf und versuchen wir, sie als Fürsprecher zu gewinnen. Was sie sagen, wird aus mehreren Gründen mehr Erfolg haben, als wenn wir uns als Organisation zu Wort melden:

- Empfehlungen, die von Kunden kommen, sind glaubhaft, so lange zweifelsfrei klar ist, dass sie für ihre Empfehlungen keine Gegenleistung erhalten haben.

- Wenn eine Person etwas sagt, wirkt das spannend, und wenn gleich mehrere Personen sich zu einem Thema positiv äußern, dann wird vermutlich etwas dran sein. Den gleichen Effekt erleben wir, wenn eine Fanseite in Facebook oder ein Channel auf YouTube großen Zulauf hat.

- Menschen im Social Web tauschen sich aus, geben Hilfestellungen und Tipps. Hält ein Produkt, was es verspricht, dann wird es auch weiterempfohlen, und mit den Verbreitungsmechanismen im Social Web kann das sehr flink gehen, wie wir gesehen haben.

Die Meinung von Personen, denen wir vertrauen, gilt mehr als die Aussagen von Unternehmen und noch mehr als Kritiken in Zeitungen und Zeitschriften. Zu diesem Schluss kommt die Nielsen Global Online Studie, die 2009 im Internet bei über 25.000 Konsumenten aus 50 Ländern durchgeführt wurde. 90% vertrauen demnach auf den Rat ihrer Freunde und 70% bauen für ihre Entscheidung auf die Meinung von Menschen, die sie nicht persönlich kennen. Begeisterte Kunden können zu Fürsprechern gemacht werden, indem Unternehmen ihnen über Communities oder Bewertungen die Möglichkeit einrichten, ihre Begeisterung weiterzugeben.

Helfen, es selbst zu tun

Im Social Web betreiben Menschen nicht nur Small Talk oder stellen ihre Fotos aus; sie sind weit nachhaltiger aktiv, indem sie sich gegenseitig tatkräftig unterstützen. Wir Autoren haben dies selbst unzählige Male erlebt: Sei es, dass wir die Quelle für eine Information, einen Freelancer, Ideen für einen Texteinstieg oder einen Host für den neuen Webauftritt suchten. Wir stellten unsere Fragen und bekamen meist sehr fundierte Antworten, die unsere Probleme lösten. Und was bemerkenswert war: Die Antworten kamen nicht allein von unseren direkten Followern oder Freunden, unsere Fragen hatten weitere Kreise gezogen.

Das Social Web ist ein wunderbares Unterstützungssystem, und Unternehmen verschaffen sich Goodwill, indem sie Menschen die Gelegenheit bieten, sich zu Themen zu verbinden und auszutauschen. Hilfsforen gibt es im Web wie Sand am Meer, viele sind aber schlecht gepflegt, die meisten Einträge sind wenig relevant. Diese Lücke könnte beispielsweise ein Outdoor-Ausrüster nutzen, indem er unter seiner Domain einen Raum für Trekker einrichtet. Optisch passt die Seite zum Erscheinungsbild des Unternehmens und eröffnet, unterstützt von Bild- und Filmmaterial, eine Erlebniswelt. Hier können sich die Mitglieder in einem Forum über all jene Fragen zu Material und Anwendungen austauschen, die den Rahmen eines reinen Verkaufsgesprächs oder einer Hotline sprengen würden. In einem eigenen Uploadbereich zeigen sie Fotos ihrer letzten Touren, veröffentlichen Karten oder beschreiben Routen. Betreut und moderiert wird die Seite von einem Spezialisten des Ausrüsters: Er gibt Anregungen für neue Beiträge und wacht darüber, dass keine Fragen unbeantwortet bleiben und dass das Forum nicht für Schleichwerbung oder Anwürfe missbraucht wird. Das Wort haben aber die Mitglieder, die sich gegenseitig mit Ratschlägen und Tipps aushelfen und sich austauschen – so entsteht Gemeinschaft, eine Community eben. Dieses Beispiel ist erfunden, gehen wir nun ein Haus weiter zu Bob, um einen realen Fall kennenzulernen.

Bob ist eine Internetplattform für Profis aus Industrie und Handwerk. Eingerichtet hat sie Bosch Elektrowerkzeuge und Gastgeber ist Bob, eine Identifikationsfigur, die sich durch den gesamten Auftritt der Seite zieht. Hier dreht sich alles um Wissensaustausch und

Hintergrundinformationen zu Werkzeugen. Angesprochen werden Profi-Handwerker mit exklusiven Produkttests, Tipps und Tricks. Hinter dem Auftritt steht das Bosch-Expertenteam, es berichtet über neue Anwendungsfälle, Materialien, Sicherheitsstands, Richtlinien und neue Werkzeuge. »Alle packen mit an«, sagt Bob im Informationsvideo, die Mitglieder werden also zum Mitmachen aufgefordert. Im interaktiven Forum lernen sie andere Mitglieder kennen, tauschen Neuigkeiten aus und finden gemeinsam Lösungen für Probleme. Dass dieses Angebot rege in Anspruch genommen wird, sehen Sie hier: *http://www.bosch-pt.de/professional/*.

◀ **Abbildung 2-6**
Bosch betreibt eine Internetplattform für Profis

Support und Kundendienst auf Facebook bietet die deutsche Telekom mit Telekom hilft (*www.facebook.com/telekomhilft*). Sie hat nicht nur das ganze Service-Team abgebildet, sondern gibt auch gleich an, zu welchen Zeiten dieses zur Verfügung steht. Facebook ist aus unserer Sicht dann geeignet, wenn es um die schnelle Beantwortung von einfachen Fragen geht. Sobald der Sachverhalt kompliziert wird oder sich eine Diskussion mit vielen Beiträgen ergibt, stößt Facebook an seine Grenzen. Ein Forum dagegen lässt einen guten Überblick zu über die diskutierten Themen, die Anzahl der eingegangenen Antworten, letzte Beiträge und eine Gewichtung nach den meistdiskutierten Themen.

Weisheit der Massen nutzen

Wir geben es zu, einen Teil der Bob-Story haben wir Ihnen zunächst vorenthalten. Mitglieder der Community tauschen sich nicht nur online aus, sie können die Maschinen und Werkzeuge auch testen. Auch wenn sie dafür nichts bezahlen, ganz gratis ist dieses Angebot nicht, sondern ein geschicktes »Geben und Nehmen« von Bosch. Wer als Mitglied ein Gerät testet, wird dazu angehalten, anschließend sein fachmännisches Urteil in Form eines Testberichts abzugeben. Diese Berichte werden der Community wieder zugänglich gemacht. Aber natürlich auch Bosch. Das Unternehmen sichert sich so wertvolles Wissen und Erfahrungen aus der Praxis der Anwender. Bosch kann seine Maschinen perfekt planen, gestalten und auf ihre Funktionalität testen. Jeder Mensch hat seine ureigene Methode, wie er an eine Sache herangeht oder eben wie er ein

Werkzeug handhabt. Und genau diese verschiedenartigen Erfahrungen wertet Bosch für die weitere Entwicklung aus.

Haben Sie schon einmal mit Freunden bei sich zu Hause gekocht und gestaunt, wie anders diese die Abläufe in Ihrer Küche gestalten und die Geräte in die Hand nehmen? Oder haben Sie schon einmal mit jemandem gemeinsam vor dem Computer gesessen und sich gewundert, über welche – für Sie exotischen – Wege die Person zum gleichen Ziel kommt wie Sie? In jeder Situation, bei der Sie jemandem »über die Schulter schauen«, erhalten Sie, sofern Sie dafür offen sind, neue Impulse: »Ah, so kann man es auch machen. Und dafür ist diese Anwendung auch noch gut«. Je mehr Menschen sich Gedanken zu einem Thema machen, desto mehr gute und kreative Ideen kommen zusammen. Dies ist besonders dann der Fall, wenn die Menschen ganz unterschiedliche Erfahrungen und Hintergründe mitbringen. Wenn sie nicht Teil der Organisation (in diesem Fall: Ihres Unternehmens) sind, gehen sie zudem sehr unbefangen an ein Thema heran.

Keine Angst, Sie können Wissen und Meinungen auch in ganz kleinen Häppchen abfragen und müssen daraus kein riesiges Projekt machen. Der Wirt fragt im Herbst seine Gäste, auf welche Weise sie Kürbis am liebsten zubereitet haben und kreiert aus den Antworten ein neues Angebot. Der Optiker fragt, wie Leute sicherstellen, dass sie ihre Brille nicht verlegen, und nimmt die besten Tipps auf seine Website oder in die Kundenzeitschrift auf. Der Hersteller von Kaffeevollautomaten fragt nach, wie die Käufer ihren Kaffee am liebsten zubereiten. Je nach Antwort – Espresso, Latte Macchiato oder Café crème oder anderes – entscheidet er, welche Funktionalitäten er verstärken oder auch besser vermarkten muss.

Dies klappt natürlich nur, wenn ein Unternehmen bereit ist, zuzuhören und offen ist für verschiedenartige Meinungen und Vorschläge. Darüber hinaus muss es willens und in der Lage sein, Beiträge aufzugreifen und Verbesserungen durchzuführen. Und zwar auch dann, wenn sie nicht ohne Weiteres umgesetzt werden können, sondern eine Veränderung in der Struktur oder im Verhalten der Mitarbeiter bedingen. Menschen steuern ihre Meinungen nicht nur bei, sie beobachten auch, was damit gemacht wird. Erfolgt eine ehrliche und transparente Auseinandersetzung, empfinden viele Menschen das Engagement als unterstützungswürdig und sind bereit, ihre Weisheit beizusteuern.

Auf einen Blick

- Cluetrain-PR berücksichtigt, dass Märkte Gespräche sind und die Zeit der reinen Broadcast-Kommunikation zu Ende geht.

- Eine offene Unternehmenskultur ist für PR 2.0 entscheidend. Besonders gefordert sind Führungskräfte, die vermehrt zu Coaches werden und ihre Mitarbeiter in einem Veränderungsprozess begleiten, der im Kopf beginnt.

- Kommunikation im Social Web kann ganz unterschiedliche Bereiche des Unternehmens betreffen. Die interne Abstimmung und Zusammenarbeit ist wichtiger denn je, damit außen ein kohärentes Bild entsteht.

- Gespräche werden online jederzeit und überall geführt, dies stellt insbesondere Ansprüche an ein möglichst gezieltes Issues Monitoring in Echtzeit – vgl. Kapitel 4.

- Der vormediale Raum hat durch das Web 2.0 eine neue Dimension erhalten. Unternehmen müssen ihn sorgsamer denn je und in Echtzeit überwachen (Monitoring), die Issues erfassen und einschätzen und in der Lage sein, rasch zu reagieren.

- Social Media machen vor den Unternehmenspforten nicht halt. Enterprise 2.0 macht sich die Social Software und das dazugehörige Kommunikationsverhalten auch für interne Prozesse zunutze.

- Zielgruppen werden zu Dialoggruppen. Diese können nicht primär nach demografischen Daten definiert werden, sondern werden nach gemeinsamen Interessen bestimmt.

- Content is king, context is queen. Die Online-Reputation und eine gute Vernetzung sind genauso wichtig wie nutzwertige Inhalte. Wenn sich Freunde und Fürsprecher zu Wort melden, erhöht dies die Glaubwürdigkeit.

- Auch das Social Web kennt Opinion Leaders. Diese Beeinflusser definieren sich entweder durch eine starke Vernetzung oder über Themenführerschaft.

- Damit sich Nachrichten verbreiten, müssen sie weit über verschiedene Plattformen verteilt werden. Unternehmen haben die Kontrolle über die Saat, über das Wachstum bestimmt das Social Web.

- Unternehmen gewinnen durch Zuhören im Social Web neue Erkenntnisse und Ideen. Diese sind dann nachhaltig, wenn auch die Bereitschaft zur Veränderung vorhanden ist.

Teil II: Praxis

KAPITEL 3
Medienarbeit und Blogger Relations

@HolgerSchmidt
Dr. Holger Schmidt

Nach 1000 Tweets, 4444 Followern und 11 Monaten ist Twitter nicht nur ein wertvolles Tool geworden, sondern macht auch noch viel Spaß!

25 Nov. 09 via web   ☆ Von den Favoriten entfernen   ↿↾ Retweete   ↩ Antworten

Alte und neue Gesprächspartner

Das Social Web stellt nicht nur die Beziehung zwischen Unternehmen und ihren Bezugsgruppen auf eine neue Grundlage, sondern auch jene zwischen Unternehmen bzw. PR-Schaffenden und Journalisten. Schließlich wirkt sich die Verbreitung von Social Media auch auf den Arbeitsalltag in den Redaktionen aus. In diesem Kapitel nähern wir uns dem Social Web aus PR-praktischer Sicht deshalb zunächst im Kontext der bekannten und bewährten PR-Instrumente. Wir werfen einen Blick auf das Thema Informationsverbreitung und betrachten Veränderungen im Verhältnis von Journalisten zu ihren Kollegen auf PR-Seite. Außerdem stellen wir einige Instrumente vor, die zu PR-Zwecken erstellte Inhalte Social-Media-gerecht nutzbar machen. Zum Schluss blicken wir noch auf das Thema Blogger-Relations und geben einige Tipps, wie Sie mit Bloggern ins Gespräch kommen können.

Die Basics: Informationen verbreiten

In Kapitel 2 haben wir die Evolutionsstufen der Online-PR nach Prof. Thomas Pleil vorgestellt. Die erste Stufe ist die »digitalisierte PR«, die einfache Übertragung der für PR-Zwecke erstellten Informationen in das Internet und die Verbreitung dieser Informationen mit den technischen Mitteln des Netzes. Die heute noch gängigste Technik ist der einfache Versand einer Pressemitteilung per E-Mail. Es gibt wohl kaum einen PR-Schaffenden, der auf dieses Instrument freiwillig verzichten würde. Schließlich ist die Rollenverteilung klar: Hier das Unternehmen, das etwas zu sagen hat, dort der Journalist, den es interessieren könnte. An wen man eine Pressemitteilung verschickt, hat man natürlich vorher genau recherchiert; entsprechend hat man einen sorgfältig segmentierten Verteiler für den personalisierten Versand zusammengestellt. Schließlich soll die Meldung ja die passenden Kontakte erreichen und nicht den Charakter von Spam annehmen. Doch trotz aller Sorgfalt bei der Gestaltung der Mitteilung und bei der Auswahl der Adressaten wird nur ein kleiner Teil der Empfänger die Pressemeldung lesen. Die Gründe dafür sind hinlänglich bekannt: Die Redaktionen sind in Folge der Medienkrise dünn besetzt, den Redakteuren fehlt die Zeit, jenseits der gerade »heißen« Geschichte auch einmal nach rechts und links zu schauen, und außerdem werden sie mit so vielen Meldungen überhäuft, dass am Ende eines Arbeitstages für viele PR-E-Mails der Löschen-Knopf die Endstation ihres kurzen Lebens ist.

Björn Sievers, stellvertretender Ressortleiter Wirtschaft und Finanzen bei FOCUS Online legt deshalb auch nach wie vor viel Wert auf den persönlichen Kontakt: »Zielführender als jede Pressemitteilung ist eine persönliche Mail oder ein Anruf. Erfolgreich ist dieses Verfahren jedoch nur, wenn der PR-Vertreter weiß, welche Themen den Journalisten tatsächlich interessieren und wie er und sein Medium arbeiten.«

Die klassischen PR-Tugenden sind also weiter gefragt, und ganz ausgedient hat die klassische Pressemitteilung trotz ihrer Nachteile auch nicht, wie Sie gleich noch erfahren werden. Parallel dazu schicken sich neue Informationsformate und Dienste an, dem Social Web gerecht zu werden. Werfen wir gleich mal einen Blick darauf.

Sinn und Unsinn von Online-Presseportalen

Eine einmal verschickte – und häufig dann eben gelöschte – Pressemeldung ist für immer von der Bildfläche verschwunden. Sicher, man kann sie wie üblich auf der eigenen Webseite veröffentlichen und so auch der nachträglichen Recherche zugänglich machen. Immerhin haben inzwischen die allermeisten Unternehmen verstanden, dass es kontraproduktiv ist, Presseseiten auf der eigenen Internetpräsenz hinter einer Login-Mauer zu verstecken. Schließlich sollen die Informationen ja gefunden und genutzt werden.

Angesichts der Bedeutung von Suchmaschinen für die interessengeleitete Internetnutzung kam die durchaus clevere Idee auf, auch außerhalb der Unternehmenswebseiten Publikationsplattformen für Pressemitteilungen anzubieten. Diese Presseportale gibt es professionell betrieben als kostenpflichtige Angebote mit eigenen Verteilerdiensten für den zusätzlichen E-Mail- oder Fax-Versand an Abonnenten verschiedener Themenkreise. Zu dieser Kategorie gehören zum Beispiel die Anbieter Pressrelations, Press1 und LifePR. Und es gibt sie zuhauf als kostenlose Dienste, deren Geschäftsmodell bis auf die eine oder andere Werbeschaltung neben den Inhalten für den Betrachter im Dunkeln bleibt. Die Seiten OpenPR.de, PRCenter.de oder Firmenpresse.de sind Vertreter dieses Typs.

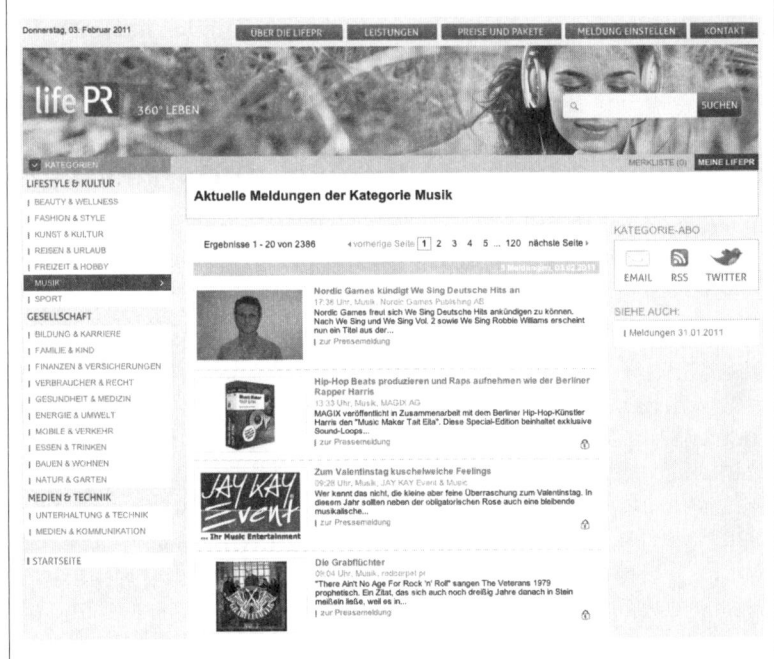

◀ Abbildung 3-1
Presseportale wie lifePR publizieren und verbreiten Pressemitteilungen online zu überschaubaren Kosten.

Es wäre übrigens ein Irrtum zu glauben, insbesondere die kostenlosen Presseportale spielten im Alltag von Journalisten eine nennenswerte Rolle. Aber welchen Nutzen haben sie dann? Wie bereits erwähnt, geht es um die Schaffung von Präsenz einer Meldung und damit eines Themas über die Website eines Unternehmens hinaus. Hauptzweck dieser Portale ist die unkomplizierte Erstellung von Backlinks, also Hyperlinks zur Website des Absenders. Das kann sich als positiv für das Suchmaschinenranking einer Website herausstellen. Wenn man jedoch berücksichtigt, dass Marktführer Google nach derzeitigem Kenntnisstand der Suchmaschinenoptimierung vor allem einzigartige und gut strukturierte Inhalte mit einem hohen Ranking belohnt, erscheint die Vervielfältigung ein- und desselben Inhalts auf vielen verschiedenen Seiten nicht ganz so erstrebenswert.

Wir halten also fest: Presseportale, die kostenlosen zumal, eignen sich allenfalls für die Suchmaschinenoptimierung, wobei diese Wirkung oft überschätzt wird. Wenn es gut läuft, liefern sie den einen oder anderen Zufallstreffer eines Journalisten oder einer Privatperson, die googelnd einem bestimmten Thema nachgehen. »Social« sind diese Dienste nicht, daran ändert auch die Tatsache nichts, dass man bei einigen Anbietern einen Twitter-Account oder eine Facebook-Seite mit dem Online-Pressefach verknüpfen kann. Denn diese Funktionen dienen der Verbreitung, dem »pushen« der Meldung in weitere Kanäle, nicht aber dem Dialog.

Töchter der Nachrichtenagenturen mischen mit

Auch Tochterunternehmen der großen Nachrichtenagenturen wie news aktuell (Tochter der dpa) oder ddp direct (Ableger der dadp) bemühen sich, das Thema Social Media mit eigenen Produkten zu besetzen.

Dabei wählen die zwei genannten Anbieter leicht unterschiedliche Herangehensweisen. News aktuell geht von seinem Textversand-Produkt »Original Text Service« (ots) und dem Bildpendant »Original Bild Service« (obs) aus und bietet ihren Kunden an, begleitendes Material auf den einschlägigen Social-Media-Plattformen wie Flickr, YouTube, Slideshare und anderen bereitzustellen. Das ist zwar im Falle von news aktuell im Preis inbegriffen und spart dem Kunden viel Arbeit, hat aber aus unserer Sicht einen entscheidenden Nachteil: Die Inhalte landen nicht im Social-Media-Profil des Kunden, sondern im Profil von news aktuell.

Technische Grundlagen des Social Web

Falls Sie sich gerade erst an das Social Web herantasten und sich noch nicht mit den technischen Grundlagen befasst haben, empfehlen wir Ihnen die Lektüre der folgenden Punkte. Wir erklären einige Technologien, die für die Funktionsweisen von Social Media entscheidend sind.

RSS-Feed: Das Kürzel RSS steht für »Real Simple Syndication«, also auf Deutsch etwa »wirklich einfache Verbreitung«. Die RSS-Technik ist Grundlage fast jedes Online-Angebots, das der Verbreitung von Inhalten dient. Ein RSS-Feed ist eine Art automatischer »Ticker«, den Sie mit Hilfe eines RSS-Readers (s.u.) mit wenigen Klicks abonnieren können. RSS-Feeds sorgen dafür, dass neue Inhalte auf der Quellseite automatisch zu Ihnen gelangen, sobald sie online sind. So erübrigt sich ein manuelles Aufrufen der Seite.

Sie finden RSS-Feeds oft prominent in Blogs, auf Bildportalen und bei Podcast-Angeboten, aber auch immer häufiger bei klassischen Online-Medien. Zum Beispiel bietet Spiegel Online etwa sechzig RSS-Feeds unterschiedlichen Umfangs mit Meldungen und Videos aus den verschiedenen Ressorts an. Wenn eine Seite einen RSS-Feed anbietet, wird dies oft durch folgendes Symbol gekennzeichnet:

◀ **Abbildung 3-2**
Webseiten mit RSS-Feed erkennen Sie an diesem Symbol. Manche Browser zeigen es auch direkt in der Adresszeile an.

RSS-Reader: Mit einem RSS-Leseprogramm können sie RSS-Feeds abonnieren und organisieren. Mit Hilfe von Ordnern können Sie Feeds themenweise zusammenfassen und so auch bei einer großen Zahl Abonnements den Überblick behalten. Außerdem lassen sich die Abonnements nach beliebigen Schlagworten durchsuchen.

RSS-Reader gibt es als Web-Dienste, auf die Sie mit Ihrem Browser zugreifen. Die beliebtesten Online-RSS-Reader sind Google Reader, Netvibes und NewsGator Online. Daneben gibt es auch lokal installierbare Programme wie NetNewsWire und Reeder (für Mac) oder RSSOwl und RSSBandit (für Windows). Probieren Sie aus, welcher Feedreader Ihnen persönlich am meisten zusagt. Für die systematische Arbeit mit Social Media werden Sie ihn auf jeden Fall brauchen.

Embed-Code: »Embed« heißt einbetten oder einbinden, und eben das erlaubt der Embed-Code, der von Social-Web-Diensten zu jedem einzelnen Inhalt angeboten wird. Wahrscheinlich haben Sie schon einmal ein YouTube-Video in einem Artikel eingebunden gesehen oder in einem Blogpost eine bei Slideshare bereitgehaltene Präsentation durchgeblättert, ohne dass Sie die Seite verlassen mussten. Möglich wird das durch einen kurzen HTML-Code-Schnipsel, den ein Autor von der Ursprungsseite kopieren und in der HTML-Ansicht an der passenden Stelle in seinem Artikel einfügen kann. Die Einführung des Embed-Codes war der Beginn des Siegeszugs von YouTube, weil es dadurch möglich wurde, überall im Netz ohne eigene Programmierkenntnisse Videos einzubinden. Für die Verbreitung von Inhalten im Social Web ist Embed-Code unverzichtbar.

Hyperlink: Das mag Ihnen jetzt banal erscheinen, aber das wichtigste Werkzeug, auch im Social Web, ist der Hyperlink. Durch Links werden Verbindungen zwischen Inhalten hergestellt, etwas zueinander in Beziehung gesetzt Google bewertet

→

die Wichtigkeit von Web-Inhalten unter anderem aufgrund der Zahl der Links, die auf diesen Inhalt verweisen. In der Suchmaschinenoptimierung wird deshalb auch viel Aufwand mit sogenanntem »Linkbuilding« getrieben, also dem Aufbau einer Fülle von Links, die auf ein Angebot zeigen, das bei den Suchmaschinen weiter nach oben rücken soll. Das hat natürlich seine Grenzen und niemand durchschaut die Rangfolge-Algorithmen der Suchmaschinen voll und ganz. Aber für Sie ist es wichtig zu wissen, dass Inhalte, die nicht verlinkt sind, auch aus PR-Sicht weniger Wert haben, als stark verlinkte Inhalte.

Backlink/Trackback: Eine Unterart des Hyperlink ist der Backlink oder Trackback. Diese Begriffe stehen nicht für eine eigene Technologie, sondern beschreiben einfach den Umstand, dass eine Webseite auf eine andere verweist. Eine besondere Rolle spielen Trackbacks in Blogs. Blog-Software wie Wordpress oder Drupal ist so eingerichtet, dass sie unterhalb des eigentlichen Inhalts automatisch anzeigt, welche externen Seiten auf diesen Inhalt verlinken. Für Blogleser ist das praktisch, denn sie können mit einem Klick zu einer weiteren Seite springen, die sich mit dem vorliegenden Inhalt beschäftigt, und so eine weitere Meinung zum Thema kennenlernen. Für PR-Leute sind Trackbacks eine wichtige Quelle für die Netzwerk-Analyse. Sie können über Trackbacks herausfinden, welche Blogger sich gegenseitig lesen und beeinflussen.

Konkurrent ddpdirect geht ganz ähnlich vor, verbindet seine Social-Media-Distributionsdienste aber noch mit dem Angebot eines »Social Media News Releases«. Was es damit auf sich hat, erläutern wir gleich.

Will man digitale Inhalte parallel zu einer Medienmitteilung mit geringem Zeitaufwand auf möglichst viele Social-Media-Plattformen bringen, mögen die Angebote der Distributionsdienstleister hilfreich sein. Ob sie dort aber von den relevanten Nutzern auch gefunden werden, halten wir für fraglich. Denn erstens sind sie eben unter dem Nutzerprofil des Dienstleisters zu finden und nicht unter dem Namen des Unternehmens. Und zweitens sind die Inhalte, seien es Fotos, Videos oder Präsentationen, nach unseren Recherchen oft mangelhaft verschlagwortet. Das führt dazu, dass das Material selbst bei gezielter Suche auf der jeweiligen Plattform nur schlecht gefunden wird. Bei der Suche nach generischen Begriffen wird der Unternehmenscontent zudem von der Fülle nutzergenerierter Inhalte überlagert. So gehen für den Nutzer potenziell hilfreiche Multimedia-Inhalte unter. Für diese Erkenntnis spricht auch die mithin geringe Zahl an Aufrufen der einzelnen Medien, die ja für jeden leicht einsehbar sind.

Aus unserer Sicht sind die Social-Media-Dienste der großen Distributionsdienstleister derzeit nicht mehr als eine Erweiterung des altbekannten Distributionsangebots um zusätzliche Kanäle. Wollen Sie die Vorteile der Content-Bereitstellung über das Social Web produktiver für sich nutzen, raten wir Ihnen zu eigenen Profilen auf den einzelnen Plattformen und zu einer Vernetzung der Inhalte untereinander.

Inhalte im Social Web sind für alle da

Wenn Sie die Instrumente des Social Web für die Medienarbeit einsetzen, öffnen Sie Ihre Kommunikation nicht nur für Journalisten, sondern auch automatisch für alle anderen Zielgruppen. Inhalte, die Sie bei YouTube, Flickr, Scribd und anderen sogenannten Content-Sharing-Plattformen hochladen und verschlagworten, sind für jeden zugänglich und weiterverwendbar. Und das ist auch gut so!

Je öfter Ihre Texte, Bilder, Dokumente und Videos von nicht-journalistischen Nutzern, zum Beispiel Bloggern, verwendet und in deren Seiten eingebettet werden, desto wahrscheinlicher wird es, dass neue Menschen mit Ihrem Unternehmen in Kontakt kommen. Und zwar ohne dass sie gezielt Ihre Website angesteuert hätten.

Für manchen PR-Schaffenden und Marketing-Verantwortlichen ist das eine neue Situation. Sie sind es gewohnt, ihren Content für ein speziell geschultes und thematisch meist vorgebildetes Publikum zu erstellen. Auch gehen viele Kommunikatoren bis heute davon aus, dass die Website ihres Unternehmens so etwas wie ein Ladengeschäft ist, in das man als Interessent kommen muss, wenn man etwas über die Firma in Erfahrung bringen will. Ziel ihres Bemühens ist demnach eine große Zahl an Laufkunden, viel »Traffic« auf der Website. Solange Sie nur mit Journalisten zu tun haben, mag die Fokussierung auf die Webpräsenz als Platz für Unternehmensinhalte noch leidlich funktionieren. Sobald Sie aber neue Nutzergruppen und Interessenten im Social Web erreichen möchten, müssen Sie lernen, Ihre Inhalte aktiv zu verbreiten und zugleich für die gezielte Recherche leichter zugänglich und weiterverwendbar zu machen.

Das erfordert auch eine Gestaltung der Inhalte, die eine universelle Verwendung in unterschiedlichsten Kontexten erlaubt. Die Bereitstellung auf Social-Media-Plattformen ist dabei nur einer der organisatorischen Aspekte. Wenn es Ihnen wichtig ist, dass man Ihren Content möglichst oft im Netz wiederfindet und Sie darüber Backlinks erhalten, müssen Sie Vorkehrungen treffen, dass die Inhalte auch aus rechtlicher Sicht ohne Komplikationen verbreitet werden dürfen. In Kapitel 1 haben wir im Zusammenhang mit Urheberrechtsfragen bereits das Konzept der Creative-Commons-Lizenz (CC) erläutert. CC-Lizenzen geben den Verwendern Ihrer Inhalte die Sicherheit, sich auf rechtlich eindeutigem Terrain zu bewegen. So vermeiden Sie unnötige Konflikte rund um das Urheberrecht.

Das Social Web bietet viele Möglichkeiten, die Sichtbarkeit eines Unternehmens oder einer Organisation jenseits des virtuellen Grundstücks der eigenen Webseite zu erhöhen. Dazu gehört vorbereitend eine Inhalte-Strategie, die definiert, was das Unternehmen »draußen« verbreitet sehen möchte, und unter welchen organisatorischen und rechtlichen Rahmenbedingungen das geschehen soll.

Der Social Media Release

Seitdem die PR-Branche Blogger – egal, ob diese privat oder aus beruflichen Gründen aktiv sind – als mögliche neue Zielgruppe erkannt hat, wird diskutiert, wie man PR-Inhalte sinnvoll an diese neuen Multiplikatoren herantragen könnte. Eine Lösung ist der »Social Media Release«, eine an die Nutzungsgewohnheiten von Netzbewohnern angepasste Version der Pressemitteilung. Der Nutzen dieser vom amerikanischen PR-Berater Tod Deffren entwickelten Publikationsform ist in Fachkreisen nicht unumstritten.

Die Idee des Social Media Release geht von der Prämisse aus, dass Blogger und Online-Journalisten anders arbeiten als Journalisten für Print-Publikationen. Sie interessiert, so die Annahme, nur der Kern einer Neuigkeit, die wichtigsten Fakten. Ein ausformulierter Text, der allzu oft auch wenig informatives Eigenlob des Absenders enthält, behindere eher beim Schreiben einer Story, als dass er helfe. Der Social Media Release reduziert deshalb den Text auf das Allernötigste. Eine sprechende Überschrift, einige in Bulletpoints strukturierte kurze Sätze mit den wesentlichen Fakten zur Meldung und ein oder zwei aussagekräftige Zitate aus berufenem Munde – das ist schon alles.

Da Multimedialität zum Charakter des Bloggens gehört, werden bei einem Social Media Release besondere Vorkehrungen dafür getroffen. Fotos, Videos oder den Inhalt illustrierende Grafiken werden aber nicht mit der Meldung verschickt, sondern auf Social-Media-Plattformen zum Einbetten bereitgestellt. Die Meldung selbst enthält eine kleine Vorschau und natürlich die passenden Links zu den Inhalten.

Ergänzt werden diese Basisinformationen dann noch um die obligatorischen Kontaktdaten zum Unternehmen und zur Agentur sowie um Links zu den Social-Bookmarking-Profilen des Unternehmens und weiterführenden Informationen zur Vertiefung des Themas.

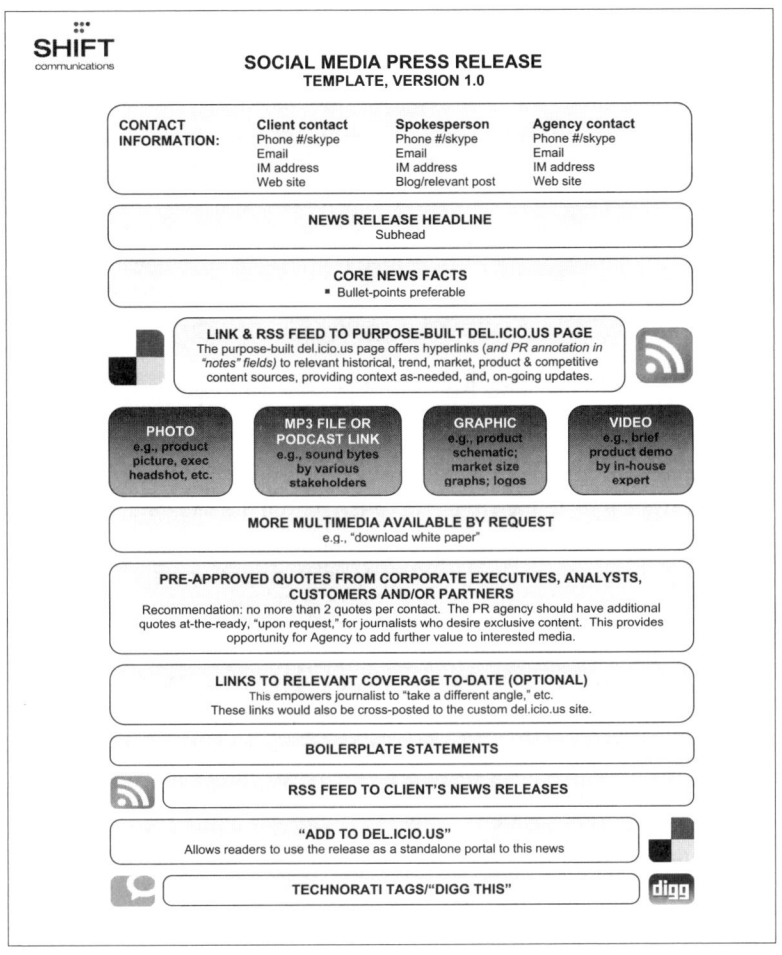

◀ Abbildung 3-3
Das erste Social Media Release Template von Shift Communications vom April 2006

Ein Versand des Social Media Release im herkömmlichen Sinne findet nicht statt. Denn die Meldung samt ihrer multimedialen Inhalte funktioniert nur als Webseite, nicht als reiner Text oder als PDF-Dokument. Die Verbreitung erfolgt deshalb per RSS-Feed an Abonnenten oder in Form eines Links auf die HTML-Seite per E-Mail.

Sie merken schon, der Weisheit letzter Schluss ist dieses Format nicht. Es ist konzeptionell kein echtes Distributionsformat, sondern setzt primär auf das forschende Interesse des Zielpublikums, das sich die gewünschten Informationen selbst abholt. Das setzt das Vorhandensein eines entsprechend großen Netzwerks an bereits interessierten Personen voraus, um kurzfristig Nachrichtenberichterstattung in der Blogosphäre auszulösen. Entsprechend zurückhaltend sind Journalisten bei der Bewertung des neuen Formats. Fachjournalistin Tanja Gabler, Leiterin der Online-Redaktion bei Internet World Business, sieht deshalb ähnlich wie Björn Sievers PR-Leute in der Pflicht, ein zum Empfänger passendes Themenangebot zu machen: »Die Pressemitteilung ist ein etabliertes Format und die Arbeitsgrundlage für viele Medien, die keine Nachrichtenagentur abonniert haben. Viel wichtiger als irgendwelche neuen Formate zur Präsentation von Informationen sind ganz grundlegende Dinge wie ein personalisierter Versand, eine sorgfältige Auswahl der Ansprechpartner für das Thema und ein auf den Empfänger zugeschnittenes Informationspaket.«

Ihr Kollege Holger Schmidt sieht in Social-Media-basierten Informationsformaten aber Potenzial. Er ist bei der Frankfurter Allgemeinen Zeitung (FAZ) Redakteur für Internetthemen und zugleich als »Netzökonom« ein vielgelesener Blogger. Schmidt sagt: »Noch spielen sie eine geringe Rolle, aber je mehr Journalisten Twitter, Facebook und Social Media allgemein entdecken, desto größer wird ihre Bedeutung für die journalistische Arbeit. Das ist nur eine Frage der Zeit.«

Für die zuverlässige Verbreitung von Informationen an Journalisten werden Sie also weiter zu bewährten Methoden greifen (müssen), und auch in der Social-Web-Ära die PR-Tugenden der guten Vorbereitung und der persönlichen Kontaktpflege beherzigen. So mancher Dienstleister wird Ihnen aber auch für den Social Media Release ein Angebot machen, das zunächst verlockend klingt. An vorderster Front spielen da wieder die bekannten Distributionsdienstleister aus der klassischen PR mit. Bei ddp direct zum Beispiel haben Sie die Möglichkeit, eine Pressemitteilung entweder »klassisch« im Langformat mit Bild zu verbreiten, oder Sie buchen das Produkt Social Media Release und dampfen Ihre Meldung mit Hilfe eines Formulars selbst ein. Der Verteilerservice veröffentlicht dann die Meldung in einem an das Ursprungsformat angelehnten Layout auf seinem Portal und informiert Abonnenten des passenden Themenkreises mit einem E-Mail-Hinweis auf die Meldung.

Wenn Sie solche Services nutzen möchten, sollten Sie jedoch darauf achten, dass Sie die bereits erläuterten technischen Grundvoraussetzungen für eine Nutzung in Social Media erfüllen. Ein Social Media Release mit einem beigefügten Video, aber ohne leicht kopierbaren Embed-Code zum Beispiel ist so nützlich wie ein Buch, das Sie nur zu Hause lesen können, weil es an Ihrem Sessel festgebunden ist.

Um Ihre multimedialen Inhalte für das Social Web leicht auffindbar und weiterverwendbar aufzubereiten, benötigen Sie aber nicht zwingend die Hilfe eines Dienstleisters. Sie können sich auch für den Aufbau eines eigenen Social Media Newsrooms entscheiden.

Social Media Newsroom – Ihre Web-Inhalte an einer Stelle

Ganz knapp definiert ist der Social Media Newsroom die Fortsetzung des Pressebereichs auf einer Webseite mit den Mitteln des Social Web. Die Grundidee ist einfach: Wenn ein Unternehmen sehr viele Bilder, Videos, Texte und andere Inhalte produziert und auf die verschiedensten Social-Media-Plattformen lädt, kommt es früher oder später in die Situation, dass das Angebot unübersichtlich wird. Sowohl für das Unternehmen selbst als auch für die Menschen im Web. Der Social Media Newsroom hat deshalb die Aufgabe, alle Inhalte wieder an einem Ort zusammenzuführen. Nach dem Prinzip »dezentral gehostet, zentral aggregiert« nutzt er die Möglichkeiten des Social Web für Verteilung und einfache Weiterverwendung der Inhalte per Embedding und RSS, gibt den einzelnen Elementen aber an einer Stelle auch einen übergeordneten Kontext. Und das aus einem guten Grund.

Versetzen Sie sich einmal in die Lage eines Bloggers, der über eine Suche oder die Empfehlung eines Twitterers bei Flickr auf eine Grafik aus Ihrem Unternehmen gestoßen ist. Wenn Sie Ihre Sache gut gemacht haben, hat die Grafik einen erklärenden Titel, eine verständliche Beschreibung und eine Reihe von Tags, die den Inhalt zusammenfassen. Daneben steht auch noch ein Link auf die passende Seite auf Ihrer Web-Präsenz. Woher wissen Sie in dieser Situation, ob die Grafik neu ist oder schon veraltet, woran erkennen Sie, zu welcher Firmennachricht die Abbildung gehört? Sie sehen einen Inhalt, der für sich genommen interessant ist, der aber keinen Kontext hat. Wäre es nicht praktisch, wenn Sie zur Grafik noch das Erklärvideo sähen und die darin illustrierten Zahlen im Detail nachschlagen könnten?

In genau diese Lücke springt der Social Media Newsroom. Er bündelt Inhalte, die ein Unternehmen zu einem Thema produziert, an einem Ort, der sie zueinander in Beziehung setzt. So fällt es dem Betrachter leichter, die Bedeutung und den Wert dieser Inhalte für seine eigene Rezeption oder Weiterverwendung zu erfassen. Außerdem können neben den themenbezogenen Inhalten noch die verschiedenen Präsenzen des Unternehmens bei Twitter, Facebook, YouTube und anderen Social Networks aufgeführt werden. Dynamische Widgets – Seitenelemente, die sich automatisch aktualisieren – sorgen für eine Abbildung von aktuellen Entwicklungen auf der gleichen Seite.

Abbildung 3-4 ▶
Beispiel eines Social Media
Newsrooms

»Und wo ist da der Unterschied zum Social Media Release?«, mögen Sie jetzt fragen. Einfache Antwort: Funktional gibt es keinen nennenswerten Unterschied. Beide Formate aggregieren Inhalte thematisch. Der Social Media Newsroom fügt dem Ganzen aber noch die Zeitachse hinzu. Der Besucher sieht wie in einem Blog oder auch einem herkömmlichen Online-Pressebereich die neueste Meldung ganz oben, ältere Meldungen folgen chronologisch. Daneben sind meist noch Icons der verwendeten Content-Sharing-Dienste mit einem Link dorthin zu finden sowie die stets unverzichtbaren Kontaktinformationen, die gern auch einen Link zum XING-Profil und zum Twitter-Account des Ansprechpartners beinhalten.

Auch für Social Media Newsrooms gibt es Anbieter, die anpassbare Baukästen für die schnelle Umsetzung anbieten. In Deutschland aktiv sind zum Beispiel myON-ID und Noeo, die als sogenannte Whitelabel-Anbieter unterwegs sind. Das bedeutet, dass der fertige Social Media Newsroom ganz den Designvorgaben des Unternehmens folgt, die Technik dahinter aber vom Dienstleister kommt. Auch der Schweizer Anbieter mediaquell (*http://infos.mediaquell. com*) hat eine solche Lösung im Angebot.

Eine Zwischenform sind Social Media Newsroom Hoster, die den Pressebereich 2.0 auf ihren eigenen Servern betreiben und dem Kunden meist eine Subdomain nach dem Muster *IhreFirma.newsroomanbieter.de* zur Verfügung stellen. Vorteil eines solchen Systems: Der Anbieter kümmert sich um die technischen Fragen wie Wartung und Weiterentwicklung der Plattform und hilft bei Problemen. Diese Variante gibt es ebenfalls von mediaquell sowie zum Beispiel bei *newsroomwizard.com*. Das Prinzip des externen Hostings hat aber auch einige Nachteile, die Sie bei der Auswahl bedenken sollten.

Erstens haben Sie keine Gewalt über die Domain, unter der Ihre Inhalte auffindbar sind, und eine Subdomain nach dem eben gezeigten Muster ist für Außenstehende bei Weitem nicht so Vertrauen erweckend wie eine Domain, die zu Ihrem Unternehmen gehört, wie zum Beispiel *newsroom.IhreFirma.de*. Abgesehen davon könnte der Drittanbieter gekauft werden oder pleite gehen. Ihre Inhalte wären unter Umständen schnell verloren.

Zweitens: Die Hoster kassieren in der Regel Monatsgebühren für ihren Dienst, und wenn Sie einmal den Anbieter wechseln möchten, ist auch ihr Social Media Newsroom perdu. Mit ihm werden dann auch Backlinks und beim Anbieter gehostete Inhalte mit einem

Schlag vernichtet, mit der Folge, dass wo immer im Netz ein Link oder ein Embed-Code auf den früheren Newsroom verweist, ein fehlerhafter Link prangt. So werden wertvolle Links zu Ihrer Website gekappt und die Besucher der Drittseiten landen im digitalen Nirgendwo statt bei Ihnen.

Wenn Sie also einen Social Media Newsroom zur Aggregation Ihrer Social-Media-Inhalte einrichten möchten, wählen Sie einen Anbieter, der Ihnen im Ernstfall weiter die volle Kontrolle über die technische Basis gibt. Am besten ziehen Sie Ihren Webmaster hinzu und evaluieren die verschiedenen Angebote gemeinsam.

Ob Sie das Ergebnis am Ende dann mit dem modern klingenden Namen »Social Media Newsroom« versehen oder doch einfach nur Ihren Medienbereich auf der Firmenwebsite an die Rahmenbedingungen des Social Web anpassen, bleibt natürlich Ihnen überlassen. Dass man durch die Aggregation einer Fülle von Inhalten auf einer Plattform erfolgreich gleich mehrere Zielgruppen zugleich adressieren kann, beweist Coca-Cola. Das Unternehmen versteht seinen Media Newsroom als »virtuelle Informations- und Vernetzungsplattform aller Online- und Offline-Aktivitäten«. Hermin Hainlein, Senior Manager Digital Engagement bei der Coca-Cola GmbH, sieht ihr Unternehmen damit auf dem richtigen Weg: »Wir konnten die Zahl der Visits auf unseren Media Newsroom im Vergleich zum klassischen Pressebereich auf der Website inzwischen mehr als vervierfachen und kontinuierlich halten. Dabei haben wir auch neue Nutzergruppen wie Blogger und andere Online-Influencer erschlossen.«

Twitter und Facebook in der Medienarbeit

Wir haben gelernt, dass Links im Social Web so etwas wie eine Währung sind. Wer viele Links auf sich beziehungsweise auf seine Inhalte vereint, hat mehr Einfluss. Da liegt es natürlich nahe, selbst für zusätzliche Verlinkung zu sorgen. Schließlich möchten Sie ja erreichen, dass Ihre Inhalte von möglichst vielen relevanten Menschen gefunden und gelesen oder angesehen werden.

Eine der schnellsten Möglichkeiten zum Hinausposaunen von Links ist Twitter. Twitter ist sehr schnell und die Weitergabe eines Tweets samt Link zu einem wie auch immer gearteten Inhalt ist mit einem Klick erledigt. Dank RSS-Feeds kann man das Posten von neuen Inhalten sogar gänzlich automatisieren. Kleine, meist kostenlose Tools wie Twitterfeed.com sind einfach einzurichten und verwandeln RSS-Feeds in Tweets.

Aber Vorsicht, gehen Sie umsichtig mit diesem Verbreitungsweg um! Sie können nicht wissen, mit welcher Motivation Ihre Twitter-Follower Ihre Updates abonniert haben. Besonders wenn Sie den Firmen-Twitteraccount auch für den direkten Dialog mit Ihren Followern nutzen, sollten Sie mit automatisierten Updates generell und mit Links auf Pressemitteilungen oder Social Media Releases im Besonderen sehr zurückhaltend sein. Es ist gut möglich, dass Ihre Follower eben nur wegen der schnellen Ansprechbarkeit und der eher informellen Kommunikation dabei sind und alles Formelle und Verlautbarende gar nicht mögen. Dann sind Sie Follower unter Umständen schneller los, als Sie sie gewonnen haben.

Etwas anders verhält es sich mit Twitter-Accounts, die explizit als Verlängerung eines Nachrichten-Feeds deklariert sind. Es gibt viele Beispiele für Firmen, die einen Twitter-Account als reine »Linkschleuder« einsetzen. Das steht dann aber in aller Regel in der Kurzbiografie, die den Twitterer in 200 Zeichen beschreibt. Der Follower weiß also, was ihn erwartet.

SAP News

@sapnews Walldorf, Germany

Latest SAP news and press releases
http://www.sap.com/about/newsroom/index.epx

◀ **Abbildung 3-5**
Bei diesem Twitter-Account weiß der Abonnent, was er bekommt: Links zu News und Pressemitteilungen.

Wenn Sie zum Schluss kommen, dass ein automatisierter PR-Twitteraccount für Sie sinnvoll ist, gehen Sie auf keinen Fall davon aus, dass dies als einziger Verbreitungsweg ausreicht. Besonders nicht, wenn Sie für Ihr Unternehmen wichtige Journalisten erreichen möchten. Tweets sind sehr flüchtig und tauchen ohne Retweet durch andere Nutzer nur einmal in der Timeline Ihrer Follower auf. Je nachdem, wie ein Journalist Twitter für seine Arbeit nutzt, wird er einigen Dutzend bis einigen Hundert Twitterern folgen und sie vielleicht auch mit einem Programm wie Tweetdeck oder Seesmic in Listen nach Themen organisieren. Sie können nie wissen, wann Ihr Kontakt auf seine Feeds schaut. Wenn Ihre Pressemeldung gerade in die Mittagspause oder eine interne Besprechungszeit fällt, wird von ihr nie Notiz genommen werden. Setzen Sie PR-Feeds bei Twitter also allenfalls als Ergänzung zu etablierten Verbreitungswegen wie E-Mail oder Distributionsdiensten ein, nie als Ersatz!

Was bei Twitter in Grenzen funktionieren kann, ist bei Facebook nicht unbedingt replizierbar. Denn das Social Network ist von seiner Struktur her noch viel mehr als Twitter als Dialogplattform angelegt. Man kann dort Inhalte posten und zur Diskussion stellen, die Erwartungshaltung der allermeisten Facebook-Nutzer ist aber, dass sich das absendende Unternehmen dann auch an der Diskussion beteiligt. Einfach nur einen Link zu einer Pressemitteilung im Newsfeed »abzulaichen« ist deshalb nicht ratsam.

Das bedeutet nicht, dass Sie auf Facebook grundsätzlich nicht zu Medienmitteilungen verlinken sollten. Es kann im Einzelfall durchaus angebracht sein, zum Beispiel, wenn Sie im Rahmen des Issues Management auf ein offizielles Statement zu einem strittigen Thema verweisen möchten. Rechnen Sie aber stets damit, dass Ihre Facebook-Freunde dann an Ort und Stelle auf Ihrer Pinnwand zu diesem Thema Stellung beziehen und von Ihnen eine aktive Teilnahme an der entfachten Debatte erwarten.

So wichtig und wertvoll Links auf Ihre Inhalte sind, so wichtig ist ein umsichtiger Umgang mit den Social-Media-Werkzeugen, die diese Links in der Onlinewelt verbreiten helfen. Denken Sie immer daran, dass die Verbreitung von PR-Content nur ein sehr schmales Stück in der großen Bandbreite von Nutzungsmöglichkeiten für diese Plattformen ist. Und letztlich bestimmen die Menschen am anderen Ende des Feeds, wofür die Plattform für sie persönlich gut ist. Als Unternehmen sind Sie stets nur ein Teilnehmer unter vielen und gewissermaßen Gast in der Timeline Ihrer Follower und Fans. Achten Sie darauf, dass man Sie nicht wieder auslädt.

Beziehungspflege zu Journalisten mit Social Media

Zu den wichtigsten Aufgaben für uns PR-Leute gehört es, eine vertrauensvolle, aber professionell-distanzierte Beziehung zu Journalisten aufzubauen und zu pflegen. Professionell-distanziert deshalb, weil wir die Interessen unseres Auftraggebers respektive Arbeitgebers vertreten und uns nicht mit der Sichtweise des Medienschaffenden auf der anderen Seite des Schreibtisches gemein machen wollen. Das gilt umgekehrt für unsere journalistischen Counterparts genauso. Dass diese Distanz nicht von jedem immer durchgehalten wird, ist hinlänglich bekannt und führt immer mal wieder zu je nach Medium anklagenden oder lamentierenden Artikeln über die vermeintliche Macht der PR über die öffentliche Meinungsbildung. Nur selten wird in diesem Zusammenhang erwähnt, dass die

Wahrung der öffentlichen Interessen eines Unternehmens eine vollkommen legitime und auch notwendige Tätigkeit in einer demokratischen und pluralistisch verfassten Gesellschaft ist. Wir möchten hier nicht weiter ins Philosophische gehen, aber uns muss die Frage beschäftigen, ob das Social Web etwas an der Beziehung zwischen PR-Leuten und Journalisten ändert.

»Gefühlte Nähe« durch das Social Web birgt Konfliktpotenzial

Wir können unsere Kollegen im angelsächsischen Sprachraum nur beneiden, denn sie haben nicht das Problem, im täglichen Umgang miteinander zwischen Duzen und Siezen unterscheiden zu müssen. Während insbesondere in Großbritannien die Formulierung einer E-Mail oder die Förmlichkeit der persönlichen Ansprache die soziale Distanz zwischen Menschen definiert, die Anrede aber mit einem einfachen »you«, im PR-Geschäft meist kombiniert mit dem Vornamen, vonstatten geht, müssen wir im deutschen Sprachraum das förmlich-distanzierte »Sie« und das informell-nahe »Du« unterscheiden. Die Gepflogenheiten des Social Web heben diese Trennung aber teilweise auf und sorgen für neue Komplikationen.

Wenn Sie zum Beispiel bei Twitter die Gespräche der Nutzer untereinander verfolgen, werden Sie feststellen, dass dort das Du die Norm ist. Es ist schwer zu fassen, warum es so ist, aber ein »Sie« fühlt sich im schnellen Dialog im Social Web irgendwie falsch an – zu distanziert, zu förmlich, zu abgehoben. Es fehlt nicht viel, dass jemand, der konsequent siezt, als arrogant oder zumindest als mit der Netzgemeinschaft fremdelnd wahrgenommen wird. Es herrscht ein gewisser sozialer Druck, sich ungeachtet echter persönlicher Bekanntheit miteinander auf das Du einzulassen.

Nun ist gerade Twitter eine Plattform, auf der sich inzwischen auch in Deutschland viele Journalisten tummeln. Sie nutzen die Plattform für Recherchen und als Ergänzung oder gar als Ersatz für Agenturticker. Sie teilen interessante Links mit ihren Followern und verweisen natürlich auch oft auf eigene Artikel, sobald sie online verfügbar sind.

Für PR-Leute ist Twitter deshalb eine ungemein praktische Möglichkeit, über die Arbeit der Journalistenkollegen schnell und unmittelbar auf dem Laufenden zu bleiben. Auch aktive Beziehungspflege ist möglich, wenngleich mit der Einschränkung, dass einfache @-Replies natürlich öffentlich einsehbar sind und Direktnachrichten das gegenseitige Folgen erfordern. In 140 Zeichen lässt sich aber freilich auch nicht viel mehr als ein Hinweis auf einen für den Journalisten möglicherweise interessanten Link oder eine kurze Bestätigung eines zuvor besprochenen Sachverhalts verpacken. Für umfänglichere Erklärungen und Themen greift man dann doch besser zum Telefon oder zur E-Mail.

Mit Twitter näher dran am Journalisten

Nach einer Untersuchung des Instituts für Kommunikationswissenschaft der Universität Münster nutzen die meisten Redaktionen Twitter für die Recherche zu aktuellen Themen, zur Verbreitung von eigenen Artikeln und zur Interaktion mit Lesern. Die Chancen stehen also gut, dass auch die für Ihre Themen wichtigen Redaktionen bei Twitter aktiv sind.

 Hinweis   Einen guten Startpunkt für die Suche nach twitternden Journalisten bietet der Verzeichnisdienst TweetRanking unter *tweetranking.com/tags/journalismus.*

Manche Journalisten, wie FAZ-Redakteur Holger Schmidt, schätzen Twitter vor allem wegen der Möglichkeit, über aktuelle Entwicklungen in Echtzeit auf dem Laufenden zu bleiben und unkompliziert über die Standpunkte wichtiger Akteure einer Geschichte informiert zu werden. Schmidt ist so zum bekennenden Twitter-Fan geworden:

»Twitter ist mein zentraler Nachrichtenticker geworden und wichtiger Teil meiner täglichen Arbeit. Als Journalist erlebt man das Entstehen einer Geschichte oder den Ursprung einer Nachricht oft live mit, denn alle Nachrichten laufen heute über Twitter. Das macht meinen Beruf zwar anspruchsvoller, aber auch spannender. Und Spaß macht es auch noch.«

Für die Beziehungspflege allerdings ist Twitter nur bedingt geeignet, denn anders als E-Mail erfordert die Plattform das gegenseitige Folgen, damit eine nicht-öffentliche Kommunikation über Direktnachrichten zustande kommen kann. Für die spontane, aber diskrete Kommunikation eignet sich Twitter deshalb eher nicht. Auch sollten Sie bedenken, dass Twitter trotz engagierter Vorreiter wie Holger Schmidt für viele Nutzer noch bei Weitem nicht den Status der unverzichtbaren Kommunikationsinfrastruktur erreicht hat. Wenn Sie also sichergehen wollen, dass Sie einen Redakteur erreichen, verlassen Sie sich nicht allein auf Twitter.

XING erhält Kontakte über den Jobwechsel hinaus

Beziehungspflege bedeutet im Idealfall auch, dass die Beziehung zwischen dem PR-Schaffenden und seinen Journalistenkontakten auch einen Jobwechsel auf der einen oder anderen Seite überdauert. In Zeiten bisweilen dramatischer Geschäftsentscheidungen bei Verlagen und Sendern, die zur Einstellung von Titeln und zur Entlassung ganzer Redaktionen führen, kann es mit herkömmlichen Mitteln mühsam werden nachzuvollziehen, wo der Redakteur, mit dem man über lange Zeit gut zusammengearbeitet hat, abgeblieben ist. Eine rechtzeitige Vernetzung über Social Networks wie XING kann eine unkomplizierte Fortsetzung der Zusammenarbeit bei einem neuen Arbeitgeber erleichtern.

Für die laufende Kommunikation mit Journalisten sind XING- oder LinkedIn-Nachrichten weniger geeignet, weil E-Mail in ihrem Tagesgeschäft der primäre Kanal ist und wohl auch auf absehbare Zeit bleiben wird. »Ich bevorzuge die gute alte E-Mail«, sagt Holger Schmidt und ist damit sicher in guter Gesellschaft.

Das persönliche Gespräch nicht vergessen

Auch wenn es praktisch ist, mit Journalisten auf vielfältige Weise in Kontakt zu bleiben, bleiben persönliche Treffen und Gespräche wichtig. Die personellen Engpässe in den Redaktionen machen es schwer, genügend Journalisten zu Pressekonferenzen und anderen länger dauernden Veranstaltungen zu bringen. Wenn das Thema von übergeordneter Bedeutung ist und die Journalisten Gelegenheit haben, mit wichtigen Vertretern Ihres Unternehmens ins Gespräch zu kommen, werden sie auch erscheinen.

Eine Möglichkeit, die räumlichen Grenzen mit Hilfe von Online-Tools zu überwinden, sind Video-Livestreams, die das Gesagte und Gezeigte direkt ins Netz übertragen. In Kapitel 6 widmen wir uns diesem Thema ausführlich. Doch trotz aller Möglichkeiten, die das Social Web bietet, empfehlen wir Ihnen dringend, die Kontakte zu Ihren Schlüsseljournalisten so aufrechtzuerhalten, wie Sie das noch vor dem Web 2.0 getan haben: Mit einem gelegentlichen Anruf oder auch bei einem informellen Treffen bei einer Tasse Kaffee.

Blogger – die neuen Multiplikatoren

Dass sich Blogger in manchen Themenbereichen einen wichtigen Status als Influencer erarbeitet haben, ist keine neue Erkenntnis. In

Deutschland sind es vor allem die Technik-, Mode- und Design-blogs, einige Blogs rund um politische und gesellschaftliche Themen sowie eine Reihe von Autoblogs, die mit viel Herzblut und einem professionellen Anspruch geführt werden. Einige davon verdienen sogar genug Geld über Werbung und Beratungsaufträge abseits des eigentlichen Bloggens, um ihren Autoren ein Auskommen zu sichern.

Trotz der Leuchtturm-Funktion einiger Top-Blogs, die mit dem Anspruch journalistischer Qualität publizieren, ist die deutschsprachige Blogosphäre aber alles andere als professionalisiert. Das sollten Sie im Hinterkopf behalten, wenn Sie vorhaben, »Blogger Relations« zu betreiben, also Blogger im Rahmen einer PR-Kampagne anzusprechen und für ein Thema zu gewinnen. Erwarten Sie nicht, dass Blogger nach den gleichen Standards arbeiten wie gelernte Journalisten – es sei denn, der Blogger, den Sie adressieren, ist zugleich Journalist.

Im Vorfeld einer gezielten Ansprache von nicht-journalistischen Bloggern zu Ihrem Thema sollten Sie folgende Punkte beachten beziehungsweise einige Fragen klären. Sie werden Ihnen dabei helfen, die richtigen Blogs zu finden und Sie vor einiger Enttäuschung bewahren.

Tipps für Blogger-Relations

- Recherche: Die meisten Blogger schreiben über Themen, die sie persönlich interessieren. Lesen Sie in einem Blog mehrere Beiträge, um einschätzen zu können, ob Ihr Thema für einen Blogger überhaupt in Frage kommen könnte. Suchen Sie auch einmal nach Ihrem Firmennamen. So finden Sie schnell heraus, ob der Autor vielleicht eine kritische Haltung zu Ihrem Unternehmen einnimmt. Bei der Einschätzung sollten Sie auch die weiteren Plattformen einbeziehen, auf denen der Blogger aktiv ist. Kontaktieren Sie ihn wirklich nur, wenn das Thema gut passt. Alles andere ist Spam.

- Zeit: Blogger schreiben dann, wenn sie Zeit und Lust dazu haben. Auch wenn ein Blogger Ihr Thema interessant und kommentierenswert findet, heißt das noch lange nicht, dass er Zeit und Lust hat, darüber zu schreiben. Verlassen Sie sich also nicht auf eine Veröffentlichung zu einem bestimmten Zeitpunkt.

- Meinung: Blogs sind primär Meinungsmedien und nur vereinzelt Nachrichtenmedien. Blogger kennen, anders als Journalisten, keine Sperrfristen und keine Pflicht zur Einholung einer zweiten Meinung. Wenn Sie also einem Blogger etwas Neues zeigen, rechnen Sie damit, dass er es sofort veröffentlicht – und vielleicht auch doof findet.

- Transparenz: Wenn Sie Blogger ansprechen, sagen Sie klar und deutlich, mit welchem Interesse und in wessen Auftrag Sie das tun. Fordern Sie Ihrerseits die gleiche Transparenz vom Blogger: Er sollte bei einem Artikel über Ihr Thema angeben, wie er zustande gekommen ist. Das hilft ihm und Ihrem Unternehmen, ehrlich im Social Web zu agieren. Abgesehen davon ist verdeckte PR auch über Blogs unzulässig und wettbewerbsrechtlich abmahnungswürdig (siehe dazu Kapitel 12).

- Ansprache: Im Regelfall werden Sie im Impressum des Blogs eine E-Mail-Adresse finden, oft auch einen Twitter-Account, gelegentlich einen Link zu einem XING-Profil. Die private Kontaktaufnahme per E-Mail bietet sich eher an als eine öffentliche Twitter-Nachricht. Aber übertreiben Sie nicht, eine E-Mail genügt. Wenn Ihr Anliegen interessant ist, wird sich der Blogger melden – oder nicht. Bieten Sie auf jeden Fall an, telefonisch Fragen zu klären.

- Wertschätzung: Wenn »Ihr Blogger« so freundlich war, über Ihr Thema zu schreiben, sich gar große Mühe gemacht hat, wie zum Beispiel mit einer Produktbesprechung, seien Sie so nett und geben Sie etwas zurück. Verweisen Sie bei Twitter auf den Artikel, featuren Sie den Beitrag auf Ihrem Facebook-Account. Bedanken Sie sich per Kommentar unter dem Artikel oder E-Mail persönlich und signalisieren Sie auch in Zukunft Interesse am Wirken des Bloggers. Ganz so, wie Sie es mit einem Journalisten auch halten würden.

Hinweis   Blogger Robert Basic gibt in seinem Blog Tipps zu Blogger Relations. Den Link finden Sie unter den Bookmarks zu diesem Buch bei Diigo.

Raus aus dem Büro, ran an die Blogger

Neben diesen Tipps, die Sie alle an Ihrem Schreibtisch sitzend beherzigen können, möchten wir Ihnen noch eine weitere Empfehlung mitgeben, für die Sie das Büro verlassen müssen. Besuchen Sie Veranstaltungen, die von Bloggern und anderen »Digital Residents«

besucht werden. Gehen Sie dorthin, wo sich die Szene ganz analog im persönlichen Gespräch austauscht. Sie werden auf eine Menge freundlicher, neugieriger und unkomplizierter Menschen treffen, die das Leben im und mit dem Internet verbindet.

Gute Orte sind Konferenzen, wie das »Blogger-Jahrestreffen« re:publica in Berlin, oder eines der zahlreichen Barcamps – so genannte Unkonferenzen, die sich nach dem Open-Space-Prinzip selbst organisieren. Quer durch Deutschland, die Schweiz und Österreich sind in den vergangenen Jahren auch regelmäßige Veranstaltungsreihen und Stammtische entstanden, zu denen sich die Online-Szene trifft. Hier eine kleine Auswahl:

- Twittwoch.de (Veranstaltung mit Vorträgen und Networking, in vielen deutschen Städten)
- Pl0gbar.de (informeller Stammtisch in zahlreichen deutschen Städten)
- Webmontag (Kurzvorträge mit anschließendem Networking)
- Ignite (unter dem Dach des O'Reilly Verlags lokal organisierte Treffen mit Kurzvorträgen)
- TEDx (unregelmäßig stattfindende Inspirations-Tage unter dem Motto »ideas, worth sharing«)
- Netzzunft.ch (Zürcher Treffen mit Impulsvortrag, auf Einladung)

Und wenn Sie sich bereits ein gutes Netzwerk bei Twitter erarbeitet haben, versuchen Sie doch einfach mal selbst, ein »Tweetup« zu organisieren. Mehr als eine Tischreservierung in einem Restaurant brauchen Sie dafür nicht.

 Hinweis   *Twtvite.com* ist ein praktisches Tool für die Organisation von Twitterer-Treffen.

Bei allen Tipps und Hinweisen sollten Sie aber nicht vergessen, dass Bloggerinnen und Blogger ihre Seiten vor allem aus persönlicher Leidenschaft betreiben. Eine Anspruchshaltung seitens der PR ist da fehl am Platz. Respektieren Sie es, wenn Sie nach einer freundlichen Anfrage ein »Nein« bekommen. Und denken Sie daran: Blogs sind nur eine Ausprägung des Social Web. Es gibt noch viel mehr Möglichkeiten, sich Gehör zu verschaffen.

Auf einen Blick

- Informative und an die Interessen des Journalisten angepasste Pressemitteilungen haben weiter ihren Platz im Werkzeugkasten der PR.

- Online-Presseportale können eigene Verteiler ergänzen, aber nicht ersetzen. Mit gewissen Einschränkungen können sie einen Beitrag zur Suchmaschinenoptimierung leisten.

- Bei Dienstleistern, die Inhalte im Auftrag ihrer Kunden auf Social-Media-Plattformen verbreiten, ist genaues Hinschauen wichtig. Oft sind die Texte, Bilder und Videos schlecht verschlagwortet und deshalb kaum auffindbar.

- Diese technischen Begriffe sollten Sie kennen: RSS-Feed, Embedding, Hyperlink und Trackback. Sie spielen im Social Web eine wichtige Rolle.

- Verbreiten Sie Content an vielen Stellen im Social Web. So kommen Nutzer mit Ihren Inhalten dort in Kontakt, wo sie sich aufhalten, und sie haben es leichter, interessanten Content weiterzuverbreiten.

- Der Social Media Release reduziert Pressemitteilungen auf das Wesentliche und reichert sie mit Links, Bildern, Videos und anderen multimedialen Inhalten an. Social Media Releases werden als Webseite bereitgestellt. Die Verbreitung erfolgt per RSS-Feed oder Link in einer E-Mail.

- Mit Social Media Newsrooms können Sie alle Aktivitäten Ihres Unternehmens im Social Web an einer Stelle zusammenführen und Inhalten einen Kontext geben.

- Achten Sie bei der Wahl eines Dienstleisters für Ihren Social Media Newsroom auf volle Kontrolle über die technische Basis.

- Twitter kann unter bestimmten Voraussetzungen zur Verbreitung von Presseinformationen genutzt werden, jedoch nur als Ergänzung zu klassischen Kanälen.

- Facebook ist für die Verbreitung von Pressemitteilungen ungeeignet.

- Durch Twitter können Sie viel über die Themen und Interessen von Journalisten erfahren. Für den individuellen »Pitch« sind E-Mail und Telefon aber weiter das Mittel der Wahl.

- Mit XING können Sie Kontakte zu Journalisten auch über einen Jobwechsel hinaus erhalten.

- Blogger Relations erfordert sorgfältige Vorbereitung, viel Geduld und absolute Transparenz in der Ansprache. Versuchen Sie nie, positive Blogposts zu erkaufen!

- Gehen Sie zu Networking-Veranstaltungen der Online-Szene und lernen Sie die Netzbewohner persönlich kennen. Blogger beißen nicht!

KAPITEL 4

Social Media Monitoring, Issues Management und Krisenkommunikation

@basadai
Malu Schaefer

Langweilen Sie mich nicht mit Fakten. Erzählen Sie mir, was ich hören will!

21 Feb. via web ☆ Von den Favoriten entfernen ↻ Retweet ↩ Antworten

Sie sollten wissen, was über Sie gesprochen wird

Zuhören, das haben wir inzwischen wiederholt erwähnt, ist der Startpunkt allen Tuns im Social Web. Ohne fundiertes Wissen darüber, wer in welcher Form wo im Internet über Ihre Organisation, über Ihre Produkte und Marken spricht und sich mit anderen austauscht, sollten Sie nicht über konkrete Maßnahmen nachdenken.

Im ersten Teil dieses Kapitels nähern wir uns der Frage an, was »Zuhören« im Social Web genau bedeutet. Was hören wir eigentlich, wenn wir unser Ohr an die digitalen Schienen legen? Wie können wir diese Geräusche, die Signale des Social Web systematisieren und für Analysezwecke operationalisieren? Wonach suchen wir und was bedeutet das Gefundene für die Organisation? Wenn diese Fragen geklärt sind, können wir uns den Werkzeugen zuwenden.

Für Social Media Monitoring gibt es nicht das eine universelle Tool, sondern eine Fülle von Instrumenten, die sich in ihrem Funktionsumfang und in ihrer Zielsetzung zum Teil sehr deutlich unterscheiden. Es gibt kostenlose, frei zugängliche Hilfsmittel, die richtig eingesetzt schon ausreichend sein können. Der Markt bietet aber auch kostenpflichtige und teils sehr aufwändige Lösungen, die einem PR-Schaffenden viel Handarbeit bei der Analyse der Monitoring-Ergebnisse ersparen können. Wir werfen einen Blick auf diese Monitoring-Angebote und geben Ihnen Orientierung.

Im zweiten Teil dieses Kapitels widmen wir uns den strategischen Fragen des Umgangs mit dem Social Web. Wir erläutern das Potenzial von Social Media Monitoring als Unterstützung für das aktive und reaktive Issues Management in der Unternehmenskommunikation. Außerdem zeigen wir auf, wie das Social Web im Falle einer akuten Krise zu einer weiteren Kommunikationsarena werden kann, die mit redaktionellen Medien wechselseitige Resonanzen erzeugt. Dazu erläutern wir einige typische Krisenverläufe.

Zu guter Letzt betrachten wir noch ganz praktische Aspekte des Krisenmanagements im Social Web, zum Beispiel den Umgang mit kritischen Kommentaren in Blogs und auf Facebook-Seiten.

Wonach wir suchen: Analysedimensionen

Jeder PR-Schaffende ist wohl hinreichend mit den Möglichkeiten traditioneller Medienbeobachtung vertraut. Schließlich gehört es seit jeher zu den Zielen der Öffentlichkeitsarbeit, für eine Organisation, ein Produkt oder ein bestimmtes Thema Medienpräsenz zu schaffen. Die lässt sich mit Clippingdiensten recht leicht dokumentieren und quantitativ wie qualitativ analysieren.

Analysedimensionen wie Tonalität, Präsenz in vorab definierten Schlüsselmedien, Anteil der eigenen Berichterstattung im Vergleich zum Mitbewerb, Kontext der Markenerwähnung und der Grad der Wiedergabe von Botschaften des Unternehmens in der Berichterstattung sind weithin geläufig. Sie dienen vor allem der Beurteilung des Erfolgs von Kommunikationsaktivitäten und der Identifikation von Themen und Thementrends, die für eine Organisation und ihre Bezugsgruppen von Interesse sind.

Einige dieser Analysedimensionen lassen sich auf das Social Web übertragen. Es kommen aber auch neue Dimensionen hinzu. Vor allem aber erfordert die Beobachtung von Themen und Meinungen im Social Web eine Erweiterung des Blickwinkels. Es geht nämlich nicht mehr in erster Linie darum zu dokumentieren, welchen Effekt

PR-Arbeit auf die mediale Öffentlichkeit hat. Der Ausgangspunkt des Social Media Monitorings ist vielmehr die Frage: »Wie sehen uns die Menschen da draußen und was halten sie von uns, unseren Produkten oder unserem Service?«

Selbstverständlich kann und sollte Social Media Monitoring auch zur Erfolgskontrolle von Social-Media-Kommunikation eingesetzt werden, doch das primäre Erkenntnisinteresse richtet sich auf das, was ohnehin schon da ist. Gerade im Hinblick auf Issues Management – und im Falle des Falles auch auf Krisenkommunikation – ist diese Erweiterung der Ausgangsfragestellung enorm wichtig.

Schauen wir uns also genauer an, wonach wir beim Social Media Monitoring eigentlich suchen und betrachten wir die typischen Analysedimensionen im Detail.

Markenerwähnungen, Trendverläufe

Startpunkt für jedes Monitoring sind der Unternehmensname und die Markennamen der Produkte des Unternehmens. Das Vorkommen dieser Namen im Social Web lässt sich zählen und die Häufigkeit der Nennungen auf der Zeitachse eintragen, sodass eine einfache Trendkurve entsteht. Diese kann als erster Indikator für Veränderungen im Grad der Auseinandersetzung der Bezugsgruppen mit der Marke gewertet werden.

Setzt man den Trendverlauf der Marke dann noch in Beziehung zu den Marken der Wettbewerber, hat man eine erste Vergleichsmöglichkeit geschaffen. Für sich allein genommen ist die Häufigkeit der Erwähnungen aber noch wenig aussagekräftig, weil der inhaltliche Zusammenhang fehlt.

Sentimentanalyse: Die Tonalität bewerten

Das ändert sich mit Einführung einer weiteren Analysedimension, der Tonalität. Dieser Analyseschritt wird auch als Sentimentanalyse bezeichnet. Sie begutachtet jede einzelne Fundstelle einer Marke im Social Web auf ihren Erwähnungszusammenhang hin und bewertet ihn nach einfachen qualitativen Kriterien. Dabei kann der »Klang« des Posts insgesamt oder nur in Bezug auf die Marke selbst in ein simples Skalensystem von »sehr negativ« bis »sehr positiv« eingetragen werden.

Über alle Fundstellen hinweg entsteht dann eine in Zahlen und Diagrammen darstellbare, konsolidierte Sicht auf das Stimmungsbild zur Marke im Social Web. Wieder auf die Zeitachse übertragen, können Veränderungen zum Positiven oder Negativen als Indikatoren für externe Ereignisse oder auch eigene Initiativen des Unternehmens herangezogen werden.

Steigt der Anteil der positiven Posts zum Beispiel nach einer kreativen Aktion bei Facebook an, kann das als Indikator für eine gelungene Maßnahme gewertet werden. Jedoch nicht, ohne zuvor die konkreten Fundstellen auch auf einen tatsächlichen inhaltlichen Bezug zur Facebook-Aktion abgeprüft zu haben.

Einige Anbieter von Monitoring-Tools führen als Vorteil ihrer Lösungen auf, dass sie zumindest halb-automatische Sentimentanalysen der gefundenen Artikel leisten. Was viel Zeitersparnis für den Nutzer verspricht, ist in der Praxis mit Vorsicht zu genießen. Und zwar aus einem einfachen Grund: Tools für Social Media Monitoring basieren auf Software, die nach eingebauten Regeln funktioniert. Diese Regeln sind aber nie so flexibel wie der menschliche Geist.

Beim Lesen eines Textes können wir sehr schnell erkennen, ob die Tonalität ernsthaft und im Kontext des gesuchten Begriffs negativ ist, oder ob jemand etwas ironisch kommentiert. Software kann das nicht. (Halb-)automatische Funktionen zur Tonalitätseinstufung analysieren Posts in der Regel auf bestimmte positiv oder negativ belegte Wörter in unmittelbarer Nachbarschaft des im Suchprofil eingerichteten Schlagworts.

So wird die Software sicher bemerken, dass der folgende Tweet nicht freundlich gemeint ist:

> **@neinahh**
> Nina Galla
>
> hab mich mittlerweile zwei mal telefonisch und einmal schriftlich bei #1und1 beschwert und die kümmern sich einen kehricht darum. #epicfail
>
> 9 Apr. via web ☆ Von den Favoriten entfernen ⇄ Retweet ↰ Antworten

Das Hashtag *#epicfail* – oder oft auch einfach *#fail* – und der negativ belegte Schlüsselbegriff »beschwert« oder »beschweren« werden ausreichen, um diesen Tweet in einer automatischen Sentimentanalyse als negativ zu kennzeichnen.

Beim folgenden Tweet wird es schon schwieriger:

@tagesspiegel_de
Tagesspiegel.de

Erster Wintertag und die S-Bahn fährt
schon den ganzen Tag - ein guter Start!

24 Nov. via Twitter for iPhone ☆ Von den Favoriten entfernen ⇅ Retweet ↩ Antworten

◀ **Abbildung 4-2**
Die bittere Ironie dieses Tweets
kann eine Software nicht erkennen. Eine Sentimentanalyse müsste
von Hand erfolgen.

Ein Monitoring-Tool wird ohne Weiteres den Suchbegriff »S-Bahn« finden. Bei einer automatischen Auswertung wird es aber auch das Schlüsselwort »guter« erkennen und den Tweet wohl tendenziell als positiv einordnen. Die Ironie, die in diesem Tweet mitschwingt, kann die Software aber nicht erkennen. Woher soll sie auch wissen, dass im Winter 2009/10 die Berliner S-Bahn zeitweise »witterungsbedingt« gar nicht mehr fuhr und tausende Pendler Zeit und Nerven kostete. Dieses Beispiel zeigt, wie wichtig der Kontext ist, in dem eine Äußerung getätigt wird. Mit dem Kontextwissen würde ein Mensch diesen Tweet allenfalls als neutral einstufen.

Im Regelfall wird eine automatische Sentimentanalyse also immer manuelle Nacharbeit erfordern, damit die Auswertung der gefundenen Posts auch wirklich aussagekräftig wird. Wenn Ihr Unternehmen oder Ihre Marke täglich mehrere hundert oder gar tausende Treffer produziert, steigt der Aufwand enorm an. Deshalb gibt es Lösungen, die zu einem gewissen Grad »lernen« können. Dafür setzen sie auf Erkenntnisse aus der Künstlichen-Intelligenz-Forschung (KI-Forschung), und bedienen sich eines umfangreichen Pools kontextabhängiger Bewertungen von Inhalten. Dieser Pool wird über einen gewissen Zeitraum hinweg aus echten Monitoring-Daten aufgebaut und durch eine Redaktion speziell auf die Bedürfnisse des Anwenders angepasst. Es sind also im ersten Schritt Menschen, die eine Software »trainieren«. Aus dem Bewertungspool werden Muster abgeleitet, die mit hoher Wahrscheinlichkeit darauf hindeuten, dass ein Schlüsselwort in einem positiven, neutralen oder negativen Kontext steht. Sobald das Monitoring »scharfgestellt« ist, werden die Fundstellen mit diesen Mustern abgeglichen und mit einer Bewertung versehen.

Nach diesem Prinzip funktioniert zum Beispiel die Monitoring-Lösung der B.I.G. Business Intelligence Group aus Berlin. Nur möchten wir Sie vorwarnen: Die KI-basierten Monitoring-Lösungen mit automatischer Sentimentanalyse sind die derzeit wohl teuerste Option für das Social Media Monitoring. Und eine hundertprozentige Trefferquote haben auch sie nicht.

Kategoriensysteme für Themen und Kontext

Damit kommen wir zur wohl wichtigsten Analysedimension für Social Media Monitoring: zum Kontext. Denn reine Erwähnungen, und seien sie noch so genau auf ihre Tonalität hin bewertet, sagen nicht viel darüber aus, ob die Marke in dem Post eine Haupt- oder eine Nebenrolle spielt. Sie geben auch keine Auskunft darüber, in welchem inhaltlichen Zusammenhang die Marke genannt wird, ob es zum Beispiel um Produktqualität geht, um den Preis oder die Kulanz des Kundendienstes, oder ob vielleicht einfach nur ein zufriedener Käufer seiner Freude über das Produkt Ausdruck verleiht.

Doch erst mit einer Auswertung solcher je nach Unternehmen sehr individueller inhaltlicher Aspekte gewinnt ein Social Media Monitoring an Nutzwert für Kommunikatoren. Schließlich sind PR-Leute es gewohnt, in Themen zu denken, Issues zu beobachten und zu bewerten und aus inhaltlich-thematischen Kontexten Schlüsse für die Verbesserung der Kommunikation zu ziehen.

Nach welchem Schlüssel die Fundstellen eines Social Media Monitorings inhaltlich kategorisiert und damit quantitativ auswertbar gemacht werden, kann nur das betreffende Unternehmen selbst entscheiden. Zu unterschiedlich sind die Kontexte, zu verschiedenartig die Erkenntnisinteressen. Für die Planung der Themen- und Kontextkategorisierung sollten Sie sich Zeit lassen und genau überlegen, wie detailliert sie sein muss, um aussagekräftig genug zu sein. Denken Sie daran, dass Ihr Kategoriensystem klar und umfassend genug sein muss, um auch über eine längere Zeit hinweg Gültigkeit zu haben. Sonst laufen Sie Gefahr, bei der nächstbesten Gelegenheit zusätzliche Kategorien einführen oder zu fein unterteilte Themenkreise wieder zusammenführen zu müssen, damit Sie brauchbare Ergebnisse erhalten.

Wir geben Ihnen ein Beispiel: Angenommen ein Hersteller von Kameraobjektiven vertreibt seine Produkte in zwei Baureihen: eine für Hobbyfotografen und eine für anspruchsvolle Profis. Beide Baureihen sind für drei unterschiedliche Kamerahersteller erhältlich. In jeder Baureihe gibt es 15 Produkte für unterschiedliche Einsatzzwecke. Wollte der Kamerahersteller nun alle Objektivmodelle in seinem Kategoriensystem für das Social Media Monitoring erfassen, hätte er schon 90 verschiedene Punkte in seiner Liste. Manche Profi-Objektive sind nun so speziell, dass davon gerade mal 200 Stück im Jahr verkauft werden. Im Massenmarkt der Hobby-Baureihe werden hingegen mindestens 120.000 Exemplare eines Modells verkauft.

Die Wahrscheinlichkeit, dass sich zu den Hobby-Modellen viele Nutzer im Social Web zusammenfinden und Tipps und Erfahrungen austauschen, ist deutlich höher als bei den hochspezialisierten Profiobjektiven. Selbst wenn das Monitoring drei oder vier Blogposts dazu findet, ist ihr Gewicht im Vergleich zu Hunderten von Erfahrungsberichten aus dem Amateurbereich minimal. Der Aufwand für die Aufschlüsselung jedes einzelnen Objektivs als eigene Kategorie steht also in keinem Verhältnis zum Erkenntnisgewinn. In diesem Beispiel böte es sich also an, nur zwischen Hobby-Baureihe und Profi-Serie zu unterscheiden und dort eventuell noch Untergruppen für drei oder vier typische Einsatzzwecke zu bilden. So würde die Analyse nicht zu kleinteilig und der Objektivhersteller könnte besser vergleichen, welche Themen die Anwender beider Käufergruppen bewegen.

Beim Entwurf des Kategoriensystems für das Social Media Monitoring ist es deshalb sinnvoll, in der Planungsphase definierte Kategorien einmal probeweise auf einen Pool an Suchtreffern anzuwenden. So lässt sich das System je nach Bedarf verfeinern oder vereinfachen, bevor das Monitoring schließlich in die Produktivphase eintritt und dann eine historische Vergleichbarkeit der Ergebnisse geboten ist.

Influencer: wer etwas zu sagen hat

Sobald Sie sich über Themen, Kontexte und quantifizierbare Trends der Marken- oder Produktnennungen ein Bild gemacht haben, folgt der Schritt, der Sie in die Lage versetzt, die gefundenen Artikel als Anlässe für Gespräche im Social Web zu nehmen. Jetzt gilt es, die Personen zu identifizieren, die für Ihr Unternehmen wichtig sind und deren Stimme im Netz gehört wird: die Beeinflusser oder neudeutsch Influencer.

Solange die von einem Monitoring-Tool ausgewerteten Daten über eine frei zugängliche API gesammelt werden, lassen sich Nutzernamen bzw. Autorennamen bei einzelnen Posts recht leicht auslesen. So lässt sich quantifizieren, wie häufig eine bestimmte Person etwas zu Ihrem Unternehmen publiziert hat. Daraus lassen sich dann Ranglisten mit den wichtigsten Influencern erstellen. Das ist zum Beispiel mit Twitter oder Facebook möglich, wo die API den Nutzernamen entweder als Klarnamen oder wenigstens als Nickname ausgeben kann. Mit dem Tool Klout lässt sich zudem eine einfache Netzwerkanalyse durchführen. Die Seite zeigt an, mit welchen

API steht für Application Programming Interface oder deutsch Programmierschnittstelle. Eine API definiert, wie Daten von einer Software an eine andere übergeben werden. APIs befreien gewissermaßen Daten aus ihrer Quelle und machen sie für andere Anwendungen nutzbar.

anderen Twitterern ein Influencer besonders gut vernetzt ist, und sie ermittelt einen Punktewert, der den tatsächlichen Einfluss verschiedener Twitterer vergleichbar machen soll.

Schwieriger wird es bei Blogposts, denn nicht jeder Blogautor nutzt als Autorenkennung seinen eigenen Namen. Es kommt oft vor, dass Nicknames oder Netzpseudonyme verwendet werden, unter denen die jeweiligen Autoren schon lange online aktiv sind. Für eine Zuordnung zu einer konkreten Person bleibt dann nur der Blick in das Impressum des Blogs. Es hat sich zwar in Deutschland in den letzten Jahren weithin eingebürgert, als Blogautor ein vollständiges Impressum zu führen, eine Pflicht zum Impressum gibt es für Privatpersonen jedoch nicht.

Eine weitere Schwierigkeit kommt hinzu, wenn eine Person verschiedene Social-Media-Plattformen nutzt und zum Beispiel im Blog mit Klarnamen schreibt, bei Twitter jedoch mit einem Nickname unterwegs ist. Auch hier hilft nur die manuelle Recherche.

Angesichts dessen, dass es im Social Web stets auch um den Aufbau von Beziehungen zu Bezugsgruppen geht, lohnt sich die Arbeit einer manuellen Influencer-Identifikation aber auf jeden Fall. Schließlich möchten Sie ja wissen, mit wem Sie es zu tun haben und wer für Ihr Unternehmen als Fürsprecher, Fan oder auch als Gegner im Netz unterwegs ist.

Netzwerkanalyse: wer mit wem?

Eine Übersicht zu möglichen Operationalisierungen für das Social Media Monitoring wäre nicht vollständig ohne das Thema Netzwerkanalyse. Schließlich gehört die Vernetzung von Menschen zum Wesenskern des Social Web und sie trägt dazu bei, dass sich interessante Informationen schnell von Mensch zu Mensch verbreiten.

Entsprechend interessant ist die Netzwerkanalyse für Kommunikationsprofis. Im Kern geht es darum aufzuzeigen, wer mit wem online wie eng verbunden ist und auf welchen Wegen Informationen verbreitet werden. Grafisch aufbereitet wird so erkennbar, welche Personen besonders gut »vernetzt« sind, also eine Fülle von (losen) Beziehungen geknüpft haben, und ob deren potenzieller Einfluss auf ihre direkten Kontakte, also die Netzwerkebene ersten Grades, besonders hoch ist. Lässt sich dann noch empirisch nachweisen, dass Informationen, die von einem solchen hoch vernetzten »Knoten« ausgehen, eine besonders schnelle und weite Verbreitung bei Verbindungen zweiten, dritten oder gar vierten Grades haben, so hat man die Person in der Mitte des Netzwerks als wichtigen Influencer validiert.

In der Praxis ist das jedoch leider alles andere als trivial. Denn für eine genaue Netzwerkanalyse benötigen Sie einen Zugang zur Liste der Freunde oder Follower der jeweiligen Person. Bei Twitter können Sie sehen, wer die Follower Ihrer Follower sind. Schon bei Facebook, XING und LinkedIn ist diese Sicht durch die Privatsphäre-Einstellungen eingeschränkt, zudem müssen Sie hier mit der betreffenden Person selbst verbunden sein. Das ist für die Netzwerkanalyse in einem Umfeld, zu dem man bislang keine persönlichen Kontakte pflegt, nicht praktikabel.

Tools, die auf APIs basierende Netzwerke wie Facebook und Twitter direkt auf der Datenebene analysieren, können zu einem gewissen Grad Abhilfe schaffen. Das erfordert jedoch entweder Programmierkenntnisse, um die von den Plattformen angebotenen Daten auch in sinnvolle Informationen umwandeln zu können, oder man setzt auf Tools von Drittanbietern.

Wie eine Netzwerkanalyse visualisiert werden kann, zeigt die Facebook-Applikation Social Graph. Abbildung 4-3 zeigt das Freundesnetzwerk von Tapio Liller bei Facebook. Deutlich zu erkennen sind drei Cluster mit unterschiedlich vielen Personen. Sie zeigen, dass die Personen innerhalb der Cluster untereinander eng vernetzt sind. Zwischen diesen Gruppen gibt es Personen, die die Verbindung zu einem anderen Cluster herstellen und am Rande einige, die zwar einzelne Beziehungen zum Netzwerk haben, sonst aber offensichtlich kaum Berührungspunkte zu anderen in diesem »Social Graph« haben.

Für die PR sind in einer solchen Netzwerkdarstellung zwei Typen von Personen interessant. Der erste Typ hat Beziehungen zu Personen in mehreren Clustern und bildet so eine Brücke zwischen größeren Gruppen. Er ist ein »Konnektor«. In Abbildung 4-3 ist zum Beispiel Tapio Lillers Ehefrau Karen eine solche Verbindungsperson zwischen dem Cluster der deutschen Web- und Social- Media-Szene (rechts oben im Bild) und dem Cluster seiner Freunde aus Studienzeiten (links oben im Bild). Karen wäre also für die Kommunikationsplanung eine interessante Person, weil sie potenziell Informationen in beide Cluster verteilen kann oder sie von der einen zur anderen Seite überbringen kann.

Abbildung 4-3 ▶
Karen Liller verbindet durch ihre
Kontakte zwei Cluster miteinander.
Sie könnte also Informationen in
beide Richtungen weiterverbreiten.

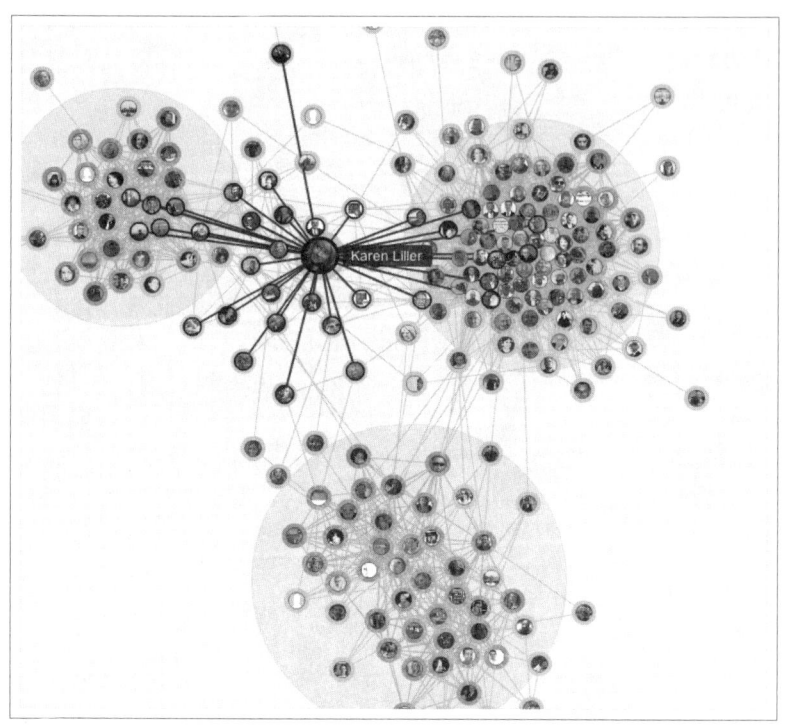

Abbildung 4-4 ▶
Sachar Kriwoj spielt im Zentrum
dieses Clusters die Rolle eines hoch
vernetzten Knotens. Als solcher ist
er ein wichtiger Influencer für die
anderen Personen.

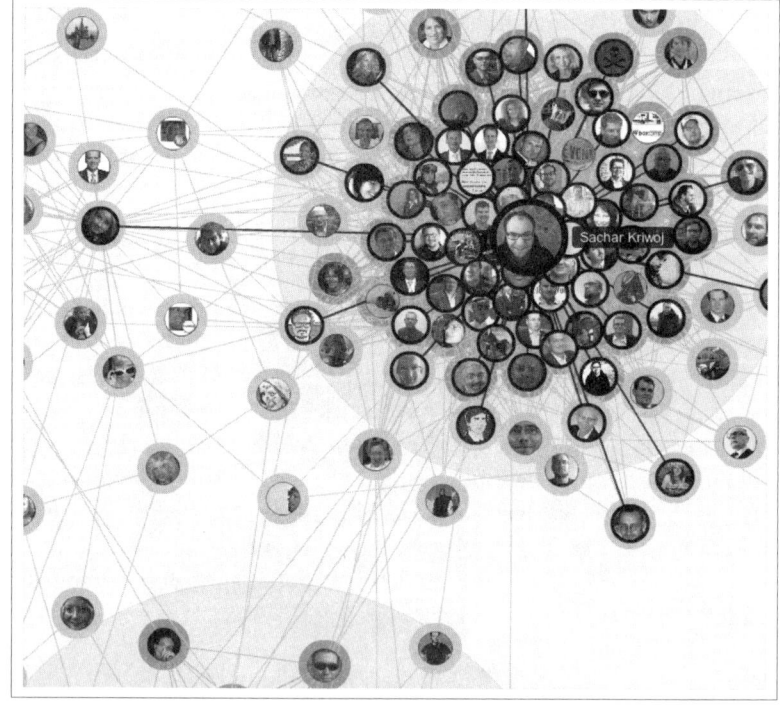

Abbildung 4-4 zeigt etwas vergrößert das Cluster der Web- und Social-Media-Szene und hebt Sachar Kriwoj hervor, der im Zentrum dieses Clusters einen hoch vernetzten »Knoten« bildet. Er ist mit sehr vielen Personen in diesem Cluster verbunden, die wiederum untereinander einen hohen Vernetzungsgrad haben. Sachar wäre also ein idealer »Influencer«, wenn ein PR-Programm es darauf anlegt, die Web-Szene zu erreichen.

Social Media Monitoring Tools

Nachdem Sie jetzt wissen, wonach Sie eigentlich suchen und nach welchen Aspekten Sie Fundstellen analysieren können, ist es Zeit, sich an die Auswahl geeigneter Werkzeuge für das Social Media Monitoring zu machen. Grundsätzlich sind die hier vorgestellten Instrumente sowohl für die laufende Beobachtung von Themen und Diskussionen als auch für die Erfolgskontrolle von Kommunikationsaktivitäten geeignet. Die Erfolgskontrolle über einen längeren Zeitraum hinweg erfordert in der Regel eine Möglichkeit zur Aufzeichnung historischer Daten, um Ergebnisse vergleichen zu können. Das sollten Sie bei der Auswahl Ihres persönlichen Werkzeugkastens also berücksichtigen. Ein Tipp aber noch vorweg: Erliegen Sie nicht der Versuchung, gleich vom Start weg eine der kostenpflichtigen Lösungen zu buchen, die Ihnen allenthalben durch Dienstleister angeboten werden.

Ermitteln Sie lieber zuerst mit Hilfe frei verfügbarer Hilfsmittel und kostenloser Beobachtungsplattformen, wie hoch das Aufkommen an Fundstellen ist und ob Sie mit diesen nicht schon ein ausreichend aussagekräftiges Bild über die Präsenz ihrer Marke(n) im Social Web erhalten. Sollten Sie von Anzahl und Frequenz der Fundstellen erschlagen werden, können Sie im nächsten Schritt immer noch ein Profi-Tool einsetzen, das bei der Aggregation der Ergebnisse hilft und die Auswertung erleichtern kann.

Am Ende ist es mit Social Media Monitoring Tools genauso wie mit der Partnerwahl: »Drum prüfe, wer sich ewig bindet, ob sich nicht noch was Bess'res findet.«

Monitoring für Einsteiger – die kostenlosen Tools

In diesem Abschnitt geben wir Ihnen einen Überblick zu kostenlosen Tools, die beim Aufbau eines individuellen Social Media Monitoring sehr gute Dienste leisten können. Nehmen Sie sich die Zeit, alle einmal auszuprobieren und über einen gewissen Zeitraum hinweg die Qualität der Suchergebnisse zu beobachten.

RSS-Reader

Wichtigstes Hilfsmittel für einfaches Social Media Monitoring ist der RSS-Reader. Abonnieren Sie die Feeds der Webseiten und Blogs, von denen Sie schon wissen, dass sie sich mit Themen befassen, die für Ihre Arbeit und Ihr Unternehmen relevant sind. Die Kategorisierung in thematisch unterteilten oder nach Quellenarten benannten Ordnern erleichtert die Organisation der Feeds und Sie behalten leichter den Überblick.

RSS-Reader wie zum Beispiel Google Reader erlauben das Suchen in den abonnierten Feeds. So können Sie in Sekundenschnelle feststellen, ob über Ihre Marken oder ein bestimmtes Thema geschrieben wurde, und sich direkt zum betreffenden Blog durchklicken.

Blog-Suchmaschinen

Wenn Sie ganz bei Null starten und noch nicht wissen, welche Blogs relevant sein könnten, beginnen Sie die Recherche bei einer Blog-Suchmaschine. Die naheliegendste Option ist Google Blogsearch, die sich unter der Option »Mehr« auf der Google-Startseite verbirgt.

Weitere Blog-Suchmaschinen sind:

- BlogScope
- Icerocket
- Twingly

Daneben gibt es noch Blogverzeichnisse und Ranking-Dienste wie den deutschen Blogoscoop und die erste bedeutende Blogsuchmaschine Technorati. Letztere hat jedoch deutlich an Qualität eingebüßt, seit sie ihren Fokus auf die Aggregation von Nachrichtentrends in der US-Blogosphäre gelegt hat.

In unserer täglichen Praxis haben wir mit Google Blogsearch und Icerocket sowie mit Twingly die besten Erfahrungen gemacht. Die Suchergebnisse sind sehr aktuell und in der Regel relevant für die eingegebene Suche.

Twitter durchsuchen

Für das Echtzeitmonitoring aktueller Ereignisse, gerade im Hinblick auf Issues Management und Krisenkommunikation, ist die Auswer-

tung von Microblogs enorm wichtig. Seit Anfang 2009 hat sich
Twitter zum unangefochtenen Marktführer gemausert, wenngleich
in den Nischen noch weitere Microblog-Angebote wie *identi.ca*,
Jaiku und der deutsche Twitter-Klon *bleeper.de* existieren.

Twitter bietet selbst eine Live-Suche unter *search.twitter.com* an, die
auch über die API zugänglich ist und deshalb in alle Twitter-Tools
von Drittanbietern und in Smartphone-Applikationen eingebaut ist.
Einige dieser Anwendungen laufen im Browser und bedürfen deshalb keiner lokalen Installation auf dem Rechner. Für Unternehmen mit restriktiven IT-Regularien, die Mitarbeitern eigene Soft-
wareinstallationen verbieten, sind deshalb Web-Anwendungen wie
CoTweet, Hootsuite und Seesmic Web die Instrumente der Wahl.
Außerdem lassen sich die Tools unabhängig vom Ort und dem eigenen Rechner nutzen. Ihr Hauptzweck ist natürlich die Interaktion
über Twitter, die Suchfunktionen sind aber meist so gut integriert,
dass sie sich in eigenen Spalten übersichtlich anzeigen lassen und
ein schnelles Überfliegen neuer Nachrichten zu einem Schlagwort
oder einer Schlagwortkombination erlauben.

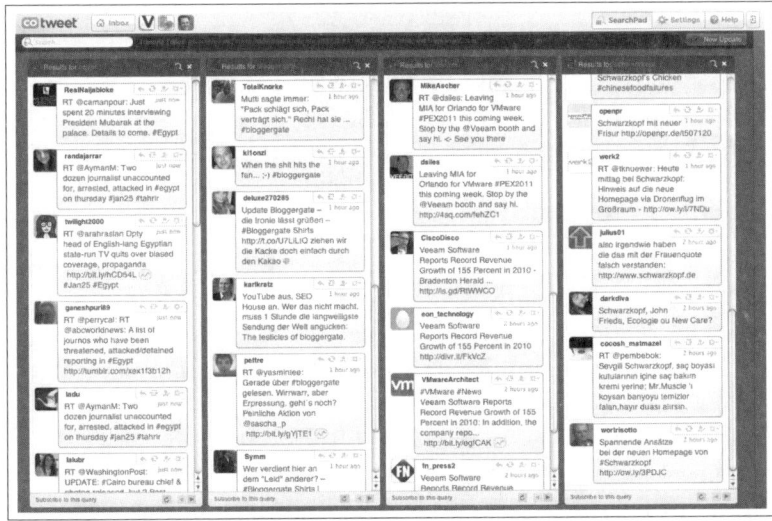

◀ **Abbildung 4-5**
CoTweet ist ein browser-basiertes
Twitter-Tool mit der Möglichkeit,
verschiedene Suchbegriffe in Spalten zu organisieren.

Andere Twitter-Applikationen laufen lokal installiert, einige davon
setzen auf Adobe AIR auf, das dafür entwickelte Software unabhängig vom Betriebssystem des Rechners macht. Die verbreitetsten Vertreter dieser Toolgattung sind Tweetdeck und Seesmic Desktop.
Auch sie erlauben die Organisation von Suchen in eigenen Anzeige-
spalten.

Ähnlich herkömmlichen Suchmaschinen funktionieren spezialisierte Microblog-Suchmaschinen. Google bietet auch hier eine
Option, die seit 2010 sogar in die normale Suche eingebunden ist.
Probieren Sie es einfach mal aus. Suchen Sie nach einem Schlagwort
zum Beispiel zu einer tagespolitischen Nachricht und wählen Sie
auf der Ergebnisseite in der linken Spalte die Option »Neueste«. In
der Ergebnisliste werden dann neben den gefundenen Webseiten
auch Tweets angezeigt. Das ist für ein laufendes Monitoring von
Twitter natürlich zu unübersichtlich. Deshalb lohnt sich ein Blick
auf Twingly.

Das schwedische Unternehmen hat sich im Schatten von Google zu
einer guten Alternative für Social-Web-Suchen entwickelt. Unter
twingly.com/microblogsearch steht die entsprechende Suche zur Verfügung, die neben Twitter gleich noch eine Reihe von Klein- und
Kleinstplattformen durchsucht.

Abbildung 4-6 ▶
Twazzup ordnet einer Schlagwort-
suche bei Twitter die verlinkten
Artikel und Bilder zu und zeigt die
Influencer zum Thema übersicht-
lich an.

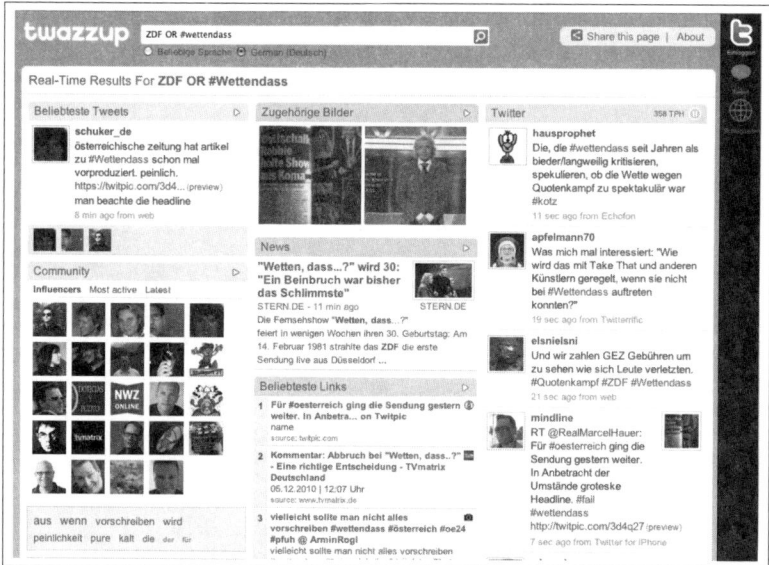

Eine Sonderstellung unter den Twitter-Suchmaschinen nimmt
Twazzup.com ein. Mit dem Dienst kann man sich eine fortlaufende
Suche einrichten und so nahezu in Echtzeit über ein Thema auf
dem Laufenden bleiben. Auf der Ergebnisseite findet der Nutzer
aber noch viel mehr nützliche Informationen. So werden die Links
aus den gefundenen Tweets automatisch ausgelesen und die zugehörigen Webseiten in einem separaten Bereich mit Überschrift und
kurzem Anleser dargestellt. Ähnlich verfährt das Tool mit Links zu

Fotos. Außerdem analysiert Twazzup noch, welche Twitterer zum gesuchten Thema besonders aktiv sind und wer am häufigsten retweetet wird. So lässt sich live zum Verlauf eines Themas sehen, wer aktuell als Influencer eingeordnet werden kann und wer nur sporadisch etwas zum Thema zu sagen hat. Als Bonus kann man aus Twazzup heraus auch direkt selbst twittern und auf andere reagieren.

Das Ökosystem rund um Twitter hat noch eine ganze Reihe weiterer sehr nützlicher Hilfsmittel hervorgebracht, die den Rahmen dieses Kapitels sprengen würden. Wir empfehlen Ihnen zum Einstieg die erwähnten Tools, mit denen Sie im Regelfall für ein Microblog-Monitoring bestens gerüstet sind.

Foren-Suchmaschinen

Die Idee der Foren und Diskussionsgruppen stammt aus den Frühzeiten des Internets, noch lange vor Erfindung des World Wide Web. Die Namen haben sich seitdem geändert: Heute kennt kaum noch jemand Begriffe wie Usenet oder Bulletin Boards, selbst der Terminus »Newsgroup« ist aus dem Sprachgebrauch fast verschwunden. Trotz ihres in Web-Zeit gemessen biblischen Alters zählen Foren aber auch heute zum Social Web, da sie einen hervorragenden Rahmen für den Austausch der Nutzer über gemeinsame Interessen bieten. Rund um die Themen entstehen selbstorganisierte Gemeinschaften.

Für das Monitoring von Foren-Diskussionen besteht eine grundsätzliche technische Herausforderung: Viele Foren können erst nach einer Anmeldung als Nutzer vollständig durchsucht werden. Entsprechend bleiben viele Suchwerkzeuge außen vor. Dennoch gibt es eine Fülle von Foren, die ihre Inhalte auch nicht registrierten Nutzern offenbaren und für Forensuchmaschinen zugänglich sind.

Die wichtigsten Forensuchmaschinen sind

- Boardtracker.com
- Boardreader.com
- Omgili.com

Google bietet Forenbetreibern selbst eine Plattform unter *groups. google.com*. Die darauf laufenden Foren, viele davon archivierte Usenet-Gruppen, sind natürlich durchsuchbar. Entsprechend kann man bei Google Groups auch zum Teil viele Jahre alte Diskussionen finden.

Bei Foren, die zum Durchsuchen und Lesen der Beiträge ein Login erfordern, bleibt Ihnen leider nichts anderes übrig, als sich als Nutzer anzumelden und im Rahmen des Monitorings regelmäßig manuelle Suchen zu starten. Falls Sie als Vertreter eines Unternehmens im Forum als Mitdiskutant aktiv werden möchten, werfen Sie unbedingt einen Blick in die Forenregeln (das ist auch sonst sehr hilfreich). Manche Foren schließen offizielle Unternehmensvertreter grundsätzlich aus, weil sie das Risiko allzu werblicher Artikel und Spam ausschließen möchten.

 Hinweis   Die Verbraucher-Foren *gutefrage.net* und *wer-weiss-was.net* haben viel Zulauf und lohnen für viele Themen eine eigene Recherche.

Mit Dashboards den Überblick behalten

Die Nutzung der bis hier vorgestellten Instrumente hat einen organisatorischen Nachteil. Die Suchergebnisse sind zunächst nur bei den Tools selbst einsehbar. Das erschwert natürlich den Überblick über das aktuelle Geschehen im Social Web. Hier können sogenannte Dashboards Abhilfe schaffen, die die Ergebnisse verschiedener Monitoring-Tools auf einer Webseite zusammenführen.

Wenn Sie ohnehin täglich Google mit einem persönlichen Account nutzen, kennen Sie vermutlich die Funktion iGoogle. Dabei handelt es sich um eine Art personalisierbare Startseite, die mit sogenannten Gadgets (anderswo heißen sie Widgets) an die eigenen Informationsbedürfnisse angepasst werden kann. Für die Konfiguration eines Social Media Monitoring Dashboards sind vor allem die Twitter- und RSS-Gadgets interessant.

Mit Hilfe von RSS-Gadgets können Sie nämlich bei den meisten Blog- und Microblog-Suchmaschinen die Suchergebnisse als RSS-Feed abonnieren und in Ihrem iGoogle Dashboard kompakt anzeigen lassen. So führen Sie die verteilten Informationsquellen übersichtlich zusammen und sparen sich viele Klicks.

An Gadgets und Widgets für verschiedenste Zwecke herrscht auch bei Netvibes kein Mangel. Sie können eine Bilder- oder Videosuche einrichten, Ihre E-Mail-Accounts einbinden und die allgemeine Nachrichtenlage parallel zum Social Media Monitoring beobachten.

Netvibes ist nach unserem Geschmack etwas komfortabler in der Konfiguration. Am Ende entscheiden aber die persönlichen Vorlieben, welches Dashboard-Tool man nutzen möchte. Wenn Sie im

Team arbeiten und alle die gleichen Informationen sehen sollen, schauen Sie sich bei Netvibes die Enterprise-Funktionen an, die dann allerdings kostenpflichtig werden.

Metasuchmaschinen

Dem Bedarf, einen schnellen Überblick über das Geschehen im Social Web zu erhalten, wollen auch diverse Metasuchmaschinen begegnen, die sich nicht nur auf einen Quellentyp beschränken, sondern möglichst viele Bereiche des Social Web erfassen wollen. Sie bieten sich für die Erstrecherche an, wenn Sie zunächst ein Gefühl für die Präsenz eines Themas bekommen möchten. Hier eine Auswahl ohne Bewertung oder Priorisierung unsererseits:

Metasuchmaschinen durchsuchen gleichzeitig mehrere Quellen und führen die Ergebnisse in einer Liste zusammen. Sie sind sozusagen Suchmaschinen für Suchmaschinen.

- Addictomatic.com
- Samepoint.com
- Socialmention.com
- WhosTalkin.com

Facebook durchsuchen

Mit dem rasanten Wachstum von Facebook und seiner Attraktivität auch für Kommunikationsaktivitäten von Unternehmen steigt auch das Interesse an einem möglichst umfassenden Monitoring dieses Social Network. Das ist aber schwieriger, als es aussieht.

Einfach das komplette Facebook nach einem Begriff zu durchsuchen funktioniert nicht. Grund sind die verschiedenen Freigabeebenen für Informationen (Facebook nennt sie Privatsphäre-Einstellungen), die von den Nutzern selbst festgelegt werden. Wenn ein Nutzer nur seinen Freunden Einblick in die Statusmeldungen und Kommentare gewährt, bleibt jedes Monitoring außen vor.

Die einzige Möglichkeit, möglichst nah an die Veröffentlichungen bestimmter Personen auf Facebook zu kommen ist, ihr »Freund« zu werden. Davon raten wir aber klar ab. Schließlich sind die Menschen zuallererst zur privaten Kontaktpflege bei Facebook, und Sie fänden es im privaten Umfeld sicher auch nicht besonders höflich, wenn sich ein Wildfremder in eine Unterhaltung mit Ihren Freunden drängeln würde, um Sie belauschen zu können.

Wenn Ihnen ein Monitoring-Dienstleister verspricht, er finde alles, was über Ihr Unternehmen bei Facebook gesprochen werde, sollten Sie diese Einschränkungen im Hinterkopf behalten. Auch die Toolanbieter und Dienstleister sehen nur die öffentlichen Einträge. Die finden Sie aber auch mit der Facebook-eigenen Suche und externen Helfern wie *Booshaka.com* oder *Openfacebooksearch.com*.

Neue Beiträge und Kommentare auf einer Fanseite werden dem Seitenbetreiber zwar per E-Mail angezeigt, allerdings ohne den Kontext, d.h. ohne die Ursprungsmeldung und andere Kommentare zum Thema. Mit *HyperAlert* lässt sich sehr einfach eine Überwachung der eigenen Seiten einrichten, aber auch von fremden Seiten, von denen man kein Adminstrator ist. Nicht nur für Facebook, sondern auch für Twitter, YouTube, Foursquare und weitere Dienste, gibt es ein ähnliches Angebot von *NutshellMail*. Auch hier werden die Resultate in einem zuvor eingestellten Rhythmus in die Mailbox geliefert.

Für den großen Bedarf – kostenpflichtige Monitoring-Tools

So praktisch und einfach nutzbar die meisten frei verfügbaren Werkzeuge für das Social Media Monitoring auch sind, es gibt Szenarien, für die größeres Geschütz aufgefahren werden muss. Am häufigsten kommt es sicher vor, dass Volumen und Frequenz der Suchtreffer zu groß sind, um sie mit Aggregationstools wie Dashboards noch sinnvoll erfassen zu können. Besonders die Kategorisierung und Sentimentierung erfordert dann zu viel Handarbeit, selbst mit Hilfsmitteln wie einem Tabellenkalkulationsprogramm.

Wir sprachen bereits den Bedarf nach einer historisierbaren Analyse an, also die Erfassung von Fundstellen und ihre Auswertung über einen längeren Zeitraum hinweg, wie sie zur Erfolgskontrolle von Kommunikationsprogrammen nötig ist. Mit kostenlosen Tools funktioniert das nur so weit, wie die Programmierschnittstellen der Quelle auch Suchen in die Vergangenheit erlauben. Die API von Twitter zum Beispiel erlaubt Suchen bis zirka 6 bis 10 Tage zurück, abhängig vom Gesamtaufkommen an Tweets. Ist das Aufkommen besonders hoch, reduziert sich die Anzahl der Tage, die bei der Suche berücksichtigt werden. Wenn Sie also zum Beispiel Tweets zu einem Event aus dem vergangenen Jahr wiederfinden möchten, wird es schwierig. Zwar gibt es auch hierfür einige Helfer wie *TweetScan.com* oder *SnapBird.org*, eine Garantie auf Vollständigkeit der Ergebnisse gibt es hier aber nicht.

Wenn Ihnen also eine fortlaufende und gewissermaßen archivierende Suche nach Ihren Kriterien wichtig ist und Sie auch im Nachhinein noch Daten auswerten möchten, kommen Sie um ein professionelles Tool für Social Media Monitoring nicht herum.

Spezialfall Facebook-Monitoring

Grundsätzlich unterscheiden wir zwischen universellen Social Media Monitoring Tools – dazu gleich mehr – und solchen, die sich ausschließlich auf Facebook spezialisiert haben. Der Markt für Facebook-Analysetools ist sehr jung und laufend in Bewegung. Neue Anbieter schießen wie die Pilze aus dem Boden, viele Angebote ähneln sich stark. Das ist auch kein Wunder, da sie sich vor allem darauf konzentrieren, die Entwicklung der Fan-Anzahl von »Gefällt mir«-Seiten zu beobachten und die von der Facebook-API bereitgestellten statistischen Informationen grafisch aufzubereiten.

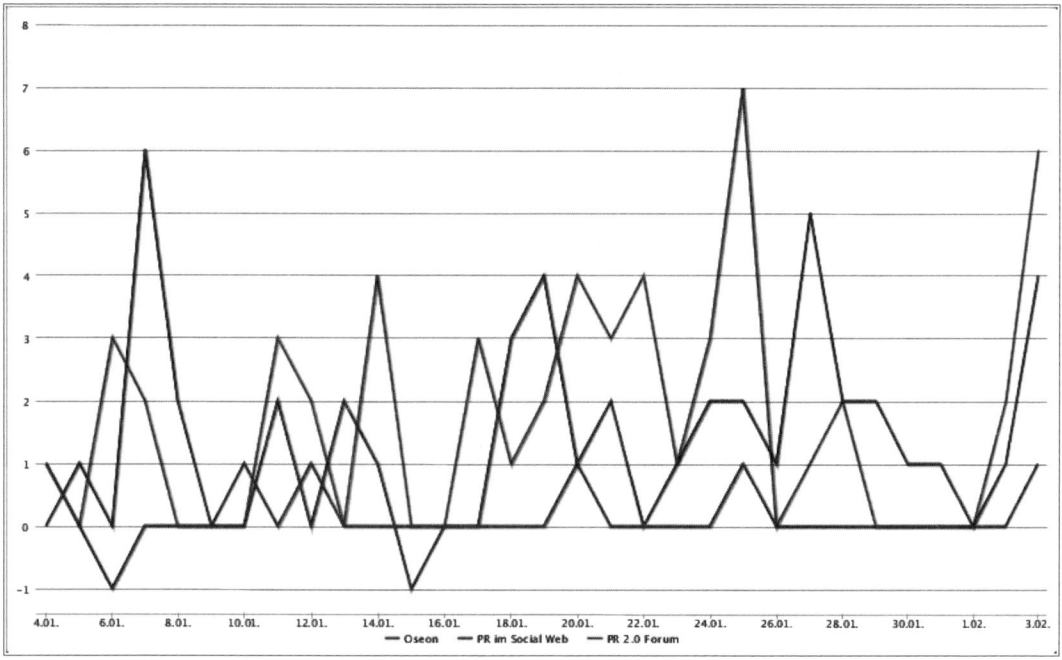

Dazu gehören Daten darüber, wann eine Fanseite und ihre einzelnen Posts wie viele Nutzerinteraktionen in Form von »Gefällt mir«-Klicks, Kommentaren oder Teilen mit anderen Nutzern hervorrief. Aus den Daten lassen sich dann Rückschlüsse darauf ziehen, welche Aktionen und Inhalte auf besonders viel Gegenliebe gestoßen sind und welche weniger Engagement ausgelöst haben. Außerdem erlaubt Facebook noch Aufschluss über die Verteilung von Alter, Geschlecht und Wohnort der Fans.

Es ist noch wichtig anzumerken, dass die uns bekannten Facebook-Analysetools allesamt nur mit statistischen Werten operieren. Aussagen über Inhalte von anderen Facebook-Nutzern oder Thementrends können diese Tools nach heutigem Stand nicht ausgeben.

▲ **Abbildung 4-7**
Facebook-Analysetools wie hier Socialmedia-Tracking.com zeigen zum Beispiel an, wann eine Fanpage neue Fans hinzugewann oder verlor.

Universelle Social Media MonitoringTools

Das Funktionsprinzip der kostenpflichtigen Social Media Monitoring Tools ist bei fast allen großen Anbietern gleich. Sie unterhalten ein stetig wachsendes Verzeichnis von Blogs, Foren (sofern sie offen zugänglich sind), Microblogs (meist Twitter und Friendfeed) sowie Fotosharing-Seiten und oft auch die klassischen journalistischen Online-Medien. Diese werden ähnlich wie bei Suchmaschinen regelmäßig von sogenannten Crawlern, also Suchrobotern, aufgesucht und auf neue Posts untersucht. Die RSS-Technik kommt natürlich ebenfalls zum Einsatz. Neue Artikel werden dann im Volltext in eine Datenbank geladen. Auf diesen Datenbestand können die Nutzer dann ihre Auswertungen laufen lassen und erhalten über die Zeit hinweg auch Einblick in Trends bezüglich der Häufigkeit ihrer Suchbegriffe.

Hier wird schon deutlich, dass die Qualität eines kommerziellen Monitoring-Anbieters immer nur so hoch ist wie die seines Datenpools. Da viele Anbieter aus den USA stammen, war es um die Vollständigkeit deutschsprachiger Suchen lange nicht besonders gut bestellt. Zu viele Blogs fehlten im Quellenverzeichnis, entsprechend dünn und wenig aussagekräftig waren die Ergebnisse. Mit der weiteren Verbreitung von Social Media Monitoring auch hierzulande hat sich das aber gewandelt. Je mehr Unternehmen und Agenturen die Tools nutzen, desto mehr lokale Quellen werden – oft schlicht durch die manuelle Eingabe von URLs – in den Datenpool aufgenommen. Die Monitoring Tools lernen also dazu.

Die kostenpflichtigen Monitoring Tools kann man in zwei Gruppen unterteilen. Am weitesten verbreitet sind *Social Media Monitoring Tools zur Selbstkonfiguration*. Dazu gehören zum Beispiel:

- Alterian SM2
- BuzzRank
- Meltwater Buzz
- Radian6/netmind Sphere
- Trackur
- ViralHeat

Bei diesen Anbietern muss der Nutzer selbst Suchprofile anlegen, die Ergebnisse sichten, die Sentimentanalyse vornehmen, kategorisieren und die Auswertungsebene wählen. Wie granular die Konfiguration und die Anzeigen der Analyseergebnisse sind, hängt sehr von der gewählten Plattform ab. So sind ViralHeat und Trackur im

Vergleich zu Radian6 und Alterian SM2 im Funktionsumfang merklich eingeschränkt. Dafür sind die monatlichen Kosten auch deutlich geringer.

Die Preismodelle reichen von monatlichen Flatrates ab 10 US-Dollar (ViralHeat) für einfachste Funktionalität bis hin zu einer von Volumen und Mandantenzahl abhängigen Abrechnung, die um etwa rund 500 Euro beginnt und je nach Zahl der eingerichteten Suchprofile in die Tausende Euro pro Monat gehen kann. Doch Vorsicht, die teureren Tools sind nicht zwingend die besseren für Ihren spezifischen Zweck. Wir empfehlen Ihnen grundsätzlich, sich die Monitoring Tools mehrerer Anbieter im Rahmen eines Webinars zeigen zu lassen und einen mehrwöchigen Testaccount einrichten zu lassen. So können Sie selbst in Ruhe ausprobieren, welches Tool Ihre Anforderungen erfüllt und ob Sie mit der Bedienlogik und Konfiguration der Suchen klarkommen. Angesichts von Jahreskosten, die schnell die Marke von 10.000 Euro überschreiten können, sollten Sie sich die Zeit für einen ausführlichen Test nehmen.

Die zweite Gruppe der Monitoring Tools sind solche, die als *Komplettservice* vom Anbieter selbst oder von einem beauftragten Dienstleister eingerichtet werden. Der Vorteil solcher Lösungen: Sie erhalten bei der Definition Ihrer Suchen, bei der Identifikation relevanter Quellen und nicht zuletzt auch bei der Auswertung der Ergebnisse fachkundige Unterstützung und müssen sich nicht selbst durch die Menüs hangeln. So viel Service hat natürlich seinen Preis und kommt nicht für jedes Unternehmen in Frage. Allein die Setup-Kosten für ein umfassendes Monitoring können bei solchen Providern schnell ein Mehrfaches der Jahreslizenzkosten für ein Tool zur Selbstkonfiguration betragen. Zu den Anbietern in diesem Segment gehören unter anderem:

- B.I.G. Business Intelligence Group
- Ethority
- Nielsen Buzzmetrics
- Vico Research

In diese Gruppe gehören auch die Social-Media-Monitoring-Angebote der traditionellen *Medienbeobachter* wie Ausschnitt Medienbeobachtung, Cision, Infopaq und Landau Media. Sie haben ihr Monitoring-Angebot in Erwartung eines wachsenden Marktes erweitert und können aufgrund ihrer Erfahrung mit Medienresonanz-Analysen und anderen Auswertungsverfahren auch Hilfestellung bei der Bewertung von Monitoring-Ergebnissen leisten. Als technische Grundlage nutzen sie aber in der Regel die Tools der amerikanischen Lösungsanbieter wie Radian 6 oder Nielsen Buzzmetrics in einer mandantenfähigen Version. Was diese nicht finden, werden also auch die Medienbeobachter nicht liefern können. Der Vorteil solcher ausgelagerter Monitoringdienste liegt also eher in der Zeitersparnis und in der Möglichkeit, Analyse-Knowhow einkaufen zu können, statt dafür selbst geschultes Personal vorhalten zu müssen.

Zu guter Letzt bieten auch viele *PR-Agenturen* Social Media Monitoring und Social Media Audits an. Die Datenbasis stammt auch hier meist aus den bekannten Tools, doch haben Agenturen einen nicht zu unterschätzenden Startvorteil gegenüber anderen Dienstleistern: Sie kennen das Geschäft ihrer Kunden sowohl von der inhaltlichen als auch von der geschäfts- und kommunikationsstrategischen Seite her. Im Idealfall wissen PR-Agenturen also schon recht genau, wonach es sich im Rahmen des Social Media Monitorings zu suchen lohnt und wie die Ergebnisse zu interpretieren sind.

Denken Sie bei der Auswahl Ihrer Social-Media-Monitoring-Lösung immer an Folgendes:

- Ein Monitoring ist immer nur so gut wie die Auswertung der Suchergebnisse. Erst mit Hilfe einer soliden Analyse können Sie aus dem Monitoring Handlungsfelder für Ihre Social-Media-Kommunikation ableiten.

- Zum Wesenskern der Cluetrain-PR gehört die aktive Teilnahme einer Organisation am Diskurs im Social Web. Wenn Sie das anstreben, brauchen Sie ein Monitoring, das Ihnen zeitnah, wenn nicht sogar in Echtzeit die Möglichkeit zur Reaktion gibt. Da wird Ihnen ein wöchentlicher Bericht zur Lage des Unternehmens im Social Web allein nicht viel helfen.

Issues Management

Für einen PR-Schaffenden gibt es wohl kaum etwas Unangenehmeres, als von einem Ereignis überrascht zu werden, das seine Organisation bzw. den Kunden und dessen Reputation betrifft. Für einen PR-Schaffenden gibt es zudem wohl kaum eine anspruchs- und verantwortungsvollere Aufgabe, als für seine Organisation oder einen Kunden Themen zu identifizieren und dazu Standpunkte zu entwickeln, die geeignet sind, deren Reputation zu stärken. Für diesen Aufgabenkomplex – Risiken erkennen und reputationsstärkende Themen setzen – hat sich auch im deutschen Sprachraum der Begriff »Issues Management« eingebürgert.

Issues, also Themen und je nach Anlass und Blickwinkel auch Probleme im öffentlichen Diskurs zu antizipieren und kommunikativ zu begleiten, ist schon ohne das Social Web eine Herausforderung. Mit dem Social Web verschärfen sich einige Rahmenbedingungen, die Sie kennen sollten.

Medienübergreifende Resonanzen

Für PR-Leute ist es wichtig zu verstehen, dass es zwischen der herkömmlichen medialen Öffentlichkeit und dem sogenannten vormedialen Raum des Social Web, über den wir bereits in Kapitel 1 gesprochen haben, zu Wechselwirkungen kommen kann. Beide existieren nicht vollkommen entkoppelt voneinander, sondern erzeugen gegenseitige Resonanzen. Die Stärke dieser Resonanzen ist von Thema zu Thema sehr unterschiedlich und sie muss stets in Relation zur Bedeutung des Themas für eine spezifische Zielgruppe gesehen werden.

Im Klartext bedeutet das: Nicht alles, was innerhalb einer kleinen Gruppe im Social Web heiß diskutiert wird, ist für die Mainstream-Medien relevant, und nicht alles, was in den Massenmedien Beachtung findet, hat auch einen nennenswerten Widerhall im Social Web. Eine Vorhersage darüber ist jedoch kaum möglich, zu viel hängt von Personen und Zufällen ab.

Tempo, Tempo – auch am Wochenende

Ein weiterer Faktor, der das Issues Management verändert, ist die Geschwindigkeit, mit der im vormedialen Raum Resonanzen entstehen können – und wie schnell diese über verschiedene Medien hinweg wirksam werden können. Die weak ties, also die schwachen Verbindungen zwischen den Menschen im Social Web und die daraus resultierenden Netzwerkeffekte, sorgen für eine sehr schnelle Verbreitung relevanter Meldungen. Kein Redakteur, kein klassischer Gatekeeper steht im Weg und überprüft eine Quelle, eine Behauptung, eine Nachricht auf ihren Wahrheitsgehalt. Der einzige Filter, der zum Beispiel bei Twitter zum Tragen kommt, ist die empfundene und über eine Zeit lang erlebte Vertrauenswürdigkeit des Absenders. Wenn jemand, den man schon lange »kennt« und als Lieferanten relevanter Informationen erlebt hat, eine interessante Information verbreitet, ist man eher bereit, sie für wahr zu halten und auch für sein eigenes Netzwerk weiterzuverbreiten.

Entsprechend rasant können sich nachrichtenwerte Informationen verbreiten. Die Vervielfachung der Reichweite einer Meldung ist nur einen Klick entfernt – selbst wenn sie sich am Ende als falsch herausstellen sollte. Einem Unternehmen bleibt nur eines übrig: selbst in diesen Strom der Informationen einzutauchen und zu wissen, was gesprochen wird.

Daraus ergibt sich auch gleich eine organisatorische Herausforderung: Die Diskurse im Social Web kennen kein Wochenende und keinen Feierabend. Nicht selten wurden Unternehmen am Montag von einer krisenhaften Situation überrascht, die sich im Social Web schon seit zwei Tagen aufgeschaukelt hatte, wie wir bereits am Beispiel von Jack Wolfskin gesehen haben. Dem zu begegnen erfordert eine entsprechende Neuorganisation des Monitorings und der internen Abläufe.

Szenario: ein Kletterseil-Hersteller wird überrascht

An einem fiktiven Beispiel lassen sich die Resonanzmechanismen und der Einfluss der Beschleunigung von Abläufen durch die Vernetzung gut erläutern. Nehmen wir an, ein Hersteller von Kletterseilen, die Firma Secsyle, hat trotz sorgfältigster Qualitätsüberprüfung eine Charge fehlerhafter Seile an den Fachhandel ausgeliefert, einige Seile wurden auch an Endkunden verkauft. Weder Hersteller noch Fachhändler wissen von dem Fehler, der unter bestimmten Bedingungen aber lebensgefährlich für einen mit dem Seil gesicherten Bergsteiger sein kann. Sie gehen reinen Gewissens davon aus, dass alles in Ordnung ist.

Nun entdeckt Stefan Bingen, Käufer eines fehlerhaften Seils, bei der Vorbereitung zu einer Klettertour an einem Freitag eine Unregelmäßigkeit in seinem neuen Seil. Als erfahrener Bergsportler geht er auf Nummer sicher und lässt das neue Seil zu Hause. Zurück von der Tour, liest er am Samstagabend im Blog eines anderen Kletterers, wie dieser – offenbar aufgrund eines Fehlers in einem fabrikneuen Seil – beinahe abgestürzt wäre. Nur eine zweite Sicherung habe ihn gerettet. Das Fabrikat entspricht Stefans Neuanschaffung. Alarmiert twittert Stefan den Link zum Blogpost an seine Follower und verfasst einen warnenden Beitrag im eigenen Blog. Zudem postet er eine Warnung im Forum des Alpenvereins.

Bis zu diesem Zeitpunkt spielt sich das alles im vormedialen Raum ab. Insgesamt erfahren vielleicht einige hundert Menschen vom potenziell gefährlichen Seil. Niemand ist ernsthaft zu Schaden gekommen.

Am Sonntagnachmittag hat aber ein Redakteur eines Outdoor-Magazins, selbst passionierter Kletterer und Experte für Bergausrüstung, im Forum des Alpenvereins Stefans Warnung vom Vortag gelesen. Er schreibt in der Online-Ausgabe einen kurzen Newsbeitrag mit der Überschrift »Beinahe-Todessturz wegen Qualitätsproblemen bei Seilhersteller Secsyle?« und warnt vor der Verwendung aller Seile des Herstellers, bis die Vorwürfe geklärt seien. Ein Link zur Meldung wird vom Twitter-Account des Outdoor-Magazins automatisch an knapp 1000 Follower und weitere 900 Fans des Magazins bei Facebook verbreitet.

So nimmt dieses Issue binnen kurzer Zeit die Hürde zwischen vormedialem Raum und Gatekeeper-Medien. Was als Qualitätsproblem begann, wird durch die Netzwerkeffekte des Social Web lawinenartig größer und löst eine handfeste Reputationskrise für Secsyle aus. Der Widerhall in der Outdoor-Szene ist gewaltig. Regelmäßige Leser des Outdoor-Magazins verlinken auf die Meldung, retweeten den Link und drücken bei Facebook auf den »Gefällt mir«-Button. Sie warnen Freunde und Kletterkollegen per Telefon vor den Produkten des Seilherstellers. Erste Kommentatoren in Stefans Blog empören sich über die Verantwortungslosigkeit von Secsyle. Die Firma müsse doch unverzüglich alle Kunden warnen und die schadhaften Seile aus dem Verkehr ziehen.

Erst am Montag, zwei Tage nach dem Blogpost des beinahe Verunglückten, erreicht ein Clipping des Online-Beitrags des Outdoor-Magazins die PR-Abteilung von Secsyle. Ein Mitarbeiter geht der Sache nach, findet die kritischen Artikel und alarmiert Vertrieb und Produktionsleitung. Erste Presseanfragen gehen ein. Man könne aber noch nichts sagen, man gehe der Sache intern nach, wird verlautbart. Der Seilhersteller braucht bis zum nächsten Morgen, um die Produktionscharge zu ermitteln, aus der die zwei schadhaften Seile stammen. Ein Rückruf der Charge wird an die Handelspartner verschickt. Ein Pressestatement soll aber erst folgen, wenn die Ursache für das Problem gefunden ist. Inzwischen warnen auch international verschiedene Fachblätter für Bergsport auf ihren News-Portalen vor den Seilen des Herstellers. In den Blogs ist die Aufregung groß, bei Twitter steigt die Zahl der negativen Bemerkungen, erste zynische Witze über reißende Seile machen die Runde. Unter den Twitterern hat sich das Hashtag #SecsyleFAIL als Markierung für das Problem etabliert.

Am nächsten Tag, es ist inzwischen Mittwoch, wird die Pressestelle von Secsyle von der Flut an Online-Artikeln überrascht und die

Unternehmensleitung entschließt sich zu einem umfassenden Rückruf aller Seile im Handel. Es folgen ein offizielles Pressestatement und die Beteuerung, man gehe dem Problem mit Hochdruck nach.

Prozesse für das Tempo des Social Web fit machen

Das Beispiel ließe sich natürlich noch weiterspinnen, aber uns ist es wichtig, hieran drei Dinge zu erläutern:

1. Der Moment, in dem ein Issue, das im vormedialen Raum entsteht, die Schwelle in die Gatekeeper-Medien überschreitet und dort eine Resonanz verursacht, ist nicht vorhersagbar.

2. Deshalb ist es unerlässlich, über ein zuverlässiges und schnelles Monitoring für das Social Web zu verfügen, und zwar auch am Wochenende.

3. Zudem müssen die internen Prozesse im Unternehmen so gestaltet sein, dass sowohl auf Seiten der Kommunikation als auch in Produktion und Vertrieb unmittelbarer Schaden minimal gehalten werden kann.

Hätte der fiktive Seilhersteller Secsyle über ein Social Media Monitoring verfügt und hätte die PR-Abteilung auch am Wochenende Zugang zur Geschäftsleitung gehabt, wäre es ein Leichtes gewesen, direkt bei den betroffenen Kletterern nachzuhaken. So hätte ein einfaches Signal in Form eines Kommentars oder auch eines Anrufs bei den Bloggern gezeigt, dass man das Problem zur Kenntnis genommen hat und ihm nachgeht. Diese Information allein hätte die Resonanz in der Outdoor-Fachpresse wenn nicht verhindert, so doch abgeschwächt.

Will ein Unternehmen im Social Web erfolgreiches Issues Management betreiben und präventiv tätig werden, muss es sich darüber klar werden, dass sich Nachrichten rasend schnell über die weak ties verbreiten können. Sie müssen sich strukturell und organisatorisch so aufstellen, dass sie solchen Situationen gerecht werden können.

Onliner halten sich natürlich nicht an Geschäftszeiten, sondern publizieren, bewerten, kommentieren und retweeten zum überwiegenden Teil in ihrer Freizeit. Deshalb kommt dem Social Media Monitoring gerade auch in den Abendstunden und am Wochenende eine wichtige Bedeutung zu. Das ist nicht jedem Mitarbeiter einer PR-Abteilung zumutbar, aber Führungskräfte sollten sich darauf einstellen und es sich angewöhnen, auch mal nach den Abendnachrichten und am Wochenende online nach dem Rechten zu sehen.

Wenn die Voraussetzungen für eine nahezu lückenlose Beobachtung des Geschehens im Web noch nicht gegeben sind, kommt Kommunikationsleuten in besonderem Maße die Aufgabe zu, auch intern für die Mechanismen des Social Web zu sensibilisieren und passende Abläufe mit zu entwickeln. Das setzt aber zunächst eine prozessorientierte Sichtweise auf PR voraus.

PR als Prozess begreifen

Als professionelle Kommunikatoren sind wir PR-Leute es gewohnt, in Zielen und Ergebnissen unserer Arbeit zu denken. Wir wollen Aufmerksamkeit schaffen, Themen besetzen, das Unternehmensimage formen oder Kaufanreize für Produkte schaffen. Bei all dem weist uns das Ziel den Weg. Die traditionellen Instrumente der PR sind gewissermaßen Vorprodukte, Zwischenziele, die wir ebenso geplant und systematisch der Öffentlichkeit zur Verfügung stellen wollen, wie wir auf das Fernziel hinarbeiten. Deshalb wird an Medienmitteilungen so lang geschliffen, werden Statements der Geschäftsleitung in vielen Abstimmungsschleifen feingetunt, werden Unternehmenspublikationen auf Hochglanz poliert. Alles mit der Absicht, ein gutes und professionelles Ergebnis abzuliefern.

Das Social Web, das Echtzeit-Web zumal, stellt diese Arbeitsweise zumindest in Teilbereichen auf den Kopf. Denn uns bleibt kaum noch Zeit, ein PR-Produkt im klassischen Sinne »fertig« zu machen, weil die Resonanzen und laufenden Neu- und Umbewertungen eines Ereignisses im vormedialen Raum des Social Web keinen Endzustand kennen. Das Social Web und sein Strom aus Mitteilungen und Statusmeldungen sind ständig in Bewegung, wie es menschliche Gespräche nun einmal sind. Und das gesprochene Wort wird ja bei Weitem nicht so geschliffen wie das geschriebene.

»Nachrichten sind ein Fluss und kein See. Sie sind aktiv, nicht statisch. Es ist das, was gerade passiert, nicht das, was schon passiert ist. Oder zumindest nicht nur das, was passiert ist«, schrieb Harvard Fellow und Cluetrain-Co-Autor Doc Searls 2007 in einem Blogpost[1] über die Zukunft der Zeitungen. An diese Feststellung schloss er einen Appell an die Zeitungsmacher an, ihrer Aufgabe nachzukommen

---

1 »News is a river, not a lake. It is active, not static. It's what's happening, not what happened. Or not *only* what happened.« – Doc Searls, den Link zum Blogpost finden Sie in unserer Diigo-Gruppe.

und tatsächlich Neuigkeiten – News – zu schaffen und nicht nur den Geschehnissen von gestern nachzujagen. Was 2007 noch recht visionär daherkam, ist heute Realität. Und eben nicht nur für die Journalisten, sondern auch für Unternehmen.

Eine Aufgabe für Kommunikationsprofis ist es, in diesem Fluss der Nachrichten schwimmen zu lernen. Dazu müssen wir uns von der Vorstellung lösen, unsere Arbeit lasse sich in Produkte verpacken. Wir müssen lernen, unsere Arbeit als Prozess zu begreifen.

Dazu gehört, sich von der Idee zu verabschieden, man müsse als Unternehmen auf eine Frage stets eine vollständige Antwort haben. Diese Einstellung bremst gnadenlos aus. Es passt viel eher zur Natur des Social Web, wenn ein Unternehmen sichtbar macht, wie es zur Antwort gelangt. Das mag im Einzelfall riskant sein oder aus rechtlichen Gründen auch nicht möglich, aber es ist eine Möglichkeit, sowohl Journalisten als auch den Bezugsgruppen im Social Web sichtbar zu machen, wie ein Unternehmen denkt. Diese Transparenz kann Wunder bewirken.

Der Kletterseilhersteller in unserem Beispiel wäre gut beraten, die Existenz zweier kritischer Blogposts zur Produktqualität schnellstmöglich anzuerkennen und zugleich die nächsten Schritte zur Aufklärung der Hintergründe zu kommunizieren. Dabei könnte es zur rechtlichen Absicherung sogar den Halbsatz »... ohne Anerkennung einer Schuld seitens unseres Unternehmens ...« anführen, solange der Untersuchungsprozess ebenso transparent gemacht wird.

Ganz im Sinne von Cluetrain-PR, die sich auf den Dialog stützt, würde das Unternehmen klarmachen, dass es das mögliche Problem wahrgenommen hat und sich kümmert. Dabei ist es zunächst unerheblich, ob die Beschwerden begründet oder aus der Luft gegriffen sind. Wichtig ist das Signal, dass man zuhört und den Prozess der Problemlösung sichtbar macht.

Im nächsten Schritt würde das Unternehmen zum Beispiel twittern und auf der eigenen Facebook-Seite notieren, dass man gerade mit der Qualitätssicherung spreche, um mögliche Ursachen einzugrenzen. Man würde gezielt nach Tweets zum Thema suchen und das Hashtag #SecsyleFAIL beobachten, um auf Fragen der besorgten und aufgeregten Outdoor-Fans reagieren zu können. Begleitend würde eine Hotline-Nummer eingerichtet, unter der sich besorgte Kunden persönlich Rat holen können. Schließlich teilt man das Ergebnis der Nachforschung mit und veröffentlicht den Zwischenbericht der Qualitätssicherung im Volltext, etwa beim Dokumentenportal Scribd, samt erläuternden Kommentaren des Unternehmens. Bei Rückfragen auf Twitter nach mehr Details wird auf dieses Informationsangebot verwiesen.

Das Beispiel ließe sich noch weiter fortspinnen, es zeigt aber exemplarisch, was wir mit PR als Prozess meinen. Der wichtigste Effekt einer solchen Vorgehensweise ist, dass er Vertrauen in das Unternehmen schafft. Es signalisiert klar und deutlich, dass man sich um ein Problem kümmert, das offensichtlich den Menschen auf den Nägeln brennt. Das Sichtbarmachen der Arbeitsschritte, die sonst hinter verschlossenen Türen ablaufen, gibt der Bezugsgruppe die Chance, sich über die Aufrichtigkeit des Unternehmens und die Ernsthaftigkeit der Problemlösung ein eigenes Bild zu machen. Eine Chance, die es bei der traditionellen Vorgehensweise der PR in einer solchen Situation nicht gäbe.

Diese prozessuale Herangehensweise ist im Übrigen nicht allein eine Sache für das Issues Management oder die Krisenkommunikation. Sie kann auch im Alltag unternehmerischen Handelns zu mehr Nähe und Verständnis für Entscheidungen bei den Bezugsgruppen beitragen.

Handlungsspielräume sichern

Gerade im Zusammenhang von Issues Management und Krisenkommunikation hören wir in unserer Beratungspraxis oft die Klage, man sei als Unternehmen der Bewegung im Social Web hilflos ausgeliefert. Man habe doch im Falle eines aufkommenden Konflikts gar keine Chance, sich noch Gehör zu verschaffen, weil sich die Netzgemeinde viel zu schnell gegenseitig aufstachele und gern aus einer Mücke einen Elefanten mache.

Diese Aussage lässt eine spontane Diagnose über die Haltung des Unternehmens zum Social Web zu. Es hat sich offenbar noch nicht bemüht, selbst Teil des Social Web zu werden und sich eine Position als gleichberechtigtes Mitglied der Interessengemeinschaft zu erarbeiten. Die Angst, von einem Problem überrollt zu werden, ist da verständlich, wenngleich nicht hilfreich. Wenn sich ein Unternehmen im Ernstfall nicht von der Dynamik des Social Web überrennen lassen will, muss es schon viel früher im Prozess aktiv werden. Ein Social Media Monitoring kann da nur zur Früherkennung möglicher Probleme dienen. Handlungsfähigkeit stellt es jedoch nicht her.

Aber darum geht es: Unternehmen müssen sich ihre Handlungsspielräume im Social Web aktiv erarbeiten und sie fortlaufend sichern. Das beinhaltet den Aufbau einer passenden Präsenz und den Aufbau von belastbaren Beziehungen zu Influencern für den jeweiligen Themenkreis.

Wer ein etabliertes Netzwerk hat, kann im Ernstfall schnell darauf zugreifen. Mit dem Kletterseilhersteller aus unserem Beispiel lässt sich der Wert eines belastbaren Beziehungsgeflechts anschaulich machen. Secsyle wurde von der brodelnden Diskussion im Social Web überrascht, weil es kein ausreichendes Monitoring hatte und offenbar nicht wusste, wie schnell eine Veröffentlichung im Social Web auf reichweitenstarke redaktionelle Medien überspringen kann. So wurde es von der Lawine negativer Berichte und Kommentare überwältigt. Mit einem verlässlichen und schnellen Monitoring- und Alarmsystem hätte Secsyle das sich anbahnende Problem schon viel früher erkennen können. Und wenn die Firma in den Bergsportblogs zum Beispiel kommentierend aktiv gewesen und einen Twitter-Account als Ansprechstation etabliert hätte, wäre eine gezielte Reaktion auf die zwei Blogposts über schadhafte Kletterseile sehr viel früher möglich gewesen.

Die Geschwindigkeit des Social Web wird also nur dann zu einem ernsthaften Problem für Ihr Unternehmen, wenn Sie passiv bleiben. Dann wird Ihr Handlungsspielraum vom aktuellen Geschehen bestimmt und Sie können nur reagieren. Unser Rat deshalb: Investieren Sie rechtzeitig und mit Nachdruck in den Aufbau von belastbaren Beziehungen. Das kostet Zeit und persönliches Engagement, aber es sichert Ihnen im Ernstfall den Aktionsradius, den Sie brauchen, um der Stimme Ihres Unternehmens Gehör zu verschaffen und von der Bezugsgruppe im Netz als Ansprechpartner ernst genommen zu werden.

Krisenverläufe im Social Web

Wir haben das Prinzip der Resonanzen zwischen den Gatekeeper-Medien und dem vormedialen Raum nicht ohne Grund so ausführlich erläutert. Die Tatsache, dass es zu diesen Wechselwirkungen kommen kann, hat auch direkte Auswirkungen darauf, wie krisenhafte Situationen oder handfeste Reputationskrisen in der medialen Aufmerksamkeit verlaufen. Im Folgenden skizzieren wir drei prototypische Krisenverläufe, die Sie für Ihre Arbeit kennen sollten.

Wir haben verschiedene Krisen von Unternehmen, aber auch »Aufregerthemen«, die in den letzten Monaten im Social Web Beachtung fanden, beobachtet und in drei verschiedene Verlaufsmodelle gefasst. Wir sind zum Schluss gekommen, dass ein Problem im Social Web oft deutlich heißer gekocht wird, als es die Gatekeeper-Medien letztlich essen; wenn sie es denn überhaupt anrühren. Die drei abgestuften Verlaufstypen helfen Ihnen, im konkreten Falle die Lage sachlich einzuschätzen und einen kühlen Kopf zu bewahren.

Drei Phasen des Krisenverlaufs

Beim Blick auf den Verlauf von Kommunikationskrisen konzentrieren wir uns auf die zwei wichtigsten Dimensionen: Zeit und Intensität der Medienpräsenz. Wir gehen vereinfachend davon aus, dass die Medienpräsenz – wir nehmen hier das Vorhandensein des Themas in klassischen und sozialen Medien zusammen – zum überwiegenden Teil das Kernthema der Krise, das Issue, zum Inhalt hat. Im besprochenen Fall wäre es das schadhafte Seil. Je stärker die Medienpräsenz ausfällt, desto ausgeprägter die Krise. Ferner gehen wir davon aus, dass eine Krise, die schnell vorbei ist, im Vergleich zu einer lang andauernden Krise das geringere Übel ist, ganz nach dem Motto: »Lieber ein Ende mit Schrecken als ein Schrecken ohne Ende.«

Jede Krise hat eine Verlaufskurve, die sich in drei Phasen unterteilen lässt. Wie lang jede Phase ist und wie stark die Ausschläge bei der Medienpräsenz sind, hängt unter anderem davon ab, welchen Nachrichtenwert das Krisenthema hat.

- Die *Vor-Krisenphase* oder Inkubationsphase, ist geprägt durch einen leichten Anstieg des Volumens kritischer Beiträge zum Thema in den Medien. In dieser Phase ist der Handlungsspielraum des Unternehmens am größten, und bei einer gezielten Intervention kann mit verhältnismäßig geringem Aufwand eine Eskalation vermieden werden. Wird diese Gelegenheit verpasst, steigt die Fieberkurve steil an und leitet die

- *Hauptphase der Reputationskrise* ein. Sie ist durch eine hohe Medienaufmerksamkeit gekennzeichnet, das Unternehmen wird von der Krise getrieben und kann nur noch reagieren, statt selbst zu agieren. Es ist Spielball der medialen Diskussion und nicht selbstbestimmter Akteur.

- Die *Nach-Krisenphase* schließlich ist geprägt von abflachendem Medieninteresse. Das Krisenthema wird von anderen Themen verdrängt. Die Krise ist zumindest medial ausgestanden. Aus den Köpfen der Menschen ist das negativ belegte Thema aber noch lange nicht verschwunden. Für das Unternehmen beginnt jetzt die schwierige Aufgabe, verlorenes Vertrauen wiederzugewinnen und die angeschlagene Reputation wiederherzustellen.

Die »klassische Reputationskrise« im Social Web

Trotz der wachsenden Bedeutung des Social Web auch als Ausgangspunkt von krisenhaften Entwicklungen haben die meisten PR-Krisen auch heute noch ihren Ursprung in den Gatekeeper-Medien. Denken Sie zum Beispiel an die Ölpest im Golf von Mexiko infolge eines Unglücks auf einer im Auftrag von BP betriebenen Bohrinsel im Sommer 2010. Diese Katastrophe war von so großem gesellschaftlichem und politischem Interesse, dass die klassischen Medien darüber berichteten und die öffentliche Aufmerksamkeit auf das technische und organisatorische Versagen des Ölkonzerns lenkten. Der prototypische Verlauf solcher »klassischer Reputationskrisen« in den Gatekeepermedien ist wie folgt:

- Vor-Krisenphase: Überraschendes Auftreten der Krisenursache, sehr schneller Anstieg der medialen Aufmerksamkeit online und über Broadcast-Medien binnen eines oder anderthalb Tagen.

- Hauptphase: Skandalisierung des Problems durch Print-Medien, Ursachenforschung und Suche nach Verantwortlichen durch die Online- und Broadcast-Medien über ein bis drei Tage, ohne Beseitigung der Ursache auch deutlich länger. Das Unternehmen gibt Statements und versucht ungerechtfertigte Forderungen abzuwehren und seine Handlungsfähigkeit zu beweisen.

- Nach-Krisenphase: Langsam abflauendes Medieninteresse, entweder durch eine Lösung des Problems oder weil zu diesem Zeitpunkt »alles gesagt« ist und andere Themen in den Fokus rücken.

In solchen Reputationskrisen herkömmlicher Prägung verläuft die Aufmerksamkeit für das Thema im Social Web in etwa parallel zu den Gatekeeper-Medien. Einzig gleich zu Beginn in der Vor-Krisenphase kann das Social Web seine Geschwindigkeitsvorteile ausspielen und binnen weniger Stunden die Aufmerksamkeit sehr vieler Menschen auf das Problem lenken. Dabei wird aber in aller Regel auf die Inhalte von Gatekeeper-Medien verlinkt, die sich durch den

Zuwachs an Besuchen auf ihren Webportalen darin bestärkt sehen, das Thema weiter zu verfolgen.

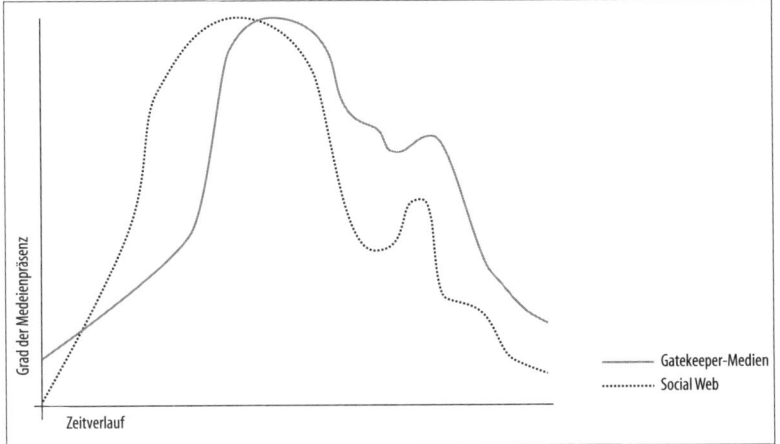

◀ **Abbildung 4-8**
Bei einer klassischen Reputationskrise folgt die Präsenz in Social Media dem Verlauf der Präsenz in den klassischen Medien. Nur ganz zu Beginn der Krise kann das Social Web seinen Geschwindigkeitsvorteil ausspielen.

Für die kommunikative Kriseneindämmung ist es jedoch wichtig, dass das Unternehmen das Online-Publikum über seine Website genauso schnell und umfassend informiert wie die Vertreter der Presse. Gerade wenn etwas schief läuft, wollen sich die Menschen ein Bild davon machen, wie ernst das Unternehmen sie als direkt Betroffene nimmt. Entsprechend müssen Krisenpläne eine schnelle Bereitstellung von Informationen und Stellungnahmen auf der Website vorsehen. Social-Media-Kanäle können ihr Übriges dazu leisten, informationshungrige Onliner auf das Informationsangebot zu verweisen und ein weiteres Aufschaukeln der Krise durch medienübergreifende Resonanzen zu vermeiden.

Der Social-Media-Aufreger oder »Brouhaha«

Die Natur des Social Web mit seinen vielen oft meinungsstarken Akteuren und der starken Vernetzung bestimmter Interessengruppen untereinander trägt maßgeblich dazu bei, dass kontroverse Themen im Social Web schnelle Verbreitung finden, sich krisenhaft entwickeln. Beispielsweise wurde die Facebook-Verkaufsaktion der Deutschen Bahn mit dem Namen »Chefticket« im Oktober/ November 2010 im Social Web teils heftig und kontrovers diskutiert. Dabei wurde der Bahn von verschiedenen Seiten mangelnde Professionalität im Umgang mit Facebook vorgeworfen und unterstellt, man habe nicht damit gerechnet, dass die Facebook-Seite von Gegnern des Bahnhofsprojekts »Stuttgart 21« mit negativen Kom-

Brouhaha bedeutet so viel wie Aufregung, Aufruhr, lebhafte Diskussion oder Gezeter. Brouhaha hat sich als Begriff für schnell aufkommende, erregte Diskussionen im Web eingebürgert.

mentaren gekapert werden könne. Außerdem wurde der zugehörige Film, in dem ein Hahnenkampf zu sehen war, von Tierschützern kritisiert.

Für die Bahn war die Aktion, bei der günstige Bahntickets über Facebook vermarktet wurden, jedoch ein voller Erfolg (siehe dazu im Detail auch Kapitel 8). Rund 140.000 Tickets wurden abgesetzt, über 57.000 Fans bei Facebook gewonnen, die auch nach dem Ende der Verkaufsaktion der Seite treu blieben, obwohl sie zunächst in eine Art Winterschlaf versetzt wurde. Aber eine Reputationskrise in den Gatekeeper-Medien blieb aus. Allein einige Marketing-Fachtitel begutachteten die Aktion aus einem professionellen Blickwinkel mal mehr, mal weniger kritisch.

Das »Chefticket« ist deshalb ein typisches Beispiel für einen Social Media Brouhaha, einen Aufreger, der nur ein begrenztes Publikum zu kritischen Kommentaren veranlasst hat, darüber hinaus aber keine nachhaltig reputationsschädigende Wirkung entfaltete. Auch eine nennenswerte Resonanz in Gatekeeper-Medien bleibt aus.

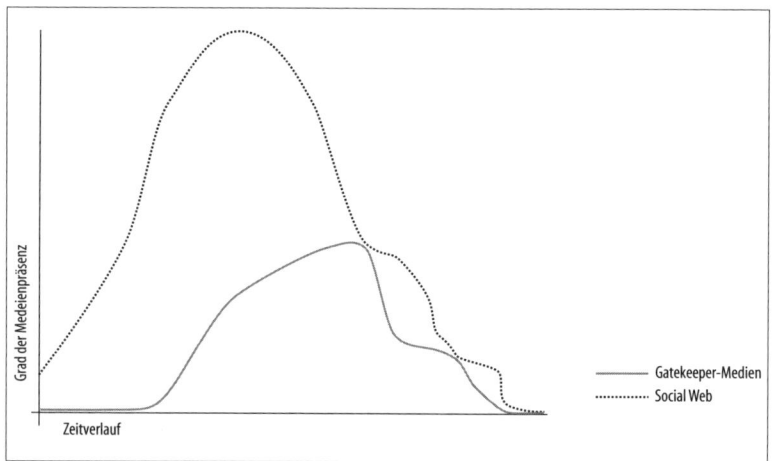

Abbildung 4-9 ▶
Bei einem Brouhaha ist die Aufregung im Social Web groß, sie erzeugt aber nur geringe Resonanzen in den klassischen Medien.

Der Social-Media-Aufreger in den drei Phasen:

- Vor-Krisenphase: Einzelne Kritiker entdecken das Thema für sich und beziehen mit deutlich bis drastisch formulierten Kommentaren negativ dazu Stellung. Diese erfahren über Twitter und Facebook eine schnelle Verbreitung.

- Hauptphase: Binnen eines Tages erfährt das Thema große Aufmerksamkeit im Social Web. Besonders gut abzulesen an der Menge der mit dem zugehörigen Hashtag gekennzeichneten

Tweets und einer Reihe weiterer Blogposts und Kommentare, die sich auf die ersten Kritiker beziehen. Einzelne redaktionelle Online-Medien entdecken das Thema und berichten eher beschreibend. Die Relevanz des Themas reicht aber nicht für einen großen Aufmacher.

- Nach-Krisenphase: Nach zwei bis drei Tagen ebbt das Interesse der Netzgemeinde ab, man kommentiert vielleicht noch die Tatsache, dass das Thema inzwischen auch in Printmedien angekommen ist. Kurz darauf ist der Brouhaha vorbei.

Die Resonanzkrise

Während der Brouhaha für das betreffende Unternehmen glimpflich ausgeht und mit etwas Gelassenheit zu bewältigen ist, kann eine Social-Media-Resonanzkrise ernsten und langfristigen Schaden anrichten. In ihrem Verlauf verstärken sich nämlich die Beurteilung der Situation durch die Onliner im Social Web und die Berichterstattung der Gatekeeper-Medien gegenseitig.

Bekannte typische Beispiele für eine Resonanzkrise sind die Fälle des Sportartikelherstellers JAKO und des Outdoor-Ausrüsters Jack Wolfskin. Beide Unternehmen hatten aus unterschiedlichen Gründen Privatpersonen anwaltlich abgemahnt und eine strafbewehrte Unterlassungserklärung verlangt. Im Fall JAKO ging es um kritische Äußerungen des Bloggers »Trainer Baade« über ein neues Logo-Design von JAKO. Und Jack Wolfskin mahnte Hobbybastlerinnen ab, die auf der Plattform *Dawanda.de* Textilien mit einem Tatzenmotiv angeboten hatten (siehe auch Kapitel 2). Jack Wolfskin machte ihnen gegenüber Markenrechte geltend. Das Logo des Unternehmens zeigt den stilisierten Abdruck einer Wolfstatze.

Beide Fälle wurden im deutschsprachigen Social Web heiß diskutiert. Das Verhalten der Unternehmen wurde als unverhältnismäßig hart und dem Anlass nicht angemessen kritisiert. Insbesondere die kostenbewehrten Abmahnungen wurden als für die Betroffenen existenzbedrohend eingeschätzt. Tenor: Die großen Unternehmen treiben mit ihren Anwälten die kleinen Bastler und Blogger in den Ruin. Eine klassische David-gegen-Goliath-Situation.

Bis hierhin, einem Zeitpunkt früh in der Vor-Krisenphase, hätte es noch ein Social Media Brouhaha bleiben können. Jedoch erregten die Fälle auch die Aufmerksamkeit von Marketing-Fachjournalisten und Redakteuren bei Wirtschafts- und Tageszeitungen, die selbst gut mit der deutschen Szene vernetzt sind. Sie brachten die beiden

Fälle binnen Kurzem ins Blatt und auf die Newsportale ihrer Publikationen.

Was dann passierte, ist symptomatisch für eine Resonanzkrise. Die Aufmerksamkeit der klassischen Medien, die auch online kommunizieren, sorgte für ein weiteres Ansteigen des Präsenzniveaus im Social Web, was wiederum weitere Medien auf den Zug aufspringen ließ. Es fand also eine gegenseitige Verstärkung, eine Resonanz im wahrsten Sinne des Wortes statt.

Abbildung 4-10 ▶
Bei Social-Media-Resonanzkrisen nehmen Gatekeeper-Medien ein Thema aus dem Social Web auf. Das führt zu einer Verlängerung des Krisenverlaufs durch die Resonanzen zwischen beiden Mediengruppen.

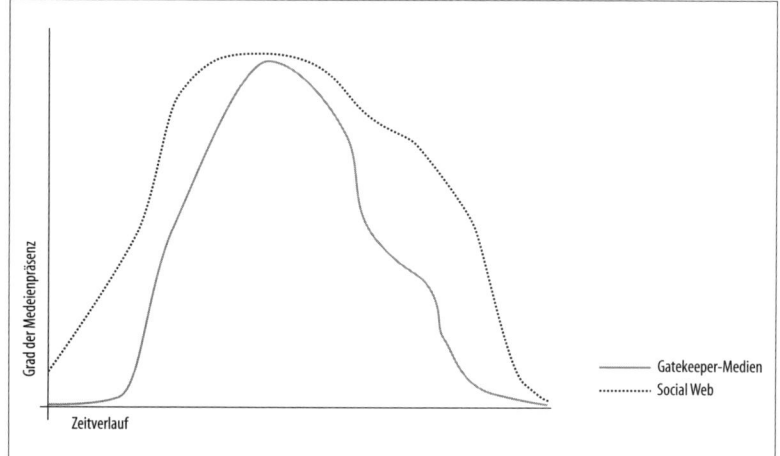

- Vor-Krisenphase: Schnelles Anwachsen des Kommentarvolumens im Social Web, hoher Anteil Retweets mit Links auf Blogposts, die das Problem beschreiben. Erste Meldungen in Gatekeeper-Medien.

- Hauptphase: Ausführliche Beschreibung und Bewertung des Issues in Gatekeeper-Medien, daraufhin weiterer Anstieg des Volumens an Kommentaren und Posts im Social Web, diesmal mit Bezug auf die Gatekeeper-Medien. Jede Reaktion des Unternehmens wird auf beiden Ebenen bewertet und kommentiert.

- Nach-Krisenphase: Nachlassendes Volumen der Berichterstattung, in etwa paralleler Verlauf in Social Web und klassischen Medien, wobei im Social Web oft noch Nachbetrachtungen der Krise publiziert werden.

Die Konsequenz aus dieser Wechselwirkung ist, dass die Hauptphase der Krise länger andauert und von höherer Medienpräsenz des Themas geprägt ist, als dies bei einer klassischen Reputationskrise der Fall gewesen wäre. Resonanz sorgt also für eine Verlängerung der Krise.

Ein möglicher Grund für den starken Resonanzeffekt liegt im Fall der beiden Beispiele JAKO und Jack Wolfskin darin, dass die Unternehmen auf dem Höhepunkt der Aufmerksamkeit sehr lange gebraucht haben, um selbst zu den Vorwürfen der Netzgemeinde Stellung zu beziehen. Sie wurden offenbar kalt erwischt. Übrigens ereigneten sich beide Situationen im Sommer und trafen somit auf nachrichtenhungrige Medien, während, zumindest im Falle von JAKO, die verantwortliche PR-Person im Urlaub war.

Umgang mit Kritik im Social Web

Viele Kommunikatoren, die sich an das Social Web erst herantasten, treibt die Sorge um, sie könnten ihr Unternehmen durch eine Präsenz in Social Media einem unnötigen Risiko aussetzen. Nach unserer Erfahrung ist besonders die Befürchtung verbreitet, man lade zum Beispiel durch den Start eines Blogs oder einer Facebook-Seite Kritiker geradezu ein, das Unternehmen anzugreifen. Aus lauter Angst vor negativen Kommentaren wird deshalb lieber nichts getan. Dabei wird gern vergessen, dass sich mit hoher Wahrscheinlichkeit irgendwo im Internet bereits Menschen über das Unternehmen unterhalten und, wenn es Grund zu Kritik gibt, diese auch formulieren. In der Angst vor Kritik schwingt deshalb auch meist der Irrglaube mit, die Menschen im Social Web bräuchten eine vom Unternehmen bereitgestellte Fläche, auf der sie sich dann endlich austoben können. Das ist mitnichten der Fall. Wenn es Anlass zu Beschwerden, Unmutsäußerungen, Nörgeleien oder echten Angriffen gibt, dann finden die Menschen andere Möglichkeiten, ihrem Ärger Luft zu machen. Sie warten nicht auf das Unternehmen.

Umso wichtiger ist es, vor dem Start eigener Aktivitäten genau zu prüfen, wie das Unternehmen von den Onlinern gesehen wird, welche Themen und Probleme diskutiert werden und wer die Wortführer sind. Falls Sie bei Ihren Vorbereitungen herausfinden sollten, dass es im Netz zum Beispiel zahlreiche Kunden gibt, die die Qualität eines Ihrer Produkte bemängeln oder die Kompetenz Ihres Kundendienstes in Frage stellen, nehmen Sie diese Stimmen ernst – und gehen Sie ihrer Ursache nach.

Kritik an den Produkten oder Leistungen eines Unternehmens, in welcher Form auch immer vorgetragen, ist in erster Linie eine Möglichkeit, mehr über die Außenwahrnehmung zu erfahren, und eine

Chance, tatsächliche Missstände zu identifizieren. Wenn Ihnen online Menschen begegnen, die sich über Ihr Unternehmen beschweren, nehmen Sie es also nicht persönlich, sondern nutzen Sie die Gelegenheit, etwas zu erfahren, was man Ihnen im persönlichen Gespräch vielleicht nie erzählt hätte.

Das bedeutet natürlich nicht, dass Sie auf eigenen Social-Media-Präsenzen jedwede Form von Unmutsäußerung oder gar Beleidigungen dulden müssten. Schließlich sind es Arenen für den Dialog, und den führt man nicht konstruktiv, wenn es persönlich wird oder die Wortwahl unter die Gürtellinie geht. Für die Praxis haben wir deshalb einige grundlegende Tipps und Hinweise zusammengestellt.

Hausrecht und Kommentarrichtlinien

Wenn Sie sich aus guten Gründen für den Start eines Corporate Blogs entscheiden, haben Sie als Gastgeber einen großen Vorteil: Sie haben das Hausrecht. Ganz ähnlich wie bei einer Party bei Ihnen zu Hause, haben Sie als Einladender das gute Recht, die Regeln für den Umgang miteinander festzulegen. Nun wird man im privaten Alltag selten in die Situation kommen, einen Gast in aller Deutlichkeit an seine Grundkenntnisse respektvollen Miteinanders erinnern zu müssen. Doch im Internet, wo Sie es, um im Bild zu bleiben, eher mit einem offenen Empfang ohne Gästeliste zu tun haben, kann es sehr helfen, auf eine Art Hausordnung zu verweisen.

Deshalb gehören zu jedem Unternehmensblog Kommentarrichtlinien. Sie setzen einen verbindlichen Rahmen für den Umgang miteinander. Sollte ein Kommentator über die Stränge schlagen, können Sie als Moderator auf den Kodex verweisen und zur Mäßigung in Ton und Inhalt aufrufen. Auch ist die teilweise oder vollständige Löschung von Kommentaren im Extremfall durchaus zulässig, ja bisweilen notwendig, um ein weiteres Aufheizen einer Diskussion zu unterbinden. Mit »Extremfall« meinen wir vor allem persönliche Beleidigungen, offensichtliche Verstöße gegen das Urheberrecht oder Aufrufe zur Gewalt gegen Personen oder Sachen sowie den Missbrauch von Kommentaren für Spam.

Wenn Sie von Ihrem Hausrecht Gebrauch machen und auf diese Art »hart« moderierend eingreifen, achten Sie auf ein transparentes Vorgehen. Erläutern Sie Ihre Entscheidung in einem kurzen, sachlichen Kommentar. Und bleiben Sie Ihrer Moderationslinie treu, sonst laufen Sie Gefahr, dass andere Kommentatoren Ihnen Willkür unterstellen und ihrerseits negativ reagieren.

Kommentarrichtlinien des Daimler-Blogs

Wir freuen uns über Kommentare. Bitte beachten Sie dabei folgende allgemeine Grundregeln:

Die Blog-Kommentarfunktion soll eine sachliche Diskussion ermöglichen. Um dies zu gewährleisten, behält sich die Redaktion vor, Beiträge zu löschen, die einer solchen Diskussion nicht förderlich sind und sich nicht auf die Beiträge beziehen. Es besteht kein Anspruch auf Veröffentlichung.

Die E-Mail-Adresse wird nicht veröffentlicht und nur im Zusammenhang mit dem Kommentar gespeichert.

Dieses Blog ist ein Webtagebuch von Daimler-Mitarbeitern, in dem wir gerne mit Ihnen diskutieren. Falls Sie aber Fragen, Irritationen oder Anregungen zu Ihrem Fahrzeug oder unserem Service haben oder einen Service in Anspruch nehmen möchten, wenden Sie sich bitte direkt an die Ansprechpartner auf dieser Seite:

http://www.daimler.com/dccom/kontakt

Umgangston und Netiquette

- Behandeln Sie andere Nutzer so, wie Sie selbst behandelt werden möchten.
- Denken Sie immer daran, dass Sie es mit Menschen und nicht mit virtuellen Persönlichkeiten zu tun haben. Argumentieren Sie hart in der Sache, aber nie mit persönlichen Angriffen oder Argumenten, die sich auf die Person beziehen.
- Beleidigungen, sexuelle Anspielungen und sexistische oder rassistische Äußerungen sind untersagt.
- Jeder hat das Recht auf seine eigene Meinung. Versuchen Sie deshalb nie, Ihre Meinung anderen aufzuzwingen.

Nachfolgendes führt zur Löschung des Kommentars beziehungsweise zur Sperrung der IP-Adresse für weitere Kommentare

- Der Missbrauch als Werbefläche für Webseiten oder Dienste
- Das maschinelle Hinterlassen von Kommentaren
- Das kommerzielle oder private Anbieten von Waren oder Dienstleistungen
- Rassismus und Hasspropaganda
- Aufforderungen zu Gewalt gegen Personen, Institutionen oder Unternehmen
- Pornografie
- Beleidigungen und Entwürdigungen von Personen in jeglicher Form
- Verletzungen von Rechten Dritter, auch und insbesondere von Urheberrechten
- Aufruf zu Demonstrationen und Kundgebungen jeglicher politischer Richtung
- Kommentare, die nicht in deutscher oder englischer Sprache verfasst sind
- Kommentare, die sich nicht auf den kommentierten Beitrag beziehen

Diese Regeln gelten auch für die Verwendung von Benutzernamen

Verstöße gegen diese Richtlinien werden wir nicht dulden: Wir behalten uns vor, Beiträge oder Kommentare zu bearbeiten, zu verschieben oder zu löschen und gegebenenfalls die Kommentarfunktion zu schließen.

Jeder Nutzer ist für die von ihm publizierten Beiträge selbst verantwortlich.

Ausschlussklausel für Haftung

Die Kommentare zu unseren Beiträgen spiegeln allein die Meinung einzelner Leser wider. Für die Richtigkeit und Vollständigkeit der Inhalte übernimmt die Daimler AG keinerlei Gewähr.

(Abdruck mit freundlicher Genehmigung der Daimler AG. Quelle: http://blog.daimler.de/kommentar-richtlinien/)

Wenden wir uns nun dem Inhalt von Kommentarrichtlinien zu. Dazu bedienen wir uns einfach eines vorbildlichen Beispiels und zitieren die Kommentarrichtlinien des Daimler-Blogs.

Die Kommentarrichtlinien kann man in vier Abschnitte unterteilen:

1. Präambel: Sie erläutert Sinn und Zweck der Kommentarrichtlinien.
2. Umgangsformen: Eine verständliche Beschreibung des erwünschten Umgangs miteinander.
3. Vergehen: Explizit unerwünschte Inhalte und Verhaltensweisen werden klar und unmissverständlich benannt.
4. Konsequenzen: Schließlich wird deutlich gemacht, was bei Verletzung der Kommentarrichtlinien passiert.

Nicht immer müssen Kommentarrichtlinien so strikt und scharf formuliert sein, wie es hier bei Daimler der Fall ist. Dennoch raten wir zur Eindeutigkeit und wie erwähnt vor allem zu einer konsequenten Linie bei der Anwendung der Regeln. Eine gute Faustregel für die Moderation von Blog-Kommentaren ist übrigens das Oma-Prinzip. Was ein Kommentator seiner Oma nicht persönlich sagen würde, gehört nicht in den Kommentar.

Grenzerfahrung: Der Shitstorm

So sehr man sich auch bemüht, in Online-Diskussionen einen freundlichen oder zumindest konstruktiv-respektvollen Umgang miteinander zu pflegen, gibt es leider immer mal wieder Situationen, die aus dem Ruder laufen. Das muss nicht heißen, dass es ausgerechnet Ihr Unternehmen trifft – wir hoffen doch sehr, dass Ihre Firma keinen Anlass für einen sogenannten »Shitstorm« bietet. Aber da auch die Besten Fehler machen, sollten Sie wissen, was es heißt, im Auge des Orkans zu stehen.

Der Begriff »Shitstorm« beschreibt den Umstand, dass sich ein Unternehmen online einem wahren Sturm der Entrüstung, Empörung und des Protestes ausgesetzt sieht. Ein prominentes Beispiel lieferte Anfang Dezember 2010 der Online-Zahlungsdienst PayPal. Wenige Tage, nachdem die Whistleblower-Seite Wikileaks diplomatische Depeschen des US-Außenministeriums veröffentlicht hatte, sperrte PayPal das Wikileaks-Konto, über das Spenden für die Organisation gesammelt wurden. Die Reaktion im Social Web folgte auf dem Fuße. Getrieben von Twitter, machten tausende Menschen online ihrer Empörung über diesen Schritt Luft.

In der folgenden Grafik sehen Sie den Verlauf des PayPal/Wikileaks-Shitstorms über die erste Woche der Krise. Die Grafik aus dem Social Media Monitoring Tool Radian6 berücksichtigt Posts in allen beobachteten Sprachen, die die Schlagworte PayPal und Wikileaks enthielten. Die Analyse zählte Artikel in Blogs, Kommentare in Blogs, sowie MicroMedia, also vornehmlich Twitter, sowie Facebook-Posts (soweit zugänglich).

Während die Zahl der Posts am Freitag, 3. Dezember noch vernachlässigenswert gering war, stieg das Volumen am 4. Dezember in der Spitze auf über 9.500 Tweets und ca. 900 Blogposts mit etwa 3.000 Kommentaren an. Binnen zwölf Stunden war über PayPal eine Flut von Beiträgen im Social Web hereingebrochen. Erst am Montag flaute die Welle zunächst ab.

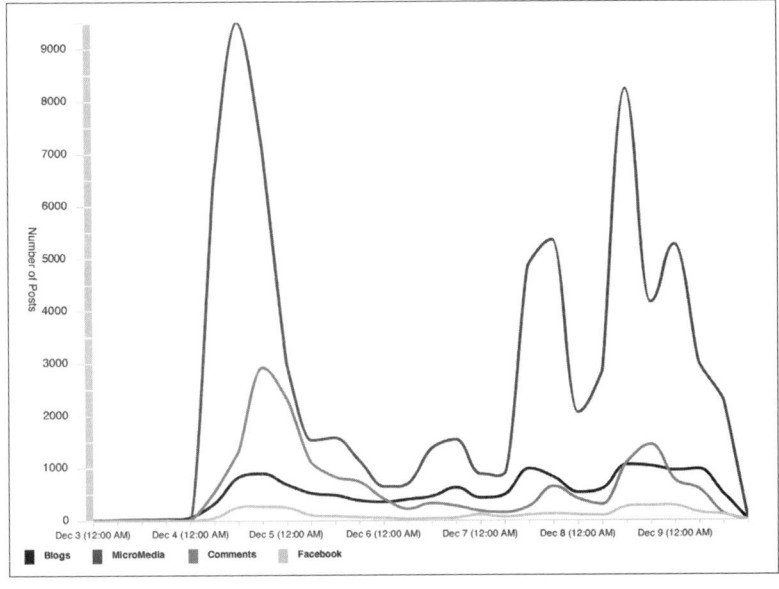

◀ **Abbildung 4-11**
Trendanalyse des PayPal/Wikileaks-Shitstorms Anfang Dezember 2010

Was diese erste Welle zur Reputationskrise macht, ist die Tatsache, dass der überwiegende Teil der Posts eine negative Tonalität hatte und viele einen Boykott-Aufruf gegen PayPal zum Inhalt hatten. Auch auf der Facebook-Seite von PayPal Deutschland brach sich der Protest Bahn.

An diesem Beispiel lassen sich die Charakteristika eines Shitstorms aufzeigen:

1. Plötzliches Ansteigen der Artikelfrequenz mit
2. einer sehr hohen Zahl von Beiträgen in sehr kurzer Zeit mit

3. eindeutig negativem Inhalt, bis hin zu vulgären Ausdrücken und Beleidigungen.

4. Das Unternehmen wird wenig später kreativ verhöhnt, oft durch eine Modifikation des Logos.

Abbildung 4-12 ▶
»Pinnwand« der Facebook-Seite von PayPal Deutschland am 4. Dezember 2010, dem Tag der Sperrung des Wikileaks-Kontos bei PayPal.

PayPal bekam Punkt 4 in sehr vielfältiger Form zu spüren. Die Verballhornungen des Firmennamens reichten von einem »ByePal« über »NeePal« und »SwayPal« bis zum »PeePal«.

Das größte Problem für ein Unternehmen, das sich in einer solchen Lage befindet: Es kann (fast) nichts dagegen tun. Die Dynamik der öffentlichen Diskussion ist zu einem so frühen Zeitpunkt so stark, dass es kaum einen Hebel gibt, den Sturm der Entrüstung abzu-

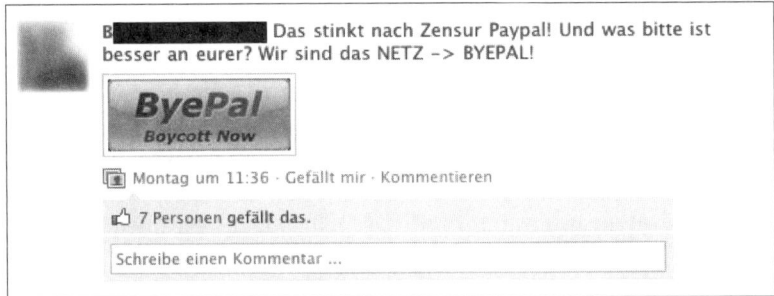

◀ **Abbildung 4-13**
Kreative Verballhornungen des
Firmennamens sind charakteris-
tisch für »Shitstorms«

schwächen. Selbstverständlich erwarten die Menschen vom Unternehmen eine Stellungnahme zur Sache und eine Begründung des unternehmerischen Handelns. PayPal hat das versucht – über 24 Stunden, nachdem die Kontosperrung zum Nachteil von Wikileaks bekannt geworden war.

PayPal Deutschlands Profil

PayPal Deutschland
Wikileaks wird polarisierend diskutiert.Es gibt unterschiedliche Meinungen. PayPal hat sich entschieden, die Geschäftsbeziehung zu Wikileaks zu beenden. Dies geschah unter Berücksichtigung der "Acceptable Use Policy". Zu dieser Überprüfung sind wir verpflichtet und sie findet regelmäßig statt. Viele werden diese Entscheidung richtig finden – Es wird aber nicht jeder zum selben Schluß kommen. Gruß Alexander
05. Dezember um 17 14 · Gefällt mir · Kommentieren

👍 403 Personen gefällt das.

💬 Vorherige Kommentare anzeigen   50 von 965

◀ **Abbildung 4-14**
Auch dieses Statement konnte die aufgebrachten PayPal-Nutzer nicht besänftigen.

Zu diesem Zeitpunkt mag dieses Statement noch das Handfesteste gewesen sein, was PayPal zu seiner Entscheidung sagen konnte oder wollte. Es war jedenfalls nicht dazu angetan, der Entrüstung den Wind aus den Segeln zu nehmen. Es führte nur dazu, dass knapp eintausend Kommentare sich nun direkt auf diese Statusmeldung bezogen.

Wie aus der Trendgrafik (Abbildung 4-11) hervorgeht, flaute die Menge an Artikeln zu PayPal und Wikileaks erst zum Anfang der Woche ab, um dann am Mittwoch und Donnerstag wieder steil anzusteigen. Auslöser war hier eine Äußerung eines PayPal-Vertreters auf der international stark beachteten Internet-Konferenz »LeWeb« in Paris. Man konnte den PayPal-Mitarbeiter so verstehen, dass es eine schriftliche Nachricht des amerikanischen Außenministerium an PayPal gegeben habe, das klarstellte, dass Wikileaks illegal in den Besitz von Regierungsdokumenten gekommen sei. Die Konsequenz daraus sei die Sperrung des Wikileaks-Kontos unter Berufung auf die Geschäftsbedingungen gewesen.

Diese Äußerung, die sich später als missverständlich herausstellte, sorgte dafür, dass die Empörung im Web über PayPals Verhalten erneut angefacht wurde. Das führte zur zweiten (Europa) und dritten (Nordamerika) Spitze in der obigen Grafik.

Das PayPal/Wikileaks-Beispiel zeigt überdeutlich, mit welcher Wucht der Ärger der Onliner über ein Unternehmen hereinbrechen kann. Der geschilderte Fall ist natürlich international relevant und dadurch besonders eindrücklich, aber auch einige Nummern kleiner ist es für Kommunikationsleute kein Spaß, sich über Nacht in einem Shitstorm wiederzufinden. Wir möchten Ihnen deshalb einige Leitlinien an die Hand geben, mit denen Sie solche Situationen vermeiden helfen können.

1. Integeres Handeln des Unternehmens fördern – Es mag banal klingen, aber meist werden ernsthafte Empörungswellen durch ein empfundenes Fehlverhalten des Unternehmens oder seiner Vertreter ausgelöst. Es gehört deshalb zu Ihren Aufgaben als PR-Verantwortlicher, innerhalb des Unternehmens auf ein integeres Handeln auf allen Ebenen hinzuwirken. Denn das Verhalten eines Unternehmens und seiner Köpfe in der Öffentlichkeit hat direkte Auswirkungen auf die Wahrnehmung durch die Öffentlichkeit. Das war schon früher so – das Social Web macht die Entwicklung nur sehr viel schneller sichtbar.

2. Intern über die Auslöser von Shitstorms aufklären – Shitstorms kommen nicht aus dem Nichts, sondern haben Auslöser. Dazu gehören zum Beispiel die bereits genannten »David-gegen-Goliath«-Situationen, in denen Unternehmen auf Einzelne Macht ausüben und zum Beispiel bestimmte Äußerungen unterdrücken wollen. Die Solidarisierung der Netzgemeinde mit dem »David« führt zur Mobilisierung weiterer Unterstützer. Je besser Sie selbst und die Führungskräfte und Mitarbeiter Ihres Unternehmens über die Mechanismen des Social Web Bescheid wissen, desto geringer das Risiko, dass Ihr Unternehmen Anlass zu Protest bietet.

3. Projektionsfläche minimieren – Unternehmen ohne klares Profil im Netz sind leichter angreifbar, da sie eine Projektionsfläche für negative Emotionen bieten. Eine »Firma ohne Eigenschaften« und ohne konkrete Ansprechpartner ist ein leichtes Ziel für Shitstorms. Sobald das Unternehmen aber ein Gesicht bekommt, Gesprächsbereitschaft und Empathie mit den Netzbewohnern signalisiert, wird die Zuschreibung ausschließlich negativer Eigenschaften schwieriger. Die Minimierung der Projektionsfläche ist eine langfristige Aufgabe und deshalb nicht als taktische Gegenmaßnahme bei einem bereits laufenden Shitstorm zu verstehen.

Wenn Ihr Unternehmen trotz aller Vorkehrungen in die Situation geraten sollte, die Wut der Netzgemeinde auf sich zu ziehen, behalten Sie bitte die Nerven. Folgende Punkte können Ihnen helfen, die Situation rational einzuordnen und möglicherweise kontraproduktive Reaktionen zu vermeiden.

1. Shitstorms beruhen in weiten Teilen auf emotionalen Motiven. Die Menschen sind verärgert, empört, aufgebracht. Dementsprechend schlecht sind sie für rationale Argumente zugänglich. Zeigen Sie Empathie, aber erwecken Sie nicht den Eindruck, das Problem gleich lösen zu können.

2. Negative emotionale Reaktionen sind oft extrem und können sich aufschaukeln. Als Teilnehmer von Shitstorms sagen Menschen auch mal Dinge, die sie im persönlichen Gespräch nicht so äußern würden. Nehmen Sie die Angriffe also nicht persönlich.

3. Prüfen Sie genau, in welchem Umfeld »Ihr« Shitstorm abläuft. Beschränkt er sich zum Beispiel auf Facebook, lassen Sie die Menschen sich dort austoben. Seit Facebook Einträge nach Relevanz anzeigt (seit Anfang Februar 2011), können aber auch ältere Beiträge wieder hochkochen, wenn sie noch einmal kommentiert werden oder ein »Gefällt mir« erhalten. Dennoch werden sie dort von Suchmaschinen nicht so gut gefunden wie anderswo im Web. Es hängt also vom Ort des Geschehens ab, welche Handlungsoptionen Sie haben.

4. Widerstehen Sie dem Impuls, Kommentarfunktionen – insbesondere bei Facebook – abzuschalten. Das mag dort die Diskussion »zwangsbefrieden«, führt aber dazu, dass sich der Ärger anderswo Bahn bricht, wo Sie keinerlei Eingriffsmöglichkeiten mehr haben. Wenn Sie Kommentarrichtlinien haben, können Sie sich bei der Moderation von Kommentaren und Pinnwand-Einträgen darauf berufen und die Löschung einzelner, besonders beleidigender Beiträge begründen. Aber gehen Sie mit Augenmaß vor. Jede Löschung wird einen neuen Protest auslösen.

5. Üben Sie sich in Gelassenheit. Ja, es ist vielleicht unbegründet und im Ton unverschämt, was Ihnen da entgegenschallt. Aber es ist auch nicht der Untergang der Welt. Jeder Shitstorm zieht irgendwann vorüber. Seine Ursache aber bleibt bestehen, solange Sie sich nicht professionell darum kümmern. Suchen Sie nach der Ursache für die Empörung, und richten Sie Ihre Energie darauf, das Problem an der Wurzel zu packen, damit es nicht zum Anlass für einen größeren Reputationsschaden wird.

Auf einen Blick

- Social Media Monitoring ist auch, aber nicht nur, zur Kontrolle des Erfolgs von Kommunikation im Social Web gedacht. Primäres Ziel ist das Zuhören bei Online-Gesprächen und die Fundierung einer Situationsanalyse.

- Die wichtigsten Suchkriterien und Analysedimensionen für Social Media Monitoring sind die Zahl und Frequenz der Erwähnungen, Tonalität, inhaltlich-thematischer Kontext, Influencer.

- Die Technik der Netzwerkanalyse dient der Identifikation von Beeinflussern (Influencern) in Social Networks und der Einschätzung ihrer Rolle in ihrem persönlichen Netzwerk.

- Für die PR sind zwei Typen von Influencern interessant: »Konnektoren«, die mehrere eng vernetzte Gruppen miteinander verbinden und »Knoten«, die im Zentrum eines solchen Clusters stehen und sehr schnell sehr viele Kontakte erreichen können.

- Für den kostenlosen Einstieg ins Social Media Monitoring brauchen Sie nicht viel. Diese Tools sind die Basisausstattung: RSS-Reader, Blogsuchmaschinen, Twitter-Suche, Foren-Suchmaschinen und ein Facebook-Account.

- Dashboards und Meta-Suchmaschinen für Social-Media-Plattformen erleichtern den Überblick und beschleunigen die Suche.

- Das Monitoring von Facebook-Seiten und Nutzereinträgen unterliegt zahlreichen Einschränkungen durch die Privatsphäre-Einstellungen der Nutzer. Eine Suche bei Facebook ist deshalb nie vollständig.

- Der »vormediale Raum« des Social Web kann mit den klassischen Gatekeeper-Medien gegenseitige Resonanzen erzeugen. Das bedeutet, dass Themen von der einen zur anderen Seite überspringen können und die Berichterstattung für ein Auf-schaukeln der Aufmerksamkeit für das Thema sorgt.

- Unternehmen, die sich im Issues Management im Social Web ihren Handlungsspielraum erhalten wollen, müssen auch interne Verantwortlichkeiten und Abläufe darauf ausrichten. So muss zum Beispiel eine kompetente Reaktion auf kritische Äußerungen zeitnah (auch abends und am Wochenende) gewährleistet sein.

- Das Tempo des Social Web verlangt nach einem prozessualen Verständnis von Kommunikation. PR muss die Entstehung einer Information oder Entscheidung vermitteln, nicht nur das Ergebnis selbst.

- Bei der Einschätzung von krisenhaften Entwicklungen im Social Web helfen die drei Verlaufstypen: Klassische Reputationskrise – Social Media Brouhaha – Social-Media-Resonanzkrise

- Auf den von Ihnen betriebenen Social-Media-Plattformen haben Sie Hausrecht. Kommentarrichtlinien geben im Konfliktfall eine Grundlage für ein härteres Eingreifen, falls das notwendig werden sollte.

- Der Begriff »Shitstorm« bezeichnet einen schnell aufkommenden Sturm der Empörung und des Protestes im Social Web. Er ist durch hohe Emotionalität und schnelle Verbreitung in den Netzwerken der Protestierenden gekennzeichnet.

- Der beste Weg zur Vermeidung eines Shitstorms ist integeres, transparentes Verhalten des Unternehmens und seiner Akteure und die Sicherstellung eines funktionierenden Dialogs mit den Bezugsgruppen.

- Im Falle eines Shitstorms ist ein kühler Kopf gefragt. Nicht jeder Protest führt in letzter Konsequenz zu einem Reputationsschaden. Und jeder Sturm klingt wieder ab.

KAPITEL 5

Corporate Publishing

@textaufgabe
Marc Hippler

Wer über Internetseiten schreibt und sie nicht verlinkt, malt auch Türrahmen aus Kreide an die Wand und sagt: "Hereinspaziert!"

23 Jan. 10 via TweetDeck ☆ Von den Favoriten entfernen ♺ Retweet ↩ Antworten

Gestern: Platzmangel, heute: Kampf um Aufmerksamkeit

Mit der kontinuierlichen Weiterentwicklung des Internet hat sich natürlich auch das Corporate Publishing (CP) verändert. Schon ab den 1990er Jahren veröffentlichten Unternehmen neben den üblichen CP-Erzeugnissen wie Kundenmagazinen, Unternehmensbroschüren, Mitarbeiter- und Mitgliederzeitschriften auch aufwändig gestaltete eZines. Immer raffinierter, immer bunter, immer origineller kamen die Erzeugnisse daher. Gegenwärtig erleben wir mit dem Social Web einen großen Umbruch. Nie war es einfacher, Inhalte zu publizieren und schnell zu verbreiten; auch Platzmangel spielt kaum noch eine Rolle. Zudem entfallen bei Online-Publikationen verschiedene Kosten, darunter die für Papier und Druck sowie die Versandkosten, die umso höher ausfielen, je umfangreicher die Publikation war. Doch das wachsende Informationsangebot hat auch eine Kehrseite. Es verschärft den Kampf um ein knappes Gut: die Aufmerksamkeit.

Michael Höflich, Geschäftsführer des Forums Corporate Publishing, definiert Corporate Publishing so: »Corporate Publishing bezeichnet die einheitliche interne und externe, journalistisch aufbereitete Informationsübermittlung eines Unternehmens über alle erdenklichen Kommunikationskanäle (offline, online, mobil), durch welche ein Unternehmen mit seinen verschiedenen Zielgruppen permanent und periodisch kommuniziert.« Oder verkürzt: »Corporate Publishing ist die periodische journalistische Kommunikation eines Unternehmens«. Beide Definitionen enthalten den Schlüsselbegriff »journalistisch« und damit auch die Verbindung zu den klassischen Medien. Schon lange bevor die Diskussionen über die Leistungen von Social Media ihren Lauf nahmen, war für Corporate Publisher bereits klar, dass eine Publikation mehr sein sollte als in Fließtext abgefasste Werbung. Rufen wir uns im Folgenden noch einmal wichtige Merkmale des Corporate Publishing ins Gedächtnis.

Journalistisch kommunizieren

Eine CP-Publikation weist ein eigenständiges Konzept auf und ist nach journalistischen Qualitätskriterien verfasst und aufgebaut. Das macht sie erheblich glaubwürdiger als werbliche Produkte wie Broschüren oder Anzeigen. Der Leser findet Information und – je nach Thema mehr oder weniger – Unterhaltung und erfährt einen klaren Nutzen. Jeder Artikel muss einerseits die Botschaften des Unternehmens transportieren und andererseits relevant und interessant für die potenziellen Leser sein. Gerade bei einer Unternehmenspublikation bekommen die folgende Fragen besonderes Gewicht: Werden Themen von verschiedenen Seiten beleuchtet oder nur aus der Perspektive der Organisation? Kommen Menschen zu Wort, weil sie etwas Substanzielles zum Thema beizutragen haben, oder nur aufgrund ihrer Firmenzugehörigkeit? Auch wenn der Leser nicht immer »mit dem Finger darauf zeigen« kann, so registriert er sehr wohl, wenn sich ein Unternehmen zu sehr in den Vordergrund rückt.

Corporate Publishing schafft Bindung

Das Unternehmen will über seine Publikationen eine Bindung zu seinen Lesern aufbauen. Es ist sich also bewusst, wer sie sind, für welche Themen sie sich interessieren und mit welcher Bild- und Textsprache sie gewonnen werden können. Diese danken es idealerweise mit ihrer Loyalität, emotionaler Bindung und/oder mit dem Wiederkauf der Produkte. Logisch, dass ein Unternehmen auch seine eigenen Interessen im Blick hat, schließlich geht es darum, sich zu positionieren, zu differenzieren und zu profilieren. Dabei ist es oft eine Gratwanderung, die journalistischen Qualitätskriterien einzuhalten, und zuweilen auch ein mutiger Schritt, weniger unternehmenszentriert und dafür mehr themenorientiert zu kommunizieren. Das schaffen Sie dann, wenn Sie sich bewusst werden, dass es darum geht, in Form von Service, Fachberatung oder als Ratgeber Kompetenz zu vermitteln. Mit seinen vielfältigen Dialogmöglichkeiten werden Social Media zum Öl im Getriebe der Leserbindung.

Ein Ziel ist dabei auch, möglichst viel über den Leser zu erfahren. Neben Gewinnspielen und Coupon-Aktionen bieten Social Media vielfältige Möglichkeiten, Informationen über den Leser zu generieren, die dann wiederum in die Kommunikation zurückfließen.

Dank Social Media mit voller Kraft voraus

Unternehmen können im Social Web insbesondere mit Fachblogs, Unternehmensvideos oder Podcasts ihre Expertise verdeutlichen, Agenda-Setting betreiben und eine Leserschaft für sich gewinnen. Dies gelingt am besten, wenn sie nicht nur über sich selbst sprechen. Dialoggruppen finden sich im Social Web nach ihren Interessen zusammen. Unternehmen müssen sich also mehr öffnen und in der Lage sein, auf spezifische Leserwünsche einzugehen. Welche Chancen bietet das Einbeziehen von Social Media ins Corporate Social Publishing?

- Die Leser werden einbezogen: Sie erhalten Raum für Kommentare und Diskussionen, mittels RSS-Feed können sie Inhalte in ihren persönlichen Nachrichtenstrom aufnehmen, Buttons erlauben es ihnen, mit einem Klick interessante Beiträge weiterzuempfehlen oder als Bookmark abzulegen.
- Die Beiträge greifen verschiedene Perspektiven und Meinungen auf: Die Texte sind durch Verlinkungen zu Meinungsführern und Experten im Social Web breiter abgestützt.
- Unternehmen gehen näher zum Leser: Neue Inhalte kündigen sie mit Social Media dort an, wo das Publikum schon ist, nämlich neben den bisherigen klassischen Kanälen zusätzlich auf Facebook, Twitter, XING, LinkedIn usw.

Social Media bilden damit im Kommunikations- und Distributionsmix eine wertvolle Ergänzung.

Mit Storytelling die Fakten einkleiden

Die Kommunikation im Social Web wirkt weitgehend spontan und unverkrampft, dies steht aber natürlich nicht im Widerspruch zum bewussten Umgang mit der Sprache. Wenn Unternehmen und Organisationen authentisch und glaubwürdig wirken wollen, müssen sie auch mit ihrer Sprache auf die Leser zugehen. Das Cluetrain-Manifest formuliert das so:

> »Bereits in wenigen Jahren wird die heute homogenisierte ›Stimme‹ des Geschäftslebens – der Klang von Mission-Statements und Unternehmensbroschüren – so künstlich und aufgesetzt klingen wie die Sprache am französischen Hof im 18. Jahrhundert.«

Unsere Leser wollen am Bildschirm keinen sprachlichen Hürdenlauf absolvieren. Sie erwarten, dass sie bei einer lockeren Lektüre schnell verstehen, worum es geht. Beachten Sie also folgende Regeln für ansprechende Kommunikation im Web ganz besonders:

- Formulieren Sie kurze Sätze und beschränken Sie sich auf eine Aussage pro Satz.
- Wählen Sie Wörter aus der Alltagsprache, setzen Sie Fremdwörter maßvoll ein.
- Verben bringen den Satz in Fluss, Substantive stoppen.
- Wählen Sie Wörter, die auch wirklich etwas aussagen und nicht nur schön klingen.
- Arbeiten Sie mit einer anschaulichen, bildhaften Sprache.

Kompetenz vermitteln Sie nicht durch abgehobene und komplizierte Formulierungen, sondern durch attraktiv aufbereitete Informationen. Die Konkurrenz im Aufmerksamkeitsmarkt ist riesig, und es setzt sich durch, wer es schafft, die Leser an der Geschichte teilhaben zu lassen und ihn zu fesseln. Im Vergleich zu abstrakter Information haben Geschichten den Vorteil, verständlicher zu sein, stärker im Gedächtnis zu bleiben und Sinn und Identität stiften zu können.

Corporate Blogs halten die Information im Fluss

Von allen Formen der Online-Publikation bietet das Blog einem Unternehmen die größte Freiheit, die Kommunikation nach den eigenen Präferenzen und dennoch authentisch zu gestalten. Ein Corporate Blog vermittelt dem Leser Einblicke in die Geschäftstätigkeit des Unternehmens sowie Hintergrundinformationen und

Meinungsbilder zu spezifischen Themen und trägt so zur Profilierung des Unternehmens bei. Blog ist übrigens eine Wortkreuzung aus World Wide Web und Logbuch; Unternehmen publizieren demnach ein chronologisch angeordnetes Journal, das auf Langfristigkeit ausgelegt ist. Umso wichtiger ist es, dass sie dies bewusst und geplant angehen.

Mit einem eigenen Blog erzeugen Unternehmen einen kontinuierlichen Informationsfluss. Im Gegensatz zur Medienmitteilung muss ein Blogpost nicht immer zwingend Informationen von großer Tragweite enthalten, und es darf durchaus auch einfach das Ziel haben, Atmosphäre zu vermitteln. Mit einem Corporate Blog nehmen Unternehmen die Chance wahr, direkt und unvermittelt mit interessierten Kreisen zu kommunizieren. Ein Blog ist ein Angebot zum Gespräch. Um das Interesse der Leser zu halten, muss es regelmäßig aktualisiert werden.

◀ **Abbildung 5-1**
Ein Blogpost muss nicht immer zwingend Informationen von großer Tragweite enthalten.

Die Fragen vor dem Start

Bevor Sie ein Blog starten, sollten Sie folgende Fragen sorgfältig klären:

- Wofür schreiben wir das Blog, was wollen wir erreichen?

- Wen wollen wir konkret ansprechen, wie sieht diese Bezugsgruppe aus? Hier hilft es, sich ganz konkrete Menschen vorzustellen.

- Welche Art von Beziehung wollen wir aufbauen und für welche Inhalte und Ansprache sind unsere Leser bereit?

- Welche Art von Blog schreiben wir? Es gibt ganz verschiedenartige Blogs für unterschiedliche Zielgruppen. Das CEO-Blog kommt aus der Chefetage und fordert das volle Commitment der obersten Führungsspitze. Das Mitarbeiterblog wird als Instrument der Personalkommunikation genutzt. Mit dem Produktblog wird die Aufmerksamkeit auf ein bestimmtes Angebot gelenkt. Am weitesten verbreitet ist das Themen-Blog, das auf ein Thema fokussiert, die Vertreter des Unternehmens als Experten positioniert und die Meinungsbildung verstärkt. Kategorien helfen, die Inhalte zu strukturieren und übersichtlich aufzubereiten. Ein gut geführtes Blog kann zudem in Krisen als bereits etablierter Kanal wichtig sein, um die Zielgruppen schnell zu erreichen.

- Sind wir offen für den Dialog? Wenn sich ein Unternehmen in die Blogosphäre begibt, muss es sich den Gepflogenheiten und Erwartungen der Netzöffentlichkeit anpassen. Dies bedeutet insbesondere, dass es in seinem Blog eine Kommentarfunktion hat und damit den Dialog zulässt. Stellen Sie intern sicher, dass die Kommentare gelesen und zügig beantwortet werden.

- Wie behandeln wir Kommentare – können wir mit Kritik umgehen? Legen Sie den Umgang mit schwierigen Kommentaren fest. Veröffentlichen Sie auch Kommentarrichtlinien, in denen Sie erklären, wie Sie sich eine kultivierte Diskussion im Blog vorstellen und was bei Verstößen gegen die Regeln geschieht (siehe Kapitel 4). So können Sie zum Beispiel festlegen, was grundsätzlich gelöscht wird: Kommentare mit strafrechtlich relevanten Aussagen, beleidigende Äußerungen, Spam und Beiträge von Trollen. Trolle sind Personen, die in Diskussionen oder Foren mit Provokationen auf sich aufmerksam machen wollen, jedoch nichts zum Thema beitragen. Ansonsten gilt: Vorsicht mit Löschen. Kommentare zu tilgen, weil sie Ihnen nicht gefallen, wird schnell als Zensur empfunden. Diese Kommentare tauchen garantiert wieder auf. Zumindest der Verfasser wird sehr sorgfältig darauf achten, wie Sie mit seinem Beitrag umgehen. Fühlt er sich unterdrückt, wird er sich im Social Web dazu äußern.

- Wer schreibt das Blog? Wer gibt die Texte frei? Verfasst werden können Artikel für Unternehmensblogs von einzelnen Mitarbeitern, entweder aus der Kommunikationsabteilung oder aus Fachabteilungen. Letztere schreiben insbesondere bei Themen-Blogs mit und können dafür von Mitarbeitern aus der Kommunikation gecoacht werden. Kommen Mitglieder der Geschäftsleitung im Blog zu Wort, müssen die Beiträge von ihnen stammen; Ghostwriting hat hier keinen Platz. Ideal ist ein Autorenteam, das das Blog etwas breiter abstützt und Kapazitätsengpässen entgegenwirkt. Wichtig sind kurze Entscheidungswege. Muss ein Blogpost über mehrere Hierarchiestufen abgesegnet werden, verliert er nicht nur an Authentizität, sondern auch an Flexibilität. Die Blogschreiber müssen über die Kompetenz und Erlaubnis verfügen, auch mal kurzfristig einen Beitrag zu publizieren. Grundsätzlich gilt: Die glaubwürdige Darstellung von Unternehmen kann nur von Menschen ausgehen, die informieren, unterhalten und auch – mit ihrem ganz individuellen Kommunikationsstil – Stellung beziehen.

Um diese Fragen beantworten zu können, hilft es sehr, wenn Sie sich in der Blogosphäre umsehen. Abonnieren Sie einige Blogs zu Ihrem Thema und beobachten Sie diese aufmerksam: Wie oft erscheinen sie? Wer schreibt? Was geschieht bei den Kommentaren?

Text, Bild, Ton: Vom Blog zum Podcast

Auch wenn wir schon einige Abonnenten haben, kommen wir nicht umhin, unser Blog auch bekannt zu machen. Die Kommunikation über das Blog muss in die Gesamtkommunikation und in die crossmediale Strategie eingebettet werden. Nutzen Sie hierfür Ihre Erfahrungen aus der Promotion der eigenen Website. Zusätzlich bauen wir auf den vernetzten Ansatz von Social Media. Wie Sie Nachrichten verbreiten können und mit welcher Eigendynamik die Verteilung weitergeht, haben wir in Kapitel 2 behandelt. Wir erinnern hier an die beiden wichtigsten Helfer für die Verbreitung: Die Fanseite auf Facebook sowie Twitter.

Dreh- und Angelpunkt im Social Web ist die Website oder eben, soweit vorhanden, das Blog. Sie werden möglicherweise bald feststellen, dass Sie auf Twitter und Facebook zu wenig Raum haben, um ein Thema so tiefgehend zu behandeln, wie Sie das möchten. Beide Dienste gestehen Ihnen nur eine beschränkte Anzahl Zeichen zu: 140 Zeichen bei Twitter und 420 Zeichen bei Facebook. Dies reicht aber allemal, um Beiträge in Ihrem Blog anzukündigen und auf diese Weise die Reichweite zu vergrößern.

Einige Unternehmen arbeiten auch mit Audio- oder Video-Podcasts, die eine abwechslungsreiche Aufbereitung von Informationen ermöglichen. Die Dateigrößen sind dank leistungsstarker Komprimierungsverfahren wie MPEG und MP3 heute so überschaubar, dass die Ton- und Videobeiträge unkompliziert auf Endgeräte heruntergeladen und dort zu jedem gewünschten Zeitpunkt konsumiert werden können.

Die Gründe, in der Kommunikation mit Podcasts zu arbeiten, sind vielfältig. Komplexe Themen lassen sich mit einem bewegten Bild besser aufbauen und erklären, Bild und Ton ermöglichen es zudem, Erlebniswelten zu schaffen. Die einen Unternehmen nutzen Podcasts zur Kundenbindung, andere intern für die Mitarbeiterinformation. Im internen Bereich spricht im CEO-Podcast der Chef zur Belegschaft, der Produktepodcast informiert über Änderungen im Angebot und der Außendienst-/Vertriebspodcast richtet sich an jene Mitarbeiter, die viel unterwegs sind, und lässt sie ihre Zeit auf Reisen effizienter nutzen. Gerade für Unternehmen mit einem international verzweigten Team ergibt sich die Möglichkeit, die Mitarbeiter mit denselben Inhalten zu erreichen und gewissermaßen ein Firmenradio aufzubauen. Die Schweizer Privatbank Julius Baer informiert in einem Börsenpodcast regelmäßig über das Bankgeschehen, Marco-Polo berichtet über fremde Länder, Nestlé produziert Podcasts rund um Themen der Ernährungsberatung und Hilti setzt auf Podcasts für seinen Außendienst.

Crossmedia verbindet Online mit Offline

Gedruckte Corporate-Publishing-Erzeugnisse wie hochwertige Kundenmagazine, Newsletter, Mitarbeiterzeitungen usw. wird es weiterhin geben, weil sie klare Vorteile aufweisen. Sie erreichen auch Menschen, die weniger Internet-affin sind und lieber offline lesen. In gewissen Kundensegmenten überzeugt die Printaufmachung durch die Haptik, die auch eine andere Form von Verbindlichkeit herzustellen vermag als etwa ein Auftritt im Web. Bei umfangreichen Erzeugnissen wie Jahresberichten, Corporate Books und Jubiläumsbroschüren kann eine bessere Übersicht gewährleistet werden. Überdies können die Erzeugnisse überall gelesen werden, denn weder spiegelt ein Monitor, noch läuft ein Akku leer, noch kann Sand ins Getriebe geraten. Die Inhalte auf den Online-Plattformen wechseln stetig, eine Printpublikation bietet eine Momentaufnahme, die festgehalten und auch aufbewahrt werden kann.

Da, wo das klassische Corporate Publishing an seine Grenzen stößt, nämlich bei Platz, Dialog und Distribution, kann Social Media die perfekte Ergänzung bieten. Große Hoffnung legen Corporate Publisher auf Tablet-PCs im Stile des iPad. Der Arbeitskreis Digitale Medien des Branchenverbands Forum Corporate Publishing (FCP) hat im Spätherbst 2010 bei seinen Mitgliedern eine Online-Umfrage gemacht. Vier von fünf Befragten (83 Prozent) sehen in Anwendungen von Unternehmen für Tablet-PCs großes Potential im Kommunikationskanon. In *Horizont.net* wird Michael Höflich, Geschäftsführer des Forum Corporate Publishing, wie folgt zitiert: »Offenbar ist der Tablet-PC als Kundenmedium künftig so wichtig wie das stationäre Internet, Print oder Smartphones«. Dies wird allerdings erst dann Realität, wenn Angebote geschaffen werden, die bestehende Print-Objekte intelligent für die neue Medienplattform weiterentwickeln.

Corporate Publishing ist Teil der Integrierten Kommunikation, also des Mixes aus PR, klassischer Werbung, Messen, Sponsoring sowie Direktmarketing. Der Erfolg hängt nicht nur davon ab, ob man seine Zielgruppen kennt und weiß, wie man mit ihnen in Bezug auf Sprache und Gestaltung umgehen muss. Genau so entscheidend ist, wann was wo publiziert wird. Inhalte kommen erst dann so richtig zur Blüte, wenn sie crossmedial über verschiedene Kanäle hinweg verbreitet werden. Dies ist übrigens keine Rückkehr ins Broadcast-Zeitalter: Ein Unternehmen, das Themen setzt, schafft damit auch eine Grundlage, auf der ein Dialog überhaupt stattfinden kann. Durch die Chance, näher an die Kunden heranzugehen und mit ihnen auf unkomplizierte Weisen den Austausch zu pflegen, verleiht Social Media dem Corporate Publishing eine neue Dimension.

»Das eine tun und das andere nicht lassen« heißt die Devise, nach der auch Lufthansa lebt. Die Airline verknüpft auf geschickte Weise ihre Online-Präsenz mit ihren gedruckten Corporate-Publishing-Erzeugnissen. Auf der Fanseite bei Facebook kündigt sie ein Spezialmagazin zum Launch des Airbus A380 an (Abbildung 5-2). Sie verbreitet die Bilder nicht via Facebook, sondern inszeniert die nie zuvor publizierten Fotos, ergänzt mit Fachbeiträgen von verschiedenen Autoren, in einem stimmig gemachten Printmagazin.

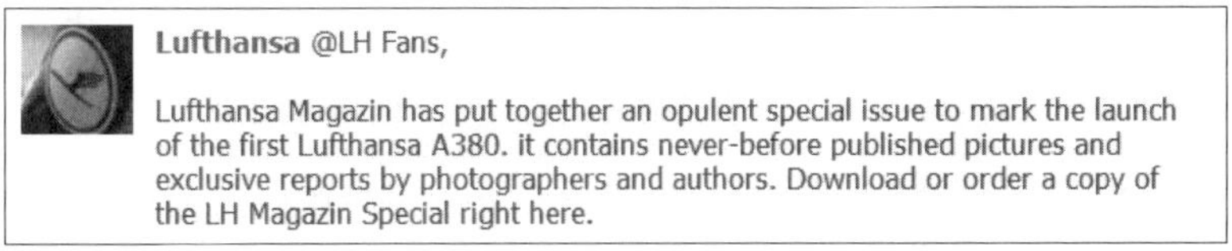

Lufthansa @LH Fans,

Lufthansa Magazin has put together an opulent special issue to mark the launch of the first Lufthansa A380. it contains never-before published pictures and exclusive reports by photographers and authors. Download or order a copy of the LH Magazin Special right here.

◀ **Abbildung 5-2**
Lufthansa wirbt auf Facebook für das LH-Magazin.

Sie müssen, wenn Sie Themen aufbereiten, nicht für jeden Kanal das Rad neu erfinden. Indem Sie Bilder, Texte und Filme auf unterschiedliche Plattformen und Medien verteilen und einen Wechsel zwischen Online und Offline schaffen, bauen Sie eine Dramaturgie auf. Hier zwei innovative Möglichkeiten:

- Meist sind Links, die aus dem Printprodukt zum Onlinebeitrag führen, viel zu lang. Mit einem QR-Code lassen sie sich kompakt darstellen. Smartphones, die mit einer Kamera und einem Reader/Barcode-Scanner ausgestattet sind, können diesen Code entschlüsseln.

Abbildung 5-3 ▶
Hier können Sie sich Ihren eigenen QR-Code erstellen: http://qrcode.kaywa.com/

- Mit dem Paperboytool von Koaba können Leser Beiträge aus Printerzeugnissen (die vorher indexiert wurden) vielseitig online nutzen. Der Leser macht mit dem Smartphone einen Schnappschuss der Seite und wird sogleich online auf die entsprechende Seite geführt. Diese kann er Freunden via E-Mail, über Facebook oder Twitter weiterempfehlen. Mit dem Wechseln zu Online entdeckt er spannende Zusatzinhalte wie Videos, Bilder oder Dokumente auf Print-Seiten und bewahrt informative Berichte in digitaler Form auf. Ikea, Chip, Credit Suisse Bulletin und diverse Zeitungen und Zeitschriften bauen bereits auf diese Erweiterung (*http://www.paperboytool.com/*).

Es kommt immer wieder vor, dass man mehr Material zur Verfügung hat, als in der Publikation, für die es vorgesehen ist, Platz findet. Die Online-Welt bietet Ihnen die Möglichkeit, dieses Material, soweit es Ihren Qualitätsstandards entspricht, weiterzuverwerten. Wir geben Ihnen ein paar Ideen für crossmediale Szenarios:

- Der Kundenclub der Fachmarktkette für Heimtierbedarf gibt eine eigene Kundenzeitung heraus. Darin werden, begleitend zu einem Fachbeitrag zum Verhalten von Katzen, vergünstigte Tickets für das Musical Cats angeboten. Die ersten 10 Leser, die ein Codewort, das im Facebook-Stream versteckt ist, per E-Mail zurückmelden, erhalten einen Gratis-Eintritt. Das Gruppenfoto vom Musical-Besuch wird im nächsten Kundenmagazin abgebildet, Fotos oder Video vom Sektempfang nach dem Musical werden auf der Facebook-Seite gezeigt.

- Der Entwicklungsleiter hat bei einem Fachkongress ein Referat gehalten. Der Beitrag wird auf YouTube veröffentlicht und in die Firmenseite eingebunden. Die wichtigsten Aussagen, versehen mit einem Bild, erscheinen in der Kundenzeitschrift. Dort wird der Link (mit oder ohne QR-Code) zum vollständigen Beitrag angezeigt.

- Der Milchverband macht auf seiner Homepage eine Umfrage zu den besten Kefir-Rezepten. Auf diese Umfrage macht er über Twitter und Facebook aufmerksam. Die zehn besten Rezepte werden ausgezeichnet, die Sieger eingeladen, ihre Rezepte in einer Showküche zuzubereiten. Die Bilder vom Event, versehen mit den Rezepten, werden in einer Broschüre verwertet. Wenn das Rezept mit QR-Code versehen ist, lässt es sich mit dem Smartphone fotografieren. Dort wird dann eine Einkaufsliste generiert. Die überzähligen Bilder vom Event, Videos und Rezepte werden auf der Homepage präsentiert.

Alles unter einem Dach

»Fish where the fish are« bedeutet in diesem Zusammenhang, dass Unternehmen dahin gehen, wo ihre Anspruchsgruppen sind. Die Konversationen im Social Web sind verteilt, und oft werden Inhalte per Zufall gefunden. In kurzer Zeit ergibt sich ein umfangreicher Mix an Kommunikationsinstrumenten, Online-Präsenzen, Distributionskanälen und anderen Fragmenten im Web. Weiß der Fan auf Facebook, dass Sie auch ein Xing-Profil, einen YouTube-Kanal, einen Newsletter, ein Blog, einen Shop, ein Forum oder ein Wiki betreiben? Ist dem Journalisten, der eine Pressemitteilung liest, klar, dass es auf Flickr weitere aktuelle Fotos oder im Corporate Blog zusätzliche Informationen zum Thema gibt?

Unternehmen, die an vielen Orten im Social Web aktiv sind, können ihren Auftritt stärken und Zusammenhänge sichtbar machen, indem sie die verschiedenen Profile auf einem eigenen Portal zusammenfassen. Hinzu kommt ein Downloadbereich für Mitteilungen und die Angabe von Kontaktpersonen. Geläufig ist der Ausdruck Social Media Newsroom, der eine doppelte Ausprägung hat. Zunächst einmal handelt es sich um die Erweiterung des klassischen Pressebereichs der Website. Für die Medien werden also nicht mehr nur Pressetexte und -bilder zum Download bereitgestellt, sondern vielfältige zusätzliche audiovisuelle Materialien angeboten. Nicht nur Journalisten, auch Blogger finden hier Grundlagen für ihre Beiträge. Im Kapitel 3 sind wir auf alle Facetten der Medienarbeit im

Social Web eingegangen. Zugleich ist der Social Media Newsroom ein offenes Portal, auf dem jedermann willkommen ist: ob Kunden, potenzielle Mitarbeiter oder Lieferanten.

Und noch etwas spricht für eine zentrale Plattform dieser Art: Auf Ihrer Website und im Blog können Sie Ihr eigenes Corporate Design weiterführen und den Auftritt nach Ihren Wünschen gestalten.

Ganz anders in den sozialen Medien selbst: Wenn Sie bei Flickr ein Profil aufbauen, auf YouTube einen Channel eröffnen oder auf Twitter einen Account betreiben, werden Sie feststellen, dass Sie Ihren visuellen Auftritt nicht bis ins Detail selbst gestalten können. In gewissem Rahmen können Sie aber auch dort für Wiedererkennbarkeit Ihrer Marken bzw. Ihres Unternehmens sorgen, nämlich über den konsequenten Einsatz Ihres Logos, Ihres Benutzernamens, der Kurzbeschreibung Ihres Unternehmens und des Links zu Ihrer Homepage oder zum Blog.

 Tipp   Die meisten Social-Media-Plattformen sehen ein quadratisches Format für die Nutzerbilder vor. Wählen Sie Ihren Avatar dazu passend aus und bereiten Sie eine hochwertige Vorlage vor.

Eine Herausforderung bleibt dabei bestehen: Der Kontext ist nicht der Ihrige, sondern jener der Plattform. Sie müssen sich also bewusst sein, dass Ihre Meldung immer im Strom von vielen anderen Meldungen erscheint. Weisen Sie beispielsweise auf Facebook auf einen Blogbeitrag hin, der beschreibt, wie Ihr Unternehmen mit Enterprise 2.0 arbeitet, kann diese Meldung im Sandwich stehen zwischen: »Mitarbeiter gefährden Sicherheit: Die größten Gefahren im Web 2.0« und »Peter Muster ist seit gestern Abend Gründungsmitglied im Club der Komischen Künste, Wien ;-)«. Diese Zusammensetzung sieht bei jedem Facebook-Nutzer völlig anders aus und kann von Ihnen nicht beeinflusst werden. Aber sie beeinflusst ihn in Bezug auf seine Aufmerksamkeit und wie er die einzelnen Meldungen auffasst. Im Social Media Newsroom erscheinen Ihre Beiträge ohne diesen fremden Kontext, dort haben Sie eine Bühne nur für Ihre Informationen. Dies erlaubt Ihnen übrigens auch, auf einen Blick festzustellen, wie konsistent Ihre Kommunikation verläuft.

Wenn Sie einen Social Media Newsroom in Betracht ziehen, müssen Sie festlegen, was er leisten soll. Soll er eher ein klassischer Informationsträger für Nachrichten und Downloads sein und lediglich auf die Social-Media-Profile verlinken? Oder wird er zum Live-Nachrichten-Portal, in das mit einem Stream Tweets, Facebook-

Meldungen und aktuelle Blog-Posts direkt eingebunden werden? Die zweite Lösung werden Sie dann in Betracht ziehen, wenn Sie auf den verschiedenen Plattformen sehr aktiv kommunizieren und einen Nachrichtenstrom aufbauen, der sich auch zeigen lässt. Achten Sie nicht nur auf die schöne Darstellung der Inhalte, sondern auch auf die Suchmaschinenoptimierung (SEO) für eine möglichst breite Distribution. Wenn Sie eine fertige Lösung ins Auge fassen, fragen Sie den Anbieter des Newsrooms, welche SEO-Vorkehrungen vorgesehen sind. Ob Ihr Unternehmen einen Social Media Newsroom einrichtet, ist übrigens nicht eine Frage seiner Größe, sondern inwieweit es im Social Web angekommen ist.

Für die Umsetzung überlegen Sie sich, wie Sie vorgehen möchten: Suchen Sie einen Anbieter, der bereits eine erprobte Lösung auf dem Markt hat, die Sie dann an Ihre Bedürfnisse anpassen? Oder programmieren Sie Ihren eigenen Newsroom? Hierzu müssen Sie wissen, dass ein Newsroom weit mehr ist als eine mit Social-Media-Icons angereicherte Website. Die Kunst besteht darin, die technische Komplexität zu meistern und gleichzeitig eine einfache Wartung zu gewährleisten. Schauen Sie also, wenn Sie einen Newsroom vorgestellt bekommen, unbedingt auch hinter die Kulissen ins Content Management System (CMS), denn das ist der Ort, wo Sie sich künftig bewegen.

Auf einen Blick

- Corporate Publishing ist die periodische journalistische Kommunikation eines Unternehmens.
  Social Media ermöglichen den direkten Austausch mit den Dialoggruppen. Leser werden involviert, Beiträge im Social Web breiter abgestützt und Inhalte mit Social Media angekündigt.
- Mit Storytelling behaupten wir uns im Wettbewerb um die Aufmerksamkeit. Fakten verpackt in Geschichten vermitteln Authentizität.

- Ein eigenes Portal beziehungsweise der Social Media Newsroom löst die Meldungen aus dem Kontext und verstärkt durch die Bündelung die Wirkung der einzelnen Auftritte.
- Mit Crossmedia können Inhalte in der passenden Form aufbereitet werden. Auch umfangreiches Material, das den Qualitätsstandards entspricht, findet Platz im Social Web.

KAPITEL 6
Events im Social Web

In diesem Kapitel:

- PR-Events und das Netz
- Smartphones machen geschlossene Veranstaltungen öffentlich
- Wie Sie das Social Web für PR-Events und Event-PR nutzen
- Mit Livestream und Feedback-Kanal ein Event nach außen öffnen
- Event-Formate für's Social Web

@roemerbergman
Harald Ille

Wenn ich ins iPhone "Twittwoch" eintippe, erhalte ich das schöne Wort "Zeitgeist"... Langsam wird mir das unheimlich... #PhilosophischeApp

27 Jan. via Echofon ☆ Von den Favoriten entfernen ⇄ Retweet ↰ Antworten

PR-Events und das Netz

PR-Profis nutzen schon immer verschiedenste Ereignisse, um ihre Themen und Botschaften zu transportieren. Die Palette reicht von klassischen PR-Formaten wie Pressekonferenzen, Redaktionsbesuchen und Kamingesprächen bis zu großen Events, die speziell für Zwecke der Öffentlichkeitsarbeit organisiert und inszeniert werden. Das Social Web erfordert einige Anpassungen in der Haltung der Beteiligten zum Thema Privatheit und Vertraulichkeit. Der Einfluss des Social Web und seine Mechanismen eröffnen aber auch neue Chancen für die PR, denn sie kann Social Media gezielt einsetzen, um eine größere Aufmerksamkeit und Reichweite für eine Veranstaltung zu erlangen.

Diesen beiden Aspekten widmen wir uns in diesem Kapitel. Außerdem stellen wir Ihnen verschiedene Social-Media-Angebote vor, die für die PR-Praxis nützlich sein können.

Das Internet verschiebt die Grenzen von Vertraulichkeit und Öffentlichkeit

In der PR sind Öffentlichkeit und Vertraulichkeit oft zwei Seiten der gleichen Medaille. Einerseits arbeiten wir PR-Leute darauf hin, Unternehmen und Organisationen in die Öffentlichkeit zu bringen, andererseits ist dies nicht ohne gegenseitiges Vertrauen möglich. Manchmal setzt Vertrauen auch Vertraulichkeit voraus, denn manche Informationen haben nichts in der Öffentlichkeit zu suchen, wenn eine Organisation bei der Wahrnehmung ihrer Interessen nicht unnötig Schwierigkeiten bekommen will. Je kleiner der Kreis der Personen ist, die man ins Vertrauen ziehen kann, desto stabiler sind die Startvoraussetzungen für Vertraulichkeit. Ein kleiner Kreis kann sich auch an räumlichen Gegebenheiten festmachen, im Rahmen einer geschlossenen Veranstaltung etwa. Auch hier kann zum Beispiel der Gastgeber die Teilnehmer, selbst wenn sie ihm nicht alle persönlich bekannt sein sollten, ins Vertrauen ziehen und darum bitten, dass das Gesagte und Gehörte doch bitte unter den Anwesenden bleiben solle. Das darf und wird natürlich kein echtes Geheimnis sein, aber doch vielleicht eine Information, die nur von einem Fachpublikum richtig eingeschätzt werden kann und bei einer breiteren Veröffentlichung für Irritationen oder Probleme sorgen kann. Ein solches ins Vertrauen ziehen bleibt praktisch natürlich eine Art Gentlemen's Agreement. Ein Verstoß wäre nur durch Ausschluss aus dem Kreis der Vertrauten zu ahnden.

Mit der Durchdringung des Alltags und des Wirtschaftslebens durch das Internet wächst jedoch das Risiko, dass im Vertrauen Gesagtes, Vertrauliches und auch echte Geheimnisse den Weg in die Öffentlichkeit finden. Was die Whistleblower von Wikileaks 2010 für die internationale Politik bewirkten – nämlich das Bewusstsein dafür zu wecken, dass nichts mehr vor Veröffentlichung sicher ist –, wird auch für das Wirtschaftsleben zum Normalzustand. Das Social Web trägt zusätzlich dazu bei, dass sich Bemerkenswertes oder Skandalöses in Windeseile verbreitet. Die dezentrale Struktur des Internet macht es grundsätzlich unmöglich, eine Information, die einmal öffentlich ist, wieder zu verbannen. Darauf müssen sich Unternehmen einstellen.

Diese Entwicklung sollte natürlich nicht einer allgemeinen und unbegründeten Paranoia Vorschub leisten. Es ist für Kommunikationsprofis nur wichtig zu verstehen, dass sie bereits heute unter anderen Rahmenbedingungen agieren als noch vor zehn Jahren. Vertrauen und Vertraulichkeit, Transparenz und Geheimnis stehen heute unter neuen Vorzeichen. Das wirkt sich auch auf PR-relevante Ereignisse aus.

Smartphones machen geschlossene Veranstaltungen öffentlich

Den wohl greifbarsten Effekt auf jede Art Ereignis hat die schnelle Verbreitung internetfähiger Smartphones. Fotos, Videos, Audioaufzeichnungen und die entsprechenden textlichen Anmerkungen und Erläuterungen dazu lassen sich mit iPhone, Android-Smartphones und Co. an Ort und Stelle veröffentlichen. Damit sind alle Veranstaltungen, die unter dem Siegel »geschlossen« stattfinden, dem Risiko ausgesetzt, dass ein oder mehrere Teilnehmer das Geschehen live aus dem Saal kommentieren und in Bild und Ton dokumentieren, noch bevor die Veranstaltung zu Ende ist. Twitter und Facebook-Statusmeldungen stellen Öffentlichkeit her.

Als Veranstalter müssen Sie sich also darauf einstellen, dass es auch bei Treffen in einem kleineren Kreis und mit Gästeliste trotz inständiger anderslautender Bitten an die Teilnehmer vorkommen kann, dass Aussagen und Bilder nach draußen gelangen. Allen Teilnehmern am Eingang Handys, Smartphones und Laptops abzunehmen ist sicher nicht die Lösung. Es sei denn, Sie legen es darauf an, dass es erst recht Kommentare im Netz gibt und beim nächsten Mal niemand mehr zu Ihrer Veranstaltung kommt.

Deshalb unser Vorschlag: Drehen Sie den Spieß um und nutzen Sie die Verbreitungsmechanismen des Social Web und die Live-Reporter-Fähigkeiten Ihrer Besucher für sich!

Social Media können Events bereichern

Der zeitgemäße Ansatz für den Umgang mit dem Social Web im Zusammenhang mit Veranstaltungen ist Transparenz als Grundzustand. Gehen Sie davon aus, dass jede Verbreitung von Inhalten und Bildern aus der Veranstaltung heraus zunächst einmal eine gute Sache ist. Selbst wenn sich ein Teilnehmer kritisch äußert, zum Beispiel über die Qualität eines Referenten oder des Buffets, kann das für Sie ein wertvoller Hinweis sein, der Ihnen die Beseitigung von Problemen noch während des Events oder zumindest für das nächste Mal erleichtert.

Eine Veranstaltung, sei es nun eine Tagung, eine Pressekonferenz, ein Messeauftritt, eine Podiumsdiskussion oder ein Publikumsevent anlässlich eines Produkt-Launches, kann mit Hilfe von Social Media einem deutlich erweiterten Kreis von Menschen zugänglich gemacht werden. Konkret können Sie mit einer gezielten Einbindung des Social Web folgende Effekte erzielen:

- Bessere Vorankündigung: Über Social Media verbreiteter Content zur Veranstaltung kann im Vorfeld für Klarheit über die Inhalte und Akteure des Events sorgen. So können potenzielle Teilnehmer eine fundierte Entscheidung darüber treffen, ob die Veranstaltung es wert ist, dafür Zeit und ggf. Geld zu investieren. Abgesehen davon können Sie die Netzwerkeffekte im Social Web nutzen, um schon vorab mehr Menschen auf Ihr Event aufmerksam zu machen.

- Zusätzliche Reichweite: Live-Berichterstattung von der Veranstaltung selbst, zum Beispiel über Videostreams, kann dazu beitragen, dass die Inhalte über den Ort hinaus wirken und auch die Menschen erreichen, die nicht selbst anwesend sein können.

- Direktes Feedback: Über einen Videostream in Verbindung mit einem Chat oder Twitterstream lässt sich ein Dialog mit den Zuschauern im Netz herstellen und so das Event mit Anregungen von außen anreichern.

- Erweiterte Nachberichterstattung: Wenn Sie Teilnehmer ermutigen, über das Erlebte zu twittern, zu bloggen oder ihre Eindrücke anderweitig zu publizieren, erfährt Ihr Event auch danach noch Aufmerksamkeit.

Alle vier Effekte können dazu beitragen, dass Ihre Veranstaltung beim nächsten Mal stärker frequentiert wird. Ein Teil der Leute, die erst via Social Web von der Veranstaltung erfahren, während sie schon läuft, werden hoffentlich den Eindruck haben, dass sie etwas verpassen und im Wiederholungsfall eher versuchen, vor Ort dabei zu sein. Denn idealerweise stellen sie fest, dass nicht nur die gebotenen Inhalte top waren, sondern dass zudem die Teilnehmer einen wertvollen Austausch gepflegt haben.

In jedem Fall sorgt die aktive Einbindung von Teilnehmern, Interessenten und Akteuren der Veranstaltung im Social Web für mehr potenzielle Kontaktpunkte mit den Inhalten und dem Unternehmen. Gerade bei Veranstaltungen, die von viel Publikum leben, kann das Social Web als Resonanzkörper die klassische Medienarbeit für das Event sinnvoll ergänzen.

Wie Sie das Social Web für PR-Events und Event-PR nutzen

Damit Ihre Veranstaltung von diesen vier Effekten profitieren kann, brauchen Sie natürlich neben einer gewissen Infrastruktur vor allem eine Idee davon, wie Sie die Inhalte des Events so aufbereiten, dass sie für Ihre Zielgruppe interessant und teilenswert sind. In diesem Abschnitt geben wir Ihnen Tipps und stellen einige Tools und Hilfsmittel vor, mit denen eine lebendige Promotion für eine Veranstaltung im Internet mit überschaubarem Aufwand zu bewerkstelligen ist.

Vorankündigung

Schon lange bevor es losgeht, können Sie Ihre Präsenz im Social Web nutzen, um bei Ihrer Zielgruppe für Interesse am Event zu sorgen. Wenn Sie ausschließlich Journalisten und Blogger einladen, ist die Sache noch recht überschaubar. Eine aussagekräftige Einladungs-E-Mail, möglichst mit Links zu weiterführenden Informationen zu Akteuren und Programm wird ihren Zweck meist schon erfüllen. Sie können es den Eingeladenen aber auch noch etwas einfacher machen, sich für ein Kommen zu entscheiden. Dazu müssen Sie sich aber ein Stück weit von der Vorstellung verabschieden, eine Einladung brauche nur das Allernötigste zu enthalten, weil die eigentlichen Inhalte ja auf der Veranstaltung selbst zu sehen und zu hören seien.

Unser Tipp: Geben Sie Ihrem Publikum so viele Einblicke in die Inhalte und Themen des Events wie möglich, stellen Sie die Personen ausführlich vor und lassen Sie sie schon vor dem Event zu Wort kommen. Je mehr Sie vorab zeigen, desto mehr Gelegenheiten gibt es für die Außenstehenden, sich mit Ihrem Event zu befassen und die für sie persönlich interessanten Inhalte mit anderen zu teilen. Dreh- und Angelpunkt eines solchen Vorgehens ist eine dynamische Veranstaltungswebsite, eventuell sogar mit dem Charakter eines Blogs. Dort können Sie über einen längeren Zeitraum hinweg themenbezogene Inhalte veröffentlichen, die Sie zur Weiterverbreitung per Twitter, Facebook und in eigenen Blogs anbieten. Gerade wenn Sie eine Veranstaltung bewerben, für die Sie von den Teilnehmern Geld verlangen, eine Fachkonferenz zum Beispiel, sollten Sie den Interessenten viele Gelegenheiten geben, sich mit der Agenda und den Personen der Tagung zu befassen. Es wird ihnen die Entscheidung für oder wider eine Investition von Zeit und Geld erleichtern.

Denken Sie über die üblichen Ankündigungsmailings und -flyer hinaus. Geben Sie der Website zur Veranstaltung mehr Gewicht und bieten Sie mehr als den obligatorischen PDF-Download des Programmhefts. Promoten Sie Ihr Event wie ein Redakteur, der die verschiedensten Facetten der Sache beleuchtet. Hier einige Anregungen, wie Sie Ihrem Event schon im Vorfeld Leben einhauchen können:

- Call-for-Papers mit Publikumsabstimmung: Schon in der Entstehung des Tagungsprogramms können Sie für Aufmerksamkeit sorgen, indem sich Fachleute für einen Rednerplatz bewerben können. Diesen »Call for Papers« können Sie über Social Media ankündigen und andere Interessenten über die eingereichten Themenvorschläge abstimmen lassen.

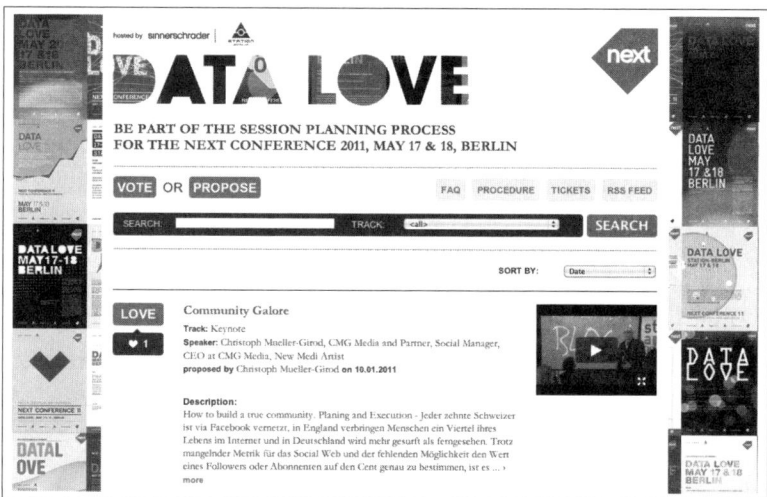

Abbildung 6-1 ▶
Die Internet-Konferenz next lässt Referenten ihre Themenvorschläge einreichen und lädt andere Nutzer zum Voting ein.

- Porträts der Akteure: Stellen Sie Ihre Referenten oder Mitdiskutanten ausführlich vor. Führen Sie kurze Video-Interviews mit ihnen und fragen Sie nach, was die Besucher erwartet. Animieren Sie die Akteure außerdem dazu, ihr eigenes Netzwerk zu nutzen, um über ihr Engagement zu kommunizieren.

- Gast-Artikel: Geben Sie den Vortragenden die Gelegenheit, zu ihrem Thema auf der Veranstaltungswebsite zu bloggen.

- Video-Impressionen: Wenn Ihr Event zum wiederholten Mal stattfindet, nutzen Sie Videomaterial und Fotos vom vergangenen Ereignis, um einen Eindruck von der Stimmung und den Menschen vor Ort zu geben. Besonders Stimmen anderer Besucher können hier Neugier wecken und Begeisterung für das Event transportieren.

MobileTech Conference Soundbites

Posted on 13/09/2010 by Christoph Penter

Auf der MobileTech Conference trafen wir einige Speaker zum Interview, um ihnen für euch die Essenz ihrer Vorträge zu entlocken, deren Meinung zur mobilen Zukunft zu erfragen oder auch deren Skills am Musikinstrument zu bestaunen. Hier haben wir noch einmal unsere Soundbites für euch zusammengefasst.

Markus Luebken, it-agile

Agile Softwareentwicklung sei gerade im mobilen Bereich wichtig, sagt Markus Lübken von it-agile. Das nächste große Ding im Mobile Web ist sind nach wie vor WebApps, wichtig sind außerdem Augmented Reality und Location-based Services.

Michael Grillhösl, swoodoo

Für eine gute App muss der User einbezogen werden. Swoodoo für iPhone wurde in sechs Schritten entwickelt, an deren Anfang und Ende der User steht. Michael Grillhösl erläutert die Vorzüge der iterativen Softwareentwicklung am Beispiel seiner Flugsuche-App.

Limvirak Chea, InMobi

Uli Dumschat, Intel (Gitarre)

- Programmplanung: Unterstützen Sie Teilnehmer und Interessenten bei der Planung ihrer Teilnahme. Gerade bei größeren Veranstaltungen mit vielen parallelen Programmpunkten kann es sehr hilfreich sein, sich sein persönliches Tagesprogramm vorab online zusammenzustellen. Tools mit Social-Media-Anbindung wie *Sched.org* machen das mit wenigen Klicks möglich. Teilnehmer sehen zudem, wer noch welchen Programmpunkt besucht, und können ihre individuellen Programme anderen als Anregung per Twitter und Facebook weiterreichen.

Abbildung 6-3 ▶
Das Programmplanungs-Tool
Sched.org macht sichtbar, welche
Teilnehmer sich für welche Themen
interessieren, und erleichtert die
Planung komplexer Events.

- Service-Themen: Unterstützen Sie Teilnehmer auch bei der weiteren Planung wie Anreise und Übernachtung, etwa durch hilfreiche Links, und informieren Sie zum Beispiel auch vorab über den Internetzugang vor Ort.

- Legen Sie frühzeitig einen Hashtag für Twitter fest, unter dem Sie auch alle Vorabinformationen zusammenfassen. Teilnehmer, die sich angemeldet haben, können ihre Kommentare, Hinweise und Fragen mit dem gleichen Hashtag versehen. Das erleichtert zudem das Monitoring vor und während des Events ungemein.

- Schaffen Sie für Ihr Event ein Twibbon (Twi = Twitter und Ribbon = Band, siehe Abbildung 6-4). Dieses Erkennungszeichen, das vom Besucher per Knopfdruck ins Twitter- und Facebook-Profilbild eingebunden werden kann, macht die temporäre Community rund um das Event sichtbar.

Dies sind nur einige Beispiele dafür, wie Sie eine Veranstaltungsankündigung mit etwas redaktioneller Unterfütterung und ein paar Hilfsmitteln sehr viel interessanter gestalten können. Nur denken

Sie auch daran, dass der Aufbau einer Leserschaft etwa für ein Event-Blog und den zugehörigen Twitter-Account Zeit braucht. Starten Sie nicht erst 2 Wochen vor einer großen Veranstaltung, sondern planen Sie langfristig. Eine mehrtägige Konferenz für ein Fachpublikum zum Beispiel braucht gut und gerne ein halbes Jahr Vorlauf, um nach und nach die passenden Leute online zu erreichen und als Follower und Leser zu gewinnen. Ganz entscheidend für den Erfolg solcher Maßnahmen ist zudem die Verzahnung mit eher klassischen Instrumenten des Event-Marketings wie Mailings, Medienkooperationen, Anzeigen und E-Mail-Marketing. Je stärker Sie diese Maßnahmen mit Ihrer Präsenz im Social Web vernetzen, desto eher erzielen Sie online die gewünschte Resonanz.

◀ **Abbildung 6-4**
Mit »Twibbons« können Teilnehmer eines Events zeigen, dass sie mit von der Partie sind. Meist wird ein Logo zum Twitter- oder Facebook-Avatar hinzugefügt.

Die Technik vor Ort

Im Vorfeld eines Events brauchen Sie nicht viel mehr als Ihren Computer, Accounts auf den Social-Media-Plattformen, auf denen sich Ihre Besucher bewegen, und eine Website – eventuell mit Blog. Für den Einsatz vor Ort sollten Sie noch etwas mehr Technik bereithalten. Die meisten Dinge sind aber erschwinglich oder oft im Unternehmen oder der PR-Agentur ohnehin vorhanden. Wenn Sie die folgende Checkliste in der Event-Vorbereitung zur Hand nehmen, werden Sie gut gerüstet sein.

1. Internet-Zugang: Ohne geht's nicht. Wenn Sie von einem Event berichten möchten, brauchen Sie eine Datenleitung. Wenn Sie außerhalb fester Standorte unterwegs sind, erfüllt ein UMTS-Stick diesen Zweck, sonst sollte es schon ein WLAN-Zugang sein. Erstaunlicherweise ist es selbst bei Tagungen mit Hunderten Teilnehmern beileibe nicht Standard, dass allen ein kostenloser drahtloser Zugang zum Internet samt ausreichender Bandbreite zur Verfügung steht. Unter online-affinen Teilnehmern führt der fehlende Internetzugang regelmäßig zu Unmut, der dann schnell per Tweet vom Smartphone den Weg nach draußen findet. Vergewissern Sie sich also vor Buchung einer Location, dass dort ausreichend Bandbreite und ein WLAN für Ihre Teilnehmer zur Verfügung stehen. Hotels, die dafür hor-

rende Mietgebühren verlangen, sollten Sie meiden. Für fließendes Wasser im Sanitärbereich zahlen Sie dort schließlich auch nicht extra. Und noch ein Tipp: Sorgen Sie für ausreichend Steckdosen und Verlängerungskabel im Auditorium. Die Laptop- und Smartphone-Nutzer werden es Ihnen danken.

2. Foto- und Videokamera: Event-Berichte im Social Web leben von visuellen Eindrücken. Eine Digitalkamera und eine Videokamera gehören deshalb ins Marschgepäck für jede Veranstaltung. Es muss keine High-End-Ausstattung sein, eine kompakte Fotokamera und eine handliche Videokamera wie zum Beispiel eine Flip oder eine Kodak Playtouch, reichen oft aus. Diese Kameras filmen mitunter in HD-Qualität und sind auf Knopfdruck sofort einsatzbereit.

3. Laptop: Mit Internet-Zugang ist Ihr Laptop oder ein kompaktes Netbook Ihre Schaltzentrale. Hier laden Sie Videos und Bilder hoch, twittern Links dazu und können Ihr Event-Blog noch vor Ort mit Eindrücken von der Veranstaltung füllen. Außerdem können Sie mit einer eingebauten Kamera das Geschehen auf einer Bühne auch live ins Netz streamen (mehr dazu gleich).

Wie bei jeder technischen Ausrüstung gilt auch bei diesem Equipment für die Live-Event-Kommunikation: Testen, testen, testen! Sie sollten die Funktionen Ihrer Ausrüstung aus dem Effeff beherrschen und den Ablauf von Aufnahme bis Veröffentlichung einige Male durchgeprobt haben. Denn die beste Technik nützt Ihnen nichts, wenn sie im Einsatz nicht funktioniert oder Sie eine entscheidende Einstellung vergessen haben.

Ad-hoc Dokumentation von Events

Gelegentlich kann es vorkommen, dass etwas spontan in Bild und Ton dokumentiert werden soll, wofür Sie keine Vollausrüstung mitnehmen konnten. Wenn Sie ein aktuelles iPhone oder ein Android-Smartphone mit Videofunktion besitzen, haben Sie Ihr Sendestudio in der Jackentasche. Alles was Sie brauchen, sind ein paar Apps wie die im Folgenden vorgestellten, und Sie können binnen Sekunden »live« gehen.

- AudioBoo (iPhone/Android): Soundbites oder kurze Interviews aufzeichnen und direkt online publizieren. Die Twitter-Anbindung sorgt für automatische Verbreitung und jeder O-Ton kann samt einem Player in Blogs und Webseiten oder auch bei Facebook eingebettet werden.

- Qik und UStream Broadcaster (iPhone/Android/Nokia): Live-Video ins Internet übertragen. Mit beiden Programmen können Sie direkt vom Smartphone aus live senden und Ihrem Publikum einen Eindruck vom Geschehen vermitteln. Die Qualität hängt stark von der Netzabdeckung mit UMTS ab, aber sie taugt für den spontanen Livestream allemal. Für die automatische Verbreitung sorgt eine Twitter- und Facebook-Anbindung.
- Posterous (iPhone/Android): Posterous ist eine einfach zu bedienende Blog-Plattform. Auch ohne die zugehörige App kann man von unterwegs Bilder und Videos auf dem eigenen Posterous-Blog veröffentlichen, indem man sie einfach samt einem kurzen Text per E-Mail an den Dienst schickt. Auch hier ist Autopublishing zu Twitter und Facebook integriert. Ähnlich funktioniert der Konkurrent Tumblr.

Warnung   Voraussetzung für die mobile Nutzung dieser Dienste ist natürlich ein ausreichend großes Datenvolumen oder eine echte Datenflatrate für Ihr Smartphone. Sonst gehen die Kosten schnell durch die Decke.

Mit einem Smartphone sind natürlich nicht nur Sie für den Fall der Fälle umfassend online, sondern auch die Teilnehmer Ihrer Veranstaltung. Die technischen Hürden für die Produktion von ansprechenden Berichten in nahezu Echtzeit sind in wenigen Jahren so rapide gefallen, dass jeder zum Reporter werden kann. Unter dem Begriff »Bürgerjournalismus« werden deshalb auch von großen Verlagshäusern neue Konzepte der Leserbeteiligung diskutiert. Auch aus diesem Grund ist es für Kommunikationsprofis wichtig, sich mit den Möglichkeiten der schnellen Veröffentlichung im Internet zu befassen. Schließlich sind die universell verfügbaren technischen Mittel, ob sie nun per Smartphone oder noch über das Notebook funktionieren, ein wichtiger Faktor bei der Entstehung des vormedialen Raums.

Mit Livestream und Feedback-Kanal ein Event nach außen öffnen

Viele PR-Events setzen auf Exklusivität und einen kleinen Teilnehmerkreis, um im Vorfeld Aufmerksamkeit zu erregen. Die Grundidee ist einfach: Wer auf der Gästeliste steht, kann das Ereignis aus erster Hand erleben, als Erster von einer Neuheit erfahren oder gehört zu den Auserwählten, die andere Auserwählte persönlich treffen dürfen. Der beschränkte Zugang zur Veranstaltung ist selbst eine Nachricht, und es lässt sich damit oft sehr erfolgreich PR für Veranstalter und Sponsoren betreiben.

Mit Hilfe von Social Media können Sie Ihr Event dennoch nach außen öffnen, ohne dass Sie gleich jeden auf die Gästeliste setzen müssen. Sie brauchen nur Ihr Laptop, eine angeschlossene (oder eingebaute) Videokamera und einen Account bei einem Livestreaming-Dienst. Davon gibt es im Netz eine ganze Reihe. Hier einige Beispiele:

Livestream.com

ist einer der Pioniere des browser-basierten Livestreaming. Der Dienst ist nur auf Englisch verfügbar, jedoch beim Setup und in der Nutzung recht selbsterklärend. Für den höheren Anspruch an Bildregie und Interaktionsmöglichkeiten mit Zuschauern gibt es auch eine Desktop-Anwendung für Windows und Mac. Kostenpflichtige Produkte sorgen für Sendungen ohne Werbe-einblendungen und Einschränkungen bei der Aufzeichnungska-pazität. Eine Einbindung in eine Facebook-Fanseite ist möglich.

USTREAM.tv

bietet ein ähnliches Angebot wie Livestream.com. Neben der Möglichkeit, ohne Programminstallation aus einer Browseran-wendung heraus eine Live-Sendung zu produzieren und paral-lel einen Chat und Twitter-Feedback zu beantworten, hat auch USTREAM.tv eine separate Anwendung für aufwändigere Pro-duktionen. Werbefreiheit muss auch hier mit einer Monatsge-bühr erkauft werden.

Make.tv

ist ein deutscher Anbieter für Livestreaming. Er zielt vor allem auf regelmäßige Anwender ab, die bei der Produktion von Live-sendungen für das Internet einen hohen Qualitätsanspruch haben. Entsprechend gibt es neben einer kostenlosen Lösung auch bezahlte Pakete mit größerem Funktionsumfang.

Allen Livestreaming-Diensten ist gemeinsam, dass die Zuschauer außer einem (aktuellen) Webbrowser keinerlei Voraussetzungen benötigen, um die Übertragung anzusehen. Entweder sie schauen sich die Live-Show direkt auf dem »Kanal« des Senders an oder in einem eingebetteten Player auf der Website oder im Blog des Veran-stalters. Die technischen Hürden sind also auf beiden Seiten niedrig.

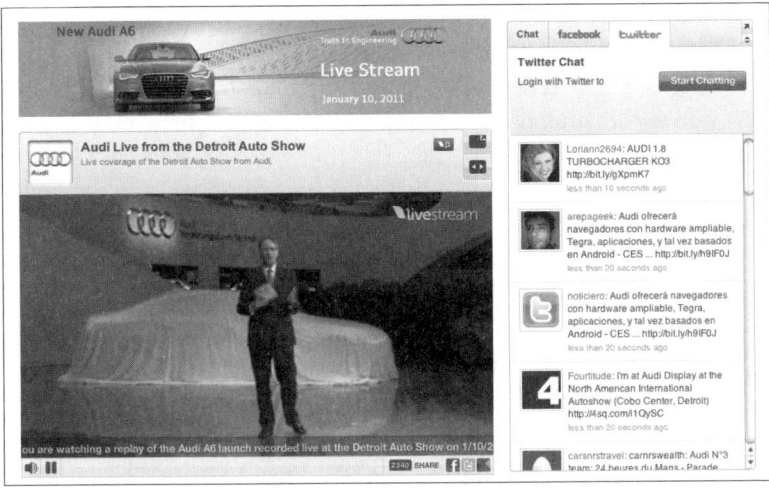

◀ **Abbildung 6-5**
Livestreaming-Dienste helfen, wichtige Ereignisse einem größeren Publikum zugänglich zu machen. Auch nachträglich, wie hier eine Modellpremiere von Audi auf der Detroit Motorshow 2011.

Mit einem Video-Livestream können Sie also das Geschehen bei Ihrer Veranstaltung in Echtzeit ins Netz bringen und so einem potenziell größeren Publikum zugänglich machen, als in den Saal passen würde. Dennoch bleibt der Stream natürlich ein kleiner Ausschnitt, ein Guckloch in das Event. Es bringt den Zuschauer näher heran, ist aber natürlich nicht dasselbe wie eine persönliche Teilnahme. Ähnlich sieht das auch FAZ-Redakteur Holger Schmidt, der in Livestreams eine Arbeitserleichterung sieht: »Livestreams sind praktisch, da Journalisten immer weniger Zeit für Reisen haben. Ich bin immer dankbar, wenn ein Unternehmen einen Livestream anbietet, da ich Flexibilität gewinne. Das persönliche Gespräch schätze ich aber weiterhin und nehme mir auch Zeit dafür.«

Nun ist das Betrachten von außen nur so etwas wie Fernsehen mit den Mitteln des Internets. Man schaut zu, kann aber nicht eingreifen, nicht mit den Akteuren interagieren. Das ändert sich, sobald Sie mit Hilfe von Social Media einen Feedback-Kanal öffnen. Wenn die Zuschauer zum Beispiel eine Diskussionsrunde kommentieren oder gezielt Fragen stellen können, kann die Debatte schnell an Dynamik gewinnen und um neue Perspektiven bereichert werden. Wir werden gleich genauer betrachten, welche Formate sich für PR-Zwecke eignen. Zuvor aber noch ein paar Hinweise zur Umsetzung eines Rückkanals.

- Chat-Funktion des Livestreaming-Dienstes: Die genannten Livestreaming-Anbieter bieten die Möglichkeit, neben dem Videobild einen Chat zu betreiben, mit dem sich die Zuschauer einmischen können.

- Twitter-Feedback: Mit einem eigenen Hashtag zur Veranstaltung können Sie Anmerkungen und Fragen bei Twitter leicht auffindbar machen. Es gibt im Netz kostenlose Dienste, mit denen Sie eine »Twitterwall« installieren können. Das ist eine dynamische Website, die alle zum voreingestellten Hashtag veröffentlichten Tweets anzeigt. Diese können Sie entweder dem Moderator auf dem Laptop zur Bereicherung einer Diskussion zur Verfügung stellen; oder Sie projizieren die Twitterwall öffentlich sichtbar an die Wand. So sieht auch das Publikum, welches Feedback hereinkommt. Aber Vorsicht: Auch die Diskutanten auf dem Panel müssen die Twitterwall sehen können, sonst wird schnell über sie geredet, statt mit ihnen.
- E-Mail: Etwas asynchroner, aber für den einen oder anderen Zuschauer vielleicht mit weniger Berührungsängsten behaftet ist die Möglichkeit, per E-Mail Fragen einzureichen.

Nicht jede Feedback-Methode ist für jedes Veranstaltungsformat sinnvoll, für alle drei aber gilt: Sie sollten einen Moderator oder Sprecher vor Ort nicht ablenken, sondern ihm eine inhaltliche Bereicherung ermöglichen. Überlegen Sie sich deshalb gut, wie sich das Echtzeit-Feedback einbinden lässt, ohne dass die Akteure Ihrer Veranstaltung von der Technik überwältigt werden.

Event-Formate für's Social Web

Sicher eignet sich nicht jede Veranstaltung mit PR-Bezug für eine Umsetzung mit umfassender Anbindung ans Social Web, aber es lohnt sich meistens, darüber nachzudenken. Wir möchten Ihnen abschließend ein paar Anregungen geben, wie Sie die eben erläuterten technischen Möglichkeiten für verschiedene Event-Formate nutzen können.

Produktlaunch mit Livestream

Solange die Veranstaltung inhaltlich eher der Verkündung von Neuigkeiten dient, reicht es aus, sie mit einem Livestream ins Netz zu übertragen. Wenn die Teilnehmer vor Ort vor allem Journalisten und Blogger mit Fachbezug sind, ist eine Öffnung für Fragen und Kommentare von außen eher kontraproduktiv, da sie unter Umständen vom Kernthema ablenken können. Kommentare, die »off topic« sind, würden den Anwesenden nur die meist ohnehin knapp bemessene Zeit für gezielte Fragen stehlen.

Google beherrscht das Format des Produktlaunches mit Live-Charakter perfekt. Häufig, wenn der Technikkonzern eine Neuheit anzukündigen hat, tut er dies im Rahmen von Präsentationen mit anschließender Fragerunde vor Journalisten und Bloggern aus dem Silicon Valley. Das Ganze wird live über einen eigenen YouTube-Kanal übertragen und sorgt so parallel zum Geschehen für Aufmerksamkeit beim interessierten Publikum. Auch internationale Journalisten nutzen die Gelegenheit, über den Konzern auf dem Laufenden zu bleiben, ohne dafür den Arbeitsplatz verlassen zu müssen.

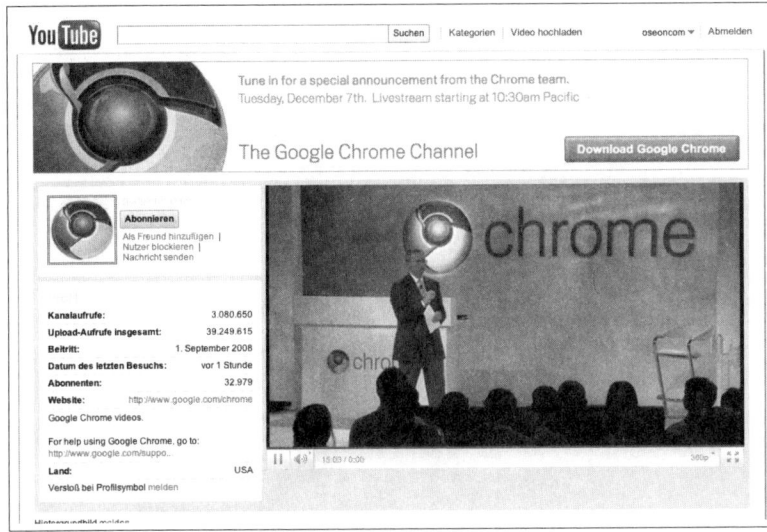

◀ **Abbildung 6-6**
Der frühere Google-Chef Eric Schmidt bei der live ins Internet übertragenen Präsentation des neuen Betriebssystems Chrome OS.

Ihr Unternehmen muss aber kein Weltkonzern wie Google sein, um die positiven Effekte einer Live-Übertragung ins Netz zu nutzen. Auch sehr spezialisierte Themen können online ihr Publikum finden.

Live-Demonstration mit Aufzeichnung

Der Industriewerkzeughersteller Leading Metalworking Technologies (LMT) ist im Maschinenbau zu Hause und hat eine sehr spezialisierte Fachzielgruppe. Um sein Angebot von sehr viel größeren Wettbewerbern abzuheben, organisierte LMT einen wichtigen Messeauftritt rund um eine Live-Demonstration seiner Produkte per Video-Konferenz. Statt die Präzisionswerkzeuge in Vitrinen auszustellen, wurden sie live in Aktion beim Kunden und in einem Showroom des Unternehmens gezeigt. Vor Ort am Messestand und natürlich auch im Internet. Dazu wurden vier Bildquellen eingesetzt (siehe Abbildung 6-7): Eine Kamera filmte den Moderator von LMT auf der Messe, eine weitere Kamera stand bei einem von vier ausgewählten Kunden, eine dritte war auf die Maschine gerichtet, und ein viertes Bild zeigte eine begleitende Präsentation. Das alles wurde mehrfach pro Messetag als kurze Show inszeniert und natürlich aufgezeichnet.

Abbildung 6-7 ▶
Werkzeughersteller LMT demonstriert seine Produkte live im Einsatz und zeigt die Aufzeichnung als selbstablaufende multimediale Demo auf seiner Website.

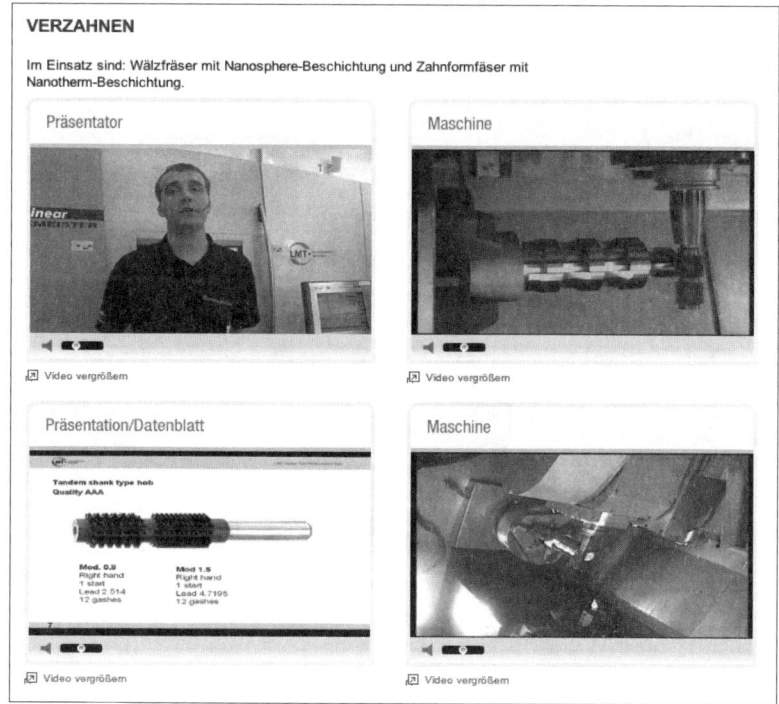

Diese Maßnahme hatte einen doppelten Nutzen für das Unternehmen. Erstens wurde während der Messe unter Wettbewerbern und Standbesuchern viel über den ungewöhnlichen Auftritt gesprochen, der Messestand war entsprechend gut besucht. Zweitens wurde so hochwertiger Content produziert, der auch über den Anlass hinaus nutzbar ist und Interessenten das Unternehmen und seine Produkte sehr anschaulich näher bringt.

Expertenvortrag mit Fragerunde

Gerade Unternehmen mit erklärungsbedürftigen Produkten und Fokus auf das Business-to-Business-Geschäft können mit eigens für ein Fachpublikum organisierten Online-Events den Wissensstand ihrer Zielgruppe steigern. Eine sehr schnell und einfach umzusetzende Möglichkeit, die bereits von vielen Unternehmen genutzt wird, sind Webinare – Seminare im Web. Die Technik dafür wird schon seit vielen Jahren von Telefonkonferenzanbietern bereitgestellt, denen wohl die Erfindung des Webinars zuzuschreiben ist. Charakteristisch für deren Angebote ist der von vornherein geschlossene Nutzerkreis. Für Besprechungen im Team oder mit Kunden ist das sinnvoll, für PR-relevante Formate eher nicht. Schließlich möchten Sie ja möglichst vielen die Chance geben, sich mit Ihren Inhalten auseinanderzusetzen.

Nutzen Sie deshalb besser einen Livestreaming-Dienst, mit dem Sie Video und zum Beispiel eine Präsentation oder vorbereitetes Filmmaterial kombinieren können, und binden Sie den Player auf Ihrer Website oder in Ihrem Blog ein. Nutzen Sie den eingebauten Chat als Feedback-Kanal und sammeln Sie Anmerkungen über einen Twitter-Hashtag. So kann der Referent auch auf Fragen eingehen, die sich jemand vielleicht in einem Konferenztelefonat nicht zu stellen getraut hätte.

Im Anschluss an das Experten-Webinar können Sie die Aufzeichnung weiterverwenden und Ihre Kunden zum Beispiel in einem Newsletter darauf aufmerksam machen.

Networking-Events für das Internet öffnen

Manche Unternehmen laden Kunden und Freunde des Hauses gern zu Networking-Veranstaltungen ein, die mit einem Impulsvortrag oder einer Podiumsdiskussion beginnen und anschließend im lockeren Gespräch bei Getränken und Häppchen fortgeführt werden. Sinn und Zweck dieser Veranstaltungen ist natürlich primär die Kontaktpflege, aber auch die Zurschaustellung der eigenen Kompetenz. Wenn Sie nächstes Mal einen Vortrag ankündigen, laden Sie doch auch Gäste aus entfernteren Orten dazu ein, online dabei zu sein. Auch hier sind Livestream und Twitter-Feedback die technische Grundlage.

Es muss nicht immer live sein

Nicht jede Veranstaltung muss direkt ins Internet gesendet werden. Nicht jeder Sprecher oder Referent möchte das, und es gibt durchaus gute Gründe, das gesprochene Wort nicht direkt und ungefiltert über den Saal hinaus hörbar zu machen. Das ist zum Beispiel der Fall, wenn zwischen zwei Unternehmen ein Rechtsstreit anhängig ist. Da ist Vorsicht geboten, denn eine nachweisbar im Netz publizierte Aussage kann durchaus Beweiskraft haben. Auch sind Hauptversammlungen von Aktiengesellschaften ein streng reguliertes Terrain, wo die Reden von Vorstand und Aufsichtsrat durchaus weiterverbreitet werden können, die Aussprache der Aktionäre jedoch nicht.

Aber auch abseits solcher nach formalen Kriterien sensiblen Kontexte kann eine Aufbereitung einer Veranstaltung ohne Live-Charakter Vorteile bringen. So kann man sich als Berichterstatter vor Ort ganz auf das Geschehen konzentrieren, sich im Detail mit Personen und Themen befassen und diese ausführlicher aufbereiten. Gerade Social-Media-Einzelkämpfer müssen ja genau überlegen, worauf sie ihre Zeit verwenden. Interviews vor Ort, mit einer Flip-Kamera aufgezeichnet, können auch mal einen zweiten oder dritten Anlauf vertragen, bis sich der Interviewpartner vor der Videokamera wohlfühlt. Oder man kann mehr Zeit auf die Auswahl guter Bilder vom Event verwenden und durch strengere Auswahl für höhere Qualität der Event-Berichte im Netz sorgen.

Der wohl größte Vorteil einer stärker geplanten, nach redaktionellen Gesichtspunkten betriebenen Event-Berichterstattung aber ist die Chance, mehr Content über eine längere Zeit hinweg auch nach der Veranstaltung zu veröffentlichen.

Übrigens: Alle diese Formate können Sie auch für die interne Kommunikation nutzen. Gerade dezentral organisierte und multinational tätige Unternehmen können heute dank vereinfachter Technologien Mitarbeiter von mehreren Standorten zu einem virtuellen Meeting zusammenbringen. Nicht nur kann ein Mitglied aus der Chefetage gleichzeitig zu einer größeren Gruppe Mitarbeiter sprechen; dank Rückkanal kann sich auch über mehrere Standorte hinweg ein Austausch entwickeln. Stehen größere Veränderungen im Unternehmen an, die zeitgleich an mehrere Orte kommuniziert werden müssen, sollte auch diese Möglichkeit der Kommunikation evaluiert werden.

Darüber hinaus können Ihre Mitarbeiter so auch an Events teilnehmen, von denen sie bisher ausgeschlossen waren. Denken Sie also auch an die interne Kommunikation, wenn Sie Veranstaltungen ankündigen, und machen Sie Mitarbeiter zu Botschaftern.

Auf einen Blick

- Das Internet verschiebt die Grenzen von Vertraulichkeit und Öffentlichkeit.

- Die geschlossene Veranstaltung gibt es nicht mehr – dank Smartphones und mobilem Internet.

- Jederzeit live und »On Air« – nutzen Sie die Möglichkeiten mobiler Berichterstattung mit Social Media Tools zur Ihrem Vorteil!

- Durch den Einsatz von Social Media können Sie schon vor einem Event Ihr Publikum erreichen, mehr Menschen teilhaben lassen als in den Saal passen, das Event durch Feedback von außen bereichern und für mehr Nachberichterstattung sorgen.

- Je mehr Sie vorab über Ihre Veranstaltung publizieren, desto mehr haben Interessenten Gelegenheit, sich für eine Teilnahme zu entscheiden.

- Beteiligen Sie Akteure und Teilnehmer an der Programmgestaltung.

- Zeigen Sie, was die Menschen verpassen, wenn sie nicht kommen.

- Ihre Ausstattung als Live-Reporter: Laptop, Smartphone, Foto- und Videokamera – und natürlich ein Internetzugang.

- Sorgen Sie bei eigenen Events für kostenloses WLAN für alle mit ausreichender Bandbreite. Dazu Steckdosen in Ladekabelreichweite. Laptop- und Smartphone-Nutzer werden es Ihnen danken.

- Mit einem iPhone oder Android-Smartphone haben Sie ein komplettes Sendestudio in der Jackentasche. Probieren Sie's aus!

- Öffnen Sie Ihre Veranstaltung mit Livestreams für das Netzpublikum, und binden Sie das Feedback ein.

- Vom Produktlaunch bis zur Expertenrunde – fast jedes Event-Format profitiert von Live-Berichten für das Netzpublikum.

- Jedes Event produziert eine Fülle von Content. Auch für später. Dokumentieren Sie so viel Sie können.

KAPITEL 7

Personalmarketing und interne Kommunikation

@mbukowski
Michael Bukowski

"Überstunden? Unsere Mitarbeiter sind nahezu rund um die Uhr in der Agentur. Da haben die echt keine Zeit für so was wie Überstunden."

10 Jan. via Twitter for iPhone ☆ Als Favorit markieren ⇄ Retweet ↩ Antworten

Der Mensch macht das Web »social«

Das Social Web vernetzt Menschen mit gleichen Interessen, und es macht natürlich vor den Unternehmensgrenzen nicht Halt. Im Gegenteil, das Internet trägt dazu bei, dass Außenwelt und Innenwelt von Unternehmen immer enger miteinander verzahnt werden. Schon im Cluetrain-Manifest – 1999 erschienen und jedes Social-Media-Hypes unverdächtig – heißt es: »Menschen reden miteinander. Sie führen offene, nach vorn gerichtete Gespräche. Innerhalb und außerhalb von Unternehmen und Organisationen. Die innerhalb und außerhalb geführten Gespräche werden sich verquicken. Wir haben keine andere Wahl, als daran teilzunehmen.«[1] Das Internet durchdringt den Alltag der Menschen im privaten wie im beruflichen Umfeld und darauf müssen sich Unternehmen auch im

---

[1] »People talk to each other. In open straightforward conversations. Inside and outside organisations. The inside and outside conversations are connecting. We have no choice but to participate in them.« The Cluetrain Manifesto, Basic Books, 2000. Deutsche Übersetzung aus: Rick Levine: Talk is Cheap – Miteinander reden kostet nicht viel. In: Levine/Locke/Searls/Weinberger: das Cluetrain Manifest. 1. Auflage 2000, Econ.

Umgang mit ihren Mitarbeitern einstellen. Die Strategien sind bislang höchst unterschiedlich. Auf der einen Seite gibt es die restriktiv agierenden Unternehmen, die ihren Mitarbeitern den Zugang zu Social-Media-Plattformen sperren, weil sie einen Verlust an Produktivität fürchten.

Der »Social Media Report HR 2010« sieht den Anteil der Unternehmen, die ihren Mitarbeitern den Zugang zu einigen oder allen Social-Media-Plattformen verwehren, bei immerhin 41%. Für die Studie hat der Personalmarketing-Berater Thorsten zur Jacobsmühlen 651 Personalmanager aus Deutschland und Österreich befragt. Auf der anderen Seite gibt es die offenen Firmen, die ihre Mitarbeiter ermutigen. Sie sehen in der Nutzung des Social Web eine Chance, ihre Kommunikation auf mehreren Ebenen zu verbessern.

Manche Unternehmen gehen bereits so weit wie die Schweizerische Post und definieren für ihre Kommunikation auf dem Arbeitsmarkt strategische Ziele. Dr. Christian Schenkel, Leiter Onlineredaktion, führt vier Ziele auf, die die Post mit der Nutzung und Förderung von Kommunikation im Social Web verfolgt:

1. Das Image der Post als moderne und zukunftsgerichtete Arbeitgeberin stärken.
2. Die Post bei der Personalgewinnung, -erhaltung und -wiedergewinnung unterstützen.
3. Den Kontakt zur Post als Arbeitgeberin erleichtern.
4. Die Mitarbeitenden der Post zu Botschaftern für das Unternehmen machen.

Damit gibt uns Christian Schenkel den Rahmen für dieses Kapitel vor. Wir werden auf den folgenden Seiten genauer beleuchten, wie Social Media im Personalmarketing und in der internen Kommunikation eingesetzt werden können. Die Strukturierung entlang von Zielen hilft dabei, die richtigen Fragen zu stellen und die zur Unternehmenskultur passenden Startvoraussetzungen zu schaffen. Wir werden also in diesem Kapitel anhand von Beispielen der Frage nachgehen, wie Unternehmen unter Einbezug des Social Web agieren können, um Mitarbeiter zu gewinnen, Mitarbeiter zu halten und Mitarbeiter zu befähigen, die Möglichkeiten des Social Web produktiv für ihre Arbeit zu nutzen.

Mitarbeiter gewinnen – Social Media im Personalmarketing

Der Arbeitsmarkt ist in Bewegung. Während hierzulande die Zahl der Stellen für Geringqualifizierte sinkt, wächst der Bedarf an gut ausgebildeten Mitarbeitern quer durch alle Branchen. Die sogenannten geburtenschwachen Jahrgänge schließen in den nächsten Jahren die Schule ab und treten nach Ausbildung oder Studium in den Arbeitsmarkt ein. Mit diesen Absolventen rückt auch erstmals eine Generation ins Blickfeld der Unternehmen, deren ganze Kindheit und Jugend von Technologien und Medien beeinflusst war, mit denen die Generation davor erst noch umzugehen lernen musste. Wir können also davon ausgehen, dass zunehmend junge Menschen Arbeit suchen werden, für die das Internet ein selbstverständlicher Teil ihres Alltags ist. Sie sind aber nicht die Einzigen, die ihre Karriere mit Web-Unterstützung planen und vorantreiben. Denn auch unter älteren Mitarbeitern gibt es einen guten Teil »Digital Residents« (siehe Kapitel 2), die die Vorzüge des Online-Lebens zu schätzen wissen und von ihrem Arbeitgeber erwarten, dass er dem Rechnung trägt.

Der in den 1990er Jahren ausgerufene »War for talent« – damals noch auf Spitzenkräfte für das Management bezogen – weitet sich aus und erhält durch die »Digitalisierung« des Berufslebens eine zusätzliche Dynamik. Der Arbeitsmarkt der nachindustriellen Wissensgesellschaften ist auf Stufe der qualifizieren Fachkräfte ein Arbeitnehmermarkt. Das wissen diese natürlich und drehen den Spieß immer öfter um. Auf der Suche nach einem neuen Job werden sie anspruchsvoller und wählerischer. Sie suchen die Aufgabe, die zu ihrem aktuellen Lebensentwurf passt, und verlangen verstärkt flexible Arbeitszeiten, Teilzeit-Modelle und auch technische Voraussetzungen für mobiles Arbeiten im eigenen Takt. Der Autor und Journalist Markus Albers beschreibt in seinem Buch »Morgen komm' ich später rein«, wie einzelne Unternehmen beginnen, dafür bessere Voraussetzungen zu schaffen. Wenn das nicht schnell genug geht und das Angebot nicht attraktiv genug ist, wählen viele Hochqualifizierte, besonders in kreativen Berufen, die Option der Selbstständigkeit. Albers fand dafür den Begriff der »Meconomy« (Me + Economy). Für die anspruchsvollere Mitarbeitergeneration spielt es natürlich auch eine Rolle, wie sich ein Unternehmen online präsentiert und wie der Rahmen für die Internetnutzung während der Arbeitszeit gestaltet ist.

Employer Branding und der Blick hinter die Kulissen

Bei der Mitarbeitergewinnung spielen Präsenz und Image des Unternehmens in der Öffentlichkeit eine wichtige Rolle. So erheben Wirtschaftszeitungen, Personalberatungsunternehmen und Branchenverbände regelmäßig Rankings der beliebtesten, attraktivsten und besten Arbeitgeber. Auch die PR-Branche hat mit dem jährlichen Ranking »Best Agencies To Work For« des internationalen Branchendienstes Holmes Report so etwas wie einen langfristigen Vergleichsmaßstab. Die an der Spitze gelisteten Unternehmen nutzen diese Weihen gern, um auf sich aufmerksam zu machen. Mit welcher Erhebungsmethode die Rankings ermittelt werden, ist da fast schon zweitrangig.

Dient die Auflistung in Rankings zuerst der Schaffung von Präsenz und eines Images der Begehrtheit als Arbeitgeber (Neudeutsch gern »Employer Branding« genannt), wird es auf der zweiten Stufe der Rekrutierung schon komplexer. Noch bevor sich Berufseinsteiger oder Jobwechsler bewerben, recherchieren sie und setzen sich tiefergehend mit dem möglichen neuen Arbeitgeber auseinander. Dies tun sie nicht nur über die Unternehmens-Website, sondern sie beobachten auch seinen Auftritt in sozialen Netzwerken. Dass sie Drittmeinungen einholen ist nichts Neues, dank Social Media können sie dies aber einfacher über die bekannten sieben Ecken tun und auch entfernte Bekannte um ihre Einschätzung bitten. Ein vergleichsweise neues Phänomen sind Plattformen, in denen Arbeitnehmer Arbeitgeber bewerten, wie beispielsweise auf *kununu.com* oder *jobvoting.de*. Eine konsistente Personalkommunikation im Social Web leistet einen wertvollen Beitrag für die Positionierung als attraktiver Arbeitgeber.

Neben dem Ruf eines Unternehmens oder dem seiner Produktmarken ist die Unternehmenskultur ein wichtiger Faktor bei der Auswahl potenzieller Arbeitgeber. Herrscht ein Klima des offenen Austauschs und der Innovationsfreude im Unternehmen? Werden gute Ideen gefördert und die Übernahme von Verantwortung honoriert? Wie sind die künftigen Kollegen drauf, kann man sich vorstellen, jeden Tag mit Freude mit ihnen zu verbringen? Was für eine Art Mensch ist der potenzielle künftige Vorgesetzte, und würde man gern mit ihm zusammenarbeiten? Solche Fragen beschäftigen die Bewerber, und Unternehmen können die Mittel des Social Web nutzen, um sie zu beantworten.

Krones AG – mit Videos dem Unternehmen ein Gesicht geben

Welche Plattform sie dafür wählen, hängt vor allem von der zu erreichenden Zielgruppe ab. Die Krones AG, einer der weltweit größten Anlagenbauer für die Getränkeindustrie, nutzt zum Beispiel gleich mehrere Social Media Tools. Eine zentrale Rolle spielt Video (übrigens auch über Recruiting-Themen hinaus), weil sich im Bewegtbild sehr viele Informationen und Erklärungen auch komplexer Sachverhalte anschaulich unterbringen lassen. Die Krones Website enthält gleich mehrere Unterbereiche für verschiedene Karrierethemen und Zielgruppen. Unter »Ausbildung« finden sich zum Beispiel ein Nachbericht vom »Forscherinnen Camp bei Krones«, einer einwöchigen Veranstaltung für Mädchen ab 15 Jahren, die im Rahmen einer Aufgabenstellung aus der Praxis des Anlagenbaus ein konkretes Projekt im Team bearbeitet haben. Der Ausbildungsjahrgang 2010 dokumentierte in einem regelmäßigen Videobericht die Anfänge beim Unternehmen, und ein weiteres Erklärvideo stellte den dualen Studiengang Bachelor of Engineering Mechatronik vor. Stets kommen Mitarbeiterinnen und Mitarbeiter der Krones AG zu Wort und geben in kurzen Statements Einblick in ihre Arbeit.

◀ Abbildung 7-1
Mit einem Video-Tagebuch, gedreht von Auszubildenden, wirbt die Krones AG um den Nachwuchs.

Charles Schmidt, in der Kommunikationsabteilung der Krones AG für Social Media und Content-Entwicklung zuständig, erklärt die Motivation zur Nutzung von Social Media: »Die Entscheider von morgen bewegen sich ganz selbstverständlich im Social Web. Und das wollen wir natürlich ausnutzen. Wir wollen eine größere Kundenbindung erreichen, Krones als Arbeitgebermarke stärken, den Identifikationsgrad der Mitarbeiter mit dem Unternehmen erhöhen und Krones als Meinungsführer in der Branche etablieren.« Das sind »ziemlich ehrgeizige Ziele«, wie Schmidt selbst eingesteht.

Die Identifikation der Mitarbeiter mit dem Unternehmen ist ein Faktor, der sich mit Hilfe von Social Media gut zeigen lässt. Potenzielle Bewerber bekommen so schnell ein Gefühl dafür, wie ein Unternehmen innen »tickt«. Charles Schmidt sieht in der Akzeptanz der nach außen gerichteten Aktivitäten durch die Mitarbeiter deshalb auch einen Erfolgsfaktor. »Wie sehr die Krones-Mitarbeiter das Projekt Social Media unterstützen und wie aktiv sie sich daran beteiligen, macht mich stolz. Das beweist uns, dass die Mitarbeiter fest hinter dem Unternehmen stehen und dass wir mit unserer Transparenz und Dialogbereitschaft einen wichtigen Nerv getroffen haben.«

Cirquent – zeitgemäß zugänglich für Bewerber

Ein weiteres Unternehmen, das den Blick hinter die Kulissen als Beitrag zur Personalkommunikation begreift, ist das IT-Beratungshaus Cirquent. Es nutzt das Unternehmensblog als Ort für Personalthemen und für die Information über Karrieremöglichkeiten. PR-Managerin Meike Leopold sieht ihr Unternehmen in der Pflicht, die Erwartungen möglicher Bewerber in Bezug auf die Zugänglichkeit des Unternehmens im Internet zu erfüllen: »Der ‚War for talent‘ spielt im Bereich IT-Consulting eine besonders große Rolle. Deshalb sind die Bewerber, vor allem Uni-Absolventen, aber auch Young Professionals, eine wichtige Zielgruppe unserer Social-Media-Aktivitäten. Wir gehen davon aus, dass diese Zielgruppe ganz selbstverständlich erwartet, Cirquent online anzutreffen und dort mit uns in Dialog treten zu können.«

Entsprechend prominent platziert Cirquent den Verweis auf das Corporate Blog auf seiner Website und teasert die aktuellsten Artikel mit der Überschrift an. Ergänzt wird das Blog um einen offiziellen Twitter-Account. Dazu Meike Leopold: »Twitter schafft zusätzliche Aufmerksamkeit für das Blog und ermöglicht außerdem den Aufbau informeller Beziehungen mit anderen Unternehmen oder auch mit potenziellen Bewerbern. Damit haben wir bereits sehr gute Erfahrungen gemacht.«

◀ **Abbildung 7-2**
Das IT-Beratungshaus Cirquent integriert Personalthemen in sein Corporate Blog

Das Beispiel Cirquent zeigt, dass Personalkommunikation im Social Web nicht zwingend explizit diesen Namen tragen muss. Eine Präsenz im Social Web, die Interessenten einen authentischen Eindruck davon vermittelt, welche Themen ein Unternehmen bewegt und welche Herausforderungen die Mitarbeiter meistern, und die vor allem ein Gefühl für die Menschen hinter dem Namen vermittelt, kann dazu auch so einen wichtigen Beitrag leisten. Wie stets im Social Web ist es die Relevanz der Inhalte, die über die Akzeptanz eines Angebots entscheidet, weniger die Form der Präsentation.

Bayer AG – mit Facebook auf Mitarbeitersuche

Wie bereits erwähnt, sollten bei der Auswahl der passenden Social-Media-Plattform für die Personalkommunikation die Mediennutzungsgewohnheiten der anvisierten Zielgruppe eine Rolle spielen. Die Bayer AG setzt für die laufende Kommunikation über ihre vielfältigen Personalmarketingaktivitäten und internen Maßnahmen zur Personalentwicklung auf eine Facebook-Seite, die auf der Karriere-Website des Unternehmens prominent präsentiert wird. Die

Facebook-Seite unter *facebook.com/BayerKarriere* präsentiert Informationen über den Konzern und die Karrieremöglichkeiten nur in Kurzform. Die ausführlichen Informationen findet der Besucher nach einem Klick auf der Unternehmenswebsite. Im Mittelpunkt der Facebook-Präsenz steht eine eigens programmierte App, die über mehrere Links neben der Pinnwand spezielle Unternehmensbereiche wie die IT-Abteilung des Konzerns vorstellt und in einem für Facebook geführten »Karriereblog« ausführliche Beiträge der Mitarbeiter über die Arbeit beim Pharmakonzern präsentiert. Im erläuternden Text heißt es:

»Auf diesem Blog berichten Mitarbeiter von Bayer aus Deutschland direkt aus ihrem Arbeitsalltag im Unternehmen. Die Mitarbeiter kommen aus unterschiedlichen Teilbereichen des Konzerns und geben hier ihre persönliche Meinung wieder. Alle Beiträge sind unzensiert und nicht von Agenturen vorgefertigt. Eine hohe Authentizität liegt uns sehr am Herzen.«

Abbildung 7-3 ▶
Bayer lässt auf seiner Facebook-Karriereseite Mitarbeiter über ihre Erfahrungen im Konzern bloggen.

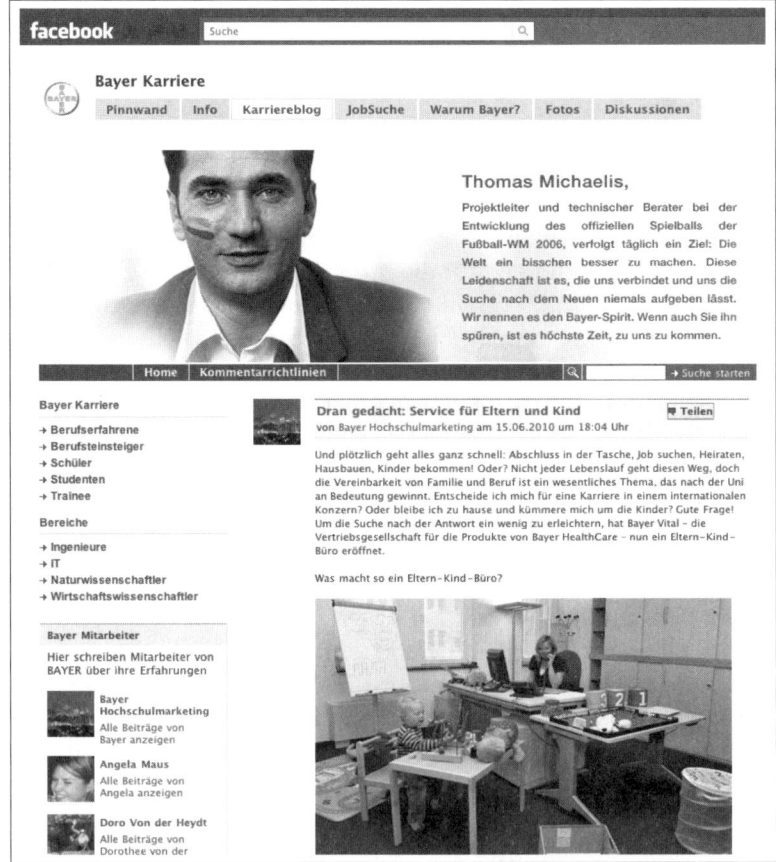

Der hohe Aufwand für die Präsentation von Karrierethemen und Stellenangeboten auf Facebook spricht dafür, dass sich Bayer hier langfristig nah an der angepeilten Zielgruppe positionieren möchte. Angesichts des rasanten Wachstums von Facebook-Nutzern gerade auch unter Studenten und Absolventen in Deutschland ist das eine strategisch kluge Entscheidung.

Wenn wir also davon sprechen, dass sich ein Unternehmen mit der Kommunikation im Social Web ein menschliches Gesicht verleiht, dann stimmt das nirgends so sehr wie im Personalmarketing. Denn hier geht es darum, dass Unternehmen die richtigen Menschen finden, die sich für sie einsetzen, am gleichen Strang ziehen und mithelfen, das Unternehmen voranzubringen.

Recruiting über Social Media

Sie können das eigene Unternehmen im Social Web als interessanten, menschlich angenehmen und zugänglichen Arbeitgeber präsentieren – und natürlich aktiv auf Mitarbeitersuche gehen. Besonders Social Networks bieten dazu ideale Voraussetzungen. Bei den Business-Netzwerken XING und LinkedIn sind viele Felder in den persönlichen Profilen gezielt darauf ausgelegt, karriererelevante Informationen zu erfassen und damit für die plattformeigene Suche verfügbar zu machen. Sobald jemand etwa bei XING unter »Ich suche« die zwei Signalwörter »neue Herausforderungen« einträgt, weiß ein Personaler Bescheid. Und natürlich ist gerade die Job-Biografie bei den Business-Netzwerken im Grunde nichts anderes als ein digitaler Lebenslauf, der sich mit minimalem Aufwand stets aktuell halten lässt.

Die riesige Sammlung an persönlichen Daten über den Werdegang, die Kompetenzen und Interessen ihrer Mitglieder versuchen die Netzwerke natürlich in bare Münze zu verwandeln. So gibt es zum Beispiel bei XING spezielle Recruiter-Mitgliedschaften, die erweiterte Such- und Filterfunktionen sowie eine größere Zahl von Kontaktanfragen an noch nicht verbundene Kontakte erlauben.

Bei XING oder LinkedIn spricht also nichts dagegen, als Unternehmen auf der Suche nach Mitarbeitern direkt über die Plattform den Kontakt zu interessanten Kandidaten zu suchen. Im ungünstigsten Fall erwischen Sie einen Kandidaten, der sein Profil länger nicht aktualisiert hat, oder der Angesprochene reagiert nicht auf Ihre Anfrage, weil er das Social Network nicht regelmäßig nutzt.

Facebook eignet sich aus mehreren Gründen weniger gut für eine gezielte Suche nach potenziellen Kandidaten. Da ist zuallererst die technische Hürde der persönlichen Privatsphäre-Einstellungen.. Diese schränken bei vielen Nutzern die Sichtbarkeit der Informationen wie Ausbildung und beruflichen Werdegang ein, die für das Recruiting interessant sind. Hinzu kommt, dass Facebook in Deutschland von den meisten Nutzern als Social Network für die private Nutzung verstanden wird. Entsprechend werden karrierebezogene Inhalte erst gar nicht in das eigene Profil eingetragen. Sicher trägt auch die immer mal wieder hitzig geführte Datenschutzdebatte in den Publikumsmedien und der Politik dazu bei, dass die Nutzer ihre Informationen gegenüber unbekannten Personen strenger unter Verschluss halten. So kann es durchaus sein, dass ein für Ihr Unternehmen interessanter Kandidat auf XING gut zu finden ist und dort sein Profil aktuell hält, bei Facebook aber gar nicht sichtbar ist, weil er hier nicht gefunden werden möchte. Bei Facebook bleibt Unternehmen am Ende also nur eines übrig: Ein interessantes Informations- und Dialogangebot zu entwickeln, das potenzielle Bewerber dazu anregt, von sich aus Kontakt aufzunehmen.

Für eine gezielte Kandidatenrecherche eignet sich auch Twitter nur sehr eingeschränkt. Das liegt vor allem an den minimalen biografischen Informationen, die in einem Nutzerprofil Platz finden. Zudem ist eine vertrauliche Kontaktaufnahme nicht möglich, solange sich beide Seiten nicht gegenseitig folgen. Bieten Sie Twitter also lieber als Option an, mit Ihrem Unternehmen in Kontakt zu treten und auf die Schnelle einfache Fragen zu klären. Alles Weitere regeln Sie besser per E-Mail und Telefon. Natürlich können Sie einen Twitter-Kanal auch nutzen, um aktuelle Vakanzen zu kommunizieren. Die Zeitarbeitsfirma Randstad Deutschland beispielsweise betreibt zu diesem Zweck sogar 15 Accounts, die nach Branchen und Regionen unterteilt aktuelle Stellenangebote twittern.

Alumni-Netzwerke im Social Web abbilden

Mit Alumni-Netzwerken und -Gruppen möchten wir hier noch ein Instrument beleuchten, das an der Schnittstelle zwischen Employer Branding, Rekrutierung und interner Kommunikation anzusiedeln ist. Gerade größere Unternehmen mit branchenüblich hoher Personalfluktuation wie Unternehmensberatungen, IT-Firmen, aber auch Zeitarbeitsfirmen haben erkannt, dass ein Mitarbeiter, der zu einem anderen Arbeitgeber wechselt, weiterhin ein wertvoller Kontakt sein kann. Sei es, dass er über seinen neuen Arbeitgeber möglicherweise als Kunde wiederkommt, oder dass er in einem späteren Karriereschritt wieder zu seinem früheren Arbeitgeber zurückkehrt. Entsprechend investieren viele Unternehmen in den Aufbau und die Pflege von Ehemaligen-Netzwerken. Das Ziel: Kontakte »warmhalten« und den Ehemaligen auch über ihre Anstellung hinaus die Wertschätzung des Unternehmens entgegenbringen. Wer das Gefühl hat, von den alten Kollegen vermisst zu werden, so das Kalkül, ist eher bereit, wiederzukommen.

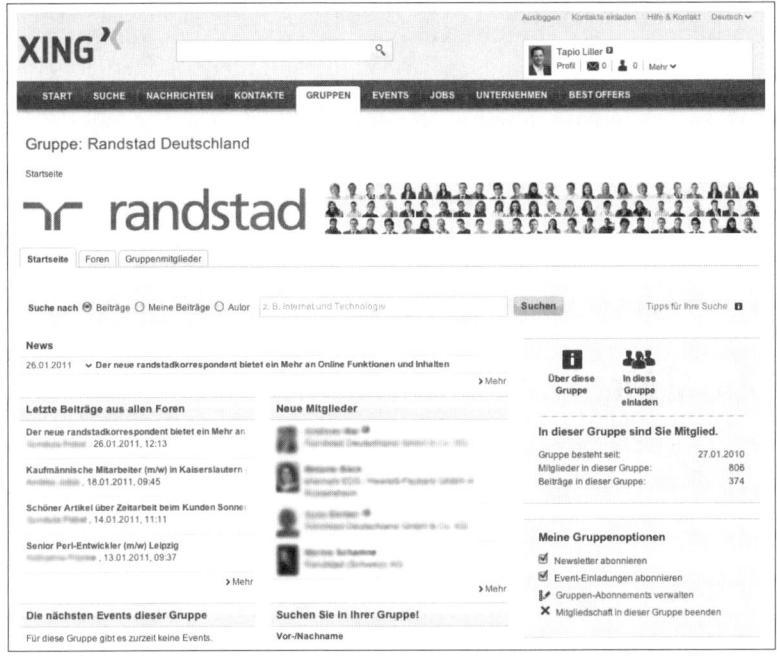

◀ **Abbildung 7-4**
Die Zeitarbeitsfirma Randstad Deutschland öffnete ihre Alumni-Gruppe bei XING für externe Interessenten.

Eine unkomplizierte Möglichkeit, ein Alumni-Netzwerk aufzusetzen, besteht bei XING. Dort lassen sich Gruppen eröffnen, die, wie in Diskussionsforen üblich, nach Themen gegliedert die Verbreitung von Nachrichten aus dem Unternehmen, die Bekanntmachung von Veranstaltungen und den Austausch der Gruppenmitglieder untereinander ermöglichen. Viele Unternehmen und Hochschulen nutzen diese Option schon lange, das Aktivitätsniveau schwankt stark – was nicht überrascht, denn jedes Forum und jede Diskussionsgruppe sind vom Engagement der Mitglieder abhängig. Umso wichtiger ist es für Unternehmen, sich auch für diese Plattform eine Content-Strategie zu überlegen. Die Frage, ob eine Alumni-Gruppe ein geschlossenes Forum oder für jeden Interessenten zugänglich sein soll, beantworten die Firmen je nach Strategie für ihr Alumni-Netzwerk. Während IBM in seiner internationalen »The Greater IBM Connection« mit über 13.000 Mitgliedern eine Bewerbung um Einlass in die Gruppe vorsieht, sind zum Beispiel die Beiträge der »Siemens Alumni« frei einsehbar. Dass man auch von einer rein internen zu einer für allen Interessenten offenen Gruppe wechseln kann, zeigt die Zeitarbeitsfirma Randstad.

»Wir möchten mit unseren Social-Media-Aktivitäten sowohl Bewerber als auch unsere rund 50.000 Mitarbeiter informieren und an uns binden. Wir hatten unsere Enterprise-Gruppe bei XING ursprünglich als Alumni-Gruppe gestartet. Wir haben aber gemerkt, dass der Austausch der Mitglieder untereinander lebhafter ist, wenn auch andere Interessenten an den Diskussionen teilnehmen. Deshalb wird heute jeder, der möchte, von den Moderatoren in die Gruppe gelassen«, erklärt Stephan Johland, Projektmanager Internet und Social Media bei Randstad Deutschland. »Dort können sie sich über aktuelle Themen rund um Randstad und die Zeitarbeitsbranche informieren und direkt Kontakt mit konkreten Ansprechpartnern aufnehmen.«

Social Media im Unternehmen

In Kapitel 2 klang es schon an und es ist in der Diskussion über Sinn und Zweck von Social Media in der Kommunikation ein gern verdrängter Aspekt: Ein Unternehmen, das nach außen eine offene und kollaborative Unternehmenskultur propagiert und über das Social Web Offenheit und Dialogbereitschaft signalisiert, muss dieses Versprechen auch gegenüber seinen Mitarbeitern einhalten. Sonst klafft zwischen kommuniziertem Anspruch und gelebter Wirklichkeit des unternehmerischen Handelns eine Lücke. Wenn zum Personalmarkt hin mit Offenheit und Innovationskultur geworben wird, ein neuer Mitarbeiter aber am ersten Arbeitstag feststellt, dass sein Computer nur eingeschränkt auf das Internet zugreifen kann, ist das dem Arbeitgeber-Image sicher nicht zuträglich.

Wenn wir zwei Grundprinzipien des Social Web, nämlich das Teilen von Wissen und kollaboratives Arbeiten, als Modell auf die Organisationsstruktur von Unternehmen übertragen, können überaus interessante Dinge geschehen. Vorausgesetzt, die Führung des Unternehmens lässt sie zu.

Zum Beispiel verändern sich Hierarchien und Abhängigkeiten. In hierarchisch strukturierten Organisationen ist Wissen und damit Entscheidungsgewalt nach dem Ausschlussprinzip organisiert. Hier wenige wissende Entscheider, dort viele unwissende Untergebene. Die Vergemeinschaftung von Wissen, etwa durch Wikis, interne Social Networks, Microblogging-Systeme und andere Social Software, macht Wissen hingegen für alle im Unternehmen verfügbar. Jeder Mitarbeiter hat die Chance, einen Sachverhalt umfassend zu durchdringen, andere Perspektiven zu erkennen und so für seinen Aufgabenbereich eine informierte Entscheidung zu treffen. Wissen zu teilen bedeutet also, dass die Verantwortlichen zu einem Problem verschiedene Perspektiven sehen, darüber diskutieren und zusätzliche Meinungen einholen können. Durch die Beteiligung vieler kann nicht nur der Lösungsprozess beschleunigt, sondern auch das Endresultat verbessert werden.

In Kapitel 2 verwenden wir für diesen Wandel den Begriff Enterprise 2.0 und weisen darauf hin, dass es in der Verantwortung der Unternehmensführung liegt, die Voraussetzungen für diese Veränderungsprozesse zu schaffen und die nötigen Freiräume zu gewähren. Ist diese Startvoraussetzung gegeben, liegt es oft bei Mitarbeitern der Organisations- und Personalentwicklung und der internen Kommunikation, den Prozess zu begleiten und den Wandel in der Unternehmenskultur greifbar zu machen.

Wir sind der Überzeugung, dass kaum ein Unternehmen um diesen Wandel herumkommt, das die nächsten Generationen von Mitarbeitern für sich gewinnen will. Es ist also besser, Sie schaffen baldmöglichst die internen Voraussetzungen dafür.

PR begin at home

Dass PR zu Hause anfängt, ist für PR-Schaffende eine Binsenweisheit, und es ist nur logisch, dass mit der besprochenen breiter abgestützten Kommunikation im Social Web die interne PR wichtiger wird. Dass dem so ist, geht auch aus dem European Communications Monitor 2010 hervor. Stehen Internal Relations und Change Management aktuell noch auf Rang vier, werden sie gemäß der Studie bis zum Jahr 2013 auf Rang drei vorrücken. Neben den bisher bekannten Zielen der internen Kommunikation gewinnt mit der Kommunikation im Social Web eine Überlegung besonderes Gewicht: Je größer die Loyalität und das Vertrauen der Mitarbeitenden untereinander und in die Führung sind, desto größer ist die Chance, dass der Gedanke des Teilens von Wissen und der Nut-

European Communications Monitor ist eine jährlich erscheinende Studie. Bei dieser Erhebung werden an die 2.000 PR-Profis aus rund 50 europäischen Ländern zu Entwicklungen und Trends in der Unternehmenskommunikation befragt.

zung der kollektiven Intelligenz konsequent von allen gelebt wird. Die PR erhält also auch hier die Funktion eines Coaches, indem sie die interne Meinungsvielfalt fördert.

Web-2.0-Anwendungen bieten die Chance, die interne Kommunikation dialogischer zu gestalten und den gegenseitigen Austausch zu erleichtern. Gerade in großen und multinational organisierten Unternehmen, wo sich nicht mehr alle Mitarbeiter im Flur oder in der gemeinsamen Kaffeepause treffen können, ist es wichtig, Transparenz zu schaffen und Zusammenhänge sichtbar zu machen. Das bedeutet nicht, dass Sie umstoßen müssen, was Sie bisher in der internen Kommunikation gemacht haben. Aber wir empfehlen Ihnen, die bisherigen Maßnahmen, vom schwarzen Brett über die Mitarbeiterzeitung bis zum Intranet, kritisch zu überprüfen und zu überlegen, welche Anwendungen, die Sie aus dem Social Web kennen, auch für die unternehmensinterne Kommunikation geeignet sind. Social Software wie Blogs, Wikis, Microblogs, Foren und Instant Messaging schaffen, richtig eingesetzt, einen klaren Mehrwert für die ganze Organisation.

Unternehmen, die ein Intranet betreiben, nutzen bereits eine Infrastruktur, welche die interne Vernetzung und standortübergreifende Nutzung von Informationen erlaubt. Nur sind Intranets der ersten Generation beileibe nicht so intuitiv, um nicht zu sagen lustvoll, zu bedienen, wie wir das mittlerweile von den Anwendungen im Social Web gewohnt sind. Dies dürfte der Grund sein, warum die an und für sich gute Idee des Intranets in vielen Unternehmen mit veralteten Inhalten und einer geringen Abstützung im Unternehmen ein Schattendasein fristet. Wir listen in der Folge einige Ideen auf, wie Social-Media-Anwendungen auch erfolgreich in der internen Kommunikation eingesetzt werden können:

Eine wertvolle Ergänzung zu den bisherigen Kommunikationsmitteln bilden sicherlich Blogs. Ob die oberste Geschäftsleitung den Informationsfluss über die Ziele und Entwicklungen des Unternehmens aufrechterhält oder ob Abteilungen über ihre Projekte berichten: Die Möglichkeiten auf spannende Weise regelmäßig über relevante Themen zu berichten sind vielfältig. Nicht wenige Unternehmen eröffnen erst einmal ein internes Blog, um Erfahrungen für ein externes Corporate Blog zu sammeln: Wie schafft man es, regelmäßig nutzwertige Inhalte aufzubereiten? Wie baut man den Dialog auf und wie geht man auch mit kritischen Kommentaren um?

Podcasts, also die Audio-Version des Blogs, eignen sich vor allem für Unternehmen mit einem großen Außendienst und Mitarbeiter ohne PC-Arbeitsplatz. Informationen über neue Produkte, Tipps für den Umgang mit Kunden oder Updates über Veränderungen im Unternehmen lassen sich sehr in gut in kurzen Beiträgen vermitteln, die sich im MP3-Format für das Abhören beispielsweise auf Reisen eignen. Geht es darum, Mitarbeiter beispielsweise in einer Krisensituation schnell auf den neuesten Stand zu bringen, eignen sich auch Microblogs in der Art von Twitter. Voraussetzung hierfür ist allerdings, dass sie sich zuvor bereits in der Kommunikation und in den Arbeitsprozessen etabliert haben.

Alle diese Maßnahmen leben davon, dass sie von den Mitarbeitern auch getragen und genutzt werden. Tim O'Reilly sagt das so: »Web 2.0 is an attitude, not a technology«. Diese Haltung zu fördern und Mitarbeiter zum Mitmachen zu motivieren, ist eine Aufgabe von Führung und Kommunikation.

Der Social-Media-freundliche Arbeitsplatz

Zu einer Unternehmenskultur, die auf Offenheit und Austausch setzt, gehört die Grundannahme, dass Ihre Mitarbeiter verantwortungsvoll ihre Aufgaben erfüllen und ihre Zeit ebenso verantwortungsvoll in den Dienst der gemeinsamen Sache stellen. Wenn Sie also die Vorteile des vernetzten und kollaborativen Arbeitens für Ihr Unternehmen nutzen möchten, sollten Sie Ihren Mitarbeitern ein gewisses Grundvertrauen entgegenbringen. Und nicht nur Sie in der Rolle des Kommunikators sollten das tun, auch das Management muss seinen Leuten vertrauen, dass sie die zur Verfügung gestellten technischen Mittel und ihre Zeit im Sinne ihrer vertraglichen Aufgaben und Pflichten zielorientiert nutzen.

Die Vorteile des Einsatzes von Social Software und des Zugangs zum Social Web liegen auf der Hand.

- Schnellere Kommunikation mit mehr Personen: interne Microblogging-Systeme wie *Yammer*, *Communote* oder *Status.net* eignen sich bestens für schnelle Nachfragen bei vielen Kollegen. Jede Frage, die mit »Weiß zufällig jemand, wie/wo/was ...?« beginnt, kann über ein internes Microblog schnell beantwortet werden. Je mehr Mitarbeiter die Plattform nutzen, desto wertvoller wird sie; sie spart so manchen Ausflug durch die Gänge einer anderen Abteilung und das Anklopfen an Büros der Kollegen. Durch die Asynchronität des Microblogs können die Kollegen dann antworten, wenn sie gerade einen Moment Zeit haben. Unterbrechungen im eigenen Arbeitsablauf werden minimiert. Im Übrigen sind interne Microblogs auch auf Schlagworte durchsuchbar. So mancher nützliche Link, der früher an »cc: all« verschickt wurde und dann in den Tiefen des E-Mail-Accounts verschollen ging, bleibt mit diesem Instrument schneller auffindbar. Das Wissen bleibt erhalten. Mitarbeiter, die ein gutes Netzwerk bei Twitter haben, können auch dort wertvolle Anregungen und Hilfe für ihre Arbeit bekommen.

- Sichtbarmachen von Know-how: Interne Social Networks können gerade in großen Organisationen dazu beitragen, dass Mitarbeiter abteilungsübergreifend schneller und ohne große Reibungsverluste Informationen zu bestimmten Themen finden. IT-Dienstleister Cirquent hat aus diesem Grund ein internes Social Network eingerichtet. Dort können die Mitarbeiter nach Schlagworten suchen und so auch standortübergreifend Kollegen finden, die bestimmte Fähigkeiten oder Branchenerfahrungen haben. Ohne dieses Hilfsmittel würden sie lange am Telefon hängen und sich zum Experten für das betreffende Thema durchfragen.

- Nutzung der »weak ties«: Selbst wenn in einem Unternehmen nicht jeder Mitarbeiter mit jedem vernetzt ist, greift doch der Effekt der schwachen Bindungen (siehe Kapitel 1). Die Chancen, über lose Verbindungen zu Kollegen (und externen Personen) auf neue Ideen zu kommen und wertvolle Anregungen für die eigene Arbeit zu bekommen, sind größer, als wenn ein Mitarbeiter tagein tagaus nur mit den gleichen Kollegen zu tun hat. Bei Veränderungsprozessen sind festgefügte Abteilungs- und Beziehungsstrukturen, vulgo »Seilschaften«, besonders resistent gegen Neues, weil sie es nicht anders kennen. Wer erkennt, wie wertvoll Zusammenarbeit für den persönlichen Erfolg im Unternehmen ist, wird sich weniger gegen Veränderungen sträuben.

- Zahl der Meetings reduzieren: Einer der größten Produktivitätskiller in Unternehmen sind Meetings. Wenn Sie sich vor Augen führen, was konkret in Meetings besprochen wird, werden Sie feststellen, dass es oft nur um den Stand eines Projekts geht und darum, was wer als Nächstes tun soll, um das Projekt voranzutreiben. Nüchtern betrachtet sind viele Meetings reine Zeitverschwendung. Ein einstündiges Meeting mit 10 Mitarbeitern dauert de facto nicht eine Stunde, sondern kostet das

Unternehmen zehn Stunden Produktivität. Mit Social Software, wie zum Beispiel Projektmanagement-Lösungen und Kollaborationstools, lassen sich Statusberichte und auch Brainstorming-Sitzungen zur Ideenfindung online abbilden.

Sicher, man kann mit Social Media am Arbeitsplatz auch reichlich Zeit verändeln und Produktivität töten. Das war aber mit dem »herkömmlichen« Internet genauso. Wer Zeit am Arbeitsplatz totschlagen will, schafft das auch ohne Web 2.0. Zur Verdeutlichung: Überschlagen Sie doch einfach mal, wie viel Zeit Sie jeden Tag mit dem Lesen und Beantworten von E-Mails verbringen. Und dann überlegen Sie mal, welche dieser E-Mails erstens für Ihre eigene Arbeit überflüssig sind und welche der Themen zweitens mit Hilfe einer kurzen Statusmeldung im internen Social Network oder Microblog abgehakt wären. Und dann überlegen Sie noch einmal, ob Social-Media-Plattformen Zeitfresser sind oder ob sie nicht vielmehr gezielt eingesetzt Zeit freischaufeln können für das Wesentliche: Ihre Arbeit.

Absenderklarheit und Transparenz

Nicht jeder ist ein geborener Onliner, nicht jeder spielt die Klaviatur des Social Web souverän und selbstbewusst und für die meisten stellt sich die Frage, wie sie als Arbeitnehmer »richtig« mit Social Media umgehen. Unternehmen müssen ihren Mitarbeitern deshalb die nötige Orientierung geben und mögliche Unsicherheiten nehmen.

Mit Neulingen im Social Web ist es nämlich ein wenig so wie mit Reisenden in einem fernen Land mit einer fremden Kultur. Wenn Sie zum Beispiel in einem asiatischen Land den Flughafen verlassen und das Land zum ersten Mal besuchen, werden Sie von einer Flut von neuen Eindrücken überwältigt. Ähnlich wie als Fremder in einer ungewohnten Umgebung sind Menschen auch im Social Web froh, wenn ein Fremdenführer sie an der Hand nimmt und sie über die nötigsten Regeln und die peinlichsten Faux-pas aufklärt, bevor sie ins Fettnäpfchen treten. In Unternehmen stehen sowohl die interne Kommunikation als auch die Personalabteilung vor der Aufgabe, die Kollegen für das Social Web fit zu machen. Und zwar auch, wenn sie nicht im Namen des Unternehmens aktiv werden müssen. Denn auch als privater Web-Bürger kann man in die eine oder andere Situation kommen – ob bewusst oder nicht –, die für die Reputation des Unternehmens und die eigene Karriere kritisch werden kann.

Wichtige Merkmale »einwandfreien Verhaltens« im Social Web, um einen Ausdruck aus Arbeitszeugnissen zu verwenden, sind Absenderklarheit und Transparenz. Das bedeutet, wenn ein Mitarbeiter online publizierend, kommentierend oder bewertend aktiv wird, müssen die anderen Teilnehmer an dieser Kommunikation klar erkennen können, wer er oder sie ist und in welcher Rolle er seine Meinung kundtut (zum Rollenbegriff siehe Kapitel 2). Bei der Namensnennung ist die Sache noch recht einfach. Wir empfehlen, dass alle Mitarbeiter online grundsätzlich mit ihrem echten Namen auftreten, in privaten wie beruflichen Kontexten. Das vermeidet einige Missverständnisse und Unterstellungen anderer von vorneherein. Darüber hinaus ist eine explizite Klarstellung der aktuellen Rolle vonnöten. Ein paar Beispiele zur Verdeutlichung:

- Ein Mitarbeiter möchte im Corporate Blog eines Wettbewerbers Ihres Unternehmens kommentieren, weil er oder sie Ihr Unternehmen falsch dargestellt sieht. Dabei sollte er explizit sagen, dass er als Unternehmensvertreter kommentiert, soweit er dazu autorisiert ist, und seine Argumente entsprechend sachlich und klar vorbringen. Dabei sollte stets eine geschäftliche E-Mail-Adresse angegeben werden, damit der Blogbetreiber gegebenenfalls direkt in Kontakt treten kann.

- Die Kollegin aus der PR-Abteilung möchte in einem PR-Fachblog ihre fachliche, aber persönliche Meinung zu einem von anderen Teilnehmern hitzig debattierten Thema einbringen. Sie sollte auch in diesem Fall ihren Arbeitgeber und ihre Rolle nennen. Das hilft den Mitdiskutanten bei der Einordnung des Beitrags. Ein Hinweis, dass es sich um eine persönliche Meinung handelt, die nicht zwingend mit der ihres Arbeitgebers übereinstimmen muss, hilft Missverständnisse zu vermeiden.

- Ein anderer Mitarbeiter hat für seinen Internetzugang zu Hause den DSL-Anbieter gewechselt und wartet seit Wochen vergeblich auf einen Techniker, der endlich die unzuverlässige Internetverbindung richten soll. Seinem Unmut über den schlechten Service und die gebrochenen Versprechen der Hotline des DSL-Anbieters macht er in einem Kundenforum Luft und fragt andere Leidensgenossen nach Rat. Hier kann er als Privatperson agieren; wenn es ihm mehr behagt auch mit einem Nickname. Ausnahme: Ihr Unternehmen ist selbst DSL-Anbieter!

Die Art und Weise, wie Mitarbeiter online ihre Identität managen, ist also unmittelbar verknüpft mit der Rolle, die sie im Beziehungsdreieck zwischen sich selbst, den anderen Nutzern und dem Unternehmen einnehmen. Sobald auch nur der Hauch einer Vermischung zwischen persönlichen Meinungen und den Interessen des Unternehmens bestehen könnte, ist eine Klarstellung der eigenen Rolle vonnöten. Alles andere kann als Astroturfing, als Versuch verdeckter PR, gedeutet werden. Diese ist nicht nur nach den einschlägigen Standesregeln für Kommunikationsprofis unzulässig und nach dem Gesetz gegen den unlauteren Wettbewerb (UWG) verboten, sie kann für ein Unternehmen auch einen echten Reputationsschaden verursachen. Sie finden die Online-Richtlinien des Deutschen Rats für Public Relations (DRPR) hinten im Buch im Serviceteil.

Wir betonen das Thema Absenderklarheit und Rollentransparenz in dieser Ausführlichkeit, weil es auf dem Markt dubiose Dienstleister gibt, die positive Nutzerstimmen oder Fans und Follower für kleines Geld verkaufen. Angesichts des potenziellen Einflusses von Kommentaren auf andere Onliner kann so ein Angebot gefährlich verlockend klingen. Das Problem ist nur, früher oder später fliegt die Sache auf und Sie haben mit hoher Wahrscheinlichkeit einen veritablen »Shitstorm« – eine massive Empörungswelle im Netz – am Hals. Was diese Grenzerfahrung bedeutet, haben wir in Kapitel 4 besprochen.

Freiheit mit Sicherheit – Social Media Guidelines und Policies

Die Unsicherheit vieler Benutzer liegt vor allem an ihrer Unwissenheit darüber, welche Gepflogenheiten im Social Web gelten und innerhalb welchen Rahmens sie sich gefahrlos und fettnäpfchenfrei bewegen können. Deshalb ist es unseres Erachtens für nahezu jede Organisation angebracht, ihre Mitarbeiter für die Risiken und Chancen des Social Weg gleichermaßen zu sensibilisieren. Eine gute Hilfestellung leisten dabei Social Media Guidelines. Das sind meist in Listenform verfasste, leicht verständliche Empfehlungen für ein möglichst »unfallfreies« Leben als Onliner. Die Guidelines sind dafür gedacht, Mitarbeitern einen Verhaltensrahmen, eine anschauliche Orientierung zu geben, die ihnen einen selbstbewussten und persönlich bereichernden Umgang mit Social Media erlaubt. Social Media Guidelines sollen für ein Mindestmaß an Wissen sorgen und Mitarbeitern mögliche Ängste im Umgang mit Social Media nehmen.

Social Media Guidelines der 1&1 Internet AG

Immer mehr Kolleginnen und Kollegen bewegen sich privat wie auch geschäftlich auf Social-Media-Plattformen wie Twitter, Facebook oder Xing, schreiben eigene Blogs, beteiligen sich an Foren-Diskussionen und nutzen weitere Web-2.0-Plattformen.

Auch 1&1 ist aktiv im Web 2.0 unterwegs. Das Mitmach-Web ist für uns ein wichtiger neuer Kanal für die Kommunikation mit Kunden, Multiplikatoren und der Öffentlichkeit allgemein. Für die Steuerung und Koordinierung aller Web-2.0-Aktivitäten des Unternehmens ist das Team Social Media Communications (PR SMC) innerhalb der Pressestelle verantwortlich.

Mit den folgenden Social Media Guidelines wollen wir euch einige Verhaltensrichtlinien für die richtige Kommunikation im Web 2.0 an die Hand geben. Für Äußerungen im Web 2.0, in denen es um eure Arbeit oder euer Unternehmen geht, sind diese Richtlinien bindend:

1. Das Unternehmen begrüßt ausdrücklich, wenn ihr euch im Web 2.0 engagiert. Insbesondere sind alle Mitarbeiter eingeladen, sich aktiv als Autoren an unseren eigenen Plattformen wie dem 1&1 Blog zu beteiligen. Wenn Fachabteilungen eigene Web-2.0-Angebote planen, werden diese mit dem Social Media Communications Team abgestimmt.

2. Gegenüber der Öffentlichkeit sprechen ausschließlich Vorstände, Mitarbeiter der Pressestellen oder anderweitig autorisierte Mitarbeiter im Namen des Unternehmens. Dies gilt insbesondere für den Bereich Customer Care, dessen Kernaufgabe die direkte Kommunikation mit unseren Kunden ist. Support-Mitarbeiter, die das Unternehmen in Web-2.0-Angeboten vertreten (z. B. Blog, Support-Forum), werden separat benannt. Für alle offiziellen Verlautbarungen gelten auch im Web 2.0 die Richtlinien zur Unternehmenskommunikation.

3. Offizielle Web-2.0-Angebote des Unternehmens (z. B. abteilungsbezogene Twitter-Accounts, Blogs, Facebook-Fan-Seiten etc.) müssen mit dem Social-Media-Team abgestimmt werden.

4. Wenn ihr euch ohne einen dienstlichen Auftrag in sozialen Medien äußert, macht stets deutlich, dass ihr eure persönliche Meinung vertretet und nicht für das Unternehmen sprecht. Verwendet daher Formulierungen wie »ich«, statt »wir«.

5. Weder Firmengeheimnisse noch urheberrechtlich geschütztes Material dürfen nach außen kommuniziert werden. Es gelten die arbeitsrechtlichen Bestimmungen. Die Veröffentlichung von Insider-Informationen kann den Aktienkurs beeinflussen und gegen börsenrechtliche Vorschriften verstoßen. Fragt im Zweifelsfall euren Vorgesetzten, die Presseabteilung oder die Abteilung Investor Relations in der United Internet AG.

6. Wenn ihr euch zu eurem direkten Arbeitsgebiet äußern wollt, stimmt dies im Vorfeld mit eurem direkten Vorgesetzten ab.

7. Seid ehrlich und transparent. Wenn ihr euch privat zu einem Thema rund um eure Arbeit oder euren Arbeitgeber äußert, müsst ihr, z. B. in einem Disclaimer, deutlich offenlegen, dass ihr bei 1&1 bzw. der entsprechenden Marke arbeitet. Dies gilt insbesondere für Antworten in Foren oder Blog-Kommentaren. Postet ihr als autorisierter Mitarbeiter im Firmenauftrag, ist dies ebenfalls zu kennzeichnen, z. B. durch eine entsprechende Unterschrift »Vorname Nachname, 1&1 Internet AG«.

$\rightarrow$

8. Wenn ihr im Netz auf sachliche Kritik am Unternehmen oder konkrete Probleme von Kunden stoßt, ist das zentrale Beschwerdemanagement oder das Social Media Team in der Presseabteilung der richtige Ansprechpartner für euch. Wenn ihr eine Kundenfrage selbst beantworten könnt, solltet ihr dem Kunden selbstverständlich helfen.

9. Beachtet bei sämtlichen Veröffentlichungen die möglichen Folgen, argumentiert sachlich, beleidigt niemanden und zeigt Respekt im Umgang mit Dritten. Die beste Richtschnur hierfür sind noch immer die Regeln der »Netiquette«, die ihr hier nachlesen könnt.

10. Diskreditiert keine Mitbewerber oder deren Produkte – und natürlich auch nicht das eigene Unternehmen.

11. Antwortet nicht im Affekt, sondern denkt über eure Kommentare gründlich nach. Und denkt immer daran: Das Netz vergisst nichts.

12. Bei Fragen hat das Social Media Team oder eure Pressestelle immer ein offenes Ohr.

Diese Richtlinien werden kontinuierlich weiterentwickelt. (Abdruck mit freundlicher Genehmigung der 1&1 Internet AG. Quelle: *http://blog.1und1.de/2010/04/16/die-social-media-guidelines-von-11/*)

Im Internet gibt es mittlerweile eine Vielzahl von Guidelines, und wir zeigen Ihnen in diesem Kapitel auch ein Beispiel auf um zu illustrieren, wie diese aufgebaut sein sollten. Wir raten Ihnen aber davon ab, diese Richtlinien 1:1 für Ihr Unternehmen zu übernehmen, denn sowohl im Inhalt wie auch in der Wortwahl werden sie kaum exakt passen. Erarbeiten Sie die Richtlinien disziplinübergreifend im Team. Mit an den Tisch gehören neben der Kommunikation Fachleute aus dem Personal, IT und Recht sowie die Unternehmensleitung. Und Sie werden – wie bei der Erarbeitung eines Leitbildes – feststellen, dass die Zusammenstellung der Guidelines ein Prozess ist, in dem Sie um die Grenzziehung und die richtige Wortwahl ringen werden. Wichtig ist, dass Sie im gleichen Team auch die Implementierung der Guidelines besprechen, denn eine Rundmail mit einer PDF-Datei im Anhang wird aller Voraussicht nach nicht reichen. Wir erinnern Sie auch hier an den mehrstufigen und auf Langfristigkeit angelegten Prozess, mit dem Sie bei den Mitarbeitern ein Leitbild einführen.

Wie das Beispiel der 1&1 Internet AG zeigt (siehe Kasten), bestehen Social Media Guidelines üblicherweise aus zwei Hauptteilen, einer Art Präambel, die den Sinn und Zweck des Dokuments erläutert, und einem Listenteil, der die für das Unternehmen wichtigen Punkte im Einzelnen aufführt. 1&1 wählt bei der Ansprache das firmenintern übliche »Du«, macht aber klar, dass neben den vorliegenden Guidelines auch die arbeitsrechtlichen Rahmenbedingungen weiter Bestand haben und einzuhalten sind. Da die Guidelines natürlich nicht für jede Situation eine passende Antwort bereithalten können, wird an mehreren Stellen auf Vorgesetzte und Kollegen verwiesen, die in Zweifelsfällen weiterhelfen können.

Die über weite Strecken sehr preskriptiv formulierten Richtlinien für »richtige Kommunikation im Social Web« lassen aber auch keinen Zweifel daran, dass von den Mitarbeitern erwartet wird, dass die aufgestellten Regeln auch beherzigt werden. In diesem Zusammenhang möchten wir die Punkte 2. und 5. besonders hervorheben. Das Thema One-Voice-Policy haben wir im Kapitel 2 bereits angesprochen. Sie für ein Unternehmen mit hohem Vernetzungsgrad der Mitarbeiter strikt durchzuhalten, ist sehr schwierig, wenn nicht sogar unmöglich, wenn man nicht den für den Einsatz von Social Media erarbeiteten Freiheitsgrad für die Mitarbeiter wieder aufgeben will. Dennoch ist es für ein Unternehmen legitim, Mitarbeiter im Rahmen einer Social Media Guideline daran zu erinnern, dass es für offizielle Sprecheraufgaben entsprechend geschulte und per Jobdefinition verantwortliche Kollegen gibt. 1&1 zieht hier also bewusst eine klare Grenze, um auf der sicheren Seite zu sein. Auch Punkt 5 erinnert an formale, arbeitsrechtliche Implikationen im Umgang mit Insiderinformation und Firmengeheimnissen.

An dieser Stelle haben die Social Media Guidelines von 1&1 schon den Charakter von Social Media Policies. Der Unterschied zwischen Guideline und Policy ist folgender: Während eine Guideline aufklärt und für einen sinnvollen und Nutzen stiftenden Umgang mit Social Media sensibilisiert, hat die Policy die Funktion einer echten Regel oder Vorgabe. Social Media Policies sind meist Bestandteil des Arbeitsvertrages und haben dadurch auch eine disziplinarische Dimension.

Wenn Sie in Ihrem Unternehmen zum Schluss kommen, dass eine verbindliche Policy besser ist als eine eher aufklärend wirkende Guideline, sollten Sie daran denken, falls vorhanden, den Betriebsrat mit in die Entwicklung und Ausformulierung der Policy einzubinden. Denn wie bei jeder arbeitsrechtlich relevanten Veränderung im Unternehmen hat auch in diesem Fall der Betriebsrat ein Mitbestimmungsrecht.

Auf einen Blick

- Im Arbeitsmarkt beurteilen nicht mehr nur Unternehmen ihre Bewerber, sondern Arbeitnehmer auch die potenziellen Arbeitgeber. Unternehmen sind gefordert, einen Blick »hinter die Kulissen« auf die Arbeitsbedingungen freizugeben.

- Die zwei Grundprinzipien des Social Web, nämlich das Teilen von Wissen und kollaboratives Arbeiten, wirken sich auf die Organisationsstruktur von Unternehmen aus. Sie helfen, Arbeitsprozesse zu beschleunigen und Resultate zu verbessern – dies wird aber nicht ohne Auswirkung auf das Hierarchiegefüge bleiben.

- PR begins at home, und die interne Kommunikation wird an Stellenwert gewinnen. Dies besagt auch der European Communications Monitor 2010.

- Die interne Kommunikation erhält ein zusätzliches Ziel: Aufbau von Loyalität und Vertrauen der Mitarbeitenden untereinander und in die Unternehmensführung, denn erst auf dieser Basis kann der Gedanke des Teilens von Wissen und die Nutzung der kollektiven Intelligenz konsequent von allen gelebt werden.

- Social-Media-Plattformen sind, wenn sie gezielt eingesetzt werden, keine Zeitfresser, sondern sie erhöhen die Effizienz der Arbeit.

- Wichtige Merkmale »einwandfreien Verhaltens« im Social Web sind Absenderklarheit und Rollentransparenz.

- Social Media Guidelines geben Mitarbeitern einen Verhaltensrahmen und Orientierung, die ihnen einen selbstbewussten und persönlich bereichernden Umgang mit Social Media erlaubt. Sie sorgen für ein Mindestmaß an Wissen und nehmen Mitarbeitern mögliche Ängste im Umgang mit Social Media.

- Der Prozess für die Erarbeitung und Einführung von Social Media Guidelines gleicht jenem des Leitbildes.

Produkt-PR

@tristessedeluxe
Tillmann Allmer

Hat funktioniert: ich war auf so'm Markenbier-Urban-Blog, hab Durst bekommen und mach mir jetzt eine Markenbierflasche auf.

15 März via **Twitterrific** ☆ Von den Favoriten entfernen ↻ Retweet ↵ Antworten

Niemand hat auf Sie gewartet – Machen Sie das Beste daraus!

Kaum ein Anwendungsbereich der neuen Möglichkeiten des Social Web übt auf Kommunikationsprofis eine so große Faszination aus wie die Produktkommunikation. Ob Marketing-Manager oder PR-Leute, ob Vertriebschefs oder Produktmanager, alle erwarten sie vom Einsatz von Social Media in ihrem Bereich Großes. Die Marketer sehen im Social Web meist einen zusätzlichen Kanal, über den sie Reichweite schaffen und ihre Markenbotschaften in die Welt tragen können. Die PR-Leute sind fasziniert von »viralen« Effekten, die wie von Zauberhand für die Bekanntheit eines neuen Produkts bei der Zielgruppe sorgen. Vertriebsleute und eCommerce-Spezialisten sehen neue Absatzmärkte entstehen und wollen Empfehlungsmechanismen für den Abverkauf von Produkten nutzen. Und die Produktmanager wittern schließlich die große Chance, endlich zu erfahren, was die Käufer ihrer Waren und Dienstleistungen wirklich wollen, und möchten das Social Web nach neuen »Consumer Insights« durchforsten.

Allen Genannten rufen wir zu: Ja, die Chancen sind groß und wir teilen die Faszination für das Virale, für Empfehlungen von Käufer zu Käufer und für die Möglichkeit, mehr über die Wünsche und Interessen unserer Kunden zu erfahren – aber wir haben alle die gleiche Herausforderung. Auf uns hat im Social Web niemand gewartet.

Es ist ein weit verbreiteter Irrtum, das Social Web als Ganzes sei ein weiterer »Kanal«. Der Begriff »Social Media« suggeriert, dass es sich bei Blogs, Facebook-Seiten, Twitter-Accounts, Foren und Wikis um Medien im herkömmlichen Sinne handle. Solche, die Werbeflächen zum Verkauf stellen und die traditionellen Gleichung »Höhe der Media-Spendings = Stärke der Aufmerksamkeit« zulassen. Zahllose Dienstleister machen diese Rechnung auf und nennen sich entsprechend Agenturen für Social Media Marketing. Ihr Verkaufsargument ist das Versprechen an Marketingleiter, man müsse nur genug Geld in den Kanal Social Media investieren, dann erreiche man schon die Zielgruppen, die sich aus den traditionellen Medien verabschiedet haben. Wenn Sie unser Buch bislang aufmerksam gelesen haben wissen Sie, dass dies ein fadenscheiniges Versprechen ist, weil es mit der Realität des Social Web nur wenig gemein hat.

Keine Frage, viele Social Networks bieten Werbeflächen zur Buchung an und durch die hohe Detailtiefe der Informationen, die sie über ihre Nutzer haben, ist auch sehr gezielte Werbeschaltung nach Interessen und demografischen Kriterien möglich. Doch eine Text/Bild-Anzeige bei Facebook ist und bleibt eine stumme Anzeige, die auf den Klick wartet, wie wir das auch von herkömmlichen Nachrichtenportalen kennen.

Das Social Web, wie wir es begreifen, ist hingegen ein virtueller Raum, in dem sich Menschen mit gleichen Interessen begegnen und austauschen. Sie kommunizieren untereinander und nutzen dazu die neuen Möglichkeiten der Vernetzung. Sie äußern Wünsche und machen ihrem Ärger Luft. Natürlich sprechen sie auch über Produkte und empfehlen diese weiter, aber bei Weitem nicht so häufig, wie man sich das als Kommunikationsschaffender erhofft. Menschen tun im Social Web vieles, nur eines nicht: Sie warten nicht auf ein Unternehmen, bis es daherkommt und ihnen sein neuestes Produkt verkaufen will.

Wenn Sie also vorhaben, die Möglichkeiten des Social Web für die Produkt-PR oder das Produkt-Marketing zu nutzen, denken Sie daran, dass Ihr Unternehmen, Ihre Marke, Ihr Produkt immer nur eines unter vielen Themen ist, mit denen sich die Onliner beschäftigen. Richten Sie sich darauf ein, dass Ihre Zielgruppe zunächst einmal Besseres zu tun hat, als sich mit Ihrem Produkt zu befassen. Die Menschen, die Sie erreichen möchten, haben im Social Web mehr als anderswo die Wahl, Ihr Buhlen um Aufmerksamkeit zu ignorieren. Das für sie noch Interessantere ist im Zweifelsfall nur einen Klick entfernt.

Dennoch möchten wir Sie nicht entmutigen. Schließlich bietet das Social Web gerade für Produkt-PR und produktbezogene Kommunikation eine Fülle von Chancen. In diesem Kapitel stellen wir Ihnen eine Reihe von strategischen Handlungsoptionen für die Produkt-PR im Social Web vor und zeigen, wie Sie Social-Media-Aktivitäten systematisch planen können. Praxisbeispiele aus verschiedenen Branchen illustrieren, was nötig ist, um für Zielgruppen relevante Angebote zu machen und die resultierenden Gespräche für das Unternehmen zu nutzen.

Produktkommunikation planen

Manch einem gestandenen PR-Schaffenden mag die Diskussion um das Social Web und seine anklickbaren Manifestationen wie ein Déjà-vu vorkommen. Als Ende der 1990er Jahre das eine oder andere Unternehmen noch keine Website hatte, wurde es schon einmal belächelt und als rückständig gebrandmarkt. Wer nicht »drin« war im Netz, war »out«. Zehn Jahre später wiederholen sich die Szenen. Wer heute noch kein Corporate Blog oder wenigstens eine Facebook-Seite für sein Unternehmen oder seine Produkte zu bieten hat, muss ja hinter dem Mond leben. Der empfundene Handlungsdruck auf Marketing-Verantwortliche und PR-Manager, ihrem Unternehmen zu einer dem Stand der Technik entsprechenden Präsenz im Mitmachweb zu verhelfen, ist groß. Doch Aktionismus ist damals wie heute fehl am Platz, und eine Facebook-Seite oder ein Twitter-Account machen noch keine Social-Media-Strategie.

Widerstehen Sie also dem Druck und nehmen Sie sich die nötige Zeit für eine sorgfältige Planung.

Startpunkte: Produkt & Marke, Communities & Content

Zu Beginn des Planungsprozesses steht eine möglichst realistische Selbsteinschätzung. Sie sollten sich kritisch fragen, ob Ihr Produkt respektive Ihre Marke von sich aus so attraktiv sind, dass sie auch ohne Ihr Zutun eine Fangemeinde ansammeln können. Oder ist Ihr Produkt für seine Verwender von so untergeordnetem Interesse, dass sie außer am Point-of-Sale darauf keinen Gedanken verschwenden? Das können Sie, falls nicht schon durch Marktforschung bekannt, durch eine einfache Suche nach dem Produkt- oder Markennamen im Internet herausfinden. Wenn Sie auf Facebook eine Fanpage oder eine Gruppe finden, die niemand aus Ihrem Unternehmen angelegt hat, oder auf Blogs stoßen, auf denen Ihre Kunden über Produkte aus Ihrem Hause diskutieren, haben Sie schon einmal einen guten Anhaltspunkt dafür, wie viel Strahlkraft Ihr Produkt von sich aus hat.

Vergessen Sie dabei aber nicht, auch gezielt nach kritischen Äußerungen zu suchen; wie das geht, wissen Sie aus Kapitel 4 zu Social Media Monitoring. Wer weiß, vielleicht gibt es ja ein Problem, von dem Sie bislang nichts ahnten, das Kunden auf der Suche nach Hilfe oder einer Möglichkeit zur öffentlichen Beschwerde ins Internet treibt. In einem solchen Fall ist besondere Vorsicht geboten, denn jede Aktivität seitens eines Unternehmens, die bestehende Probleme augenscheinlich ignoriert, wird von den Kritikern zum Anlass genommen, sich endlich einmal beherzt auszusprechen. Schließlich hat das Unternehmen ja gerade eine Tür zum direkten Dialog geöffnet. Besonders bei Dienstleistungsunternehmen, deren Qualität sich für die Kunden vor allem in einem hilfsbereiten, kompetenten und reibungslosen Kundenservice äußert, ist Vorsicht geboten. Wenn die Service-Qualität nicht stimmt, wird es ohne eine substanzielle Änderung an dieser Grundvoraussetzung für eine gute Verkäufer-Kunden-Beziehung kaum eine Möglichkeit geben, konfliktfrei über andere Themen zu sprechen. Telekommunikationsunternehmen beispielsweise können ein Lied davon singen. Dem Thema Kundenservice widmen wir das ganze Kapitel 9.

Auch im grundsätzlich positiv zu bewertenden Fall, dass sich rund um Ihre Produkte bereits eine eigenständige Gemeinschaft oder Fan-Community gebildet hat, ist ein umsichtiges Vorgehen angebracht. Wie eingangs erwähnt, sollten Sie nicht davon ausgehen, dass Ihr Unternehmen in solchen organisch entstandenen Communities als Teilnehmer erwünscht ist. Im Gegenteil, wenn eine Onlinegemeinschaft schon lange besteht, hat sich unter den Mitgliedern eine bestimmte Art des Umgangs miteinander eingespielt und die Community funktioniert nach ihren eigenen Regeln. Ein Unternehmen, das in einer solchen Situation den Anschein erweckt, die Führung übernehmen zu wollen – und sei sie auch zum Beispiel aus markenrechtlichen Gründen formell dazu berechtigt –, muss mit

Widerstand der Alteingesessenen rechnen. In einer solchen Situation ist es wichtig, dass Sie anfangs sehr zurückhaltend agieren und sehr genau zuhören, wie die Gemeinschaft über welche Themen und Probleme diskutiert. Verzichten Sie auf ein Hereinplatzen nach dem Motto »Hallo, wir sind jetzt auch da!« Bieten Sie stattdessen Ihre Hilfe an, geben Sie dort, wo gefragt wird, fachkundigen Rat, und reagieren Sie auf Rückfragen. Als Teilnehmer am Diskurs der Community können Sie sich so nach und nach ein Standing erarbeiten, das Ihnen helfen wird, sich bei den anderen Teilnehmern als gleichberechtigtes Mitglied der Gemeinschaft zu etablieren.

Einen weiteren Teil Ihrer Vorbereitungen sollten Sie den Inhalten widmen. Für Produktkommunikation im Social Web reicht die reine Existenz eines Produkts nicht aus; sie ist eine Selbstverständlichkeit. Überlegen Sie genau, welche Inhalte Ihr Produkt illustrieren, erklären und in Aktion zeigen. Wie gehen Nutzer mit dem Produkt um, was mögen sie daran, was hat sich für Kunden geändert, seit sie Ihr Produkt verwenden? Welche Geschichten lassen sich rund um das Produkt erzählen? Gestatten Sie einen Blick hinter die Kulissen, z.B. in die Entstehung des Produkts. Alles, was Ihnen hilft, über die reine Produktinformation hinaus mit Bildern, Texten und Videos aktiv zu werden und Ihrer Online-Kommunikation Leben einzuhauchen, wird Ihnen helfen, für Ihre Zielgruppe Relevanz zu erzeugen. Ohne guten Content, der anregt zum Weitersagen, Zeigen, Verlinken und »Gefällt mir«-Klicken, werden Sie im Social Web nicht weit kommen. Stellen Sie deshalb schon in der Vorplanung sicher, dass Sie über genügend geeignetes Material für die Nutzung im Social Web verfügen.

Die Zielgruppe kennen

Wenn Sie nach den eher grundsätzlichen Vorüberlegungen und Vorrecherchen zum Schluss kommen, dass Sie online auf tendenziell wohlgesinnte Markenfans treffen werden, genug interessanten Content entwickeln können und bei der Produkt- und Servicequalität Ihres Unternehmens keine Kritik zu scheuen brauchen, sollten Sie als nächstes Ihre Zielgruppe genau kennenlernen.

Sie können das im Rahmen eines Social Media Monitorings tun oder zunächst eine einmalige Bestandsaufnahme – ein Social Media Audit – durchführen. Folgende Fragen sollten dabei geklärt werden:

- An welchen »digitalen Orten« hält sich Ihre Zielgruppe auf? Lesen die Menschen, die Sie erreichen möchten, eher Blogs, sind sie engagierte Forendiskutanten oder organisieren sie ihr Online-Leben primär mit Facebook? Und welche Rolle spielt Twitter in ihrem täglichen Social-Media-Mix? Daraus können sie folgern, auf welchen Plattformen ein Social-Media-Engagement für Ihr Unternehmen und Ihre Produkte sinnvoll ist.

- Worüber spricht Ihre Zielgruppe online? – Nur wenn Sie die Themen und Auslöser für die Gespräche Ihrer Kunden im Social Web kennen, können Sie Ihr Inhalte-Angebot darauf abstimmen. Wenn Sie feststellen, dass Ihr Produkt oder die passende Produktkategorie in den Online-Konversationen nicht vorkommt, suchen Sie nach verwandten Themen. Wenn Sie zum Beispiel Künstlerbedarf herstellen, recherchieren Sie alles, was online über Mal- und Zeichentechniken, Ausstellungen, Kunstaktionen, Vernissagen, Kreativtechniken und so weiter gesprochen wird. Sie werden schnell Aufhänger finden und auf neue Ideen kommen.

- Was denken die Nutzer genau über Ihre Produkte und Dienstleistungen? – Gibt es Mängel, die immer wieder auftauchen? Helfen sich Anwender gegenseitig? Wird von schlechten oder von besonders guten Erlebnissen mit Ihrem Angebot berichtet? Versuchen Sie herauszufinden, was bislang positiv aufgenommen wurde und wo der Schuh drückt. Gehen Sie auch den kleinsten Hinweisen nach – es könnte sich dahinter ein deutlich größerer Fundus an Erkenntnissen über die Wünsche und Präferenzen Ihrer Zielgruppe befinden.

- Wer sind die Fürsprecher, wer sind die Gegner Ihres Produkts/ Ihrer Marke? – Denken Sie an die 90–9–1-Regel aus Kapitel 1! Nur ein Prozent der Onliner äußert sich aktiv über einen Sachverhalt, immerhin neun Prozent kommentieren, die große Mehrheit hingegen schweigt – und liest mit. Umso wichtiger ist es, dass Sie die Fürsprecher und Gegner kennen, und zwar namentlich. Wenn Sie später Influencer als Fürsprecher für Ihre Produkte aktivieren möchten, müssen Sie ohnehin jeden beim Namen nennen können und verfolgen, was sie publizieren.

- Wie verhalten sich die für Sie relevanten Onliner untereinander? – Damit Sie in bestehende Communities eintauchen oder neue aufbauen können, müssen Sie die gleiche Sprache sprechen und ein Gefühl für den normalen Umgangston untereinander entwickeln. Dies bewahrt Sie davor, sich beim ersten Versuch in der Community zu blamieren.

Nachdem Sie nun die Rahmenbedingungen und das Online-Leben Ihrer Zielgruppe genauer kennen, können Sie sich den Zielen der Produktkommunikation zuwenden und präzisieren, was Sie eigentlich erreichen möchten.

Ziele definieren

In der Marketingkommunikation verfolgen Sie typischerweise folgende Ziele:

- Kunden informieren und binden
- Neue Produkte launchen
- Produkte relaunchen
- Produkte wieder einführen (Revival)
- Abverkauf fördern
- Neue Märkte und/oder Zielgruppen erschließen
- Kunden zur Weiterempfehlung anregen
- Support-Anfragen minimieren
- Produkte und/oder Service mit Kundenfeedback verbessern

Diese Ziele sind von recht taktischer Natur und man neigt schnell dazu, ihnen ebenso taktische Maßnahmen zuzuordnen. Mit der Folge, dass die Planung vorschnell an bestimmten Tools hängen bleibt. Deshalb unser Tipp: Egal, was Ihr konkretes Geschäftsziel ist, das Sie bei der Planung von Social-Media-Aktivitäten für die Produktkommunikation im Auge haben, versuchen Sie zunächst eine Zuordnung zu den prototypischen Zielen, die Josh Bernoff und Charlene Li in ihrem Standardwerk »Groundswell« einführen. Es ist nämlich leichter, sich eine Strategie zurechtzulegen, wenn man sämtliche vom Unternehmen getriebenen Aktivitäten im Social Web auf folgende fünf Ziele reduziert und davon ausgehend weiterplant:

1. Zuhören (listening)
2. Sprechen (speaking)
3. Aktivieren (energizing)
4. Unterstützen (supporting)
5. Einbinden (embracing)

Dieser Ansatz beinhaltet, dass Sie Ihre Ziele und Zielgruppen nicht nur kennen, sondern sich auch Gedanken machen müssen, wie Sie diese in geeigneter Weise einbinden. Erst wenn Sie wissen, mit wem

Sie es zu tun haben, können Sie Ihre Dialoggruppen informieren, vor allem aber auch aktivieren, unterstützen und einbinden.

Wir haben in der Folge den typischen PR- und Marketingzielen die fünf besprochenen Ziele von Bernoff/Li zugeordnet. Wie Sie diese erreichen können, illustrieren wir gleich mit Beispielen.

Tabelle 8-1 ▶
Typische PR- und Marketing-Ziele lassen sich den übergeordneten Zielen für Aktivitäten im Social Web zuordnen.

	Zuhören	Sprechen	Aktivieren	Unterstützen	Einbinden
Kunden binden & informieren		●	●	●	
Neues Produkt launchen	●	●	●		
Produkt relaunchen	●	●	●		(●)
Produkt- Revival	●	●	●	●	(●)
Abverkauf fördern	●	●	●		
Neue Märkte/ Zielgruppen erschließen	●	●	●		
Kunden zur Weiterempfehlung anregen	●	●	●	(●)	
Support-Anfragen minimieren	●	(●)		●	
Produkt/Service mit Kundenfeedback verbessern	●			(●)	●

Eigene Ressourcen & Prozesse prüfen

Bevor wir uns gleich den Praxisbeispielen zuwenden, möchten wir Ihr Augenmerk noch auf ein Thema lenken, das im Zuge der Erwartungen an eine erfolgreiche Kommunikationskampagne gern ins Hintertreffen gerät: Die Frage nach den nötigen internen Ressourcen.

Ganz unabhängig davon, ob Sie nun für eine konkrete Produkt-PR-Maßnahme den Schritt ins Social Web wagen oder vor allem an einem langfristigen Beziehungsaufbau zu Ihren Bezugsgruppen im Netz interessiert sind, eins ist klar: Kommunikation im Social Web kostet Zeit, sie kostet Geld und sie benötigt in aller Regel einen langen Atem. Das sollten Sie bei der Planung berücksichtigen.

Bei unseren Recherchen haben wir mit vielen PR-Praktikern gesprochen, die mit ihren Unternehmen bereits im Social Web aktiv sind, und sie gefragt, wie viel Arbeit wirklich dahinter steckt. Die Ergebnisse in der folgenden Tabelle zeigen einen Querschnitt durch die

Branche und liefern Ihnen einen Anhaltspunkt, mit welchem Aufwand Sie rechnen müssen.

Unternehmen	PR-Engagement	Stellenprozente für Social-Media-Kommunikation
Asstel Versicherung	Corporate Blog, Twitter-Account, »Botschafter« auf Facebook, Twitter, XING, Wer-kennt-wen, gutefrage.net und wer-weiss-was.de	100% verteilt auf fünf Personen
Blinden- und Sehbehindertenverein Hamburg e.V.	Twitter (zwei Accounts), Blog, Facebook, Mister Wong und experimentell: Foursquare, Formspring, Audioboo.fm, Friendfeed	15% mit einer Person
Brack Electronics/ DayDeal.ch	Corporate Blog als Herzstück der Kommunikation, Twitter-Account, Facebook, XING, Flickr, YouTube für Produktvideos, Slideshare, Yammer	150% aufgeteilt auf vier Personen
Bremen Online	Twitter, Facebook, Flickr, MrWong	40% verteilt auf mehrere Mitarbeiter
Cirquent	Corporate Blog, Twitter-Account	60% verteilt auf zwei Mitarbeiter
Flexstrom AG	Corporate Blog, Facebook, Twitter	100% mit einer Person
Krones AG	XING, Twitter, Facebook, Corporate Videos	100% aufgeteilt auf drei Personen in enger Zusammenarbeit mit weiteren Abteilungen
Migros	Community »migipedia«, Twitter, Facebook, Skype, XING, LinkedIn	400% verteilt auf fünf Personen
Randstad Deutschland	Alumni-Forum bei XING, YouTube-Channel, mehrere Twitter-Accounts	100% mit einer Person
Schweizerische Post	Facebook. Geplant für 2011: Flickr, YouTube, Slideshare, Twitter, XING, LinkedIn	200% verteilt auf zwei Personen
STA Travel	Corporate Blog für Deutschland/Österreich/Schweiz, Twitter-Account, mehrere Facebook-Fanseiten, zahlreiche Marketing-Kooperationen und Gewinnspiele	100% verteilt auf zwei Personen
Wuala/LaCie	Corporate Blog, Facebook, Twitter, XING mit eigener Gruppe, LinkedIn mit eigener Gruppe, Forum, YouTube mit eigenem Kanal	Ca. 130%, davon 20–30% für das Forum

◀ Tabelle 8-2
Der Zeitaufwand für Social-Media-Kommunikation schwankt von Unternehmen zu Unternehmen stark. In kaum einem Unternehmen ist er eine vernachlässigbare Größe.

Social-Media-Kommunikation erledigt sich nicht nebenher. Was als kleines Engagement beginnt, wächst bald auf ein Pensum an, das in Stellenprozenten ausgedrückt werden kann. Viele Unternehmen gehen dazu über, für die Kommunikation im Social Web eine eigene Stelle zu schaffen oder widmen einen erheblichen Teil der Arbeitszeit von PR-Mitarbeitern für diesen Zweck. Sie sehen also, wie wichtig es ist, noch vor dem Schritt ins Social Web die vorhandenen Ressourcen abzuschätzen.

Strategien in der Praxis

Nachdem Sie bis hierhin einen Planungsrahmen kennengelernt haben, der Ihnen die Vorbereitung von Produkt-PR-Aktivitäten im Social Web erleichtern wird, ist es nun Zeit, sich der Praxis zu widmen. Wir haben für Sie ein paar Beispiele zusammengestellt, die Ihnen als Inspiration dienen sollen. Jeden Tag starten Unternehmen eigene Kampagnen und Projekte mit neuen Ideen, die mindestens genauso erwähnenswert wären. Der Platz in einem gedruckten Buch, anders als im Social Web, ist aber leider beschränkt. Wir verweisen Sie deshalb für weitere Beispiele gerne auf unsere Links in der Gruppe »PR im Social Web« bei Diigo.

Wichtig zu wissen ist, dass alle Kommunikationsmaßnahmen im Social Web von der Vernetzung leben – der Vernetzung von Inhalten, Personen, Aktionen und verschiedenen Plattformen sowie von der Kommunikation zwischen den Akteuren. Hierzu zeigen wir Ihnen gleich einige interessante Momentaufnahmen.

Marken- und Produkt-Communities

Es gehört zu den Stärken etablierter Marken, dass sie Fans und Unterstützer im Social Web haben, ohne sich ausdrücklich um deren Gunst beworben zu haben. Man könnte auch umgekehrt argumentieren und sagen, ohne eine Gemeinschaft, die über eine Marke spricht, existiert die Marke im Social Web gar nicht. Die Community definiert die Marke, nicht umgekehrt. Die Definitionsfragen überlassen wir gern anderen, aber für unsere Betrachtung ist eines wichtig: Marken, die es schaffen, für Gesprächsstoff in Online- und Offline-Gemeinschaften zu sorgen, haben gegenüber ihren Mitbewerbern einen Vorteil.

Insbesondere zu Produkten wie Autos, Bekleidung und Sportartikel, aber auch für sogenannte »fast moving consumer goods« (FMCG), also Verbrauchsgüter des täglichen Bedarfs, gibt es unzählige Communities, die sich aus eigenem Antrieb gebildet haben. Darin liegt für die jeweiligen Unternehmen eine große Chance, weil sie so relativ leicht sehr viele Personen erreichen kön-

nen, die sich bereits mit der Marke identifizieren. Etwas befremd-
lich mutet es da an, wenn ein global aktives Unternehmen wie Nin-
tendo nicht den Kontakt zu über einer Million Fans seiner
Spielkonsole Wii bei Facebook sucht.

Nutella – Marketing-Aktionen bei Facebook

Gezielter agiert der Schokoladenfabrikant Ferrero mit seiner Pro-
duktmarke Nutella. Die Fans der Nussnougatcreme werden bei
Facebook versammelt und mit »News und Infos aus der Nutella-
Welt« versorgt, wie es die Willkommen-Seite verspricht.

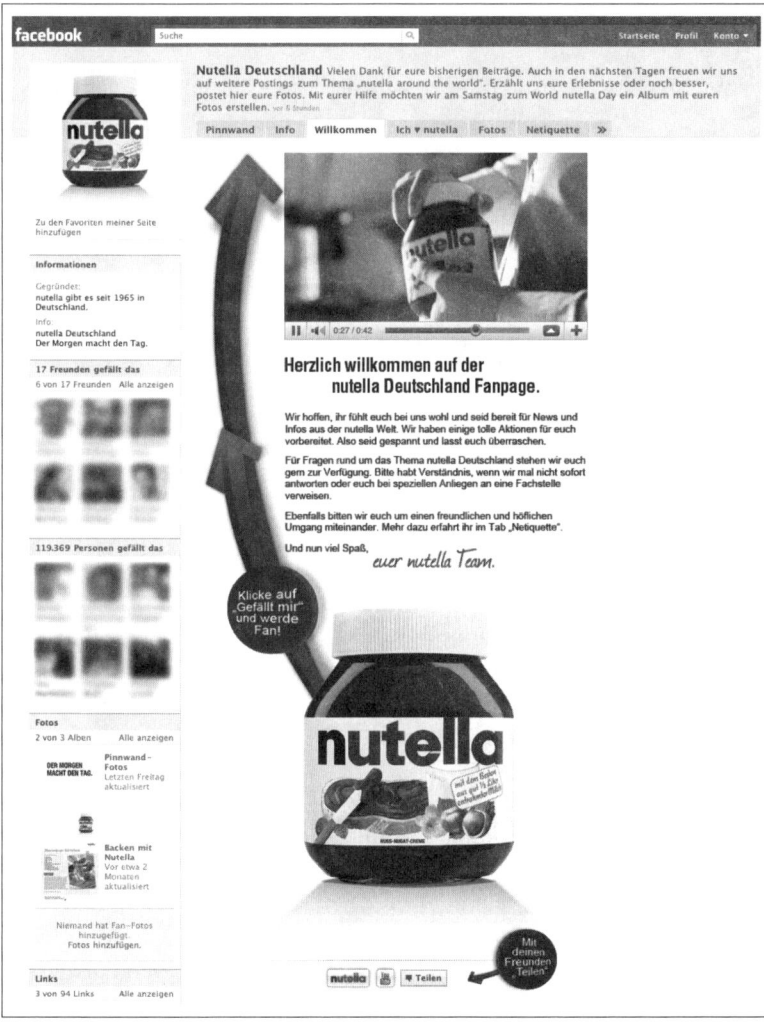

◀ Abbildung 8-1
Nutella Deutschland unterhält seine
Facebook-Fans mit Marketing-
Aktionen.

Was Nutella tut, um die Fans (über 125.000 waren es bei Fertigstellung unseres Buchs) bei Laune zu halten, mutet eher konventionell an. Ein Gewinnspiel fordert dazu auf zu sagen, warum man Nutella liebt, der aktuelle TV-Werbespot wird auf der Pinnwand zur Diskussion gestellt und eine Coupon-Aktion in Kooperation mit dem Besteckhersteller WMF regt zum Kauf einer Großpackung an, mit einem »Nutella-Streicher« als Zugabe. In dieser Form könnten die Aktionen auch mit herkömmlichen Mitteln realisiert werden; Facebook unterstützt hier allenfalls die Verbreitung ins persönliche Netzwerk. Dennoch scheinen die Freunde der Marke zufrieden. Zahlreiche Fan-Posts bekunden »Ohne Nutella kann ich nicht leben« oder »Ohne Nutella wäre ich nichts.« So viel Begeisterung spricht ganz klar für eine starke Markenbindung und ein positives Image bei den Fans. Ein Pfund, mit dem zu wuchern sich lohnt, wie Ferrero offenbar erkannt hat.

Mammut – Community für Alpinisten

Der Schweizer Outdoor-Bekleidungsspezialist Mammut, dessen Kernzielgruppe anspruchsvolle Alpinisten sind, hat sich dafür entschieden, seine Markencommunity auf einer eigenen Plattform aufzubauen. Dennoch bedient sich das Unternehmen der Reichweite von Facebook, um Aktionen wie den Teamwettbewerb »150 Years – 150 Peaks« zum 150-jährigen Bestehen des Unternehmens zu bewerben und Fans zu mobilisieren. Die Hürde zur Anmeldung beim »Mammut Basecamp«, wie die Community heißt, wird mit der Technik Facebook Connect gesenkt. Facebook Connect erlaubt eine schnelle (Neu-)Anmeldung auf einer Website mit Hilfe der persönlichen Login-Daten von Facebook. So entfällt zum guten Teil die doppelte Eingabe von persönlichen Daten.

Bei den Inhalten geht Mammut in die Vollen und aktiviert Fans zur Beteiligung an »Test Events« an besonderen Orten, die ihrerseits als Vorlage für die nächsten Werbemotive des Unternehmens dienen. Alles wird professionell per Foto und Video dokumentiert und bei YouTube hochgeladen. Die Videos nutzt Mammut dann auf der Facebook-Seite, in seinem Basecamp-Blog und auf speziellen Aktionsseiten, stets begleitet vom »Gefällt mir«- und Twitter-Buttons. Angesichts der Zugriffszahlen auf YouTube von teilweise über 13.000 Klicks in wenigen Wochen scheinen es die Videos von Klettertouren und Team-Expeditionen den Freunden der Marke besonders angetan zu haben. Die Vernetzung der verschiedenen Plattformen sowie die Mehrfachnutzung der einmal produzierten Inhalte über die Plattformen hinweg ist bei Mammut unseres

Erachtens besonders gut gelungen und einen genaueren Blick wert. Die Links finden Sie in unserer Diigo-Gruppe »PR im Social Web«.

◀ **Abbildung 8-2**
Outdoor-Bekleidungshersteller Mammut bindet Markenfans mit einer eigenen Community-Seite an sich.

Migros – Kunden gestalten Produkte mit

Der Community-Gedanke muss aber nicht auf einzelne Produkte beschränkt bleiben. Die Schweizer Supermarktkette Migros betreibt eine Online-Gemeinschaft namens »Migipedia«, auf der sich Kunden über das Produktsortiment austauschen können. Viele nutzen das für ausführliche Kritik und Verbesserungsvorschläge an einzelnen Artikeln. Diese Feedback-Kultur nutzt Migros aus und optimiert sowohl sein Sortiment als auch einzelne Produkte oder Verpackungsformen. Social-Media-Direktorin Leila Summa kommentiert die Integration der Community in die Produktentwicklung so:

»Einige Kunden fragten zum Beispiel, warum es den Migros Eistee nicht in einer PET-Flasche gäbe. Wir haben daraufhin auf migipedia, Facebook und Twitter gefragt, ob andere Kunden das Produkt auch lieber in einer anderen Verpackung hätten. Die Antwort war ein klares ›Ja!‹ zur PET-Flasche statt des TetraPaks, in den der Eistee vorher abgefüllt war. In Absprache mit unserer internen Marktforschung und dem Einkauf haben wir den Kundenwunsch erfüllt und das Produkt in neuer Form in die Regale gebracht.«

Migros praktiziert hier vorbildliches Zuhören und eine zielgerichtete Einbindung der Community in die Produktgestaltung. Das zahlt sich in einer entsprechend aktiven Beteiligung der Markengemeinschaft aus. Migipedia hat an die 19.000 Mitglieder und mehr als 2.000 Fans auf Facebook. Auf Twitter verspricht die Einzelhandelskette: »Wir engagieren uns für jedes einzelne deiner Zeichen.« Tatsächlich sind ein Großteil der Tweets Antworten auf Anfragen oder Kommentare anderer Nutzer.

Abbildung 8-3 ▶
Mit der »migipedia« hat die Schweizer Supermarktkette Migros eine eigene Produktcommunity geschaffen, die auf großes Interesse stößt.

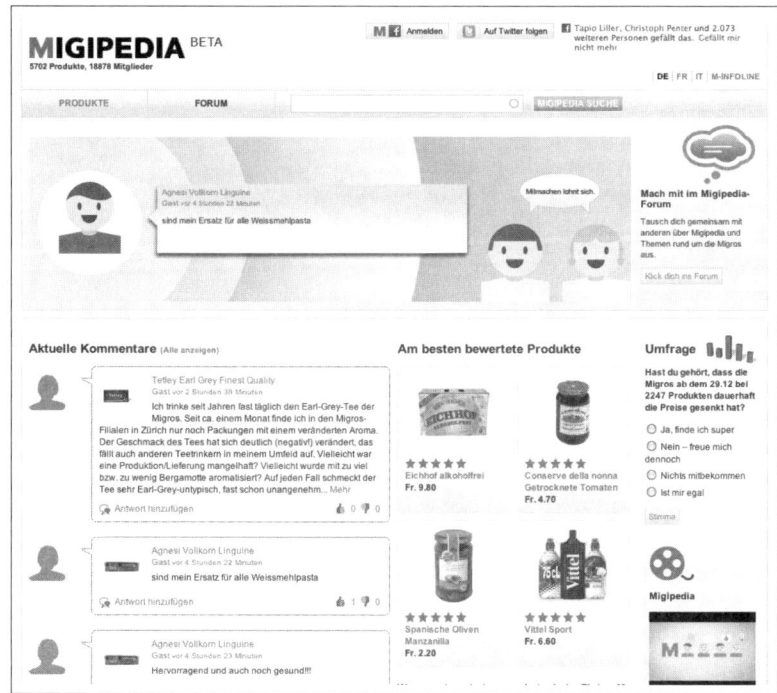

Bei der Zielgruppendefinition ist Migros sehr pragmatisch. Leila Summa dazu: »Social Networks sind mittlerweile so stark verbreitet, dass wir ›alle SchweizerInnen‹ anzutreffen hoffen. Wir gehen davon aus, dass mit unseren Social-Media-Aktivitäten momentan vermutlich vor allem 20–45-Jährige angesprochen werden. Diese Gruppe macht vor allem aktiv mit.«

Produktinformation mit Storytelling

Viele Produkte des täglichen Bedarfs wie Lebensmittel, Nonfood oder Kleidung erfüllen ihre Aufgabe und bieten dem Käufer einen mehr oder minder ausgeprägten Produktnutzen. Sie sind aber auch oft austauschbar. In dem Moment, wo rund um diese Produkte eine Erlebniswelt aufgebaut wird, bekommen sie ein eigenständiges Profil. Kirstin Walther, die wir bereits im zweiten Kapitel kennengelernt haben, spricht online deshalb auch nicht in erster Linie über ihre Säfte. Auf Twitter, Facebook und in ihrem Blog schreibt sie vielmehr über Früchte und Beeren, gibt Einblick hinter die Kulissen ihres mittelständischen Betriebes und fragt die Community nach ihrer Meinung.

Produkte und Dienstleistungen im Social Web informativ zu präsentieren bedarf eben einer Portion Kreativität und eines Gefühls für die Geschichten hinter dem Produkt. Sie werden aber schon in der allererersten Phase, beim Zuhören, auf Ideen kommen, wie Sie die Information um Ihr Produkt so verpacken können, dass die Community auch Lust bekommt, sie auszupacken.

Krones AG – Industrieanlagen in Aktion

Wenn das Produkt wenig greifbar ist, wie zum Beispiel Software oder ein neuer Internet-Dienst, oder so komplex, dass es mit Worten und Fotos allein nur schwer anschaulich zu erklären ist, helfen Videos ungemein. Der Anlagenbauer Krones beispielsweise steckt erheblichen Aufwand in die Produktion von Produkt-Erklärvideos und Reportagen über die Entwicklung und den Einsatz seiner Flaschensterilisationsanlagen, Abfüllmaschinen und Palettierungsmaschinen. Als klassisches Business-to-Business-Unternehmen adressiert Krones mit seinem Online-Magazin – einer Kombination aus kurzen Texten, einem ausführlichen Video und ergänzendem Bildmaterial – Entscheider bei Brauereien, Molkereibetrieben, Mineralbrunnen und Weinkellereien. Anstatt allein auf die Wirkung faktenbeladener Datenblätter und auf Beschreibungen seiner hoch spezialisierten Anlagen zu setzen, erweckt Krones seine Produkte für den Interessenten zum Leben und zeigt sie in Aktion. Da wirbeln PET-Streckblasmaschinen und Sterilisationsanlagen, Getränkefüller rotieren in beachtlichem Tempo und Etikettiermaschinen labeln die fertigen Produkte so rasant, dass man als Zuschauer schnell ein Bild davon bekommt, mit wie viel Präzision und Ingenieurkunst die Anlagen entwickelt und gefertigt werden.

Ähnlich wie bei Mammut werden auch bei Krones die Inhalte plattformübergreifend miteinander vernetzt und mehrfach verwendet. Jedes Video taucht sowohl im Online-Magazin als auch auf der Facebook-Seite des Unternehmens auf, die über 3.500 Fans hat. Für einen Anlagenbauer ein beachtlicher Wert, selbst wenn viele Mitarbeiter darunter sind. Dort entstehen auch Gespräche über die Inhalte. Videos werden kommentiert, und wenn eine Auszubildende, deren Start im Unternehmen eine Video-Reihe begleitet, zu Weihnachten ein Ständchen singt, bekommt auch sie lobende Worte der Fans.

Abbildung 8-4 ▶
Anlagenbauer Krones AG präsentiert seine Ingenieurkunst mit Videos im Web.

Produktlaunches

Die Neueinführung eines Produkts ist eine spannende und anspruchsvolle Aufgabe, denn man startet mit einem weißen Blatt Papier und kann die Reaktionen der potenziellen Kunden nur erahnen. Eine erfolgreiche Launch-Kommunikation kann großen Einfluss auf den Erfolg des Produkts selbst haben. Es gibt viele Beispiele, welche die Mobilisierungs- und Feedbackmöglichkeiten von Social-Media-Plattformen genutzt haben, um die kommunikative Basis für den Produktlaunch zu verbreitern.

Rügenwalder Mühle – Würstchen im Kunstflug

Wie man selbst für Würstchen Fans mobilisieren kann, zeigte der Wursthersteller Rügenwalder Mühle mit seiner Launch-Aktion »Rügenwalder Wurstwahnsinn« zur Einführung seiner »Mühlen Würstchen«. Auf seiner Facebook-Seite suchte die Firma Wursttester, die bereit wären, während eines Kunstfluges samt Loopings und Rollen Würstchen zu essen und dabei gefilmt zu werden. Fünf Bewerber wurden ausgewählt und in einen Flieger gesetzt, ausgestattet mit einem Glas Würstchen im Wurstwasser, das beim ersten Looping natürlich das Cockpit flutete. Aus den Aufnahmen wurde ein Video-Clip geschnitten, unterlegt mit einer für das Video adaptierten Rammstein-Persiflage des Comedy-Duos »Mundstuhl«. Die Comedians standen für das Projekt Pate und präsentierten als Lösung für das Wurstwasser-Problem ein neues Produkt aus dem Hause Rügenwalder Mühle, das gänzlich ohne Wurstwasser auskommt und natürlich genauso gut schmeckt wie ein herkömmliches Wiener Würstchen. Das Motto der Facebook-Aktion: »Ein Traum wird wahr! Kein Wurstwasser«. Bislang konnten sich über 7.200 Fans für den skurrilen Wurstwahnsinn begeistern. Diese wollen natürlich auch nach der Aktion unterhalten werden. Das Unternehmen versucht es seither mit wurstbestückten Kochrezepten, einer Verlosung von Frühstücksbrettchen und anderen Aktionen.

◀ **Abbildung 8-5**
Abbildung: Rügenwalder Mühle ließ Facebook-Fans mit einem Kunstflug-Flieger in die Luft gehen. Zum Würstchen-Essen.

Für einen Lebensmittelhersteller, der TV-Zuschauern sonst eher durch Werbung mit nostalgischer Landromantik bekannt ist, ist der »Wurstwahnsinn« ein mutiger Zug. Ein klassisch geprägter Marketing-Manager würde sich wohl die Haare raufen angesichts der offensichtlichen Schere zwischen dem über Jahre aufgebauten Marken-Image als Wursthersteller mit langer Tradition und Wurzeln in Pommern und den schrägen Comedians mit ihrem Rammstein-Verschnitt. Aus der Sicht der Facebook-Fans trifft die Aktion aber den richtigen Ton; Skurrilität passt gut zu Facebook und YouTube als Umfeld für die Kampagne. Wie gut es Rügenwalder Mühle hier gelungen ist, mit einem neuen Produkt auch gleich eine neue Zielgruppe zu erschließen, zeigen Kommentare auf der Facebook-Pinnwand, wie der folgende:

Abbildung 8-6 ▶
Rügenwalder trifft den Nerv der
Zielgruppe bei Facebook.

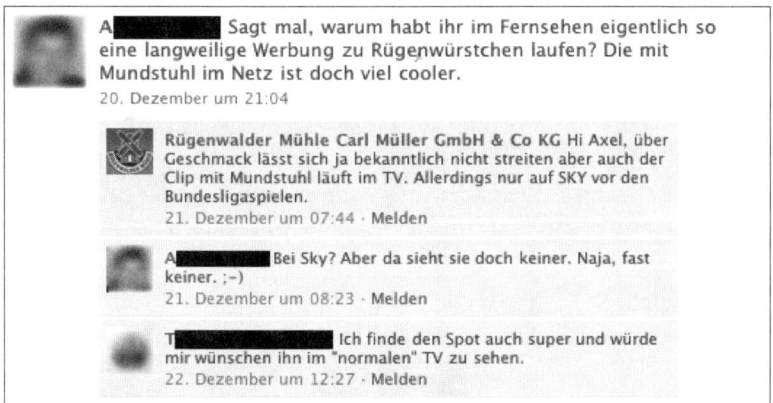

Es kann sich also lohnen, einen Markenauftritt im Social Web bewusst gegen den Strich zu bürsten, wenn man dadurch den Ton der Zielgruppe trifft. Solange dadurch Sympathien aufgebaut werden und Markenbindung entsteht, wird sich der vermeintliche Konflikt im Markenauftritt nicht negativ auswirken.

Mobilisierung & Empfehlungen

Viele Produkt-PR-Aktionen im Social Web setzen auf die Mobilisierung von Fans und die Generierung von Empfehlungen an Freunde, um mehr Interessenten zu erreichen und als Botschafter für die Marke zu gewinnen. Bei Facebook ist der Mechanismus besonders gut zu sehen. Denn eine Fanseite gerät in der Regel erst ins Blickfeld eines Nutzers, wenn einer seiner Freunde dort »Gefällt mir« klickt oder Kommentare hinterlässt. Beides erscheint im persönlichen Newsstream des Nutzers und kann ihn dazu animieren, sich selbst mit der Fanseite auseinanderzusetzen.

Ein Unternehmen oder eine Marke, die auf ihrer Seite viele begeisterte Fans versammelt, kann sich diese Popularität über diesen Auftritt hinaus zunutze machen. Zur Erstmobilisierung wird oft mit einer bestimmten Belohnung oder einem Gewinn für die Teilnehmer geworben, der zum Mitmachen animieren soll. Das kann ein besonderes Erlebnis sein wie eine Reise, ein exklusives Treffen mit einem Star oder auch die Möglichkeit, seine Ideen für eine neue Werbekampagne beizutragen. Aber es muss nicht immer ein Geschenk im weitesten Sinne sein, wie das folgende Beispiel zeigt. Die Kreativität der Nutzer anzuregen kann genauso erfolgreich sein.

Ritter Sport – die Kreativität der Fans anregen

Der Schokoladenhersteller Alfred Ritter nutzte die Kreativität der Fangemeinde seines Produkts Ritter Sport für die Ausgestaltung eines Produktrevivals. So wurde die Sorte Ritter Sport Olympia von den Fans der Marke zur Wiederauflage nach vielen Jahren Pause auserkoren. Die Begründungen der Fans, warum sie Olympia wiederhaben wollten, lieferten Texte und Ideen für Werbeplakate. Ein Song-Wettbewerb suchte nach dem passenden Loblied für das Produkt.

◀ **Abbildung 8-7**
Ritter Sport animierte Fans zur Einreichung von Videos zum Revival der Schokoladensorte Olympia.

In einer späteren Aktion namens »Blog-Schokolade« ging Ritter Sport noch einen Schritt weiter und ließ die Fans selbst neue Schokoladensorten kreieren. Dazu wurde eigens ein Widget (ein einbettbares Browserprogramm) entwickelt, das die Markenfreunde auch auf ihre eigenen Blogs einbinden konnten. Darüber ließen sich dann Zutatenkombinationen an Ritter Sport schicken. Eine Jury wählte die vielversprechendsten Kandidaten unter anderem nach Machbarkeitskriterien aus und stellte die Shortlist dann der Fangemeinde zur Wahl. Konsequent auch das Endergebnis: Die neue Schokoladensorte wird ausschließlich online vertrieben.

Abbildung 8-8 ▶
Ritter Sport bot Fans ein einbettbares Widget für die Aktion »Blog-Schokolade« an.

Neben der Aktivierung der Fans bot diese Aktion dem Unternehmen natürlich auch eine Fülle von Informationen über die Wünsche und Geschmäcker ihrer Kunden. Hier wurde also nicht nur Marktforschung, sondern auch Crowdsourcing betrieben.

STA Travel – Abenteuerlustige aktivieren ihren Freundeskreis

Bewerbungs- und Voting-Verfahren sind recht universell einsetzbar. Die Reisebürokette STA Travel zum Beispiel rief ihre Facebook-Fans gemeinsam mit Kooperationspartnern zum Wettbewerb »14 für Neuseeland« auf. Über eine per Facebook, Twitter und einen E-Mail-Newsletter beworbene Microsite konnten sich Reiselustige einzeln oder in Zweierteams für einen zweiwöchigen Trip nach Neuseeland bewerben. Um mitfahren zu können, mussten sie ihre Freunde, Familie und Bekannten zur Abstimmung animieren. 200 Bewerber kamen zusammen, die insgesamt über 40.000 Stimmen auf sich vereinen konnten. Die Gruppenrundreise wurde von der Social-Media-Mitarbeiterin von STA Travel begleitet und für das Corporate Blog in Bild und Video dokumentiert.

◄ **Abbildung 8-9**
Bewerber für die Aktion »14 für Neuseeland« mussten Stimmen von Freunden für sich mobilisieren

Abverkauf fördern

Unter PR-Leuten wird beim Stichwort Abverkauf gerne mal die Nase gerümpft, als sei das Verkaufen von Produkten etwas Anrüchiges. Der Grund dafür ist unter anderem wohl die generelle Schwierigkeit der PR, einen direkten Effekt ihres Tuns nachzuweisen. Deshalb ziehen sich Öffentlichkeitsarbeiter gern darauf zurück, ihre Aufgabe sei es, Themen zu setzen und Beziehungen zu Stakeholdern zu pflegen, aber nicht für den Verkauf von Produkten zu sorgen. Doch wie einige Fallbeispiele zeigen, kann man über Facebook und Twitter durchaus verkaufen und dabei zugleich Beziehungspflege mit den Stakeholdern betreiben.

Ein recht spezielles, aber erfolgreiches Beispiel liefert die Deutsche Bahn. Im Herbst 2010 versammelte sie – unterstützt durch reichweitenstarke Online-Werbung zum Beispiel auf Bild.de – auf einer Facebook-Seite Fans für das »Chefticket« – ein Ticket für eine einfache Fahrt in der zweiten Wagenklasse für 25,– Euro. Das Ticket wurde 140.000 Mal in zwei Wochen abgesetzt. In einem Gespräch mit der Marketing-Fachzeitung Horizont wertete der Marketingchef der Bahn die Aktion als Erfolg. Facebook habe seine »Relevanz als Vertriebskanal bewiesen«.

Speziell ist die Aktion unseres Erachtens, weil sie kaum auf die eigentliche Stärke des Social Web setzte, nämlich den Dialog mit den Fans. Das Preisargument überwog. Nun könnte man argumentieren, ein günstiger Preis ziehe eben immer. Das ließe aber außer Acht, dass auch lange nach dem Ende der Aktion noch über 57.000 Menschen als Fans der Seite registriert waren. Dieses Potenzial kann später wieder aktiviert werden. Ob für den Abverkauf oder andere Ziele, war zur Drucklegung unseres Buchs noch nicht klar. Das Beispiel macht jedoch deutlich, dass auch eine Kampagne mit nur einem Argument zum Aufbau einer Fangemeinde funktionieren kann. Die Bahn konnte es sich allerdings auch erlauben, den Dialog auf ein Minimum zu beschränken, denn eine echte Alternative fehlt auf dem deutschen Markt.

Mit deutlich weniger Aufwand, aber umso mehr persönlichem Engagement und Dialogorientierung betreibt der Schweizer Elektronikhändler Brack Electronics seine Social-Media-Kommunikation. Als reiner Online-Händler ohne Ladengeschäft ist Brack auf Besuche im Online-Shop angewiesen und setzt zur Aktivierung von Interessenten und Kunden im Social Web alle Hebel in Bewegung. Eine Facebook-Seite (über 6.300 Fans) verweist auf Neuigkeiten im Corporate Blog und wird jeden Freitag mit einer Sonderaktion »Friday Deal« bedient. Das Blog wird gefüllt mit produktbezogenen Beiträgen, Linktipps und dem gelegentlichen Blick hinter die Kulissen des Shopbetreibers, z.B. mit selbstproduzierten Videos und Bildern, die dann bei Facebook, im Twitter-Kanal und bei YouTube weitergenutzt werden. Brack folgt bei der Social Media Nutzung nicht primär einem Kampagnengedanken, sondern bietet sich seiner Community als Tippgeber und Helfer für alle elektronischen Lebenslagen an.

Auf die Frage, welches Ziel Brack mit seinem Social-Media-Engagement verfolgt, antwortet CEO Malte Polzin denn auch sehr kurz: »Dialog. Punkt.«

Das eCommerce-Unternehmen erprobt aber auch Feedback-Prozesse und kollaborative Produktentwicklung mit Nutzerbeteiligung. Malte Polzin: »Wir sehen Nutzerbeteiligung an Open-Innovation-Prozessen als strategisches Thema. Deshalb beteiligen wir uns auch an der Plattform atizo.com.« Dort rief Brack die Nutzer dazu auf, Ideen für ein umweltfreundlicheres Versandgeschäft zu entwickeln, und konnte so über 600 neue Ansätze sammeln. Letztlich geht es auch hier am Ende um den Abverkauf, Brack ist sich aber stets bewusst, dass er unter Beobachtung seiner Konsumenten steht. Mit diesen Bemühungen werden nicht nur Abläufe optimiert, sondern auch das Image als umweltbewusst handelndes Unternehmen gestärkt. Überdies positioniert sich Brack Electronics als dialogbereites, für Ideen von außen zugängliches Unternehmen.

Produkttests

Grundsätzlich sind Produkttests, die Unternehmen mit Bloggern, Facebook-Fans und anderen Interessenten organisieren, eine gute Idee. Sie geben das Produkt den Anwendern in die Hand, statt es nur zu bebildern und zu beschreiben. Im Idealfall erzeugen solche Aktionen positive Berichte und Bemerkungen im Social Web und vielleicht die eine oder andere Empfehlung an Bekannte und Freunde abseits der digitalen Sphäre.

Besonders gut eignen sich natürlich Produkte, die sich mit überschaubarem Aufwand verschicken lassen, wie Kleidung, Kosmetika, Bücher, Consumer Elektronik, Software und Computerspiele, digitale Gadgets und dergleichen. Ein Beispiel ist der Launch des neuen Smartphone-Betriebssystems von Microsoft, Windows Phone 7, der von der Telekom als Anlass für eine Produkttestaktion für ein Smartphone des Herstellers HTC genommen wurde. Kurz zuvor hatte die Telekom ihren Twitter-Support-Account @telekom_hilft auf Facebook ausgeweitet (dazu mehr in Kapitel 9) und dort eine ausreichend große Fangemeinde versammelt, um mit ihr ein Bewerbungsverfahren um 80 Testgeräte mit Windows Phone 7 zu starten. Fans, die zugleich Telekom-Kunden waren, konnten sich über ein Formular bei Facebook für einen 4-wöchigen Einsatz als »#tpilot« bewerben.

Abbildung 8-10 ▶
Die Telekom aggregierte alle
Inhalte ihrer Produkt-Launch-
Aktion #TPilot auf der Facebook-
Seite von »Telekom hilft«.

Sobald die Vergabe abgeschlossen und die Testgeräte verschickt waren, wurde die Facebook-Fanpage um eine Aggregationsseite erweitert, die alle Tweets, Blogposts und Flickr-Fotos mit dem Hashtag #tpilot zusammentrug. So wird für die anderen Fans, die bei der Testrunde leer ausgingen, sichtbar, welche Erfahrungen die Tester mit dem Produkt gemacht haben und wie sie es kommentieren und bewerten. Die durch die Nutzergemeinde erstellten Inhalte bleiben so nicht nur dem Unternehmen als die Social-Media-Version des Clippings erhalten, sondern helfen automatisch mit, die Nutzer miteinander in Kontakt zu bringen und innerhalb dieser Interessengemeinschaft für Weiterempfehlungen zu sorgen.

Wenn Sie selbst vorhaben, ein Produkttestprogramm über das Social Web zu starten, sollten Sie unabhängig von der genutzten Plattform, ob Blogs, Twitter, Facebook-Fanseite oder alle drei, folgende Hinweise beherzigen:

- Erwartungen steuern. – Machen Sie klar, was Sie von den Testern erwarten, aber machen Sie ihnen keine Vorschriften zu den Inhalten der Testberichte. Es ist legitim zu sagen, dass man für eine Teststellung – oder die Überlassung eines Artikels – eine Gegenleistung erwartet. Die wird in der Regel daraus bestehen, dass der Teilnehmer über seine persönlichen Social-Media-Plattformen über das Produkt schreiben oder sprechen soll. Eine inhaltliche Vorgabe aber kommt einer Bevormundung gleich und wird Ihnen weder Sympathien beim Tester noch bessere Testberichte bringen.

- Transparenz sicherstellen. – Bei allen Social-Web-Aktivitäten gilt das Gebot der Absenderklarheit. Das bedeutet, dass Sie und gegebenenfalls auch Ihre PR-Agentur sicherstellen müssen, dass ein Teilnehmer an einem Testprogramm erstens weiß, von wem er sein Produkt bekommt, und zweitens dies auch seine Leser wissen lässt. Halten Sie deshalb alle Produkttester dazu an, ihre Berichte zu kennzeichnen. So könnten Sie zum Beispiel im Text oder am Ende des Blogposts einen Satz einfügen wie: »Das Produkt wurde mir vom Hersteller unentgeltlich zur Verfügung gestellt. Ich darf es behalten, aber das beeinflusst nicht meine hier veröffentlichte Meinung darüber.«

Mobile Kunden, mobile Kommunikation

Der wachsende Erfolg von internetfähigen Handys und die damit verbundene allmähliche Änderung des Internetnutzungsverhaltens vieler Menschen eröffnen der Produkt-Kommunikation neue Chancen. Sie erfordern aber auch ein Neu-Denken von Internetpräsenzen für viele Unternehmen. Das fängt bei so einfachen Dingen wie der Unternehmenswebsite an. Haben Sie schon einmal versucht, mit einem Smartphone in der Hand herauszufinden, wie die Öffnungszeiten des Restaurants im benachbarten Stadtteil sind? Oder haben Sie mal eine Online-Bestellung beim Pizza-Lieferdienst über Ihr Smartphone probiert? Die Wahrscheinlichkeit ist hoch, dass beide Vorhaben, wenn überhaupt, dann nur mit Mühe und Geduld zu bewerkstelligen waren. Der Grund: Die Webseiten vieler Firmen, gerade in Gastronomie und Einzelhandel, sind nicht für iPhone, Android-Handy und Co. geschaffen. Manche sind ganz in Flash programmiert, was eine Bedienung auf den kleinen Bildschirmen ganz unmöglich macht.

Neben der simplen Darstellung eines Unternehmens und seiner Produkte auf Smartphones liegt in ihrer Verbreitung noch eine andere Chance. Alle neuen Geräte sind mit einem GPS-Empfänger ausgestattet, wissen also ziemlich genau, wo sich ihr Nutzer aufhält. Diese Geoinformation lässt sich von Applikationen nutzen und mit Daten aus dem Internet verknüpfen. Die Gruppe der Location-based Services, kurz LBS, ist noch recht jung und entwickelt sich sehr schnell weiter. Vielleicht sind Ihnen schon Namen wie Foursquare und Gowalla oder die deutschen Anbieter *Friendticker* und *loca.li* untergekommen, alles LBS-Plattformen, auf denen die Nutzer mit Hilfe ihres Smartphones anderen Nutzern über ein »Check-in« signalisieren können, wo sie sich gerade befinden. Auch Facebook hat eine solche Funktion eingeführt. Dort heißt sie »Places«. Die Nutzer können Tipps und Hinweise für andere Nutzer hinterlassen. Von der Empfehlung eines Gerichts bis hin zur Warnung vor einem unfreundlichen Mitarbeiter ist alles möglich. Spielerische Elemente belohnen die regelmäßigen Anwender mit Punkten und Auszeichnungen. Der wohl bekannteste Ehrentitel ist der des »Mayors« bei Foursquare. Der »Bürgermeister« eines Ortes hat sich dort besonders regelmäßig eingecheckt. In den USA nutzen dies Cafés, Restaurants, Plattenläden und andere Einzelhändler, um Stammkunden an sich zu binden. Sie loben Rabatte oder kleine Aufmerksamkeiten für den Mayor aus.

In Deutschland experimentieren bislang nur wenige Unternehmen mit der Kundenbindung und Verkaufsaktionen über Foursquare und Co. Die Restaurant-Kette Vapiano und die Handy-Shops von O2 zum Beispiel probieren aus, wie Nutzer Sonderangebote an ihren Standorten annehmen.

Mittelfristig wird das bewusste und aktive Einchecken nicht die einzige Funktion bleiben, mit der potenzielle Kunden oder Freunde einer Marke an Ort und Stelle ihre Verbundenheit ausdrücken können. Es gibt schon Plattformen wie Geoloqi, die es zum Beispiel gestatten, an jeden beliebigen Ort eine digitale Notiz anzuheften und zu bestimmen, wer diese Notiz als Meldung auf sein Smartphone erhält, wenn er sich in der Nähe aufhält. Mit solchen Diensten ließe sich u.a. die spontane Laufkundschaft in einem Laden erhöhen. Wenn sich zum Beispiel ein Facebook-Fan des Geschäfts in der Nähe aufhält, könnte er über seinen mit Facebook verbundenen Geodienst eine kurze Nachricht erhalten, dass er bei Vorlage eines zugleich übermittelten digitalen Gutscheins einen Rabatt bekommt. So könnten Einzelhändler, Restaurants und andere Geschäfte automatisiert und quasi im Vorbeigehen ihren treuesten Kunden einen Anreiz für einen neuerlichen Besuch geben.

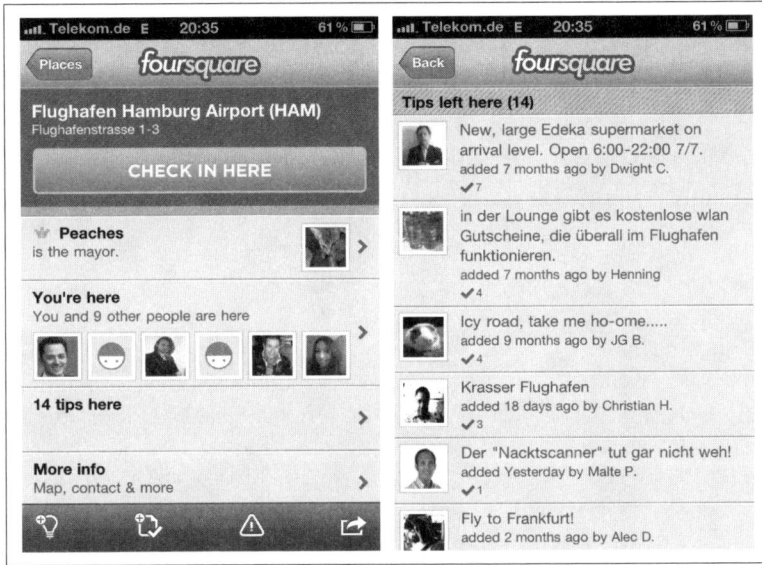

◄ **Abbildung 8-11**
Location-based Services wie hier Foursquare verleihen Orten eine digitale Informationsebene, die von den Nutzern befüllt wird.

Was sich heute vielleicht noch etwas unheimlich anhört – eine Software weiß, wo ich bin, und gibt mir meinen Interessen entsprechend ein Signal –, wird mit dem weiteren Siegeszug der Smartphones eine immer weitere Verbreitung finden. Wie bei jeder technischen Neuerung gibt es auch hier Early Adopter, die früh die Möglichkeiten der Dienste ausloten, für Unternehmen aber noch eine zu kleine Gruppe sind, um geschäftlich relevant zu sein. Sie sind aber auch ein dankbares Publikum für mutige Versuche von Unternehmen, neue Plattformen kreativ für sich zu nutzen. Wir würden zum heutigen Zeitpunkt Location-based Services und ihre Nutzung für Produkt- und Markenkommunikation noch als »Social Media für Fortgeschrittene« einordnen, aber es kann auch Ihnen nicht schaden, solche Tools einmal in Erwägung zu ziehen.

Auf einen Blick

- Social Media sind kein »Kanal« im Sinne klassischen Marketings. Sie lassen sich nicht mit Media-Geld »buchen«, sondern erfordern ein persönliches Engagement der Unternehmen, die dort aktiv werden wollen.

- Produkte und Dienstleistungen sind nur eines von vielen Themen, mit denen sich Menschen online beschäftigen. Niemand wartet auf Ihr Produkt oder Ihre Marke.

- Wenn Sie Ihr Produkt im Social Web präsentieren wollen, planen Sie sorgfältig, wie Sie die Aufmerksamkeit der Menschen verdienen möchten.

- Starten Sie mit einer Suche. Wo wird über Ihr Produkt im Netz gesprochen? Stoßen Sie dabei auf Beschwerden, prüfen Sie, woran es liegt und leiten Sie Gegenmaßnahmen ein, bevor Sie im Social Web aktiv werden.

- Wenn es bereits Communities rund um Ihre Produkte gibt, gehen Sie umsichtig und zurückhaltend vor. Es ist nicht Ihre Community und Sie sind zunächst nur ein Gast unter vielen.

- Zur Vorbereitung gehört eine Content-Strategie. Sammeln Sie Geschichten rund um das Produkt und Ihr Unternehmen, und prüfen Sie selbstkritisch, ob sie es wert sind, sie an Freunde und Bekannte weiterzugeben.

- Recherchieren Sie sorgfältig, wie Ihre Zielgruppe »tickt« und miteinander umgeht. Es ist wichtig, von vornherein den richtigen Ton zu treffen.

- Taktische Kommunikationsziele wie »Markenbekanntheit steigern« oder »neues Produkt launchen« lassen sich auf fünf strategische Ziele herunterbrechen:

- Die strategischen Ziele nach Bernoff/Li sind Zuhören, Sprechen, Aktivieren, Unterstützen und Einbinden.

- Unterschätzen Sie nicht den Zeitaufwand für Kommunikation im Social Web. Viele Unternehmen stellen dafür 20–100% Stellenprozente an Kapazität bereit, einige auch deutlich mehr.

- Produkt-Communities eignen sich für die Bindung und Aktivierung von Fans und Unterstützern einer Marke oder eines konkreten Produkts.

- Die Verwendung von Inhalten über verschiedene Plattformen hinweg verstärkt die Vernetzung der für Produktkommunikation genutzten Plattformen.

- Das Social Web ist prädestiniert für Storytelling rund um Produkte und Dienstleistungen. Gute Geschichten und interessante Inhalte werden leichter weitergegeben.

- Komplexe Produkte – etwa im B2B-Umfeld – lassen sich multimedial besser erklären als auf einem trockenen Datenblatt.

- Es kann sich lohnen, die Kommunikation im Social Web gegen den Strich des normalen Markenauftritts zu bürsten. Lustige und schräge Aktionen finden schneller Fans.

- Nutzen Sie die Kreativität der Markenfans und binden Sie sie in Ihre PR-Aktionen ein.

- Geben Sie den Produktfans das Produkt in die Hand und regen Sie so nutzergenerierte Berichte im Social Web an.

- Steuern sie aber die Erwartungen und üben Sie keinen Druck auf die Produkttester aus.

- Location-based Services geben jedem Ort eine eigene Informationsebene im Netz, abrufbar über Smartphones. Hier liegt eine Chance für Einzelhandel und Gastronomie, Kunden dort zu erreichen, wo sie sich gerade aufhalten.

KAPITEL 9

Kundenservice
und Support

@nilsmaier
Nils Maier

wow wow wow, AriBerlin Kundenservice.
Lange nicht mehr so schnell und
freundlich ein Problem behoben
bekommen... #AirBerlin #Service #Spitze

20 Feb. 09 via TweetDeck   ☆ Von den Favoriten entfernen ↻ Retweet ↰ Antworten

»Entmenschlichung« und Neuanfang

In Kapitel 2 haben wir in der Definition von Cluetrain-PR festgehalten, dass »die Bereitschaft und die Fähigkeit zu Dialog und Vernetzung, die auch ohne Vermittler stattfinden kann« im Vordergrund stehen. Eben diese Fähigkeit beweist sich wohl an keiner anderen Schnittstelle zum Unternehmen deutlicher als beim Kundenservice. Die Standardisierung von Produkten und Dienstleistungen hat es über die Jahrzehnte jedoch mit sich gebracht, dass der Kundendienst immer stärker als Kostenfaktor angesehen wurde und nicht als Teil des Produkts, das ein Unternehmen verkauft. Der persönliche Kontakt mit Kunden wurde generalstabsmäßig reduziert. Die Automatisierung von Standardprozessen des Kundenkontakts ist in jedem Lebensbereich zu beobachten. Der Gang zum Bankschalter wurde durch Geldautomaten und Online-Banking nahezu überflüssig. Fluglinien lassen ihre Passagiere an Automaten einchecken und ihr Gepäck selbst aufs Laufband stellen. In der Straßenbahn gibt es längst keinen Schaffner mehr, der Fahrscheine verkauft und bei der Gelegenheit dem Ortsunkundigen einen Tipp zum Umsteigen an der richtigen Station gibt. An Tankstellen hilft kein Mitarbeiter mehr beim Ölstand-Messen oder putzt die Scheiben, und bei vielen Hotlines erreicht man zuerst einen Sprachcomputer, der die gesprochenen Menü-Kommandos nur mit Mühe akzeptiert.

Da ist es kein Wunder, dass sich viele Kunden vorkommen wie Bittsteller, die das Unternehmen so weit wie möglich von sich fernhalten will. Und wenn es gar nicht anders geht, sollen sie gefälligst möglichst wenig Zeit von anderen Menschen beanspruchen, denn Zeit ist bekanntlich Geld. Diese Entwicklung hat vor mehr als 30 Jahren begonnen und ist heute Teil unseres Wirtschaftslebens. Der Kontakt zum Kunden ist heute in vielen Bereichen weitgehend »entmenschlicht«. Geradezu paradox erscheint es da, wenn ein Mitarbeiter mit der klingenden Bezeichnung »Customer Experience Manager« primär damit beschäftigt ist, Geschäftsprozesse so zu gestalten, dass der Kunde bloß nicht auf die Idee kommt, das Unternehmen nach dem Kauf mit seinen Fragen zu belästigen.

Aus dieser Automatisierung des Kundenkontakts folgen natürlich neue Herausforderungen. Zum Beispiel müssen die meist technischen Schnittstellen zwischen dem Kunden und dem Unternehmen so gestaltet werden, dass der Kunde die Funktionsweise des Automaten versteht, sonst wird die Automatisierung im Keim erstickt. Das Ergebnis der Interaktion zwischen Mensch und Maschine muss außerdem das vom Anwender erwünschte Ergebnis bringen: Die Durchführung einer Aufgabe, die Beantwortung einer Frage oder die Lösung eines Problems. Oft genug ist das nicht der Fall, was eine der häufigsten Quellen für Unzufriedenheit mit einem Unternehmen ist. Automatisierung hat eben dort ihre Grenzen, wo sich Fragen und Interaktionen nicht in feste Schemata pressen lassen.

Was dann folgt, hat wohl jeder schon einmal erlebt: Man wählt die Telefonhotline des betreffenden Unternehmens, hangelt sich durch die Sprachcomputermenüs und hat dann einen Callcenter-Mitarbeiter – meist bei einem ausgelagerten Dienstleister – an der Strippe. Der fragt, nicht viel anders als eine Maschine, die Basisdaten wie Name, Kundennummer und Geburtsdatum ab und versucht dann, von einer Software (wieder Technik!) geleitet, die Anfrage schnellstmöglich zu schließen, weil sein Gehalt teilweise von der Zahl der bearbeiteten Fälle abhängt. Am Ende hat man als Kunde zwar eine Art von Antwort, aber oft noch immer keine Lösung.

Die Frustration über derart dysfunktionalen Kundenservice schlug sich in der Vergangenheit vielleicht in erbosten Briefen an einen Geschäftsführer nieder oder in der verzweifelten Bitte an die Redaktion einer Zeitschrift, doch über medialen Druck für Bewegung in der Sache zu sorgen. Im Regelfall aber war die Konsequenz aus solchen Erlebnissen die Kündigung des Vertrages zum nächstmöglichen Zeitpunkt oder die Wahl eines Konkurrenzprodukts bei der nächsten Gelegenheit. Für das Unternehmen war das zwar ärgerlich, aber einkalkuliert. Ein bisschen Schwund ist eben immer – »churn rate« heißt der Begriff dazu aus dem Prozessmanagement und bezeichnet das Verhältnis von verlorenen zu neu gewonnenen Kunden.

Das Social Web bringt in das Thema Kundenservice gleich in mehrfacher Hinsicht Bewegung:

1. Ventil für Frustration – Kunden nutzen das Social Web, um ihrer Verärgerung und Enttäuschung über schlechte Produkte, schlechten Service und unzureichende Problemlösungen durch die Unternehmen Luft zu machen. Produktbewertungsseiten wie *Ciao.com* und die Kundenrezensionen bei Onlineshops wie *Amazon.de* sind voll davon.

2. Hilfe zur Selbsthilfe – Wo das betreffende Unternehmen nicht weiterhilft, kann vielleicht ein anderer Kunde den entscheidenden Tipp geben, der das Problem löst. Es gibt für fast jedes Thema und jedes Produkt ein passendes Diskussionsforum. Gegenseitiger Nutzersupport nimmt dort neben der Kaufberatung von Kunde zu Kunde einen großen Teil der Posts ein.

3. Neue Erwartungen an Unternehmen – Je stärker das Social Web Teil des Alltags der Menschen wird, desto mehr erwarten sie auch von Unternehmen, dass diese die gleichen Plattformen zur Kommunikation mit ihren Kunden nutzen. Noch mögen Firmen mit einem umfassenden Dialog- und Supportangebot im Social Web die Ausnahme sein, aber schon heute ist absehbar, dass dies ein Wettbewerbsvorteil sein wird.

Nehmen Unternehmen diese Entwicklungen nicht zur Kenntnis und versäumen sie es, dazu passende Kommunikationsstrategien und Prozesse zu entwickeln, müssen sie mit den entsprechenden Risiken für Reputation und Verkaufserfolg leben. Oder, um es positiv zu formulieren: Indem Unternehmen das Social Web nutzen, um ihre Bereitschaft und Fähigkeit zum Dialog mit ihren Bezugsgruppen unter Beweis zu stellen, eröffnen sie sich neue Chancen zur Stärkung ihrer Reputation, zur Kundenbindung und zur Verbesserung ihrer Produkt- und Servicequalität. Wie das in der Praxis aussehen kann, erläutern wir in diesem Kapitel anhand von Unternehmen, die hier eine Vorreiterrolle spielen.

Sagen und Tun im Einklang

»Ein gutes Produkt braucht keinen Service«, heißt es gelegentlich in Blog-Diskussionen zum Thema Kundenservice und Social Media. Damit wird gern auch der Satz verknüpft: »Ein gutes Produkt verkauft sich über Empfehlungen fast von selbst.« Beide Aussagen sind in ihrem Kern wahr, aber sie zeugen auch von einer romantischen Vorstellung von der Leistungsfähigkeit von Unternehmen und ihren Produkten, und wir sagen Ihnen auch gleich weshalb. Natürlich ist es für ein Unternehmen erstrebenswert, Produkte so zu konzipieren und herzustellen, dass sie jederzeit bestimmungsgemäß funktionieren und die Erwartungen des Käufers umfassend erfüllen. Das ist schon aus Eigeninteresse für jedes produzierende Unternehmen wichtig und richtig. Denn jede Reklamation, Service-Anfrage, Kulanzregelung, Rückfrage und Nachbesserung bindet Ressourcen, die in den Preis des Produkts einkalkuliert werden müssen. Und natürlich trägt eine gute Produktqualität auch maßgeblich zur Kundenzufriedenheit bei und dient als eine Grundlage für Weiterempfehlungen an andere.

Doch realistisch betrachtet wird es sich auch in der Social-Web-Ära kein Unternehmen leisten können, das Ideal des Produkts, mit dem jeder Kunde uneingeschränkt zufrieden ist, zur alles dominierenden Maxime des eigenen Handelns zu machen. Zu unterschiedlich sind die Märkte und Geschäftsmodelle, zu viele weitere Faktoren finden in die Kalkulation Eingang, als dass man die Erwartung der Bezugsgruppen an das perfekte Produkt schüren sollte. Das Risiko, die aufgebauten Erwartungen zu enttäuschen und dann als Anbieter nicht mehr glaubwürdig zu sein, ist zu groß.

In der unternehmerischen Praxis kommt es deshalb aus Sicht der Kommunikation darauf an, das Leistungsversprechen des Unternehmens mit seiner tatsächlichen Leistungsfähigkeit in Einklang zu bringen. Oder anders ausgedrückt: Das Sagen und das Tun des Unternehmens müssen sich decken. Das gilt im Übrigen bei Weitem nicht nur für die Qualität und den Nutzen des zu verkaufenden Produkts, sondern für die gesamte Rolle des Unternehmens als gesellschaftlicher Akteur. Das Stichwort Corporate Social Responsibility mag hier als Hinweis genügen.

Wie können Unternehmen nun die Chancen des Social Web konkret nutzen, um ihren Kundenservice auf eine neue Grundlage zu stellen? Hierbei helfen die prototypischen Zielsetzungen für Kommunikation im Social Web von Bernoff und Li, die Sie bereits in Kapitel 8 kennengelernt haben:

- Zuhören und Sprechen – Unternehmen können aktiv das Gespräch mit Menschen aufnehmen, die Rat suchen, ein Problem haben oder ihren Unmut über ein das Unternehmen betreffendes Thema äußern. Sie können dort Ansprechbarkeit herstellen, wo sich ihre Kunden ohnehin aufhalten, also beispielsweise bei Twitter, Facebook oder in einem Forum.

- Unterstützen – Die Kernaufgabe des Kundenservice ist die Lösung von Problemen aller Art. Mit Hilfe des Social Web können Unternehmen ein Support-Angebot schaffen, das über das individuelle, auf den einen anfragenden Kunden bezogene Problem hinausreicht. Das Social Web kann Anfragen dokumentieren und kategorisieren helfen und die Lösungen allen Interessenten zugänglich machen.

- Einbinden – Wenn Unternehmen die Kontaktaufnahme eines Kunden nicht länger als lästigen Kostenpunkt betrachten, können sie das in jeder Anfrage enthaltene Wissen dazu nutzen, mehr über die Verwendungsrealität ihrer Produkte zu erfahren. Das Feedback, das Kunden im Zuge des Kontakts geben, kann ihnen wertvolle Anhaltspunkte zur Qualitätsverbesserung oder zur Entwicklung neuer Angebote liefern.

Damit ein Unternehmen diesen Zielen nachgehen kann und zu brauchbaren Ergebnissen kommt, sind die Voraussetzungen dafür zu schaffen. Sie betreffen vor allem die Unternehmenskultur, die dafür bereit sein muss, den Kunden wieder näher heranzulassen und ihn vor allem in seiner Individualität anzuerkennen. Dazu gehört, die Kontaktaufnahme des Kunden als Gelegenheit zum Lernen zu verstehen, auch wenn er sich zunächst kritisch äußert, aber auch eine Servicekultur, die es sich zum Ziel setzt, dem Kunden Lösungen anstelle von Versprechungen zu bieten. Klingt zu gut, um machbar zu sein? Wir finden, nein, wenn Sie bereit sind, eingefahrene Prozesse zu hinterfragen und Mitarbeitern verständlich zu machen, dass der Kontakt mit einem glückliche(re)n Kunden ein persönlich befriedigendes Erlebnis sein kann.

Kundendienst im Social Web planen

Kundendienst im klassischen Sinne hat die Aufgabe, Fragen des Kunden zu beantworten und Probleme zu lösen. Dazu musste in traditionellen Organisationsformen der Kunde einen vom Unternehmen bereitgestellten Kontaktpunkt – im Beraterenglisch auch »Touchpoint« genannt – aufsuchen. Dazu gehören Filialen, Telefonhotlines und E-Mail-Adressen für Kundenanfragen. Durch das Social Web wächst die Zahl der potenziellen Kontaktpunkte und damit auch die Herausforderung, an jedem dieser Kontaktpunkte einen Kunden eindeutig zu identifizieren und ihm jeweils eine gleichlautende Antwort geben zu können. Deshalb erfordert die Einführung von Supportangeboten über das Social Web sorgfältige Vorbereitungen, für die wir Ihnen einige Hinweise geben.

Zu Beginn ist es enorm wichtig, dass Sie sich klarmachen, was Sie mit einem Support-Angebot über Social-Media-Plattformen erreichen möchten. Sonst laufen Sie Gefahr, neue Kontaktpunkte zu eröffnen, ohne die Folgen für Ihre Organisation absehen zu können. Klären Sie also diese Fragen bereits in der Planungsphase:

- Leistungsfähigkeit: Wie ist es um den bestehenden Kundendienst bestellt? – Ein Kundendienst, der heute schon Schwierigkeiten hat, die oben angesprochene Servicekultur in die Tat umzusetzen und Kunden mit einem positiven Erlebnis und einer kompetenten Lösung für sein Problem zu versorgen, wird im Social Web nicht besser funktionieren. Da gerade mangelhafter Kundenservice ein Grund für Beschwerden im Social Web sein kann, sollten Sie mögliche Mängel beseitigen, bevor Sie den Kundendienst im Social Web vorantreiben.

- Prozessintegration: Wie lassen sich Support-Fälle, die im Social Web aufschlagen, in bestehende Kundendienstprozesse einbinden? – Die Kunden erwarten eine auf sie persönlich zugeschnittene Antwort, sie wollen sich aufgehoben fühlen und sehen, dass das Unternehmen die bisherige Kontakthistorie und den Stand der Problemaufnahme, -bearbeitung und -lösung parat hat – unabhängig vom jeweiligen Kontaktpunkt. Eine Anfrage, die zum Beispiel bei Twitter beginnt, muss per Telefon weiterbearbeitet werden können, ohne dass der Kunde seine ganze Geschichte noch einmal erzählen muss. Prüfen Sie also die technischen Möglichkeiten, Social Media in Customer Relationship Management (CRM)-Lösungen einzubinden. Für den Schritt zu Social Customer Relationship Management (SCRM) werden Sie möglicherweise Softwarespezialisten bauchen.

- Kapazitätsplanung: Wie können Sie die nötigen Ressourcen bereitstellen? – Je schneller sich ein Support-Angebot im Social

Web herumspricht, desto höher ist das potenzielle Aufkommen an Anfragen. Gerade bei Unternehmen mit vielen Privatkunden ist auch in den Abendstunden und am Wochenende mit einem erhöhten Anfrageaufkommen zu rechnen. Dementsprechend muss Ihre Personalplanung ausgestaltet sein. Vielleicht gibt es auch saisonale Unterschiede im Anfrageaufkommen. Es ist entsprechend wichtig, schon vorab ein Skalierungsszenario zu entwickeln, damit Ihr neues Angebot auch tatsächlich für zufriedenere Kunden sorgt und keine Enttäuschungen produziert.

- Kundenerwartungen: Was wollen Ihre Kunden von einem Kundendienst über das Social Web? – Eng mit der Kapazitätsplanung verknüpft ist das Thema Kundenerwartungen in puncto Geschwindigkeit der Reaktion und Qualität beziehungsweise Vollständigkeit der Problemlösung. Vieles lässt sich hier kommunikativ steuern. Wenn Sie behaupten, Kunden könnten sich »jederzeit« an Ihren Social Media Support wenden, müssen Sie definieren, was »jederzeit« bedeutet – von 8 bis 20 Uhr von Montag bis Freitag, oder wirklich rund um die Uhr? Ähnlich verhält es sich mit der Geschwindigkeit und Vollständigkeit der Problemlösung. Viele Sachverhalte sind zu komplex für ein paar Tweets oder einen Facebook-Pinnwandpost und müssen letztlich per Telefon, Mail oder gar vor Ort beim Kunden geklärt werden. Das dauert entsprechend länger. Grundsätzlich gilt: Der Kunde muss wissen, was er erwarten darf und was nicht.

- Datenschutz: Wie stellen Sie sicher, dass Kundendaten vor Dritten geschützt bleiben? – Daten, die einen Kunden eindeutig identifizieren, sind für einen erfolgreichen Kundenservice notwendig, haben jedoch nichts auf Social-Web-Plattformen zu suchen. Die rechtlichen Implikationen sind zu vielfältig, als dass Sie hier ein Risiko eingehen könnten. Kundennummern, Adressen, Geburtsdaten, Kundenkennwörter und ähnliche Angaben sollten deshalb nie über die Social-Web-Plattform ausgetauscht werden. Deshalb müssen Sie die Kommunikation nach dem ersten Kontakt im Social Web auch sicher(er) über E-Mail und Telefon führen können. Wie die Übergabe von einem Kanal zum anderen funktionieren kann, zeigen wir gleich im Beispiel von »Telekom hilft«.

- Krisenmanagement: Wie nutzen Sie den Support-Kanal über das Social Web im Falle einer Krise? – Einmal aufgebaut, sind Kundenservicekanäle im Social Web sehr gut geeignet für die schnelle Kommunikation mit hoher Reichweite im Krisenfall. Damit das gut klappt, müssen aber vorher Prozesse definiert und die Support-Kanäle in Krisenkommunikationspläne eingebunden werden.

So attraktiv die Möglichkeiten sind, über Social Media wieder näher an die Kunden heranzurücken, ein Unternehmen mit menschlicher Stimme sprechen zu lassen und in einem der sensibelsten Bereiche des Kundenkontakts wieder mehr Menschlichkeit einkehren zu lassen, Sie sollten einen Fehler nicht begehen: Verlagern Sie den Support nicht von einer Telefonhotline komplett hinüber ins Social Web! Sie werden in kürzester Zeit an die Grenzen der Skalierbarkeit kommen und eine Menge Kunden enttäuschen. Betrachten Sie stattdessen die Kontaktpunkte im Social Web als leicht zugängliche Alternativen zu den Kontaktwegen mit höheren Hürden wie E-Mail, Telefon, Fax oder gar Brief. Das Social Web ist auch beim Kundenservice nicht die Antwort auf alles, sondern eine Bereicherung, die, richtig eingesetzt, einem Unternehmen hilft, Probleme früher zu identifizieren und zu beheben.

Support per Twitter

Twitter ist ein ideales Instrument für den schnellen Support im Social Web. Die Einstiegshürden sind niedrig, die Geschwindigkeit hoch und man kann sowohl öffentlich als auch mit geschützter Direktnachricht miteinander in Dialog treten. Für die Direktnachricht ist es allerdings notwendig, dass sich die Gesprächspartner gegenseitig folgen. Die Twitter-Suche erlaubt zudem ein effizientes Monitoring nach Äußerungen zum Unternehmen oder zu Produkten. Abonnieren Sie eine solche Suche als RSS-Feed, werden Sie regelmäßig über Erwähnungen informiert. Das können sich Kundenservice-Teams zunutze machen und zeitnah auf die Kunden zugehen, die online ein Problem äußern.

Twitter als Service-Kanal wird inzwischen von einer ganzen Reihe von Unternehmen genutzt, darunter Telekommunikationsunternehmen, Versandhäuser und Fluglinien. Besonders Telekommunikationsunternehmen wie die Deutsche Telekom und Kabelnetzbetreiber Unitymedia haben nach wie vor mit dem Ruf zu kämpfen, ihr Kundenservice sei schlecht. Die folgenden Beispiele zeigen, wie die beiden Firmen das Social Web nutzen, um dem entgegenzuwirken.

@Telekom_hilft

Die Deutsche Telekom hat im Frühjahr 2010 eines der ersten großen Twitter-Support-Angebote in Deutschland gestartet. Unter dem Twitter-Namen *@telekom_hilft* ist ein Team aus einem Callcenter der Telekom für Kunden und Interessenten der Telekom ansprechbar. In der Twitter-Biografie steht das Motto des Service-Accounts: »Hier hilft das Telekom Service-Team in der festen Überzeugung, dass Service mit 140 Zeichen geht.« Für ein Unternehmen mit vielen Millionen Kunden und einer sehr vielfältigen Produktpalette ein mutiges Versprechen, welches das Social-Media-Support-Team unserer Einschätzung nach einlöst.

Die eingangs erläuterten Grundlagen hat die Telekom schon im Planungs- und Vorbereitungsprozess gelegt. So wurde der Twitter-Support bei jenen Mitarbeitern angesiedelt, die ohnehin für den Kundenservice zuständig sind. Die Callcenter der Telekom sind die Anlaufstelle für alle Kundenanfragen. Die Mitarbeiter dort haben Zugriff auf die Kundendaten, Bestellprozesse und Serviceinformationen und können die nötigen Maßnahmen zur Behebung eines Problems oder zur Buchung von neuen Leistungen ohne Umwege einleiten

Das siebenköpfige »Telekom hilft«-Team wird auf dem Twitter-Profil mit Foto, Vornamen und Namenskürzel (wie zum Beispiel ^ro) vorgestellt. So bekommt das Unternehmen gleich mehrere Gesichter. Da jeder Tweet mit dem Namenskürzel versehen wird, kann der Anfragende erkennen, welcher Mitarbeiter sich seines Anliegens angenommen hat.

Die Datenschutzproblematik hat »Telekom hilft« kommunikativ mit einem Hinweis in der Hintergrundgrafik des Twitter-Profils gelöst: Sollte der Austausch von Kundennummern oder Adressen zur Beantwortung einer Anfrage nötig werden, bittet das Service-Team um gegenseitiges Folgen, damit per Direktnachricht geschützter kommuniziert werden kann. Im nächsten Schritt wird eine speziell für diesen Fall vorgesehene E-Mail-Adresse übermittelt. Die weitere Kommunikation zwischen »Telekom hilft« und Kunde findet dann außerhalb von Twitter statt.

▲ Abbildung 9-1
Die Telekom stellt das Service-Team von »Telekom hilft« mit Foto und Vornamen vor und kommuniziert die Erreichbarkeit und Datenschutzvorkehrungen in der Hintergrundgrafik des Twitter-Profils.

Abbildung 9-2 ▶
Der Wechsel zur sicheren
Kommunikation funktioniert bei
@telekom_hilft über Direktnachricht und E-Mail.

@Telekom_hilft
Telekom hilft

@ ███ Gerne richten wir Ihnen den gewünschten VDSL-Anschluss ein. Mögen Sie uns einmal folgen, damit DM möglich sind? Danke! :) ^be

vor 56 Minuten via CoTweet   ☆ Als Favorit markieren ↻ Retweet ↰ Antworten

Die Kundenerwartungen an die Reaktionsgeschwindigkeit steuert die Telekom mit »Öffnungszeiten« für den Twitter-Account. Das Team ist von 8 bis 20 Uhr von Montag bis Samstag erreichbar. So wissen Kunden, die zum Beispiel am späteren Abend oder sonntags eine Anfrage senden, dass sie auf die Antwort bis zum nächsten Tag warten müssen. In der Regel erfolgt die erste Reaktion des Service-Teams binnen weniger Stunden, nur bei akuter Überlastung mit Anfragen kann es länger dauern. Als die Telekom im Sommer 2010 als Exklusivpartner das Apple iPhone 4 auf den Markt brachte, geriet auch »Telekom hilft« an seine Grenzen, weil das Team gerade von den besonders netzaffinen iPhone-Nutzern mit Anfragen zu Vertragsverlängerungen, Zuzahlungskosten und ähnlichem mehr bestürmt wurden. Diese Erfahrung hat die Telekom aber veranlasst, über das Kernteam hinaus noch weitere Callcenter-Mitarbeiter für den Social Media Support zu schulen und so in Zeiten von Lastspitzen die Reaktionszeiten im Rahmen zu halten.

Unitymedia

Der Kabelnetzbetreiber Unitymedia, der seine Kunden in Nordrhein-Westfalen und Hessen hat, nutzt Twitter ebenfalls für den Kundendienst. Der Twitter-Account wird auf der Website von Unitymedia direkt neben der Service-Telefonnummer beworben und erfährt Zulauf von Kunden, die sowohl mit technischen Fragen als auch Verfügbarkeitsanfragen für bestimmte Produkte an das Twitter-Team herantreten.

Auch Unitymedia wechselt für die datenschutzrelevante Kommunikation zur Direktnachricht. Jedoch wird hier auch ein Austausch von Kundennummern via Twitter akzeptiert. Bei »Telekom hilft« dient die Direct Message nur der Übermittlung der dazu gedachten E-Mail-Adresse.

◀ Abbildung 9-3
Unitymedia kümmert sich per Twitter um die Service-Probleme ihrer Kunden.

Mirapodo

Dass sich über einen Twitter-Account auch kleine Unterhaltungen führen lassen, die sich nicht ausschließlich auf eine konkrete Service-Anfrage beziehen, sondern mehr der Beziehungspflege zwischen Unternehmen und Kunde dienen, zeigt der Berliner Online-Schuhhändler Mirapodo. Das Unternehmen der Otto-Gruppe hat sich »rundum-glücklich-keine-Fragen-offen Service« (Selbstbeschreibung) auf die Fahne geschrieben und legt großen Wert auf einen sehr persönlichen, menschlichen Auftritt im Netz. Auf der Website wird das gesamte Team vom Einkauf bis zum Service vorgestellt und die Tonalität der Website und die gesamte E-Mail-Kommunikation mit den Kunden ist unprätentiös und direkt gehalten. Bei Twitter setzt sich das fort, wie das folgende Beispiel zeigt.

Im Dezember gab Tapio Liller eine Bestellung bei Mirapodo auf und twitterte, als die Lieferung einging. Das Mirapodo-Team fragte wenige Stunden später nach, ob die Schuhe gepasst hätten.

◀ Abbildung 9-4
Eine kurze Reaktion auf einen Kunden-Tweet genügt. Schon ist der Dialog eröffnet.

Da das leider nicht der Fall war, sollten die Schuhe wieder zurückgeschickt werden. Mirapodo antwortete auf die Frage, ob der

Paketdienst auch abholen könnte, mit der Bitte, das mit der Telefonhotline zu klären.

Abbildung 9-5 ▶
Auch die Übergabe von Twitter zur Hotline ist schnell erledigt.

Bei einer späteren Bestellung eines anderen Modells gab es ein Lieferproblem. Die Ware wurde im Online-Shop als lieferbar angezeigt, doch es dauerte einige Tage, bis per E-Mail die Mitteilung kam, dass die neuen Schuhe nicht mehr auf Lager seien. Das Unternehmen konnte aber schnell eine Alternative anbieten, was Tapio Liller erneut bei Twitter kommentierte.

Abbildung 9-6 ▶
Wenn man beim Monitoring die Zusammenhänge zwischen mehreren Twitterern beobachtet, lassen sich gleich mehrere Personen einbinden.

Die Antwort an @cbewersdorf bezog sich auf dessen Kommentar, beim Wettbewerber Zalando heiße es doch »Schrei vor Glück«. Der Mirapodo-Service nutzte die Vorlage spontan und drehte den Spieß um.

Beide Anekdoten zeigen, wie ein Unternehmen mit Hilfsbereitschaft und einem Augenzwinkern Kunden trotz Widrigkeiten zufriedenstellen und dabei noch die Sympathien weiterer Twitterer für sich gewinnen kann.

Support per Facebook

Kundenservice über eine Facebook-Seite zu organisieren, ist nicht ohne Risiko. Technisch liefert man sich dem Plattformbetreiber nämlich vollkommen aus. Er allein bestimmt, welche Applikationen in eine Fanseite integriert werden dürfen und welche nicht, welche Daten wie verwertet werden dürfen und wie die Kommunikation mit den »Fans« einer Seite ablaufen darf. Auch behält sich Facebook vor, jederzeit die Geschäftsbedingungen zu ändern. Auch die Durchsetzung dieser Geschäftsbedingungen ist nicht immer transparent geregelt. Im Zusammenhang mit Gewinnspielen gab es zum Beispiel schon Situationen, die dazu führten, dass über viele Monate aufgebaute Fanseiten plötzlich nicht mehr zu erreichen waren, weil Facebook einen Verstoß gegen Nutzungsregeln vermutete. Facebook hat zwar in Deutschland eine Niederlassung, die große Werbekunden betreut, sie ist aber nicht so leicht telefonisch zu erreichen, wie man das vielleicht von Mediaagenturen und anderen Dienstleistern gewohnt ist.

Hinweis   Facebook Deutschland kann je nach Problem auf viele verschiedene Arten kontaktiert werden. Wir haben diese Kontaktmöglichkeiten als Link in Diigo hinterlegt (Tags: Facebook, Support).

Bevor Sie also umfangreichere Aktivitäten bei Facebook planen, sei es für den Kundenservice oder für andere Kommunikationszwecke, informieren Sie sich gut und lassen Sie sich im Zweifelsfall beraten, was geht und was nicht.

Trotz dieser organisatorischen Einschränkungen bieten Facebook-Fanseiten für Support-Zwecke einige Vorteile gegenüber Twitter. Ein Kunde kann bei Facebook mehr Text auf die Pinnwand schreiben als nur 140 Zeichen, genau genommen die dreifache Länge eines Tweets. Auch wenn die Textlänge auf 420 Zeichen begrenzt ist, reicht das dennoch oft aus, um eine komplexere Anfrage oder Problemstellung zu erläutern. Umgekehrt kann natürlich auch das antwortende Unternehmen mehr Informationen vermitteln und so viele Anfragen schneller lösen, als es mit Twitter und dem dort nötigen Sprung auf ein anderes Medium möglich ist.

Die Möglichkeit, zu einem Pinnwand-Eintrag Kommentare zu hinterlassen, erleichtert die Aggregation von Antworten und Rückfragen zu einem Thema an der gleichen Stelle. Wenn eine Support-Anfrage rein inhaltlicher Natur ist, also keine persönlichen Daten des Kunden zur Lösung erfordert, wird die Antworthistorie auch für die anderen

Fans der Seite sichtbar. So können andere mit einem ähnlichen Anliegen gegebenenfalls auch ohne eigene Anfrage zum Ziel gelangen. Richtig systematisch ausnutzen lässt sich dieser Vorteil der Pinnwand allerdings nicht, denn die Beiträge werden seither nicht mehr chronologisch, sondern nach ihrer Bedeutung eingeordnet. Das heißt, dass auch eine aktuelle Anfrage von vornherein aus dem Blickfeld rutschen kann. Leider lassen sich einzelne Facebook-Fanseiten auch nicht gezielt nach Schlagwörtern durchsuchen, um so vielleicht eine passende Antwort auf das eigene Problem zu finden. Die Facebook-Suche sucht in allen zugänglichen Seiten und Inhalten und überlässt das Herausfischen der passenden Information dem Nutzer.

Telekom hilft auch auf Facebook

Nachdem das Support-Angebot der Deutschen Telekom bei Twitter erfolgreich gestartet war, wurde das Prinzip auf Facebook übertragen. Auch dort sind geschulte Callcenter-Mitarbeiter bemüht, die Anfragen von Kunden zu beantworten und bei technischen Problemen eine schnelle Lösung zu organisieren. Der Dialog mit den Kunden findet auf der Facebook-Pinnwand statt und wird bei Bedarf per E-Mail, oft aber auch per Telefon fortgeführt.

Hier nimmt es die Telekom bewusst in Kauf, dass ein guter Teil der Pinnwand-Posts von Kunden ungeduldig bis verärgert klingt. Das spiegelt aber wohl die Gemütslage der Menschen wider, für die der Facebook-Support nach vielen erfolglosen Versuchen über die Hotline eine Art letzte Hoffnung ist. Es ist natürlich schwierig, als Beobachter zu beurteilen, wie repräsentativ die Facebook-Anfragen für die Gesamtheit der Telekom-Kunden sind, deshalb können wir über die generelle Qualität des Kundendienstes dort nur Mutmaßungen anstellen.

Doch trotz aller Kritik und gelegentlich ungehaltenen Äußerungen bewahrt das »Telekom hilft«-Team fast schon stoisch die Ruhe und verspricht stets eine schnelle Lösung des Problems. Da ist es sicher von Vorteil, dass die Mitarbeiter jeden Beitrag mit ihrem Namen kennzeichnen und sich dem betreffenden Kunden als ihr persönlicher Ansprechpartner für diesen Fall anbieten. Auch der Telefonkontakt wird von diesem Mitarbeiter abgewickelt. So bekommt das Großunternehmen Telekom, das sonst für Millionen Kunden oft nur der »rosa Riese« mit chronisch überlasteten Telefonhotlines ist, ein Gesicht und einen Namen. Das hilft, den Ärger etwas zu dämpfen, und wenn das Problem schließlich gelöst ist, sind viele Kunden so positiv überrascht, dass sie sich noch einmal auf der Facebook-Pinnwand für den guten Service bedanken.

◀ **Abbildung 9-7**
Wenn die Kunden zufrieden sind,
freut sich auch das Service-Team.

Ausgezeichneter Kundendienst von Eurail und InterRail

Gar mit einem Preis ausgezeichnet wurden Eurail und InterRail: Ihr Kundendienst auf Facebook erhielt im Januar 2011 den Mashable Award als »bester Kundendienst über soziale Medien«. Bei diesem Preis handelt es sich quasi um den »Internet Oscar« für das Beste, was es im Web gibt. Seit mehr als fünfzig Jahren ist der Eurail-Pass eine gute Methode für ausländische Besucher, per Bahn europäische Länder zu erkunden. Bereits seit sieben Jahren kann man den Pass online beziehen und seit drei Jahren nutzt das Unternehmen soziale Medien für den Austausch mit seinen Kunden.

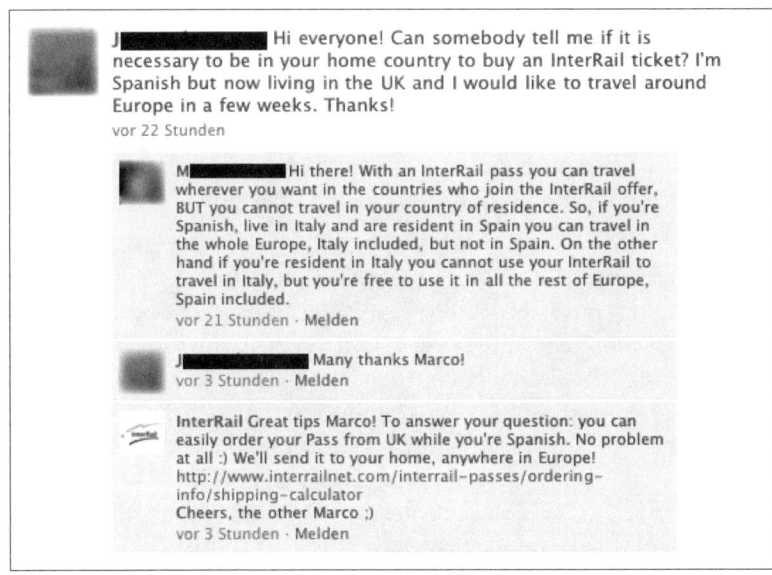

◀ **Abbildung 9-8**
InterRail beantwortet alle Fragen zu
den länderübergreifenden Tickets
bei Facebook.

Heute beteiligen sich auf den Facebook-Seiten von InterRail und Eurail mehr als 50.000 Fans. Und was ist das Erfolgsrezept? Die Kundenvertreter achten darauf, dass die Fans persönliche Antworten und keine vorgestanzten Formulierungen erhalten. Zudem sprechen die Kunden mit wirklichen Menschen, die sogar über Erlebnisse auf ihren eigenen Bahnreisen berichten und persönliche Tipps geben.

Mit Support-Plattformen die Kunden einbinden

Twitter und Facebook haben die Vorteile der Geschwindigkeit und der niedrigen Einstiegshürden für Unternehmen und Nutzer gleichermaßen. Sie haben aber auch die genannten Nachteile: Ein Datenschutzniveau, das sich von außen nicht letztgültig beurteilen lässt, und die Flüchtigkeit der Kommunikation zwischen den Parteien. Was aus der Timeline rutscht, ist praktisch weg und kann nicht mehr ohne Weiteres für nachfolgende Service-Aufgaben als Referenz herangezogen werden.

Unternehmen, die diese Probleme umgehen und ein dauerhafteres Support- und Service-Angebot im Social Web schaffen möchten, können sich zwei weiteren Möglichkeiten zuwenden: Foren und speziell für die Hilfe zur Selbsthilfe geschaffenen Support-Plattformen.

Foren und Gruppen

Diskussionsforen sind so alt wie das frei zugängliche Internet und deshalb erst auf den zweiten Blick den Social Media zuzurechnen. Aber im Grunde sind sie eine frühe Form davon. Foren bringen Menschen mit gemeinsamen Interessen zusammen und vereinfachen die Diskussion und gegenseitige Hilfe.

Organisiert nach Themengruppen, die sich vom Allgemeinen zum Spezielleren verzweigen, sind sie auch nach Schlagworten durchsuchbar. In aller Regel müssen sich Nutzer, die selbst eine Frage oder einen Beitrag schreiben wollen, vorher anmelden. Je nach Dauer der Zugehörigkeit und Regelmäßigkeit ihrer Beiträge erhalten sie einen Mitgliedsstatus, der es anderen Forumsbesuchern erleichtert, die »alten Hasen« und »Newbies« auseinanderzuhalten. Das hilft bei der Einordnung der Beiträge, die die Teilnehmer schreiben, und schafft eine Art Vertrauensnetzwerk über den Status.

Nun existieren natürlich zu vielen Themen, Unternehmen und Produkten schon Foren, die etwa auf Initiative von Kunden entstanden sind. Wie Sie dort als Unternehmen aktiv werden können, haben wir in Kapitel 8 beschrieben. Dort erfahren Sie auch, warum es nicht immer ganz einfach ist, als Unternehmen in die Diskussionen einzusteigen. Es gibt aber auch die Möglichkeit, für die eigenen Produkte und Dienstleistungen eigene Foren aufzusetzen. Das hat den Vorteil, dass Sie Struktur und Themen des Forums selbst definieren können und als Betreiber ein Hausrecht haben, das den Rahmen für die Tonalität der Diskussionen setzen kann. Vor allem aber können Sie über den Registrierungsmechanismus Kunden eindeutig identifizieren und eine Anbindung an existierende Support- und CRM-Systeme umsetzen.

◀ **Abbildung 9-9**
Internetprovider 1&1 hat sein Kundenforum direkt an sein CRM-System angebunden, um Support-Prozesse zu vereinfachen.

Ein Beispiel für ein solches von einem Unternehmen betriebenes Kundenforum liefert der Internet-Provider 1&1. Unter *forum. 1und1.de* hat das Unternehmen ein Forum etabliert, das ausschließlich Kunden vorbehalten ist. Zur Registrierung ist eine Kundennummer nötig. Damit werden die Forenmitglieder automatisch den

Kundenstammdaten zugeordnet, was bei Support-Anfragen eine schnelle und unkomplizierte Zuordnung des Kunden erlaubt. Diese Anbindung an das Kundenmanagement-System des Unternehmens hat 1&1 speziell programmieren lassen, um die Kundenbetreuung auch im Forum möglichst lückenlos und ohne manuelle Zwischenschritte umsetzen zu können.

Das 1&1-Forum hat inzwischen knapp 30.000 Mitglieder und ein hohes Aktivitätsniveau mit über 100 Beiträgen pro Tag. Das führt dazu, dass nur etwa ein Drittel der Kundenanfragen vom 1&1-Support bearbeitet werden muss, die restlichen Probleme lösen die Forumsmitglieder untereinander. Die Hilfe zur Selbsthilfe funktioniert also bestens.

Getsatisfaction & Brandslisten

Unternehmen, die nicht gleich ein eigenes Forum hosten möchten, aber dennoch ihren Online-Kundensupport auf einer strukturierten, durchsuchbaren Plattform organisieren möchten, können bei *Getsatisfaction.com* und dem deutschen Unternehmen *Brandslisten. com* fündig werden.

Die Plattformen haben viele Funktionen gemeinsam.

- Nutzer stellen Fragen: Die Eingabebox ist auf der Startseite des Unternehmensprofils prominent platziert und fordert den Besucher auf, eine Frage zu stellen.

- Abgleich mit den Fragen anderer Nutzer: Die Frage wird mit bereits auf der Plattform existierenden Fragen abgeglichen und der Besucher erhält eine Auswahl von Fragen, die ähnlich klingen. Er kann dann entscheiden, was seiner Frage am nächsten kommt.

- Antworten von Nutzern: Nach dem Klick sieht der Fragende den vollen Eintrag mit der Frage und darunter die Antworten anderer Nutzer. Er kann sich, ähnlich wie in einem Forum, durch die Antworten hangeln und herausfinden, ob sein Anliegen so erfüllt wird.

- Antworten vom Unternehmen: Neben den Antworten anderer Nutzer gibt es die »offiziellen« Antworten vom Unternehmen. Dessen Moderatoren sind entsprechend gekennzeichnet.

- Voting-Mechanismen: Bei den Fragen können die Nutzer per Klick signalisieren, dass eine bestimmte Frage sie ebenfalls beschäftigt, oder eine besonders hilfreiche Antwort kennzeichnen. So wird die von den Anwendern empfundene Qualität der Antworten sichtbar.

Getsatisfaction.com ist eine amerikanische Firma, die Support-Plattform gibt es leider nur auf Englisch. Entsprechend eingeschränkt ist die Einsetzbarkeit im deutschsprachigen Raum. Für international tätige Firmen mit technischen Produkten oder Softwareunternehmen dürfte diese Limitierung nicht so ins Gewicht fallen. Unternehmen, die breitere Bevölkerungsschichten und tausende von Kunden bedienen wollen, werden eher zu einer deutschsprachigen Lösung greifen.

Brandslisten.com wird in einer einfachen, in der Funktionalität beschränkten Form kostenlos angeboten. Sobald aber mehr als eine Person moderiert und das integrierte Wiki mit den wichtigsten offiziellen Antworten (eine Art FAQ-Liste) mehr als zehn Einträge enthalten soll, wird es kostenpflichtig. Das System lässt sich je nach Abo-Paket umfangreich individualisieren und an das Design des Unternehmens anpassen. Ein erstes Anwenderunternehmen der noch jungen Plattform ist der Mobilfunkanbieter BASE, der mit *www.mobilfunkexperten.de* auf die Technik von Brandslisten setzt.

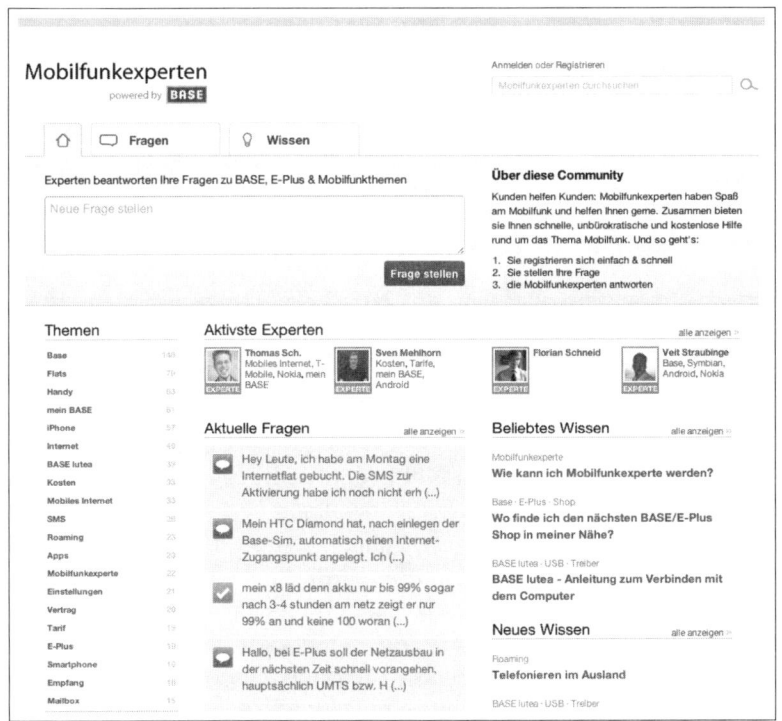

◀ **Abbildung 9-10**
Mobilfunkanbieter BASE nutzt für sein Kunden-helfen-Kunden-Angebot »Mobilfunkexperten« die Support-Plattform von Brandslisten.com.

Aus solchen Feedback- und Support-Plattformen können Unternehmen natürlich eine Fülle von Informationen über ihre Produkte und Dienstleistungen ziehen. Je mehr Nutzer ihre Fragen und Anregungen beitragen, desto genauer wird das Bild darüber, was bei den Kunden gut ankommt, und was Verbesserungen bedarf. Damit übernehmen diese Support-Angebote zumindest teilweise die Funktion von Crowdsourcing-Plattformen wie *atizo.com* oder auch *unseraller.de* für die Produktverbesserung und die Entwicklung neuer Produkte.

Mit Botschaftern den Dialog im Netz pflegen

Der Aufbau von zentralen Anlaufstellen für Kundenservice und Support im Social Web, wie wir es am Beispiel von Twitter, Facebook und spezialisierten Support-Plattformen geschildert haben, ist die eine strategische Option. Die andere Möglichkeit ist ein über das Web verteilter Kundenservice. »Fish where the fish are«, lautet ein gern bemühtes Diktum der Social-Web-Kommunikation. Der Kundenservice kann also auch dort stattfinden, wo die Menschen sich ohnehin über die Organisation und ihre Produkte unterhalten.

Praktisch kann das so aussehen wie bei der Asstel Versicherung, deren Botschafter-Konzept wir Ihnen gleich vorstellen. Das Unternehmen schickt seine Mitarbeiter als Ansprechpartner und Experten in Foren, Diskussionsgruppen und Social Networks und hilft so genau dort, wo Fragen und Probleme zuerst geäußert werden. Der Vorteil dieses Ansatzes: Das Unternehmen muss keine eigene technische Infrastruktur aufbauen. Der Nachteil: Die Identifikation eines Kunden und somit auf ihn zugeschnittene Problemlösungen werden schwieriger.

Asstel Versicherung schickt Experten ins Netz

Die Asstel Versicherung aus Köln gehört zu den Unternehmen, die um die Komplexität ihres Geschäfts wissen und zu deren Tagesgeschäft die Beantwortung von Fragen gehört. Das Social-Media-Team der Versicherung besteht aus fünf Personen, die jeweils ein Fünftel ihrer Arbeitszeit mit der Kommunikation im Netz verbringen. Neben dem Corporate Blog unter *www.asstelblog.de* gehört dazu vor allem das Beantworten von Fragen in Foren und Themengruppen. Das Team hat sich die Zuständigkeiten aufgeteilt, sodass je ein Kollege bei Facebook, Twitter, XING, Wer-kennt-wen, *wer-weiss-was.de* und *gutefrage.net* unterwegs ist. Die Mitarbeiter, die, bis auf einen, in erster Linie im Kundenservice tätig sind, haben bei diesen Plattformen ein eigenes Profil und tragen regelmäßig ihr Expertenwissen über Versicherungsfragen zur Diskussion bei. Bei *wer-weiss-was.de* und *gutefrage.net* haben sie sich inzwischen einen Expertenstatus erarbeitet, werden also als solcher von der Benutzerverwaltung der Plattformen erkennbar markiert.

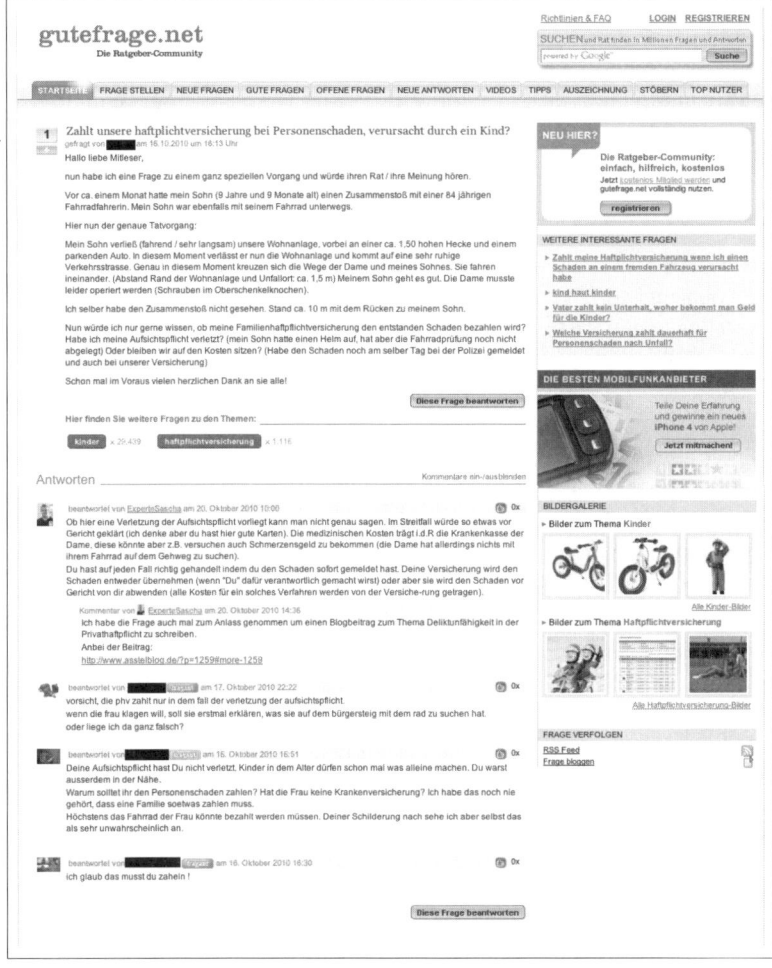

◀ **Abbildung 9-11**
Die Asstel Versicherung schickt Mitarbeiter in Ratgeberforen wie hier gutefrage.net und beantwortet dort Fachfragen zu Versicherungsthemen.

Die Diskussions- und Expertenbeiträge nehmen die Versicherungsbotschafter zudem zum Anlass für Blogposts. So findet eine Vernetzung zwischen den beiden Social-Media-Aktivitäten statt und die Versicherung kann auf eigenem Terrain ein Thema vertiefen.

Auf einen Blick

- Die weitgehende Automatisierung des Kundenkontakts hat Unternehmen »entmenschlicht«.

- Das Social Web bringt in das Verhältnis zwischen Kunden und Unternehmen neue Dynamik. Es bietet ein Ventil für Frustration, eine Chance für Hilfe zur Selbsthilfe und schürt neue Erwartungen an Unternehmen.

- Unternehmen haben die Wahl, entweder mit den Reputationsrisiken eines schlechten Kundendienstes zu leben oder mit den Möglichkeiten des Social Web ihre Dialogfähigkeit unter Beweis zu stellen.

- Gute Produkt- und Servicequalität ist wichtiger denn je, aber sie kann nicht zur alles beherrschenden Maxime unternehmerischen Handelns werden. Auch nicht, wenn es die Kunden gern so hätten.

- Entscheidend für den Erfolg einer wieder am Gespräch, am menschlichen Kontakt ausgerichteten Kundenservicestrategie ist die Fähigkeit des Unternehmens, Sagen und Tun in Einklang zu bringen.

- Bei der Zieldefinition für Kundenservice und Support im Social Web helfen die prototypischen Ziele von Bernoff und Li aus Kapitel 8.

- In der Planungsphase für Support über das Social Web sind sechs Leitfragen zu klären:

- Erstens: Wie leistungsfähig ist der bestehende Kundendienst?

- Zweitens: Wie lassen sich Support-Fälle aus dem Social Web in bestehende Prozesse einbinden?

- Drittens: Wie können die nötigen Ressourcen, auch in Zeiten von Spitzenbelastungen, bereitgestellt werden?

- Viertens: Wie lassen sich die Erwartungen der Kunden an die Leistungsfähigkeit und Reaktionszeit des Kundenservice steuern?

- Fünftens: Wie kann die Sicherheit der persönlichen Kundendaten gewährleistet werden?

- Sechstens: Wie kann der Support-Kanal im Social Web im Falle einer Krise genutzt werden?

- Twitter eignet sich als niedrigschwelliger Support-Kanal für Unternehmen, die Twitter direkt an Servicekräfte mit Lösungsbefugnis und -kompetenz anbinden können.

- Facebook spielt seine Stärken bei komplexeren Anliegen aus und kann einen ganzen Support-Thread abbilden.

- Mit Foren und Gruppen sowie speziellen Support-Plattformen lässt sich das für den Kundenservice relevante Wissen sammeln und für alle sichtbar machen. Das kann viele Fragen beantworten, ohne dass ein Kunde direkt an das Unternehmen herantritt.

- Statt zentraler Anlaufstellen können Unternehmen auch Mitarbeiter als Botschafter auf verschiedene Plattformen schicken und die Fragen der Kunden dort beantworten.

KAPITEL 10
Konzeptionelle Leitlinien

@reidan
Daniel Rei

Bei der alten PR-Formel ist "Tue Gutes" nicht der Teil, der fakultativ ist
#undrededarueber

1 Sept. via HootSuite   ☆ Als Favorit markieren   ⇄ Retweet   ↩ Antworten

Eine situative und flexible Kommunikation, verteilte Konversationen und undurchschaubare Verbreitungswege von Nachrichten führen zum oft gelesenen Schluss, dass das Social Web weitgehend zum Kontrollverlust führe. Warum dann also noch planen? Hat das Kommunikationskonzept ausgedient? Natürlich nicht, und dies gleich aus mehreren Gründen:

- Kommunikation im Social Web ist Teil der Gesamtkommunikation, die einer Konzeption unterliegt. Erst wenn eine Vorstellung besteht, was mit der Kommunikation im Social Web erreicht werden soll, kann diese auch sinnvoll in die klassische PR integriert werden.

- Konzeption bedeutet »Probehandeln«, ein gedankliches Abschreiten der Kommunikation von der Analyse bis zur Umsetzung. Die Konzeption sichert auch im Social Web ein bewusstes und geplantes Vorgehen.

- Einer Organisation, die ziellos ins Social Web geht, wird es nicht gelingen, ein klares und stimmiges Bild und damit eine Online-Reputation aufzubauen. Sie kann mit Social Media auch nicht wirkungsvoll zur Erreichung der Unternehmensziele beitragen.

Wenn wir uns für eine Reise bereit machen, kennen wir das Ziel. Wir planen die Route und stellen unser Gepäck mit Blick auf das Reiseziel zusammen. Auch wenn alles minutiös geplant ist, heißt es irgendwann abreisen und sich auf Begegnungen, Entdeckungen und Erlebnisse einlassen. Gesunder Menschenverstand, der uns Situationen einschätzen lässt, und Flexibilität im Umgang mit neuen oder unerwarteten Situationen gehören zu jeder Reise dazu. Deswegen die Planung gleich ganz fallen zu lassen, käme wohl den wenigsten in den Sinn.

In diesem Kapitel fassen wir das bisher Gelernte zusammen und behandeln jeden einzelnen Konzeptionsschritt, indem wir uns folgende zwei Kernfragen stellen:

- Was ist beim jeweiligen Schritt für die Konzeption im Social Web besonders zu beachten?
- Wie können wir die Kommunikation im Social Web mit der klassischen Kommunikation verzahnen und eine integrierte Kommunikation sicherstellen?

Wir zeigen Ihnen nun, wie Sie die Konzeption der PR im Social Web angehen.

Analyse: Die richtigen Fragen stellen

In der Analyse gehen wir von dem aus, was bereits vorhanden ist und was bisher getan wurde. Es geht nicht darum, das Rad neu zu erfinden, jedoch mit dem Social Web neue Wege der Kommunikation zu erschließen.

Wir richten erst den Blick nach innen und nehmen uns noch einmal das bereits bestehende Kommunikationskonzept vor, um sicherzustellen, dass die Kommunikation im Social Web eng mit der klassischen Kommunikation verzahnt bleibt. Wir gehen Punkt für Punkt jeden Abschnitt durch und überlegen uns, welche Chancen uns das Social Web bietet, um Ziele und Zielgruppen besser oder eben anders zu erreichen. Gut möglich, dass wir feststellen, dass wir das Konzept da und dort an die neue Realität anpassen müssen. Wir nehmen auch die bisherigen Maßnahmen kritisch unter die Lupe und untersuchen, was sich bisher bewährt hat und auch weiterhin so bleiben soll und welche Aktivitäten durch die neuen Möglichkeiten im Social Web abgelöst werden können. Zudem sollten wir in Erfahrung bringen, welche Mitarbeiter Social-Media-affin sind und damit als Botschafter geeignet wären. Ein Thema, das auch im Hinblick auf die Kapazitätsplanung nötig ist. Natürlich gehört auch die Beleuchtung der unternehmerischen Rahmenbedingungen in die Analyse: Lassen Führung und Strukturen überhaupt eine Kommunikation im Social Web zu?

Es macht durchaus Sinn, für die Kommunikation im Social Web eine eigene SWOT-Analyse zumachen, also Stärken (Strengths), Schwächen (Weaknesses), Chancen (Opportunities) und Gefahren (Threats) abzuwägen. So lange noch kaum oder wenig Erfahrung mit der Kommunikation im Social Web vorhanden ist, kann es sich hier mehr um eine Maßnahme zur Bewusstseinsbildung handeln. Stützen Sie diesen Prozess intern breit ab, fragen Sie aber auch Berufskollegen nach ihren persönlichen Erfahrungen mit der Kommunikation im Social Web und beobachten Sie die Konkurrenz.

Richten Sie auch den Blick nach außen und bringen Sie Folgendes in Erfahrung:

- Wo im Web haben wir bereits eigene Aktivitäten entwickelt? Möglicherweise haben Mitarbeiter bereits Initiativen gestartet, von denen Sie noch gar nichts wussten.

- Gibt es bereits Aktivitäten von Drittpersonen? Nicht selten kommt es vor, dass Fans einer Marke auf Facebook eine eigene Gruppe eröffnen oder sich in Foren gegenseitig helfen.

- Bewegen sich die Zielgruppen, die wir im Kommunikationskonzept definiert haben, bereits ganz oder teilweise im Social Web? Falls ja, wo?

- Wird im Social Web bereits über uns gesprochen und wenn ja, in welcher Weise? Welche Themen, die auch uns betreffen, werden aufgegriffen?

- Welche Bedeutung haben Social Media für unser Unternehmen? Welche Ziele wollen wir damit erreichen? Welche personellen und finanziellen Mittel werden benötigt?

- Haben wir Mitarbeiter, die für die Kommunikation im Social Web geeignet sind?

Legen Sie die Recherche breit an und beziehen Sie Blogs und Foren ebenso mit ein wie soziale Netzwerke, Twitter, Video- und Photo-Sharing. Wo und wie Sie online recherchieren, haben wir bereits im Abschnitt »Monitoring« in Kapitel 4 besprochen. Sie finden dort auch Hinweise zu praktischen kostenlosen sowie kostenpflichtigen Tools.

Egal zu welchem Schluss Sie nach der Analyse kommen, eines ist von vornherein klar: Auch wenn Sie sich entschließen, sich mit Ihrem Unternehmen nicht auf Facebook, Twitter, XING oder sonst wo zu engagieren, dann ist hier nicht Endstation. Sie dürfen das Social Web nicht aus den Augen lassen, denn die Gespräche finden statt, ob Sie nun dabei sind oder nicht. Und wenn nicht heute über Ihre Organisation gesprochen wird, dann spätestens morgen. Darüber müssen Sie im Bild sein, damit Sie reagieren können.

Ziele: Weniger ist mehr

Ob Sie klassische PR betreiben oder im Social Web aktiv sind, die Kommunikationsziele bleiben dieselben. Sie wollen beispielsweise

- den Bekanntheitsgrad erhöhen
- Ihr Image verbessern oder ändern
- die Kommunikation mit relevanten Zielgruppen aktiv gestalten
- Beziehungen aufbauen, pflegen und erhalten, die auf Dauer ausgerichtet sind
- Mitarbeiter motivieren oder neue, qualifizierte Mitarbeiter gewinnen
- weitere Märkte für Ihr Angebot erschließen
- Einfluss auf die öffentliche Wahrnehmung bestimmter Themen nehmen

Die Kommunikationsziele erreichen Sie mit verschiedenen Maßnahmen, für die Sie wiederum Teilziele festlegen. Je klarer Sie diese definieren, desto besser können Sie bei der Erfolgskontrolle feststellen, ob sie erreicht wurden.

- Schauen wir uns an einem Beispiel an, wie die Zielsetzung ausschauen kann. Mit der Einrichtung eines Blogs könnte das folgende strategische Ziel verfolgt werden: »Mit dem Blog etablieren wir eine gut vernetzte Kommunikationsplattform, die das Vertrauen der Leser genießt. So haben wir auch in kritischen Situationen einen Kanal, über den wir schnell und eigenständig informieren können.«

Dass dies sehr hilfreich sein kann, hat die Terminplattform Doodle erlebt, als sie sich mit einer Falschmeldung aus einer Schweizer Sonntagszeitung konfrontiert sah. Der Artikel sprach von einer Weisung an die Mitarbeiter der Schweizer Bundesverwaltung, Doodle wegen Sicherheitsmängeln nicht zu verwenden. Dass eine solche Weisung nie ergangen und auch nicht geplant war, brachte Doodle beim Informatiksicherheitsbeauftragen des Bundes in Erfahrung. Dank einem sehr gut etablierten Blog konnte das Unternehmen unabhängig und noch vor Erscheinen der nächsten Sonntagszeitung reagieren und die Falschmeldung breit abgestützt mit Erfolg richtigstellen.

Es ist grundsätzlich sinnvoll zu überlegen, ob sich Ziele so herunterbrechen lassen, dass sie messbar werden. Wenn es zum Beispiel Ihr Ziel ist, die Wahrnehmung Ihrer Marke zu steigern, könnten Sie dies beispielsweise wie folgt definieren:

»Wir möchten bis zum Ende des Quartals 20 neue Abonnenten unseres Blogs, 50 neue Fans auf Facebook und 30 neue Twitter-Follower gewinnen.« Die Erreichung dieser quantitativen Ziele lässt sich genau messen.

Stimmen Sie die Ziele mit der klassischen Kommunikation ab. Fragen Sie sich insbesondere, was alles zur Zielerreichung beitragen kann und gestalten Sie, wo sinnvoll, den Kommunikationsmix neu, indem Sie die Chancen von Social Media nutzen.

Dialoggruppen: Segmentierung nach Interessen

Die Dialoggruppen lassen sich im Social Web nur schwer ausmachen, weil wir sie für die Ansprache nicht auf die von Printmedien gewohnte Weise segmentieren können. Das bedeutet aber nicht, dass wir uns nicht von vornherein Gedanken darüber machen, wen wir wo ansprechen wollen. Menschen finden aufgrund ihrer Interessen zusammen: z.B. Hobbyfotografen, Backfans oder Briefmarkensammler. Es braucht also etwas Fantasie, die Zielgruppen über ihre Themen zu finden. Monitoring, d.h. strukturiertes Zuhören, hilft, die verschiedenen »Aufhänger« für ein Thema auszumachen. Studien und Analysen über soziale Netzwerke helfen ebenso wie Umfragen direkt bei den eigenen Kontakten. Hilfreich sind auch die Mediadaten verschiedener Social-Media-Plattformen; und auch hier hat Google mit dem double click ad planner ein praktisches Tool zur Hand. Dieses lässt die Suche nach Sprache, geografischen und demografischen Daten, aber auch nach Online-Nutzung und Interessen zu und gibt in den Resultaten neben Social-Media-Plattformen auch oft genutzte Websites aus. Ziel ist, dass wir eine Vorstellung von unseren Gesprächspartnern haben, damit wir in der Ansprache die richtigen Bilder und Worte finden.

Wir können aber auch ansatzweise gruppieren, wenn wir uns überlegen, wer auf welche Weise aktiv ist. Anhand der Social-Technographics-Leiter in Kapitel 1 haben wir gesehen, dass wir Onliner durchaus verschiedenen Verbrauchergruppen zuteilen können. Folgende Fragen helfen uns bei der Einteilung:

- Welche von unseren Anspruchsgruppen bewegen sich bereits im Social Web? Können wir abschätzen, welchen Anteil unseres Zielsegments sie ausmachen?

- Gibt es Fans unserer Marke oder unseres Unternehmens, die wir als Fürsprecher gewinnen können, indem wir sie in unsere Kommunikation mit einbeziehen und in ihrer Haltung bestärken?

- Welche Journalisten sind bereits online? Wie orientieren sie sich dort?

- Gibt es Blogger, die regelmäßig zu unserem Thema schreiben, zu denen wir eine Beziehung aufbauen können?

- Haben wir Mitarbeiter, die bereits online sind und die uns einerseits bei der Beobachtung (Monitoring) und andererseits als Botschafter unterstützen können?

Wir können also durchaus Prioritäten setzen und uns fragen, wen wir auf unserem Weg zum Ziel brauchen. Online-Journalisten, Blogger, Fürsprecher und gezielt als Botschafter ausgesuchte Mitarbeiter können eine wichtige Vermittlerrolle übernehmen, wie wir auch bereits in Kapitel 2 gesehen haben.

Strategie: Den richtigen Weg finden

So wie sich der Bergsteiger für eine Route zum Gipfel entscheiden muss, so suchen wir für die PR im Social Web den Weg zum Ziel. Wie können die Leitgedanken für die Kommunikation im Social Web konkret aussehen? Wir bauen sie auf die bereits vorhandene Kommunikationsstrategie auf, erweitern sie aber um die Möglichkeiten von Social Media. Für die Formulierung orientieren wir uns an den Zielen. Wir haben für Sie ein paar Beispiele zusammengestellt:

- Ziel: Wir wollen unserem Unternehmen ein menschliches Gesicht geben.

- Strategie: »PR begins at home«: Wir involvieren unsere Mitarbeiter, ermuntern sie, sich in Social Media zu engagieren und leiten sie mit Social Media Guidelines und Schulungen an.

Gut informierte Mitarbeiter wirken als glaubwürdige Botschafter nach außen. Auch wer nicht aktiv über Social Media kommunizieren möchte, kann einen wertvollen Beitrag leisten, indem er »zuhört« und so das Monitoring für die Organisation unterstützt. Affine Mitarbeiter werden gezielt gefördert und autorisiert, für das Unternehmen zu sprechen. Diese entlasten die Kommunikation und erhöhen die Glaubwürdigkeit des Unternehmens, indem sie ihm ihr Gesicht geben.

- Ziel: Wir möchten via Social Media die Bekanntheit unserer Marke erhöhen und neue Zielgruppen erschließen.
- Strategie: Wir bauen online eine starke Reputation auf, indem wir uns auf verschiedenen Plattformen mit einem einheitlichen, wiedererkennbaren Auftritt engagieren.

Wir haben festgestellt, dass Menschen je nach Tageszeit und Wochentag unterschiedliche Medien konsumieren. Und wir wissen, dass sie in verschiedenen Rollen unterwegs sind. Daher achten wir auf eine breite Abdeckung, indem wir uns nicht nur auf Facebook bewegen, sondern z.B. auch auf Twitter, YouTube, Flickr und weiteren Online-Plattformen, die in unserem Kommunikationsmix Sinn ergeben. Dreh- und Angelpunkt bleibt aber unsere Website bzw. unser Blog, wo wir uns durch kompetente und nutzwertige Beiträge zu unserem Thema profilieren. Wir sichern die Wiedererkennung, indem wir Firmenbezeichnung, Logo und Kurzbeschreibung der Marke bzw. des Unternehmens konsistent einsetzen.

- Ziel: Wir wollen die Bindung zu unseren Zielgruppen verstärken.
- Strategie: Wir fördern den Dialog, indem wir unsere Inhalte mit Hyperlinks vernetzen, uns an den Unterhaltungen im Social Web beteiligen und Dialogangebote schaffen.

Wir lassen auf unserem Blog Kommentare zu und fordern die Leser zur Mitwirkung auf. Dank Monitoring wissen wir, wer sich mit unseren Themen beschäftigt, und dieses Wissen nutzen wir. Einerseits verlinken wir unsere Beiträge auf andere Blogs und Seiten. Andererseits nehmen wir am Gespräch teil, indem wir uns in Blogkommentaren und auf sozialen Plattformen zu Wort melden. Wir vernetzen uns auf XING und LinkedIn, bauen uns eine Seite bei Facebook auf, wo wir uns mit unseren Fans austauschen, und wir folgen via Twitter Menschen, die sich mit unseren Themen beschäftigen.

- Ziel: Wir wollen als Kompetenzzentrum für unser Thema wahrgenommen und anerkannt werden.
- Strategie: Wir positionieren uns auf verschiedenen Social-Media-Plattformen als Experten für unser Thema und stellen Interessierten hilfreiche Informationen zur Verfügung.

Wir führen ein Blog, in dem wir unser Kernthema von verschiedenen Seiten beleuchten. Wir vernetzen uns mit anderen Experten, die sich mit diesem Thema beschäftigen. Indem wir nutzwertige Inhalte kompetent aufbereiten, werden wir für Fachjournalisten und Blogger zitierfähig. Wir lesen regelmäßig, was im Social Web zum Thema publiziert wird und greifen Inhalte und Trends auf. Wir setzen auf Social Bookmarking, wo wir eine umfassende Linksammlung zu unserem Thema anlegen. Wir kuratieren dieses Wissen, indem wir es vielseitig und damit gut auffindbar taggen und kommentieren. Wir vernetzen uns mit anderen Onlinern, die zum gleichen Thema Links sammeln.

Übrigens: Wenn Sie Redundanzen festgestellt haben, dann ist das richtig, denn Strategien können sich gegenseitig ergänzen und verstärken.

Maßnahmen: Pflicht und Kür

Wenn wir uns das Konversationsprisma von Brian Solis in Kapitel 2 ansehen, wird uns klar, dass die Möglichkeiten von Social Media schier grenzenlos sind. Wir kommen nicht umhin, Prioritäten zu setzen.

Wie stark wir uns online engagieren, hängt davon ab, wie unsere Dialoggruppen beschaffen sind: Bestehen sie überwiegend aus Digital Residents, dann können wir die Kommunikation weitgehend ins Web verlagern, haben wir jedoch noch viele Digital Visitors, werden wir mehrgleisig fahren und sowohl online wie offline kommunizieren. Dann interessiert uns auch, was unsere Dialoggruppen im Web mit welcher Priorität tun und was sie von uns erwarten: Wissen? Anleitungen? Unterstützung? Austausch? Hintergründe? Unterhaltung? Spezialangebote? Testberichte? Jede Technologie und jede Plattform hat ihre Vorzüge. Wir empfehlen Ihnen allerdings, das Rad nicht unbedingt neu zu erfinden. Eine neue Community auf einer eigenen Plattform – die vom Publikum erst einmal gefunden werden muss – von Grund auf aufzubauen, verschlingt erhebliche

Ressourcen bei unklarer Aussicht auf Erfolg. Das Beispiel von Bosch in Kapitel 2 zeigt jedoch, dass man, wenn man es richtig angeht, mit einer eigenen Community sehr viel erreichen kann. Wenn Sie nicht sicher sind, dass Sie genügend Kapazität für diese Aufbauarbeit mitbringen, empfehlen wir Ihnen, eine der bereits etablierten Plattformen zu nutzen. Dort müssen Sie sich jedoch durch attraktive Inhalte und Ihre Fähigkeit zum Dialog abheben.

Egal, wofür Sie sich entscheiden, folgende Maßnahmen gehören ins Pflichtprogramm:

- Monitoring: Dies gehört auch zu den täglichen Maßnahmen – das Realtime Web macht es notwendig.

- Social Media Guidelines: Je größer Ihr Unternehmen ist, desto wichtiger wird es, dass Sie die Spielregeln für den Umgang mit Social Media für alle verbindlich festlegen. Sie zeigen einerseits die Chancen und Möglichkeiten auf, formulieren Ihre Erwartungen, wie sich Ihre Mitarbeiter im Social Web bewegen, geben vor, wie Social Media während der Arbeitszeit genutzt wird und sensibilisieren für ein verantwortungsbewusstes Verhalten.

- Integration: Ihre Aktivitäten im Social Web fruchten nichts, wenn Ihre Umwelt sie nicht wahrnimmt. Machen Sie Ihre Website fit für das Web 2.0: Verlinken Sie von Ihrer Website oder Ihrem Blog auf die entsprechenden Plattformen und Services und zwar mit der Möglichkeit, sich gleich mit Ihnen zu verbinden. Bauen Sie die Möglichkeit mit ein, Ihre Beiträge zu kommentieren, zu mögen und zu teilen. Erwähnen Sie Ihre Online-Aktivitäten aber auch offline. Und wenn Sie intensiv im Social Web unterwegs sind und etwas vorzuzeigen haben, ziehen Sie einen Social Media Newsroom bzw. ein Portal, das alle Aktivitäten bündelt, in Betracht.

Vergessen Sie auch hier Ihre Offline-Aktivitäten nicht. Auch Maßnahmen aus der klassischen PR leisten ihren Beitrag, beispielsweise indem Sie in Ihrem Kundenmagazin, auf der Website, auf der Visitenkarte oder im Rahmen von Präsentationen immer auch auf Ihre Social-Media-Aktivitäten hinweisen. Auch Ihre Social-Media-Aktivitäten sollten immer eine Rückkopplung zur klassischen PR haben.

Drei Dinge geben wir Ihnen für die Planung mit auf den Weg:

1. Bleiben Sie in Ihren Erwartungen realistisch. Ein Blog mit 50 Abonnenten, das auch wirklich gelesen wird, ist wertvoller als 500 Abonnenten, die keine Beiträge lesen.

2. Nehmen Sie sich bei der Planung der Maßnahmen nicht zu viel auf einmal vor. Je nach Kapazität sehen Sie pro Woche zum Beispiel ein bis zwei Blogposts, ein oder mehrere Updates auf der Facebook-Fanseite und mindestens drei Tweets vor.

3. Natürlich wollen Sie mit Ihrer Aktion eine Reaktion in Form von Erwähnungen, Kommentaren oder Retweets auslösen.

4. Lassen Sie sich nicht von Ihren eigenen Etappenzielen ausbremsen. Kontrollieren Sie diese am Anfang nicht zu engmaschig, sondern lassen Sie Ihre Aktivitäten erst etwas an Fahrt gewinnen. Sobald sich mit der Übung und der Zeit etwas Dynamik entwickelt, kommen Sie auch Ihren Zielen näher.

Budget: Nicht alles im Social Web ist gratis

Und was kostet das alles? Kommunikation im Social Web kostet erst einmal nichts, würde man meinen. Weder ein Facebook-Profil noch ein Twitter-Account oder ein YouTube-Channel sind kostenpflichtig, und eingerichtet sind sie im Handumdrehen. Dennoch braucht Social Media menschliche und finanzielle Ressourcen. An folgende Positionen sollten Sie denken:

- Mitarbeiter: Auch wenn vieles im Social Web in der Startphase noch nebenher erledigt wird, planen Sie Ressourcen ein, um die Kommunikation im Social Web sorgfältig aufzubauen und kontinuierlich zu pflegen.

- Beratung: Eine in Social-Media-Projekten erfahrene Agentur unterstützt Sie da, wo Ihnen noch Wissen und Erfahrung fehlen, wie beispielsweise bei der Strategieentwicklung und Zieldefinition und ganz praktisch bei Social Media Guidelines, internen Schulungen usw. Sie kann sie aber auch entlasten, wenn Engpässe entstehen, weil sich Ihre Aktivität im Web dynamischer gestaltet, als Sie gedacht haben.

- Freie Mitarbeiter: Unter Umständen ergänzen Sie Ihre Online-Redaktion mit freien Mitarbeitern, bis Sie abschätzen können, ob eine Aufstockung Ihres Teams realistisch ist.

- Web: Sehen Sie eine Investition vor, um Ihre Website Web 2.0-tauglich zu machen. Ist diese bereits mehr als drei Jahre alt, ist möglicherweise weniger ein Redesign, sondern eher ein Relaunch angesagt.

- Grafik: Stellen Sie eine professionelle Erscheinung für das Blog, die Gestaltung der Profilbilder u.ä. sicher. Auf Facebook haben

Sie die Möglichkeit, zusätzliche Bereiche anzulegen. Vom multimedialen Firmenporträt über Gewinnspiele bis hin zum Online-Shop haben wir schon alles gesehen.

- Film, Foto: Wenn Sie vermehrt audiovisuell arbeiten und beispielsweise Filme bei YouTube oder Fotos bei Flickr einstellen möchten, brauchen Sie hier Unterstützung.

Es lohnt sich auf jeden Fall, verschiedene Angebote einzuholen, damit Sie die Leistungen vergleichen können. Wir empfehlen Ihnen zudem, sich mit beruflichen Kontakten abzusprechen, damit Sie eine Vorstellung von den Preisen erhalten.

Was bedeutet Erfolg im Social Web?

Ob Ihre Pläne aufgegangen sind und ob Sie Ihre Ziele erreicht haben, zeigt die Erfolgskontrolle. So lange Sie in der »Trial and error«-Phase sind, ist es wichtig, dass Sie Ihre Resultate regelmäßig kritisch hinterfragen und wo nötig Ihre Maßnahmen korrigieren. Lassen Sie dabei aber auch etwas Geduld walten. Ein Twitter-Account baut sich nicht von heute auf morgen auf und ein Blog, das nach einem Monat erst einige wenige Abonnenten hat, muss deswegen kein Misserfolg sein. Sie können aber schon bald feststellen, welche Themen eher auf Interesse stoßen, wo Sie inhaltlich noch etwas nachlegen sollten und welche Beiträge nicht ziehen.

Ihre Kommunikation im Social Web ist dann erfolgreich, wenn man Sie als Gesprächspartner anerkennt und als Marke mit klarem Profil wahrnimmt. Dies kann sich auf unterschiedliche Weise im Verhalten anderer Benutzer manifestieren: Andere Blogger verlinken auf Ihr Blog und erwähnen Sie. Ihre Tweets werden häufig per Retweet weitergegeben oder als Favorit markiert. Ihr Account wird auf Twitterlisten gesetzt, auf denen sich noch andere einflussreiche Onliner befinden. Im Falle einer Krise steht Ihnen eine loyale Community zur Seite, die ihren Teil zur Schadensbegrenzung beiträgt.

Sie spüren den Erfolg aber nicht nur online, es ist auch durchaus denkbar, dass Ihr Unternehmen kontaktiert wird, wenn für Ihr Thema ein Fachartikel geschrieben oder ein Referent gefunden werden muss. Sie stellen eine Zunahme von Spontanbewerbungen von qualifizierten Arbeitskräften fest. Ihre Art zu kommunizieren wird bei den positiven Beispielen beispielsweise in Referaten und Schulungen erwähnt. Ihre Hotline wird merklich entlastet. Ihre Kunden geben spontane Rückmeldungen zur Variation oder Verbesserung

Ihres Angebots. Der Umsatz nimmt eine Kurve nach oben. Sie werden für neue Kooperationen angefragt.

Wie und wo Sie Zahlen erheben, haben wir in Kapitel 4 behandelt. Wir listen hier die wichtigsten Faktoren auf, an denen Sie den Erfolg Ihrer Kommunikation im Social Web messen können:

- Facebook: Anzahl Fans, »Gefällt mir«-Klicks, Kommentare auf Ihre Beiträge, eigene Beiträge der Fans an Ihrer Pinnwand
- Twitter: Anzahl Follower, Gewinn von neuen, einflussreichen Followern, Erwähnungen (mentions mit @), Retweets, als Favorit markierte Tweets, Aufnahme in Listen. Veränderung des Gewichts in der Community gemessen beispielsweise durch Klout, Graphedge oder Twittercounter
- Blog: Anzahl Besucher, Kommentare, Verweise (entweder mit Hyperlinks oder in Worten), »Gefällt mir«-Klicks und Abonnenten
- YouTube, Flickr, Slideshare: Anzahl Abonnenten, Views, Kommentare, Markierung als Favorit
- Forum: Anzahl registrierte Teilnehmer, Beiträge, Antworten, Empfehlungen des Forums
- Website: Veränderung von Traffic, Zugriffsquellen durch verweisende Websites wie Twitter, Facebook, Blogs, andere Websites, Zunahme an Besuchern sowie weitere positive Veränderungen von Schlüsselwerten, die Sie u.a. mit Google Analytics messen

Solche Werte sind wichtig, sie leben davon, dass sie in regelmäßigen Abständen gemessen werden und sie können auch – grafisch richtig aufbereitet – durchaus eindrucksvoll wirken. Aber sie sind auch das Resultat der Gesamtleistung Ihres Unternehmens, von dem PR immer nur einen Teil beeinflussen kann. Vergessen Sie dabei aber eines nicht: Ob Sie im Social Web erfolgreich sind oder nicht, erfahren Sie täglich sehr einfach: Hören Sie weiter zu und nehmen Sie Meinungen und Rückmeldungen offen und lernbereit auf.

KAPITEL 11
Was sich für das PR-Geschäft ändert

@inpressulum
Marc Breidbach

"Junger Mann, weshalb tippen sie ständig auf ihrem Telefon rum?" "Ich arbeite!" "Haben sie nix vernünftiges gelernt?"

11 Jan. via TweetDeck ☆ Von den Favoriten entfernen ⇄ Retweet ↩ Antworten

Von Lehren aus der Vergangenheit und Zukunftstrends

Ein Handbuch zur PR im Social Web wäre nicht vollständig – wenn es Vollständigkeit bei diesem Thema überhaupt geben kann – ohne einige grundlegende Überlegungen zur Zukunft des PR-Geschäfts. Schließlich wollen wir Ihnen nicht nur zu einem besseren Verständnis der Veränderungen der Gesellschaft durch das Social Web verhelfen. Wir möchten Ihnen auch etwas Denkfutter mitgeben für die Gestaltung Ihrer persönlichen beruflichen Zukunft und der Zukunft unserer Branche. Die Teilhabe an der vernetzten Gesellschaft ist für Unternehmen, PR-Agenturen und andere Kommunikationsdienstleister keineswegs Selbstzweck. Sie möchten mit Ihren Zielgruppen ins Gespräch kommen und mit den Menschen tragfähige Beziehungen aufbauen, mit dem Ziel, in einem Markt, der von Gesprächen bestimmt ist, erfolgreich bestehen zu können. Sie wollen mit auf dem »Cluetrain« fahren und ihn nicht im letzten Moment verpassen.

Mit der Zukunft haben wir Menschen so unsere Probleme. Es fällt uns schwer, uns vorzustellen, wie unser Leben und unsere Welt in zehn Jahren sein werden. Das Tempo technischer Entwicklungen ist schwer abzuschätzen – selbst wenn man das Moore'sche Gesetz von der Verdopplung der Rechenleistung von Prozessoren binnen etwa 18 Monaten zu Rate zieht. Wie Menschen mit den technischen Neuerungen umgehen und so die Gesellschaft allmählich verändern, ist ebenso schwer vorhersehbar. Beim Blick nach vorn erscheint das Erreichen der vorgestellten Zukunft deshalb mühsam.

Beim Blick zurück hingegen sind wir überrascht, wie viel sich doch getan hat, während wir auf die Zukunft warteten. Zur Veranschaulichung geben wir Ihnen einige Beispiele:

- Das erste YouTube-Video wurde im April 2005 veröffentlicht, heute werden jede Minute etwa 35 Stunden Videomaterial bei YouTube hochgeladen.
- Facebook begann 2004 als Netzwerk für Studenten und wurde erst 2006 international zugänglich, heute sind an die 600 Millionen Menschen weltweit Mitglied bei dem Social Network.
- Twitter begann Anfang 2006 als SMS-Ersatz und wuchs seither zu einer globalen Echtzeit-Nachrichteninfrastruktur mit etwa 200 Millionen Nutzern an.

Kurzum, vor einem halben Jahrzehnt waren die Plattformen, die heute in unserem Buch eine wichtige Rolle spielen, gerade mal gestartet. Damals konnte niemand abschätzen, wie wichtig und einflussreich sie einmal sein würden. Große technische, ökonomische und soziale Veränderungen, wie sie das Social Web mit sich bringt, brauchen Zeit, bis sie in der Breite der Bevölkerung angekommen sind. Deshalb ist es normal, wenn trotz dieser im Nachhinein sehr eindrucksvollen Entwicklung noch immer viele Menschen staunend zusehen und nicht erfassen können, was das Social Web für sie bedeutet. Zukunft, und wann sie Gegenwart wird, ist eben eine Frage der persönlichen Perspektive.

Für unseren Blick in die Zukunft des PR-Geschäfts wählen wir deshalb die Perspektive des Early Adopters, für den die Zukunft schon angefangen hat, und ziehen aus den Entwicklungen der letzten Jahre und dem, was wir in dieser Zeit über die Mechanismen und Regeln des Social Web gelernt haben, unsere Schlüsse. Wir möchten die Entwicklung bis heute ein wenig nach-denken und in die Zukunft vor-denken.

Mission: Barrieren zwischen Unternehmen und ihren Bezugsgruppen abtragen

Das Social Web ist ein Raum, der Interessengemeinschaften entstehen lässt und Menschen miteinander vernetzt. Der Ausgangspunkt der Kommunikation, die zur Vernetzung beiträgt, ist immer das Individuum. Das Social Web geht vom Einzelnen aus, und so wirken denn Unternehmen und andere Organisationen und überhaupt jede Art von Institution zunächst als Fremdkörper.

Das liegt daran, dass Institutionen dazu geschaffen sind, vom Individuum zu abstrahieren. Nicht der Einzelne zählt, sondern das Ganze. Ausdruck dieser Abstraktion, dieser Entkoppelung vom Einzelnen sind zum Beispiel Marken, Corporate Identities und One-Voice-Policies. Eine abstrakte, künstlich geschaffene Hülle, zusammengesetzt aus einer Fülle von Symbolen wie Corporate Design, Logos, und Corporate Wordings, dient der Abgrenzung nach außen. Was haben sich Marketing-Experten und auch PR-Leute nicht alles ausgedacht, um Unternehmen ein klares »Gesicht« und eine einheitliche, wiedererkennbare »Stimme« nach außen zu geben. »Marken schaffen Orientierung in einer Welt des Überflusses«, heißt ein oft bemühter Leitsatz in der Berufskommunikation. Das mag stimmen, denn sicher helfen Marken und die mit ihnen assoziierten Eigenschaften bei der Wahl zwischen Marke A und Marke B. Wenn Sie bislang nur bei Edeka, Rewe oder Migros eingekauft haben, wird Ihnen der erste Besuch eines Bio-Supermarkts wie Basic oder Alnatura wie ein Ausflug in ein fremdes Land vorkommen. Die Bio-Supermärkte führen ein so radikal anderes Sortiment, dass man als Kunde eines herkömmlichen Marktes deutlich länger braucht, um die gewünschten Produkte zu finden. Kein Dr.-Oetker-Logo weist den Weg durch die Backzutaten, kein Kellogg's-Schriftzug hilft beim Auffinden der gesuchten Müslisorte. Die Marken geben dem Konsumenten etwas, woran sich sein suchendes Auge festhalten kann.

Unternehmen haben sich von ihren Kunden entfremdet

Doch Wiedererkennbarkeit ist nicht alles; zur Orientierung in Märkten des Überflusses reicht ein einheitliches Erscheinungsbild nicht aus. Oder hat Ihnen eine Marke schon einmal eine Frage beantwortet? Wir kommunizieren nicht mit Marken, Marken sprechen nicht mit uns. Schon gar nicht beantworten sie Fragen. Als Supermärkte noch Kaufmannsläden hießen und von der sprichwörtlichen »Tante Emma« geführt wurden, gab es eine Person, an die man sich vertrauensvoll wenden konnte und die nach bestem Wissen weiterhalf. Aber wehe der Kunde hat heute eine Frage! An wen wendet er sich? Die Marke? Den Hersteller des Produkts? Herrn Kellogg oder Dr. Oetker? Wohl kaum. Vielleicht fragt er noch im Supermarkt einen Angestellten, der die Regale einräumt, oder die Kassiererin. Die mögen noch wissen, wo etwas steht, aber über das Produkt selbst werden sie kaum kompetent Auskunft geben können. Der wissbegierige Kunde macht sich dann vielleicht die Mühe und ruft eine Kundenservice-Hotline an. Dort hangelt er sich durch Computerstimmen-Menüs und Warteschleifen, bis jemand am anderen Ende ihm im Zweifelsfall doch keine erschöpfende Auskunft geben kann. Wo ist die Marke, die Institution jetzt? Hilft hier Vodafone besser als die Telekom, ist Nestlé auskunftsfreudiger als Danone? Die Realität ist oft ernüchternd. Unternehmen, beziehungsweise die kommunikativen Hüllen, die sie sich übergestreift haben, sind zum Dialog, zum Gespräch, ja selbst zur Beantwortung einer einfachen Frage oft nicht in der Lage.

In dieser Situation tun die Menschen das, was sie durch das Social Web heute noch viel einfacher tun können als noch vor fünf oder zehn Jahren: Sie wenden sich an andere Menschen mit ähnlichen Erfahrungen und den gleichen Fragen. Darunter ist mit großer Wahrscheinlichkeit jemand, der auf die Frage eine Antwort weiß.

Den Kommunikationsprofis muss diese Entwicklung Sorge bereiten, denn ihnen entgleitet die Kontrolle über die Interaktion zwischen Konsument und Unternehmen. Das Unternehmen wird nicht mehr als Ansprechpartner gesehen, weil die Erfahrung des Kunden gezeigt hat, dass eine Markenhülle keine Antworten parat hat. Die große Chance des Social Web für Unternehmen liegt darin, die unpersönliche, künstliche Hülle der institutionalisierten Kommunikation abzustreifen und nach einer langen Zeit der Entfremdung wieder Menschen mit Menschen reden zu lassen.

Das Social Web erfordert persönlichen Einsatz, auch vom Chef

Die logische Konsequenz aus diesen Überlegungen ist, dass Unternehmen die Barrieren zwischen ihren Mitarbeitern und Kunden abbauen müssen. In Kapitel 7 haben wir erläutert, wie eine umfassende Einbindung der Mitarbeiter und eine Unterstützung durch Social Media Guidelines bei diesem für viele Unternehmen sehr fundamentalen Veränderungsprozess helfen können. Um hier erfolgreich zu sein, braucht es aber auch Vorbilder im Unternehmen. Sie erinnern sich, wir haben Ihnen in Kapitel 2 die Change Agents vorgestellt, die als Eisbrecher im Unternehmen unterwegs sind. Menschen, die sich mit besonderem persönlichem Einsatz und Leidenschaft der Gespräche im Social Web annehmen. Kommunikationsleute sind dafür aufgrund ihrer Funktion in der Organisation prädestiniert.

Das verschont sie jedoch nicht vor Veränderungen. War es bislang die vornehmste Aufgabe von PR-Mitarbeitern, Pressesprechern und Marketingverantwortlichen, dem Unternehmen die eben beschriebene, genauestens ausgestaltete Symbol-Hülle zu verleihen und diese zu schützen, ist ihre Aufgabe im Social Web fast entgegengesetzt. Sie müssen die Barrieren abbauen und für mehr Unmittelbarkeit zwischen den Mitarbeitern und den Menschen außerhalb der Organisation sorgen. Sie müssen die Voraussetzungen dafür schaffen, dass die Kommunikationswege in beide Richtungen offen sind. Die zweite neue Aufgabe folgt daraus. Wenn Barrieren abgebaut werden, sorgt das für Unsicherheit in der Organisation, die es einzudämmen und in eine selbstbewusste Haltung und einen souveränen Umgang mit der direkten Kommunikation zu verwandeln gilt.

Das alles bedeutet, dass sich PR-Manager nicht mehr hinter Pressemitteilungen, geschliffenen Statements, freigegebenen Vorstandsinterviews und einer unverbindlichen »Sprachregelung« verstecken können. Sie müssen sich selbst ins Getümmel begeben und unter die Leute mischen. Gleiches gilt für die anderen exponierten Personen in den Unternehmen, für Vorstände, Produktexperten, Vertriebsmanager, im Grunde jeden, der auch unter traditionellen PR-Gesichtspunkten als Gesicht der Firma und Sprecher nach außen auftreten würde. Die Menschen wissen nämlich, wie Unternehmen organisiert sind, und wollen jemanden sprechen, der wirklich etwas zu sagen hat. Kommunikation im Social Web ist deshalb auch im Wortsinne Chefsache.

Veränderte Aufgabenteilung zwischen Unternehmen und Agenturen

Ob ein Unternehmen oder eine Organisation die Dienste von PR-Agenturen in Anspruch nimmt oder eigene Fachleute einsetzt, ist oft eine Frage der Philosophie. Die einen wollen volle Kontrolle über die Beziehungen, die das Unternehmen mit seinen Stakeholdern aufbaut, und vertrauen deshalb einer eigenen PR-Abteilung mehr als einer Agentur. Die anderen schätzen externen Rat und branchenspezifisches Know-how sowie die Flexibilität einer Agentur. Schließlich hat PR schon immer mit einem Skalierungsproblem zu kämpfen. Beziehungen zu knüpfen und zu pflegen ist ein zeitraubender Job. Solange es in der PR primär um die Beziehungen zwischen einem Unternehmen und den relevanten Journalisten ging, ließ und lässt sich diese Aufgabe gut an Dienstleister outsourcen. Viele Unternehmen teilen diese Aufgabe auch auf und pflegen die Kontakte zu den wichtigsten Journalisten lieber über ihren Pressesprecher. Unternehmen, die eine größere Bandbreite an Stakeholdern erreichen möchten, setzen auch heute schon mehr auf eigene Ressourcen – Investor-Relations- und Public-Affairs-Abteilungen zeugen davon. Doch der Kontakt zu den Stakeholdern ist natürlich nicht die einzige, wenngleich eine der wichtigsten Aufgaben der PR. Die Aufgabenbereiche, die zwischen Unternehmen und Agentur verteilt werden können, lassen sich entlang dem Prozess von Planung, Umsetzung und Evaluation in sechs Blöcke unterteilen.

1. Strategie- und Produktentwicklung – In dieser Phase entwickelt das Unternehmen seine Geschäftsziele sowie Produkte und Dienstleistungen, die es an den Mann und die Frau bringen will, und definiert seine kommunikativen Ziele. Dies ist traditionell die Domäne von Experten im Unternehmen, unter anderem der Geschäftsleitung, die über die langfristigen und marktrelevanten Strategien berät und entscheidet. PR-Agenturen oder Kommunikationsberater spielen in dieser Stufe bislang eine eher untergeordnete, punktuell unterstützende Rolle. Klassische Unternehmensberatungen hingegen sind in dieser Phase durchaus stark präsent.

2. Enablement – Hierunter verstehen wir die meist in Fachabteilungen oder bei der Personalabteilung angesiedelte Aufgabe, Mitarbeiter für ihre Aufgaben auszubilden und in die Lage zu versetzen, ihre Rolle auszufüllen. Bei kommunikativen Aufgaben kommen Agenturen hier zum Beispiel bei Medientrainings zum Zuge.

3. Ideen & Inhalte – Konzeption, Kreativleistungen und die Entwicklung von Inhalten aller Art ist in der klassischen Arbeitsaufteilung zwischen Unternehmen und Agenturen in der Regel den Dienstleistern überlassen. In der PR sind Unternehmensvertreter in Person der Marketing- und PR-Manager meist nur

die Schnittstelle ins Unternehmen. Sie verschaffen den Agenturleuten Zugang zu den passenden Informationen, Personen und Orten, die für die Content-Entwicklung nötig sind.

4. (Technische) Umsetzung – Sie werden kaum ein Unternehmen finden, das seine Webseiten selbst programmiert, seine Geschäftsberichte selbst gestaltet oder eine große Kundenveranstaltung ganz ohne Unterstützung einer (oft spezialisierten) Agentur umsetzt. Wann immer Spezialwissen, technische Ausrüstung und projektbezogenes Arbeiten nötig sind, kommen Dienstleister zum Einsatz, weil sie die geforderten Personal- und Ausstattungsressourcen auf mehrere Kunden verteilen können.

5. Beziehungspflege und Dialog – Wie eben schon angerissen, wird diese Aufgabe sehr häufig aus Zeitgründen PR-Agenturen übertragen. Diese rechnen in der Regel nach aufgewendeter Zeit ab, tun aber gern so, als seien es die Kontakte zu den wichtigen Journalisten, die sie den Unternehmen gegen Entgelt zur Verfügung stellen. Unternehmen, die im Falle eines Agenturwechsels nicht den Draht zu den Schlüsselstellen in den Redaktionen verlieren wollen, pflegen diese Kontakte aber auch selbst.

6. Monitoring und Analyse – An Anfang und Ende jedes Kommunikationsprozesses liegt eine mehr oder minder ausgeprägte Evaluationsphase. Große Unternehmen lassen sich ihren Pressespiegel allmorgendlich von einem Clippingdienst liefern, kleineren Firmen genügt oft der Bericht der Agentur. Für die Auswertung der Ergebnisse werden ebenfalls externe Spezialisten hinzugezogen. Den Unternehmensvertretern reicht in der Regel eine daraus abgeleitete Handlungsempfehlung.

Die folgende Tabelle zeigt die sechs Prozessschritte und die Schwerpunktsetzung bei der Aufgabenverteilung zwischen Unternehmen und Agenturen noch einmal im Überblick.

Kommunikationsprozess	Unternehmen	Agentur
1. Strategie- und Produktentwicklung	● ● ●	●
2. Enablement	● ● ●	●
3. Ideen & Inhalte	●	● ● ●
4. Technische Umsetzung	●	● ● ●
5. Beziehungspflege/Dialog	● ●	● ●
6. Monitoring & Analyse	●	● ● ●

◀ Tabelle 11-1
Früher: In der klassischen PR wurden meist zielgruppennahe Aufgaben des Kommunikationsprozesses an Agenturen vergeben.

Hier fällt eine deutliche Tendenz zum Outsourcing von Aufgaben an Agenturen auf. Die Aufteilung ist sicher nicht in jedem Unternehmen gleich gewichtet, aber es ist deutlich erkennbar, dass nach außen gerichtete Kommunikationsaufgaben im traditionellen PR-Verständnis eher von Externen übernommen werden. Darin spiegelt sich die zuvor erläuterte institutionalisierte Distanz zwischen den Unternehmen und ihren Kunden wider. Während Unternehmensvertreter eher mit Strategieentwicklung und internen Fragen des Enablements befasst sind, kümmern sich Agenturen in dieser Konstellation um die sehr viel zielgruppennäheren Aufgaben wie Inhalte, Kreation und Beziehungspflege. Auch die Interpretation des Feedbacks von außen ist eine Domäne der Dienstleister. Kein Wunder also, wenn Unternehmen auch und gerade in den Kommunikationsabteilungen nur sehr indirekt ein Gefühl dafür haben, was die Menschen in ihren Zielgruppen bewegt.

Die Anforderungen der direkten und dialogischen Kommunikation im Social Web erfordern einige Korrekturen in dieser Gewichtung. Die Unternehmen müssen in ihrem kommunikativen Handeln näher an ihre Zielgruppen heranrücken und ihren Schwerpunkt in Richtung Beziehungspflege und Dialog verschieben. Das heißt ganz konkret, dass sie sich wie bereits erläutert selbst unmittelbar an die relevanten Schnittstellen begeben müssen.

Die nötige Zeit dafür lässt sich auf zwei verschiedene Arten schaffen. Entweder man investiert in eine eigens für die Social-Media-Kommunikation geschaffene Stelle, oder man lässt sich von Agenturen in Bereichen helfen, die zuvor eigenen Kräften vorbehalten waren. Diese zugegeben etwas vereinfachte Gleichung geht natürlich nur auf, wenn die Gesamtmenge an Ressourcen künftig sowohl klassische PR als auch die Kommunikation im Social Web abdeckt, sich der Aufwand also insgesamt weder erhöht noch verringert. In der Praxis läuft es in der Regel darauf hinaus, dass die auf das Internet bezogenen Aufgaben hinzukommen und der Gesamtaufwand steigt. Für die Zuhilfenahme von Agenturen sprechen bei den einzelnen Aufgabenbereichen folgende Gründe:

- Im Vorfeld der Strategie- und Produktentwicklung können sie über Social Media Audits eine unabhängige Bestandsaufnahme über die Themen, Wünsche und Kommunikationspräferenzen der Zielgruppen beisteuern.

- Bei der Strategieentwicklung können sie, ohne die innerhalb des Unternehmens mehr oder minder ausgeprägte Betriebsblindheit, eine Außenperspektive einnehmen und in die Entscheidungsfindung einweben helfen.

- Unternehmen, die sich gerade erst an das Social Web herantrauen, können von der praktischen Erfahrung von Agenturen im Umgang mit den Instrumenten und den Eigenarten der Online-Interaktion profitieren. Experten aus Agenturen können als Trainer und Coaches helfen, die Mitarbeiter des Unternehmens an die Social-Media-Praxis heranzuführen.

- Bei der Themenentwicklung und der redaktionellen Ausarbeitung sowie Content-Erstellung sind Agenturen traditionell gut aufgestellt und können auch für die Social-Media-Kommunikation entsprechende Leistungen übernehmen. Im laufenden Dialog wird aber auch von den Unternehmen selbst mehr Engagement bei der spontanen Erstellung von teilbaren Inhalten verlangt. Entsprechende Kompetenz muss also auch dort vorhanden sein.

Der wesentliche Bereich, aus dem sich PR-Agenturen bis auf einige Tätigkeiten in der Social-Web-Kommunikation heraushalten sollten, ist der eigentliche Dialog, das Gespräch von Mensch zu Mensch. Denn Authentizität und persönlichen Einsatz kann man nicht delegieren oder outsourcen. Im Rahmen der Analyse und vorbereitender Maßnahmen können Agenturen selbstverständlich die Identifikation der Beeinflusser übernehmen; wenn es aber um den spontanen Dialog geht, um den fachlichen Austausch oder die Beantwortung von konkreten Fragen, sind die Mitarbeiter des Unternehmens am Zug.

Eine prototypische Neugewichtung der Aufgabenteilung zwischen Unternehmen und Agenturen sähe demnach so aus:

Kommunikationsprozess	Unternehmen	Agentur
1. Strategieentwicklung	● ●	● ●
2. Enablement	● ●	● ●
3. Ideen & Inhalte	● ●	● ●
4. (Technische) Umsetzung	● ●	● ●
5. Beziehungspflege/Dialog	● ● ●	●
6. Monitoring & Analyse	● ●	● ●

◀ Tabelle 11-2
Kommunikation im Social Web: Unternehmen rücken näher an die Zielgruppe heran, Agenturen helfen stärker bei den vorgelagerten Prozessteilen.

Mit der Umgewichtung der Aufgaben rücken die Unternehmen näher an ihre Bezugsgruppen heran und können so unmittelbarer mit ihnen interagieren. Die externen Berater unterstützen hingegen weniger operativ, sondern stärker strategisch. Außerdem übernehmen sie als Trainer und Coaches vermehrt die Rolle eines Sparringspartners. Als solcher rücken sie näher an geschäftsstrategische Entscheidungsprozesse in Unternehmen heran, das sollten sie jedenfalls, um ihre Aufgabe für beide Seiten Nutzen stiftend zu erfüllen.

Woran Unternehmen arbeiten müssen

Die neue Gewichtung der Verantwortlichkeiten für eine dem Social Web gerechte Kommunikation setzt natürlich voraus, dass auf Seiten der Unternehmen und Organisationen die Grundlagen dafür geschaffen werden. Für Unternehmen, die gerade erst damit beginnen, stehen folgende Herausforderungen auf der Agenda.

- Know-how aufbauen – Ohne ein solides Grundverständnis der Kommunikationskultur im Social Web, der Interessen und Motivationen der Onliner, der Basistechnologien und ihrer Anwendung ist ein Start kaum möglich. Sie haben sich mit der Lektüre dieses Buchs eine gute Grundlage angeeignet, sorgen Sie für die weitere Verbreitung des Gelernten in Ihrer Organisation!

- Interne Unterstützer und Botschafter finden und fördern – Ein ernsthafter Einstieg ins Social Web wird in Ihrem Unternehmen Auswirkungen weit jenseits der Unternehmenskommunikation haben. Sie werden Unterstützer und Mitstreiter brauchen, um die offene, dialogische Kommunikationskultur in die Breite zu tragen. Suchen Sie die Weggefährten in der ganzen Organisation, nicht nur in der PR-Abteilung oder im Marketing. Je besser Sie intern vernetzt sind, desto mehr können Sie gemeinsam bewegen.

- Management-Unterstützung sicherstellen – Ihre wichtigsten Förderer werden Sie in der Geschäftsleitung finden – und im mittleren Management. Die Geschäftsleitung muss Ihnen den Freiraum geben, Prozesse und Zuständigkeiten zu hinterfragen und neu zu organisieren. Das mittlere Management brauchen Sie an Ihrer Seite, um die anstehenden Veränderungen durchsetzen zu können. Abteilungs- und Bereichsleiter, die um ihren Einfluss fürchten, können den besten Plan blockieren. Holen Sie sie frühzeitig an Bord.

- Externes Feedback einholen – Sie kennen Ihr Unternehmen in- und auswendig, aber wissen Sie auch genau, was Kunden,

Partner, Journalisten und die relevanten Influencer im Social Web von Ihrer Firma halten? Organisieren Sie offene Feedback-Runden, laden Sie einige Vertreter dieser Gruppen zu sich ein und fragen Sie die Gäste, was sie sich im Internet von Ihrem Unternehmen wünschen. Die Außenperspektive wird Ihnen die Augen öffnen und eine Fülle von Ideen bescheren.

Alle diese Handlungsfelder sind schon für sich allein eine komplexe und langwierige Angelegenheit. Planen Sie deshalb genug Zeit ein und erwarten Sie von Ihren ersten Schritten ins Social Web nicht allzu viele kurzfristige Effekte.

Organisationsmodelle für Ihr Engagement im Social Web

Die arbeitsteilige Wirtschaftswelt bringt seit jeher ein Problem mit sich, dessen Lösung bisweilen über Erfolg und Misserfolg ganzer Unternehmen entscheidet. Es ist die Frage nach der Zuständigkeit für eine bestimmte Aufgabe. Sie impliziert nämlich stets auch eine Abgrenzung. Wenn Zuständigkeiten, oder besser Verantwortlichkeiten, nicht genau geklärt sind, können sich Mitarbeiter leicht auf ein »Dafür bin ich nicht zuständig« zurückziehen. Mit der Folge, dass sich zunächst einmal nichts bewegt. Welche Auswirkungen eine solche Haltung im Umgang mit Kunden für die Außenwahrnehmung eines Unternehmens haben kann, dürfte jedem klar sein, der schon einmal als Kunde eines Telefonanbieters oder einer Fluggesellschaft nach einer verbindlichen Zusage zur Lösung eines akuten Problem gefahndet hat, z.B. bei einer toten DSL-Leitung bzw. einem ausgefallenen Flug. »Fingerpointing« – mit dem Finger auf andere zeigen – heißt die allzu häufig anzutreffende Reaktion im englischen Sprachraum.

Aber auch das umgekehrte Phänomen ist in Unternehmen zu beobachten: Sobald nämlich eine Abteilung und ihre Leitung sich im Vorteil wähnt, wenn sie für eine bestimmte strategische Aufgabe die Führung innehat, gibt sie diese nur unter größtem Protest und Widerstand wieder ab. Beim Thema PR im Social Web kommen beide Verhaltensweisen vor. Wenn noch keine Klarheit darüber herrscht, ob man das Thema anpacken soll, wird auf andere verwiesen. Wenn sich zumindest ein Fachbereich, sei es PR oder Marketing, gelegentlich auch der Vertrieb, für das Social Web begeistern kann und sich einen Vorteil davon verspricht, versuchen sie gern, den internen »Lead« zu beanspruchen.

5 Fragen für die Agentur-Auswahl

Bei der Suche nach einem passenden Berater oder einer Agentur, die Ihr Unternehmen ins Social Web begleiten soll, gibt es einige Bereiche, die Sie schon online überprüfen können. So sollte eine Agentur, die von sich behauptet, in Sachen Social Media kompetent zu sein, selbstverständlich eine eigene nennenswerte Präsenz im Social Web etabliert haben. Außerdem sollte erkennbar sein, welche Mitarbeiter selbst im Social Web »leben« und wie lange das schon der Fall ist. Außerdem sind natürlich Referenzprojekte und -kunden interessant.

Sie sollten aber auch im Gespräch mit der Agentur herausfinden können, ob sie Ihr Verständnis von dialogischer, langfristig angelegter Beziehungspflege im Social Web teilt und über strategische Kompetenz verfügt. Folgende fünf Leitfragen sollten Sie deshalb in einem Kennenlerngespräch stellen und darauf achten, ob Ihr Gesprächspartner hier eine schlüssige Antwort geben kann.

1. Was ist Ihre Definition von Social Web? – Listet Ihr Gesprächspartner als erstes eine Fülle von Tools und Plattformen auf, beenden Sie das Gespräch. Kann er Ihnen aber erklären, weshalb die Vernetzung von Menschen zu Interessengemeinschaften eine handfeste Auswirkung auf die Beziehungen Ihres Unternehmens zu seinen Bezugsgruppen haben kann, können Sie die nächste Frage stellen.

2. Was sollte unser Unternehmen im Social Web machen? – Schlägt Ihr Gesprächspartner sofort konkrete Maßnahmen vor (»Facebook-Fanseite aufsetzen«, »Twitter-Account aufbauen«), verabschieden Sie sich dankend. Fragt er nach, welche Ziele Sie mit einer Präsenz im Social Web verfolgen, und versucht er daraufhin, eine grobe Strategie zu skizzieren, ist er eine Runde weiter.

3. Was können Sie für uns leisten und welche Aufgaben müssen wir selbst übernehmen? – Misstrauen Sie Agenturen, die Ihnen alles vom Aufsetzen der Nutzerkonten bis zum Kundendialog über Twitter abnehmen wollen. Gute Berater sollten Ihnen helfen, zum Unternehmen passende Ziele zu definieren und eine praktikable Strategie zu entwickeln. Erst dann geht es um Tools und darum, wer welche operativen Aufgaben übernimmt.

4. Wie lange dauert es, bis wir im Social Web etabliert sind? – Vorsicht bei Angeboten, die Ihnen kurzfristig tausende Fans und Follower versprechen. Die sind mit hoher Wahrscheinlichkeit gekauft und damit wertlos. Ein seriöser Berater sollte Ihnen aufzeigen, dass es sich bei PR im Social Web um eine Aufbauarbeit handelt, die sich nicht von heute auf morgen erledigen lässt, wie Sie nach der Lektüre dieses Buches wissen.

5. Wie evaluieren Sie den Erfolg von Kommunikation im Social Web? – Die schwierigste der fünf Fragen sollte nicht allein mit der Zahl der Fans und Follower beantwortet werden. Vielmehr ist hier die Fähigkeit gefragt, zu strategischen Kommunikationszielen passende Messgrößen zu definieren. Wenn zum Beispiel eine höhere Kundenzufriedenheit das Ziel ist, sollte die Zahl der negativen Äußerungen im Social Web zurückgehen und die Zahl der neutralen oder positiven Posts steigen.

Noch ein Tipp zum Schluss: Bestehen Sie auf einem persönlichen Kennenlernen der Berater, die Sie später im Tagesgeschäft betreuen werden. Wenn man Ihnen nicht wenigstens einen Social-Web-erfahrenen Seniorberater vorstellt, der die fünf Fragen genauso schlüssig beantworten kann wie sein/ihr Chef, lassen Sie es besser bleiben.

Angesichts der Tatsache, dass das Social Web strukturell zum Abbau von Hierarchien durch Vernetzung beiträgt, ist die Frage nach der Führungsrolle bei entsprechenden Kommunikationsaktivitäten fast schon paradox. Dennoch brauchen Unternehmen natürlich Strukturen, die ihnen helfen, ihre Aktivitäten im Social Web zu organisieren und Verantwortlichkeit herzustellen. Da PR-Abteilungen schon in ihrem traditionellen Zuschnitt Querschnittsfunktionen einnehmen, liegt es nahe, dass sie auch rund um das Social Web die Initiative ergreifen und eine koordinierende Funktion übernehmen.

Da sich ein Engagement im Social Web und die Nutzung von Social Software für interne Zwecke auf alle Schnittstellen des Unternehmens und damit auf jede Unterorganisation oder Abteilung auswirkt, sind Organisationsmodelle gefragt, die einerseits einen Handlungsrahmen für die Abteilungen schaffen, andererseits den handelnden Personen die nötigen Freiräume verschaffen.

Der amerikanische Analyst und Unternehmensberater Jeremiah Owyang von der Altimeter Group hat eine Systematik von Organisationsmodellen entwickelt, die auf einer umfangreichen Befragung von amerikanischen und international tätigen Unternehmen mit mehr als 1.000 Mitarbeitern basiert. Owyang unterscheidet zwischen fünf Formen der unternehmensinternen Zusammenarbeit in Bezug auf das Social Web (Abbildung 11-1):

- Dezentral – In einer dezentralen Struktur hat keine Abteilung »den Hut auf«, es gibt keine Koordination der Aktivitäten im Unternehmen. Initiativen zur Nutzung des Social Web entstehen stellenweise aus einem individuellen Interesse oder einer abteilungsspezifischen Anforderung heraus.

- Zentralisiert – Zentralisierte Strukturen sind der Urtyp der hierarchischen Organisation. Eine Abteilung hat die Führung inne und gibt den nachgeordneten Bereichen vor, wie sie zu agieren haben.

- Nabe & Speiche (»hub and spoke«) – Dieses Organisationsmodell kann auch in sonst eher hierarchisch strukturierten Unternehmen zum Einsatz kommen. Verantwortliche aus den relevanten Abteilungen (»Speichen«) bilden ein gemeinsames Gremium, das von einer oder mehreren Personen koordiniert, jedoch nicht per Entscheidungsgewalt dominiert wird (»Nabe«). Eine solche Querschnittsstruktur bindet alle ein und fördert den Austausch von Informationen, Erfahrungen und Ideen. Außerdem stellt sie Verbindlichkeit her.

- Mehrfache Nabe & Speiche – Für große, besonders auch internationale Organisationen mit sehr vielen, in der Regel autonom agierenden Unterorganisationen kommt diese Erweiterung des Nabe & Speiche-Prinzips in Frage. Die Untereinheiten können weiter autonom agieren, stimmen aber Ziele und Vorgehensweisen miteinander ab, um einen koordinierten Auftritt sicherzustellen.
- Holistisch – In einer ganzheitlichen Organisationsstruktur sind der Umgang mit Social Technologies und die Kommunikation im Social Web fest mit der Unternehmenskultur verwoben. Jeder Mitarbeiter »lebt« im Social Web und geht souverän mit den Kommunikationsmöglichkeiten um.

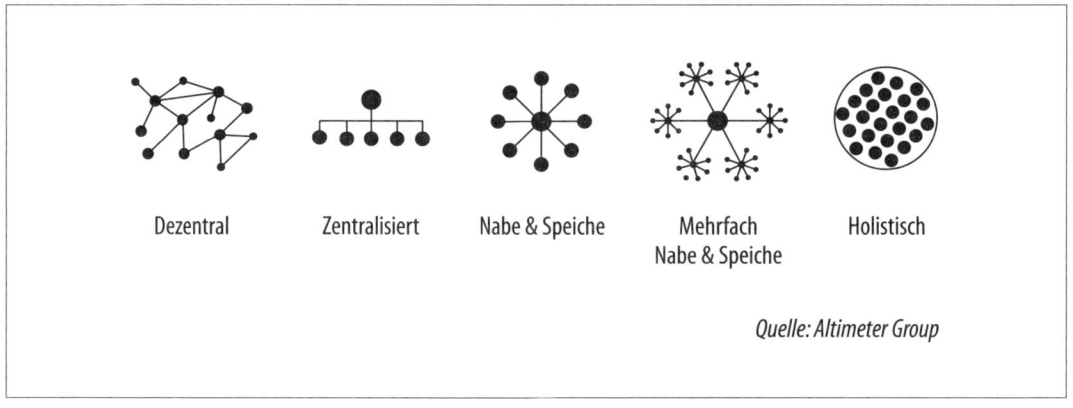

Dezentral   Zentralisiert   Nabe & Speiche   Mehrfach Nabe & Speiche   Holistisch

Quelle: Altimeter Group

Abbildung 11-1 ▲
Die fünf Organisationsformen von Jeremiah Owyang (Altimeter Group) im Überblick.

Die Untersuchung der Altimeter Group vom November 2010 ergab, dass die meisten Unternehmen (41%) inzwischen auf das Nabe & Speiche-Prinzip setzen. Die zweitgrößte Gruppe sind die zentral organisierten Unternehmen (28,8%), gefolgt von Mehrfach-Nabe & Speiche (18%) und Unternehmen, die ihre Social-Media-Aktivitäten noch dezentral handhaben (10,8%). Die holistisch verfassten Unternehmen sind auch in den USA mit 1,4% noch in der Minderheit. Die Organisationsformen sind laut Jeremiah Owyang nicht als streng aufeinander aufbauend zu verstehen. Aus einer dezentralen Struktur muss nicht zuerst eine zentrale Organisation werden, um später nach Nabe & Speiche-Prinzip aufgestellt zu werden. Eine gewisse evolutionäre Abfolge kann Owyang aber erkennen, da Unternehmen, die ihre Social-Media-Strategie selbst als »fortgeschritten« einordneten, doppelt so häufig mit einer Nabe & Speiche-Organisation arbeiten wie Firmen, die erst am Anfang ihrer Bemühungen um eine Social-Media-Strategie stehen.

Für den deutschsprachigen Raum stehen ähnliche Forschungsergebnisse leider nicht zur Verfügung. Wir müssen uns deshalb auf das Feedback der Unternehmen verlassen, die wir für dieses Buch befragt haben. Bei den deutschen und Schweizer Unternehmen dominiert das zentralistische Modell. In der Regel ist die Unternehmenskommunikation oder PR-Abteilung mit der Führung und Umsetzung von Social-Web-Aktivitäten betraut. Der Aufwand dafür schwankt von etwa einem Fünftel der Arbeitszeit eines PR-Mitarbeiters bis hin zu mehreren eigenen Social-Media-Mitarbeitern, die ihre komplette Arbeitszeit darauf verwenden (siehe dazu auch die Übersicht in Kapitel 8).

Das Nabe & Speiche-Prinzip kommt zum Beispiel bei Coca-Cola Deutschland zum Einsatz, einem Unternehmen, das auch hierzulande sicher zu den »Fortgeschrittenen« in Sachen Social Media gezählt werden kann. Hermin Hainlein von Coca-Cola schildert die Organisationsstruktur so:

»In der Kommunikationsabteilung befassen sich alle Mitarbeiter auch mit Social Media, wobei ein Team-Mitglied einen besonderen Fokus auf das Thema ›Digital Engagement‹ hat. Diese Kollegin verfügt nicht nur über den Überblick über alle Maßnahmen, sie initiiert und koordiniert auch die Aktivitäten und steht als Sparringspartner fachabteilungsübergreifend zur Verfügung. Je nach Marke, Kampagne oder Thema ist aus dem Marketingbereich der jeweilige Interactive Marketing Manager sowie die beratende Agentur an den Social-Media-Aktivitäten beteiligt. Die Kommunikationsabteilung berät und unterstützt dabei. Insbesondere beim Thema Social Media Monitoring arbeiten Vertreter aus dem Bereich Unternehmenskommunikation, Marketing und Marktforschung eng miteinander.«

Wenn Sie in Ihrem Unternehmen mit der Organisation von koordinierten Social-Media-Aktivitäten beginnen möchten, raten wir Ihnen in jedem Fall dazu, möglichst alle betroffenen Abteilungen in die Planungen einzubeziehen und vor allem über die Zielsetzungen der Kommunikation im Social Web aufzuklären. Selbst wenn in der ersten Zeit von den Kollegen kaum eigene Leistungen gefordert sind, weil Sie zunächst die PR-Abteilung fitmachen möchten und mit der Inhaltekreation beschäftigt sind, ist es ratsam, sie in regelmäßigen Abständen über Ihre Erfahrungen und Fortschritte zu informieren. Je mehr Wissen und Anregung Sie weitergeben können, desto leichter werden Sie später die entscheidenden Mitstreiter an Bord bekommen. Zu Beginn ist eine zentralisierte Organisationsstruktur in Ordnung, weil sie bei den meisten Unternehmen der betrieblichen Realität entspricht. Verharren Sie aber nicht zu lange in diesem Stadium, da Sie sonst Gefahr laufen, von den Kollegen als »unsere Frau/unser Mann für das Social Web« betitelt zu werden – mit der Konsequenz, dass jeder Fortschritt an Ihnen hängen bleibt und Sie das eingangs erwähnte Skalierungsproblem am eigenen Leib erfahren.

Der PR-Beruf unter veränderten Vorzeichen

In Zeiten des Social Web ändert sich an der grundsätzlichen Funktion von PR nichts. Ihre Aufgabe ist es, als vermittelnde Instanz zwischen Organisationen und ihren Öffentlichkeiten die Grundlage für eine auf gegenseitigem Vertrauen basierende, tragfähige Beziehung aufzubauen und zu erhalten. Dazu vermittelt PR zwischen internen Entscheidungsträgern und den externen Bezugsgruppen. Außerdem kommt ihr die Aufgabe zu, auch innerhalb der Organisation zwischen Management und nachgelagerten Bereichen zu vermitteln.

PR-Schaffenden als Funktionsträgern in diesem Sinne kommt die anspruchsvolle Aufgabe zu, die dynamischen Umweltbedingungen auf ihre kommunikativen Implikationen hin zu untersuchen und den Entscheidungsträgern Handlungsempfehlungen zu geben. Auf dieser Ebene sind PR-Leute strategisch denkende Manager, deren Bewertung unmittelbar Eingang in die Unternehmensstrategie findet. Soweit das Idealbild, dessen Erfüllung voraussetzt, dass der PR-Manager tatsächlich auch organisatorisch Teil der Geschäftsleitung oder zumindest ihr in einer beratenden Rolle beigeordnet ist. Die Realität sieht freilich oft anders aus.

In den meisten Unternehmen, unabhängig von ihrer Größe, wird Public Relations seit jeher als nachgeordnete Funktion gesehen. Organisatorisch wird sie oft dem Marketing zugeordnet oder als »Pressestelle« auch von der Namensgebung her als eine Art Sachbearbeitung für Medienangelegenheiten betrachtet. Entsprechend gering sind ihre Chancen, die oben skizzierten strategischen Aufgaben wahrzunehmen. Dieses Problem ist so alt wie die PR selbst. Daran haben auch Initiativen der Berufs- und Branchenverbände in den vergangenen Jahrzehnten nichts geändert. Mit der Konsequenz, dass die nach außen gerichtete Funktion der PR als »Sprecher« für die Organisation heute noch in weiten Teilen die öffentliche Wahrnehmung des Berufes prägt, und zwar auch bei den Kollegen im

Unternehmen. Das äußert sich schlimmstenfalls in Sätzen wie: »Für den Produktlaunch steht die Kommunikation so weit. Wir bräuchten dafür aber noch eine PR.« Damit ist dann natürlich nur die Pressemitteilung gemeint.

Für das Social Web braucht es Kommunikationsmanager im besten Sinne

Zurück zu den dynamischen Umweltbedingungen! Wenn Sie unser Buch bis hierhin gelesen haben, wird Ihnen klar sein, dass das Social Web die kommunikativen Umweltbedingungen für alle Organisationen ganz gewaltig dynamisiert. Die Ansprüche der Bezugsgruppen an die Organisationen steigen. Sie fordern das direkte, ungefilterte und verständliche Gespräch ein. Durch ihre Vernetzung untereinander sorgen sie dafür, dass Unternehmen, Politik und auch Nichtregierungsorganisationen die publizistische Macht des vormedialen Raums zu spüren bekommen. Das Vernetzungstempo im Echtzeitweb verschärft die Lage noch einmal. Ohne die Risiken einer passiven Haltung gegenüber der Dynamik des Social Web dramatisieren zu wollen, sind wir doch der Ansicht, dass sie Organisationen über kurz oder lang zum Nachteil gereichen wird.

Umso wichtiger ist es, dass PR-Profis diese Entwicklung wahrnehmen, verstehen und einordnen können. Alarmismus ist fehl am Platz, Panik schon ganz und gar. Aber angesichts der rasanten Entwicklung der Technologien und der Tatsache, dass weite Teile der Bevölkerung die daraus erwachsenden neuen Kulturtechniken übernehmen, ist doch Eile geboten. Darin liegt für den PR-Beruf eine Chance, wie er sie in seiner Geschichte noch nicht erleben durfte.

Public Relations muss auch praktisch die Aufgabe übernehmen, die ihr per Definition eigentlich schon lange zugedacht ist: Das strategische Management der kommunikativen Beziehungen vom einzelnen Kunden bis zum Vorstand und zurück. Statt sich auf die operative Funktion des Verlautbarungsorgans beschränken zu lassen, kann PR im Zuge der Herstellung von »Social Web Fitness« in der gesamten Organisation die Rolle eines Querschnittsberaters einnehmen und jedem Geschäftsbereich die nötige Orientierung und das praktische Wissen für dieses neuartige Handlungsfeld verschaffen.

Qualifikationsprofile: PR-Manager und PR-Techniker

Die für den PR-Beruf nach diesem Verständnis erforderlichen Qualifikationen haben zwangsläufig eine enorme Bandbreite. Wir möchten hier nicht die Qualifikationsprofile der Berufsverbände für den Beruf des PR-Beraters wiederholen, weil das für unseren Zweck viel zu kleinteilig geriete. Damit Sie sich aber dennoch ein Bild davon machen können, welche Fähigkeiten von PR-Leuten in Unternehmen und Agenturen gefordert sein werden, möchten wir hier eine Unterscheidung zwischen zwei großen Berufsrollen für PR-Fachleute treffen. Dies tun wir vor dem Hintergrund der praktischen Erfordernisse des PR-Berufs. Begreift man ihn so umfassend, wie wir es hier propagieren, ist eine Aufteilung in Untergruppen von Qualifikationen und Tätigkeiten geboten. So können Unternehmen und Agenturen sowie die ihren PR-Leuten beratend zur Seite stehenden Personalverantwortlichen und Recruiter präziser ermitteln, welche Qualifikationen und Fähigkeiten die Idealbesetzung für eine offene PR-Position mitbringen sollte.

- PR-Manager zeichnen für die Kommunikationspolitik verantwortlich und treffen strategische Entscheidungen, die eine Organisation in die Lage versetzen, sich auf die dynamischen Umweltbedingungen (s.o.) einzustellen. Damit sie die zugehörigen planenden, steuernden und kontrollierenden Tätigkeiten ausüben können, müssen sie in das Management und in organisationspolitische Entscheidungen eingebunden sein.

  Zu den Aufgaben des PR-Managers gehören zum Beispiel die Analyse der Umweltbedingungen und die Identifikation von Handlungsbedarf. Außerdem entwickelt er PR-Programme und trägt die Verantwortung bei ihrer Umsetzung. Auch gegenüber den Kunden des Unternehmens nimmt er eine Schnittstellenfunktion ein. Dem PR-Manager kommt zudem die Aufgabe zu, als »Dolmetscher« zwischen dem Unternehmen und seinen Öffentlichkeiten zu agieren. Er hält »die Kanäle offen« und sorgt für einen reibungslosen Informationsfluss in beide Richtungen.

- PR-Techniker übernehmen die ausführenden und operativen Aufgaben. Hierbei setzen sie von anderen getroffene Entscheidungen um. Ihre Qualifikationen sind technischer und journalistischer Natur wie Schreiben und Redigieren.

Diese zwei Berufsrollen kommen in der Praxis natürlich meist in Mischformen vor. Auch ist der typische Karriereweg von PR-Leuten in Agenturen der vom PR-Techniker zum PR-Manager, sodass Überschneidungen auch bei den Fähigkeiten die Regel sind. Zudem hilft praktische Erfahrung als PR-Techniker dem PR-Manager bei der Einschätzung der Machbarkeit und des Aufwands zur Umsetzung von Strategien.

Skillsets für Social-Media Kommunikation

Die beiden Berufsrollen sind wegen ihrer Definition über die kommunikative Aufgabenstellung freilich noch recht abstrakt. Sobald wir uns aber auf die Ebene der Fähigkeiten oder neudeutsch »Skills« begeben, wird deutlich, wo die Aus- und Weiterbildung von PR-Leuten für die Social-Media-Kommunikation ansetzen muss. In der folgenden Tabelle führen wir die für erfolgreiches Agieren im Social Web nötigen Skills den beiden Rollen zugeordnet in Stichworten auf. Das gibt Ihnen hoffentlich einen ersten Anhaltspunkt für die Abschätzung des persönlichen Weiterbildungsbedarfs und dessen Ihrer Kollegen und Mitarbeiter.

PR-Manager	PR-Techniker
• Kenntnis der kommunikativen Dynamik des Social Web und Fähigkeit, diese konzeptionell umzusetzen	• Leidenschaft für den Umgang mit Menschen und eine positive Grundhaltung zur Rolle als Ansprechpartner und Helfer
• Gute Sozialkompetenz und Fähigkeit Stimmungen zu erkennen und einzuschätzen	• Empathie und Gespür für Sprache, Bedürfnisse und Umgangsformen der Zielgruppe im Social Web
• Abstraktionsvermögen zur Beurteilung der geschäftlichen und sozialen Relevanz und der Auswirkungen von technischen Innovationen	• Einwandfreie Schreibe und Fähigkeit, auch komplexe Inhalte redaktionell verständlich aufzubauen
• Strategisches Urteilsvermögen bei sensiblen Issues und krisenhaften Entwicklungen	• Versierter Umgang mit Content Management Systemen (z.B. Wordpress, Drupal, Typo3)
• Fähigkeit zur zielgerichteten Deeskalation im Konfliktfall	• Kenntnisse der Administration von Accounts auf allen gängigen Social-Media-Plattformen und Bestückung dieser mit Inhalten
• Fähigkeit zur Operationalisierung von strategischen Geschäfts- und Kommunikationszielen	• Grundkenntnisse in Fotografie, Video- und Audioproduktion
• Verständnis für interne Prozesse und Interessenlagen, die auf Veränderungen hemmend wirken können	• Umgang mit Software für Bildbearbeitung, Videoschnitt und Audioproduktion
• Kenntnis von Coaching-Methoden und ihrer Anwendung	• Nutzung von Web-Analyse-Werkzeugen (z.B. Google Analytics)
• Einschätzung von Team-Mitgliedern und Kollegen hinsichtlich ihrer kommunikativen Stärken und Schwächen	• Grundkenntnisse der Suchmaschinenoptimierung

◀ Tabelle 11-3
Skizze der Aufgabenverteilung zwischen PR-Manager und PR-Techniker

Für beide Rollen gilt selbstverständlich, wie schon in der klassischen PR, dass sie eine große Neugier, Beobachtungsgabe und ein Gespür für interessante Themen und Inhalte brauchen. Denn ohne gut erzählte Geschichten, die mit den Interessen und Themen der Zielgruppen anschlussfähig sind, werden PR-Leute auch im Social Web ihre Schwierigkeiten haben.

Auf einen Blick

- Marken und damit einhergehende Artefakte wie Corporate Identities, One-Voice-Policies, Corporate Design usw. sind künstliche Hüllen, die einerseits Orientierung in einem vom Überfluss geprägten Markt bieten, die jedoch zugleich die Menschen voneinander entfremden.

- Kernaufgabe der PR in Social Web ist der Abbau der Barrieren zwischen den Menschen außerhalb von Unternehmen und Organisationen (den Bezugsgruppen) und den Menschen innerhalb der Unternehmen und Organisationen.

- Das Social Web erfordert persönlichen Einsatz – von PR-Leuten und von Geschäftsführern und Vorständen. Sie können sich nicht länger hinter Sprachregelungen und Pressemitteilungen verstecken, sondern müssen selbst in den Dialog treten.

- Die Aufgabenteilung zwischen Agenturen und Kommunikationsleuten in den Unternehmen muss neu geordnet werden: Die Unternehmenskommunikatoren rücken näher an ihre Stakeholder heran, die Agenturen können stärker strategische Aufgaben übernehmen.

- In Zukunft werden Agenturen die Bereiche Strategie- und Produktentwicklung sowie Enablement beratend begleiten. Frühere Agenturaufgaben wie Beziehungspflege und Dialog müssen vom Unternehmen wahrgenommen werden.

- Unternehmen müssen rund um PR im Social Web an folgenden Dingen arbeiten: Know-how aufbauen, interne Change Agents finden und fördern, das Management in die Veränderungsprozesse einbinden und gegen Betriebsblindheit auch Feedback von außen einholen.

- Bei der Agentur-Auswahl sollten Sie darauf achten, dass die Agentur unter Social Web nicht nur Tools und Plattformen versteht, Ihnen bei der Definition von Kommunikationszielen helfen kann, eine realistische Aufgabenteilung vorschlägt, den Zeitaufwand ehrlich einschätzt und ein schlüssiges Evaluationskonzept vorlegen kann.

- Für die unternehmensinterne Organisation der Social-Web-Kommunikation ist das Nabe & Speiche-Prinzip (nach Jeremiah Owyang) besonders geeignet. Es führt die relevanten internen Entscheider abteilungsübergreifend zusammen, was die Abstimmung erleichtert und Verbindlichkeit in der Zielsetzung schafft.

- Der PR-Beruf wird aufgrund der wachsenden Bedeutung strategischer Aufgaben anspruchsvoller. Entsprechend wird es künftig eine stärkere Differenzierung zwischen PR-Managern (strategisch) und PR-Technikern (operativ-taktisch) geben. Dies wird sich in Qualifikationsprogrammen und Stellenprofilen niederschlagen.

Der Rechtsrahmen für PR im Social Web

@glueckpress
Caspar Hübinger

Wieder Website ohne Impressum gesehen. Liebe Selbständige, ein Impressum muss nicht teuer sein, kein Impressum kann aber sehr teuer werden!

13 Jan. via web ☆ Als Favorit markieren ↿↾ Retweet ↳ Antworten

> Der Autor dieses Kapitels, Henning Krieg ist Rechtsanwalt und Syndikus. Er lebt und arbeitet in Berlin und betreibt das Blog *http://www.kriegs-recht.de*. Der Name des Blogs erklärt sich aus der Kombination seines Namens und seines Berufsfelds. Schwerpunkte seiner anwaltlichen Tätigkeit sind vor allem die Bereiche Internet, IT und E-Commerce. Zuvor war er als Anwalt in den internationalen Kanzleien Osborne Clarke in Köln und Bird & Bird LLP in Frankfurt am Main tätig. In den Jahren 2000 und 2001 arbeitete er als Manager Legal für eBay Deutschland. Studiert hat Henning Krieg in Bonn, Berlin und in London.

Es ist eine Binsenweisheit, dass das Internet kein rechtsfreier Raum ist. Und so greifen bestimmte rechtliche Spielregeln auch bei der PR-Arbeit im Social Web. Diese Spielregeln werden im folgenden Kapitel mit Blick auf das deutsche Recht erläutert. Da das schweizerische und das österreichische Recht viele Parallelen zum deutschen Recht aufweisen, dürften die gleichen Grundregeln auch dort gelten – wobei es natürlich in Einzelfällen zu Unterschieden kommen kann.

Sechs wichtige Themenkomplexe lassen sich im Zusammenhang mit PR-Aktivitäten im Social Web unterscheiden:

- Das Framework: Was ist beim Einrichten von Accounts auf Social-Media-Plattformen zu beachten?

- Die Inhalte: Was darf kommuniziert werden – und was nicht?
- Direct Messages: Die oft unerkannte Spamfalle
- AGB des Plattformbetreibers: Nicht nur Gesetze und Rechtsprechung, auch die allgemeinen Geschäftsbedingungen der Plattformbetreiber geben den Rechtsrahmen vor.
- Social Media Guidelines und Policies: Hilfreiche und sinnvolle Vorgaben für Mitarbeiter, die sich im Social Web bewegen.
- Das Leben der anderen: Wie verhält man sich am besten, wenn die eigenen Rechte durch die Handlungen anderer im Social Web verletzt werden?

Grundsätzlich gilt: Keine Angst – die Rechtsthemen bei der Kommunikation im Social Web lassen sich in den Griff bekommen. Wer sich gut vorbereitet, kann Social Media rechtlich praktisch genauso sicher nutzen wie andere Kommunikationskanäle wie beispielsweise E-Mails, Pressemeldungen oder die klassische Website.

Das Framework

Beim Einrichten von Accounts auf Social-Media-Plattformen sollte vor allem auf drei Dinge geachtet werden: Den richtigen Nutzernamen zu wählen, mit dem Profilbild keine fremden Rechte zu verletzen und ein anständiges Impressum auf dem Profil einzubinden.

Der Nutzername

Beim Auswählen des Nutzernamens sind zunächst fremde Marken- und Namensrechte zu beachten – das Ganze ist rechtlich vergleichbar mit der Situation im Domainrecht. Es geht im Wesentlichen darum, keine Verwechslungsgefahr zu schaffen: Es darf nicht der Eindruck entstehen, dass der fremde Marken- oder Namensinhaber hinter Social-Media-Aktivitäten steht, mit denen er nichts zu tun hat. Wird diese Regel verletzt, dann kann der Marken- oder Namensinhaber abmahnen lassen, was schnell zu Kosten im hohen drei- oder sogar vierstelligen Bereich führt. Kommt es so weit, darf der gewählte Nutzername danach nicht weiterverwendet werden, der Auftritt müsste neu gebrandet werden. Diesen unnötigen Ärger kann man sich leicht ersparen.

Das Transparenzgebot

Ohnehin gilt bei werblichen Aktivitäten ein Transparenzgebot. Paragraph 4 Nr. 3 des Gesetzes gegen den unlauteren Wettbewerb (kurz UWG) schreibt vor, dass der Werbecharakter von geschäftlichen Handlungen nicht verschleiert werden darf. Wenn geworben oder PR betrieben wird, dann muss dies also klar ersichtlich sein. Das gilt sowohl, wenn ein Unternehmen selbst (also durch eigene Mitarbeiter) für sich wirbt, als auch, wenn es hierfür auf externe Dienstleister wie beispielsweise eine PR-Agentur zurückgreift. Guerilla-Marketing und Astroturfing sind in Deutschland daher eigentlich nicht erlaubt – auch wenn diese Praktiken weit verbreitet sind. Fliegt diese Art von Werbung oder PR auf, dann drohen übrigens nicht nur rechtliche Konsequenzen, sondern aufgrund der zunehmenden Sensibilität von Öffentlichkeit und Presse auch ein veritabler PR-Gau: Viele PR-Profis dürften den »Shitstorm« beobachtet haben, der über dem früheren Geschäftsführer der Firma Neofonie Helmut Hoffer von Ankershoffen hereinbrach. Hoffer von Ankershoffen hatte den von seiner Firma mitentwickelten Tablet-PC WeTab auf Amazon unter einer Deckidentität über den grünen Klee gelobt – und als dies herauskam, war die öffentliche Empörung groß.

Astroturfing bezeichnet Kampagnen aus der Politik, der PR oder der Werbung, die den Anschein einer spontanen und freien Meinungsäußerung zum Beispiel von Bürgern oder Verbrauchern erwecken sollen, tatsächlich jedoch gesteuert sind.

Lesetipp   Weitere Informationen zum Transparenzgebot und dessen Auswirkungen auf PR im Social Web gibt es unter *http://bit.ly/9OrmfQ*.

Hinweis   Sämtliche empfohlenen Links sind auch auf der Social-Bookmarking-Plattform Diigo abgelegt unter *http://groups.diigo.com/group/pr-im-social-web*. Zur besseren Lesbarkeit arbeiten wir hier mit verkürzten Links.

Das Profilbild

Kein professionell eingesetzter Nutzeraccount kommt ohne Profilbild aus. Wichtig ist, dass man auch über das Recht verfügt, das verwendete Profilbild im Internet zu nutzen.

In diesem Zusammenhang geistern zwei »Urban Legends« durch das Internet, die sich offenbar nicht ausrotten lassen. Zum einen wird immer wieder angenommen, dass Bildmaterial, wenn es bereits online steht, kopiert und auch von einem selbst ohne weiteres online verwendet werden darf – das Internet quasi als Selbstbedienungsladen. Zum anderen gehen viele davon aus, dass zumindest kleine Bilder (sogenannte Thumbnails) keinen urheberrechtlichen Schutz genießen. Beide Annahmen sind falsch. Vor einer Verwendung einer Fotografie oder einer Grafik als Profilbild sollte daher unbedingt geklärt werden, ob die erforderlichen Nutzungsrechte vorliegen. Insbesondere bei Fotografien ist das Risiko, bei einer nicht genehmigten Verwendung einen Rechtsbruch zu begehen, sehr hoch: Bei ihnen kommt es nicht auf eine besondere »Schöpfungshöhe« an, damit sie geschützt sind – jeder Schnappschuss, und sei er noch so sehr aus der Hüfte geschossen, ist rechtlich geschützt und darf ohne Erlaubnis des Fotografen nicht verwendet werden.

Zudem sollte die Lage nicht nur mit Blick auf die Rechte am Bild, sondern auch mit Blick auf den Bildinhalt geklärt werden. Jeder Mensch besitzt beispielsweise das »Recht am Bild der eigenen Person«. Jedermann kann also grundsätzlich (mit einigen Einschränkungen) die Verwendung seines Bildes untersagen, wenn er dies nicht möchte. Das führt dazu, dass auch Mitarbeiter eines Unternehmens es nicht unbedingt hinnehmen müssen, dass ihr Arbeitgeber ihr Bild als »Aushängeschild« verwendet. Soll das Bild einer Mitarbeiterin oder eines Mitarbeiters als Profilbild für einen Social Media Account verwendet werden, dann sollte man hierüber eine kurze, am besten schriftliche Vereinbarung treffen.

 Lesetipp   Eine gut verständliche, bündige und lesenswerte Einführung ins Fotorecht findet sich auf dem Blog von Rechtsanwalt Arne Trautmann unter *http://bit.ly/13luhJ*.

Impressumspflicht für Social-Media-Profile?

Nach deutschem Recht müssen die Anbieter geschäftlicher »Telemedien« eine sogenannte Anbieterkennung bereithalten, die bestimmte Pflichtangaben über den Anbieter enthält – das ist so in Paragraph 5 des Telemediengesetzes (kurz TMG) und in Paragraph 55 des Rundfunk-Staatsvertrags (kurz RStV) geregelt. Jeder Geschäftreibende, der eine eigene Website betreibt, sollte von dieser Impressumspflicht wissen: Fehlende und fehlerhafte Anbieterkennungen sind immer wieder Grund für kostspielige und eigentlich unnötige, weil vermeidbare Abmahnungen.

Der Gesetzgeber spricht in Paragraph 5 TMG und Paragraph 55 RStV bewusst von »Telemedien« und nicht von »Websites« oder »Homepages«, weil diese allgemeine Bezeichnung auch neue Formen von Internetdiensten mit einschließt. Das bringt allerdings auch Nachteile mit sich: Ob auch Nutzerprofile auf Social-Media-

Plattformen selbständige und damit impressumspflichtige »Teleme-dien« sind, ist noch nicht gerichtlich geklärt. Vieles spricht allerdings dafür. Zumindest professionell genutzte Accounts werden häufig sorgfältig gestaltet und als durchaus eigenständiges Angebot am Markt positioniert. Das Männermagazin FHM hat sogar seine Website im Juli 2010 komplett vom Netz genommen und durch eine Facebook-Fanpage ersetzt. Ein klarer Fingerzeig dafür, dass solche Seiten als selbständige Telemedien angesehen werden können. Zudem haben Gerichte schon mehrfach geurteilt, dass Unterseiten von Nutzern auf Plattformen wie eBay oder *mobile.de* impressumspflichtig sein können und insbesondere bei einer geschäftlichen Nutzung impressumspflichtig sind. Zur Sicherheit ist deswegen dringend zu raten, zumindest bei geschäftlicher Nutzung für die Profilseite auf Social-Media-Plattformen ein Impressum einzurichten.

Auf Twitter beispielsweise ist dies nicht ganz einfach: Auf der Profilseite selbst ist mit 200 Zeichen nicht genügend Platz vorhanden, um alle Pflichtangaben unterzubringen. Deswegen sollten Unternehmen dort aus dem Feld »Web« heraus auf eine eigene Unternehmens-Website verlinken, auf der sich ein ordnungsgemäßes Impressum befindet. Bei Fanpages auf Facebook ist die Sache schon einfacher, weil sich dort eine Infoseite einrichten lässt, die genügend Raum auch für ein ordentliches Impressum bietet. Theoretisch kann aber auch hier zum Impressum auf einer (anderen) eigenen Unternehmens-Website verlinkt werden. Dabei muss dann aber die Zwei-Klick-Regel beachtet werden: Mehr als insgesamt zwei Klicks dürfen nicht nötig sein, um zum Impressum zu kommen, und es muss leicht erkennbar sein, wie man zum Impressum gelangt.

Lesetipp Weiterführende Informationen zur Anbieterkennung, insbesondere über die Angaben, die in einem Impressum bereitzuhalten sind, gibt es beispielsweise unter www.anbieterkennung.de. Speziell zur möglichen Impressumspflicht auf Social-Media-Plattformen siehe Kurzlink: *http://bit.ly/49ETlX*.

Die Inhalte

Zwar lässt sich kein absolut abschließender Katalog an Regeln darüber zusammenstellen, was im Einzelfall bei der PR (sei es im Social Web oder bei der klassischen PR) zulässig ist und was nicht – dafür ist das Feld der Kommunikation schlicht zu groß. Immerhin ist es aber möglich, grundlegende Regeln aufzuzeigen, die zumindest in den meisten Fällen ausreichen sollten, um rechtlich in der Spur zu bleiben.

Urheberrecht

Wer von anderen Personen angefertigte Texte, Grafiken, Fotografien, Videos oder Musik im Internet nutzen und bei seinen eigenen Aktivitäten online einbinden möchte, der muss sich zwangsläufig mit dem Thema Urheberrecht auseinandersetzen.

Grundsätzliches

Das Gesetz über Urheberrecht und verwandte Schutzrechte (kurz UrhG) regelt, dass der Urheber zunächst einmal die exklusiven Rechte an seinen »Werken« – das ist der Begriff, den das Urheberrechtsgesetz verwendet – hält. Will ein anderer diese Werke nutzen, dann benötigt er hierfür eine Erlaubnis. Geschützt sind sämtliche Arbeiten, die eine gewisse »Schöpfungshöhe« erreichen, d.h. als persönliche geistige Schöpfung ein gewisses Mindestmaß an Individualität aufweisen. Vorsicht: Die Schranke liegt hier relativ niedrig. Schon mehrfach haben Gerichte entschieden, dass auch gerade einmal rund 100 Zeichen (oder 10–12 Worte) lange Texte unter Umständen urheberrechtlichen Schutz genießen können. Das ist kurz genug, um selbst in einem Tweet eine Urheberrechtsverletzung begehen zu können. Bei Fotografien liegt die Schranke sogar noch niedriger: Jedes Foto, und sei es noch so beliebig, ist rechtlich geschützt.

Urheberrechtsverletzungen gehören zu den wohl häufigsten Rechtsverstößen im Internet. Das Design mancher Social-Media-Plattformen lädt schon fast zu Verletzungen ein – beispielsweise, wenn sie es wie Posterous ermöglichen, auf Knopfdruck Inhalte von fremden Webseiten zu importieren. Fliegen Urheberrechtsverletzungen auf, dann kann es für den Verletzer unangenehm werden: Nicht nur muss er natürlich sofort die Verletzung beenden, auch drohen ihm empfindliche Kosten. Zum einen muss er, wenn er vom Rechteinhaber zu Recht abgemahnt wird, diesem die sogenannten »Abmahnkosten« ersetzen. Die Abmahnkosten sind das Honorar, das der Rechteinhaber seinem Rechtsanwalt zahlt, damit er den Verletzer zur Rechenschaft zieht. In den Abmahnkosten noch nicht enthalten sind Schadensersatzforderungen, die der Verletzte ebenfalls geltend machen kann. Insbesondere wenn Inhalte über einen längeren Zeitraum ohne Erlaubnis verwendet worden sind, können sich die Schadensersatzforderungen auf hohe Beträge belaufen – vierstellige Summen sind keine Seltenheit.

Zwei klassische Missverständnisse wurden oben schon erwähnt: Nur, weil ein urheberrechtlich geschütztes Werk im Internet veröffentlicht wurde, heißt das noch lange nicht, dass man es deshalb ungefragt kopieren und selbst verwenden darf. Und auch sehr kleine Bilder, sogenannte Thumbnails (wie sie z.B. Suchmaschinen auf den Ergebnisseiten ihrer Bildersuchen einblenden), können urheberrechtlich geschützt sein. Ein drittes weitverbreitetes Missverständnis besteht im Zusammenhang mit dem sogenannten Zitatrecht. Häufig wird angenommen, dass eine Verwendung fremder Werke immer zulässig ist, wenn die jeweiligen Autoren genannt werden. Das ist jedoch ein gefährlicher Irrtum. § 51 UrhG erlaubt zwar das Zitieren fremder Werke. Ein rechtlich zulässiges Zitieren liegt jedoch nur dann vor, wenn das Zitat zum einen erforderlich ist, weil eine inhaltliche Auseinandersetzung mit dem zitierten Werk erfolgt, und zum anderen nicht mehr übernommen (»zitiert«) wird, als für die Auseinandersetzung erforderlich ist. Der Autor des zitierten Werkes muss so oder so immer genannt werden.

Das heißt: In aller Regel ist eine Erlaubnis erforderlich, wenn von anderen Personen angefertigte Werke verwendet werden sollen. Klassisch lässt sich die Erlaubnis über einen Lizenzvertrag mit dem Urheber einholen. Die Lizenz muss nicht schriftlich erteilt werden, es reicht theoretisch eine mündliche Absprache. Allerdings ist es zu empfehlen, zur Sicherheit etwas »Schriftliches« in den Händen zu halten – und seien es E-Mails, die die Abrede dokumentieren. Der Umfang der Lizenzen kann durchaus beschränkt werden – zum Beispiel zeitlich, oder auf die Verwendung nur auf bestimmten Plattformen. Wichtig ist also, bei Abschluss von Lizenzverträgen darauf zu achten, dass der Lizenzumfang richtig definiert wird.

Übrigens sollten PR-Profis durchaus auch einen Gedanken darauf verschwenden, ob sie nicht auch für ihre eigenen Arbeiten mit ihren Auftraggebern Lizenzvereinbarungen treffen sollten, die den erlaubten Umfang der Verwendung ihrer Arbeiten regeln.

Lesetipp   Die Bundeszentrale für politische Bildung hat in Zusammenarbeit mit *iRights.info* ein lesenswertes Buch zum Urheberrecht im (digitalen) Alltag herausgebracht; es ist kostenlos als PDF unter *http://bit.ly/gnlZch* verfügbar.

Creative Commons und »freie Inhalte«

Eine individuelle Nutzungserlaubnis für urheberrechtlich geschützte Werke muss dann nicht mehr eingeholt werden, wenn der Autor seine Arbeit unter einer »freien Lizenz« veröffentlicht hat. Nicht selten stellen Urheber ihre Arbeiten beispielsweise unter den sogenannten »Creative Commons«-Lizenzbedingungen zur freien Verfügung (siehe *http://de.creativecommons.org*).

Bei den Creative Commons handelt es sich um populäre Musterlizenzbedingungen, die einfach zu handhaben sind. Autoren können den Umfang der von ihnen gewährten »freien Lizenz« beispielsweise durch Piktogramme verdeutlichen. Wie das funktioniert, ist in Kapitel 2 beschrieben. Dabei ist aber darauf zu achten, dass eine Creative-Commons-Lizenz nicht immer jede Art der Nutzung erlaubt – zum Beispiel können Autoren eine kommerzielle Verwendung untersagen. Und selbst wenn die maximale Freigabe erfolgt ist: Der Urheber muss bei einer Verwendung immer genannt werden; geschieht dies nicht, liegt trotz Creative-Commons-Lizenz eine Rechtsverletzung vor.

Für viele Unternehmen ist es dabei durchaus überlegenswert, ob sie nicht auch selbst Inhalte unter einer solchen Lizenz veröffentlichen wollen – im »Social Web« wird dies gern gesehen und kann durchaus zu einem Imagegewinn führen.

 Lesetipp   Zum Thema Creative Commons hat Rechtsanwalt Thomas Schwenke eine lesenswerte vierteilige Serie auf seinem Blog veröffentlicht. Zum ersten Teil dieser Serie gelangen Sie über *http://bit.ly/ervQen*.

Äußerungsrecht

Äußerungsrechtlich muss man zwischen Tatsachen- und Meinungsäußerungen unterscheiden, um zu wissen, wo die Grenzen des Erlaubten liegen.

Wer eine Tatsache über jemanden – beispielsweise einen Mitbewerber – behauptet, der muss im Streitfall nachweisen können, dass die behauptete Tatsache auch wahr ist. Ist ihm dies nicht möglich, dann kann der andere ihm verbieten lassen, diese Tatsache zu behaupten. Wichtig zu verstehen: Es reicht also nicht aus, dass die behauptete Tatsache wahr ist, im Streitfall muss man dies auch belegen können.

Sowohl erfahrene Marketing-Manager und PR-Leute als auch gewitzte Journalisten weichen daher häufig auf eine Meinungsäußerung aus. Ein Beispiel: Wird behauptet, dass das Bad eines Hotelzimmers Schimmelspuren aufwies, dann ist das eine Tatsachenbehauptung – die im Streitfall belegt werden muss. Äußert man, dass ein Hotelzimmer hätte sauberer sein können, dann hat man gute Chancen, dass dies als Meinungsäußerung durchgeht. Für Meinungsäußerungen gelten nämlich nicht so harte Regeln wie für Tatsachenbehauptungen. Bei ihnen darf lediglich die Grenze zur Schmähkritik oder Beleidigung nicht überschritten werden.

Lesetipp   Rechtsanwalt Dr. Martin Bahr beleuchtet die Unterschiede zwischen Tatsachen- und Meinungsäußerungen unter *http://bit.ly/ 78lkXz.*

Recht am Bild der eigenen Person

Wie oben schon erwähnt, besitzt jeder Mensch das »Recht am Bild der eigenen Person«. Jedermann kann also grundsätzlich die Verwendung seines Bildes untersagen, wenn er diese nicht wünscht. Man sollte bei PR-Aktivitäten also möglichst nicht ohne zu fragen Bildmaterial verwenden, das andere Personen zeigt. Wer in seinem Recht am Bild der eigenen Person verletzt wird, der kann abmahnen lassen und gegebenenfalls Schadensersatz verlangen.

Allerdings gibt es einige wenige Ausnahmen, die die Verwendung von entsprechendem Bildmaterial erlauben, auch ohne dass die abgebildeten Personen extra zustimmen müssen. Zum einen betrifft das Fälle, in denen die Personen lediglich sogenanntes »Beiwerk« sind. Dies betrifft vor allem Fotografien öffentlicher Straßen und Plätze, die sich nun mal selten fotografieren lassen, ohne dass auch Personen auf dem Bild sind. Wichtig: Einzelne Personen dürfen hier nicht herausgestellt werden. Zum anderen sind Fotografien von öffentlichen Versammlungen wie beispielsweise Demonstrationen oder Kundgebungen erlaubt. Auch hier gilt allerdings, dass einzelne Personen auf den Bildern nicht herausgestellt werden sollten.

Vorsicht auch bei Bildern von Prominenten. Zwar dürfen diese, wenn sie sich in der Öffentlichkeit bewegen und die konkrete Bildsituation nicht ihrer Privatsphäre zuzuordnen ist, grundsätzlich fotografiert werden. Sobald entsprechende Fotografien aber zu Werbe- oder PR-Zwecken verwendet werden, kann es schon ganz anders aussehen.

 **Lesetipp** In einer dreiteiligen Podcast-Serie erläutert Rechtsanwalt Dr. Martin Bahr das Recht am eigenen Bild näher. Teil 1 der Serie ist unter *http://bit.ly/edh6uh* abrufbar.

Linkhaftung

Wer einen Link zu einer fremden Webseite setzt, der kann unter Umständen für diesen Link haftbar gemacht werden, wenn sich auf der fremden Seite rechtswidrige oder rechtsverletzende Inhalte befinden. Das ist an sich nichts Neues, und nicht nur im Social Web so. Die Rechtslage ist allerdings – leider – nicht ganz eindeutig. Das liegt nicht zuletzt daran, dass keine ausdrückliche gesetzliche Regelung zur Linkhaftung existiert (wie es sie beispielsweise für die Pflicht zur Anbieterkennung auf Websites gibt) und von den deutschen Gerichten ebenfalls noch keine klaren Maßstäbe entwickelt worden sind.

Eine Haftung für Links zu rechtswidrigen oder rechtsverletzenden Inhalten besteht vor allem dann, wenn der Verlinkende sich die verlinkten Inhalte »zu eigen macht«. Darüber, wann man sich verlinkte Inhalte »zu eigen macht«, man sie sich also als »quasi-eigene« Inhalte zurechnen lassen muss, gehen die Meinungen unter Juristen und Gerichten allerdings auseinander. Manche sind der Ansicht, man müsse sich nur deutlich genug von den verlinkten Seiten distanzieren, um eine Haftung zu vermeiden. Andere fordern eine Haftung für jeden gesetzten Link, da man sich mit einer Linksetzung den Inhalt der fremden Webseite immer zu eigen mache.

Grundsätzlich lässt sich sagen, dass die Gerichte bisher eher den Mittelweg gegangen sind. Das heißt einerseits: Man haftet nach bisheriger Rechtsprechung nicht automatisch für jeden gesetzten Link; es kommt auch darauf an, ob man erkennen konnte, dass sich auf der verlinkten Webseite rechtswidrige oder rechtsverletzende Inhalte befinden. Auch dürfte man wohl nicht haften, wenn die verlinkte Webseite im Nachhinein verändert wurde und erst nach der Linksetzung bedenkliche Inhalte auf ihr platziert wurden. Andererseits kann man seine potenzielle Haftung nicht einfach mit einem Disclaimer à la »Für die Inhalte verlinkter Webseiten sind ausschließlich deren Betreiber verantwortlich« ausschließen.

Was derzeit bleibt, ist, mit dem Verlinken fremder Webseiten nicht vollkommen sorglos vorzugehen. Bei Zweifeln sollte man besser nicht verlinken. Streitigkeiten über Verlinkungen sind übrigens auch schon im Web 2.0 angekommen: So wurden beispielsweise

Blogger von Musiklabels abgemahnt, weil sie Links zu nicht-lizenzierten Mixtapes gesetzt hatten; und das Landgericht Frankfurt am Main hat eine einstweilige Verfügung gegen einen Twitter-Nutzer erlassen, der eine Webseite verlinkt hatte, auf der sein ehemaliger Arbeitgeber verleumdet wurde. Vorsicht ist insbesondere bei Tweets geboten, die mit Retweets weitergegeben werden. Enthalten solche Meldungen Links, sollten diese vor dem Weitergeben immer erst angeschaut werden.

Lesetipp   Mehr zum Thema Linkhaftung und zur ersten in Deutschland zu einem »Twitter-Fall« ergangenen Gerichtsentscheidung gibt es unter *http://bit.ly/ah4ORa*.

Spamfalle Direct Messages

Auf den meisten Social-Media-Plattformen lassen sich neben öffentlichen Statusmeldungen auch individuelle Nachrichten an einzelne Nutzer verschicken. Aber Vorsicht – »Direct Messages« können Spam darstellen.

§ 7 Abs. 2 Nr. 3 UWG regelt, dass Werbung per »elektronischer Post« (so heißt es im Gesetz) unzulässig ist, wenn der Adressat nicht zuvor ausdrücklich eingewilligt hat, solche Werbung zu erhalten. Wichtig: Die Einwilligung muss **vor** der Zusendung der Werbung erfolgt sein, und sie muss **ausdrücklich** abgegeben worden sein; die bloße Annahme, eine bestimmte Werbung sei für den Empfänger vermutlich interessant, reicht nicht aus.

Direct Messages und Benachrichtigungen auf Twitter, Facebook, XING & Co. fallen eindeutig unter den etwas behäbigen Begriff der »elektronischen Post«., wie er im UWG verwendet wird. Werbung auf diesen Kanälen ist also nur erlaubt, wenn der Empfänger vor deren Versand ausdrücklich sein Placet gegeben hat. Das Problem auf Social-Media-Plattformen: Hier gibt es in aller Regel keine Funktionalität, mit der sich die erforderliche vorherige Einwilligung ähnlich wie beim Newsletter-Marketing einholen lässt. Technisch reicht es zwar aus, dass man sich als Kontakt auf der Plattform verbunden hat, um sich Nachrichten zusenden zu können. Aber nur weil man von einem anderen Nutzer als Kontakt bestätigt worden ist, heißt das noch lange nicht, dass dieser auch mit dem Erhalt von Werbung in einer 1:1-Kommunikation einverstanden ist. Die klare Empfehlung ist daher: Finger weg von Werbung per Direct Message, ansonsten setzt man sich der Gefahr aus, wegen Spam abgemahnt zu werden.

Lesetipp   Zu einer Abmahnung wegen unerlaubter Werbung per Direct Message auf Twitter berichtete beispielsweise Rechtsanwalt Sebastian Dramburg. Mehr Informationen zu diesem Fall unter *http://bit.ly/a03UHo*.

Die allgemeinen Geschäfts- und Nutzungsbedingungen der Plattformbetreiber

Nicht nur Gesetze und Rechtsprechung geben den Rechtsrahmen für die PR im Social Web vor, auch die allgemeinen Geschäfts- und sonstigen Nutzungsbedingungen der Plattformbetreiber wie Facebook und Twitter spielen eine wichtige Rolle. Wer PR über diese Plattformen betreiben möchte, sollte sich auch mit diesen Regeln auseinandersetzen. Ansonsten drohen empfindliche Konsequenzen: Gerade die Plattformbetreiber haben ja den »Finger am Drücker«, sie können mit einem Klick Inhalte entfernen, Profile sperren oder ganz löschen.

Insbesondere bei Facebook gibt es eine Vielzahl von Spezialregelungen – angefangen von Einschränkungen bei der Wahl des Nutzernamens über Regelungen zu Gewinnspielen und Wettbewerben bis hin zur Nutzung der Marke und des Logos von Facebook. Aber auch andere Plattformbetreiber wie beispielsweise XING und Twitter haben ähnliche Regelungen aufgestellt. Man kann natürlich auch darauf setzen, dass die Plattformbetreiber nicht darauf aufmerksam werden, wenn man es mit ihren Regeln nicht ganz so eng sieht – bei den Massen an Nutzern, die sich auf den Seiten tummeln, ist es für sie unmöglich, alle Verstöße zu entdecken. Allerdings kann es durchaus passieren, dass man von einem missliebigen Mitbewerber angeschwärzt wird, denn schließlich beobachtet jeder »seinen« Markt ja ganz genau. Das Risiko, mit einer etwas »lockereren« Regelauslegung entdeckt zu werden, sollte also nicht unterschätzt werden.

Lesetipp   Die Rechtsanwälte Thomas Schwenke und Sebastian Dramburg erläutern die Facebook-Regelungen unter *http://bit.ly/cs8rO3* in einer fünfzehnteiligen Artikelserie. Rechtsanwalt Carsten Ulbricht widmet sich unter *http://bit.ly/h625xb* der Rolle der Plattformbetreiber als (zweiter) »Gesetzgeber«.

Social Media Guidelines und Policies

Vorbeugen statt aufräumen (müssen), so lässt sich der Zweck von Social Media Guidelines und Policies vielleicht am besten beschreiben. Worum geht es: Bis hierhin sollte (hoffentlich) deutlich geworden sein, dass bei der PR im Social Web durchaus eine Menge rechtlicher Regeln zu beachten sind. Diese Regeln lassen sich in den Griff bekommen – Voraussetzung dafür ist allerdings, dass man diese Regeln kennt. Gerade wenn in Unternehmen die entsprechenden Aufgaben auf die Schultern von mehreren Mitarbeitern verteilt werden, macht es Sinn, sie durch Social Media Guidelines oder Policies zu sensibilisieren.

Social Media Guidelines dienen vor allem der Information über den geltenden Rechtsrahmen und die Einstellung, die das Unternehmen im Social Web verfolgt. Social Media Policies gehen noch ein Stück weiter: Mit ihnen sollen verbindliche, arbeitsrechtliche Regelungen mit den Mitarbeitern darüber vereinbart werden, wie entsprechende Tools genutzt werden (und vor allem wie nicht). Während Social Media Guidelines »einfach« zirkuliert werden können, sind zur wirksamen Vereinbarung von Policies häufig bestimmte rechtliche Vorgaben wie beispielsweise die Beteiligung eines eventuell existierenden Betriebsrates zu beachten – ein Arbeitgeber kann seinen Mitarbeitern ja nicht vollkommen frei nach eigenem Gutdünken Pflichten auferlegen. Spätestens an dieser Stelle lohnt es sich, einen entsprechend spezialisierten Rechtsberater wie z.B. den Unternehmensjuristen oder einen Anwalt in den Prozess mit einzubinden.

Anregungen für Guidelines und Policies finden sich im Internet zuhauf – beispielsweise wird die Blogging Policy von Daimler immer wieder als Vorbild genannt (online abrufbar unter *http://bit.ly/631LR*). Nie sollte man jedoch reines »Copy & Paste« betreiben; Social Media Guidelines und Policies sollten immer auf die individuellen Bedürfnisse des Unternehmens maßgeschneidert sein.

Übrigens lohnt es sich auch für Unternehmen, die selbst keine Social-Media-Aktivitäten entfalten, sich mit dem Thema der Guidelines und Policies zu beschäftigen und zumindest eine Guideline unter ihren Mitarbeitern zu veröffentlichen. Denn mit Sicherheit werden nicht wenige der Mitarbeiter privat auf den entsprechenden Plattformen unterwegs sein. Es wäre nicht das erste Mal, dass ein Unternehmen aufgrund eines übermotivierten Mitarbeiters in die

Bredouille gerät, oder dass aufgrund der unvorsichtigen Nutzung von Social Media Informationen ungewollt nach außen gelangen.

 Lesetipp In einer dreiteiligen unter *http://bit.ly/bJZYJ0* abrufbaren Serie erläutert Rechtsanwalt Carsten Ulbricht, »warum Unternehmen und Mitarbeiter klare Richtlinien brauchen«.

Das Leben der anderen

Natürlich kann es nicht nur passieren, dass man selbst bei seinen eigenen Social-Media-Aktivitäten etwas aus rechtlicher Sicht falsch macht – es kann auch dazu kommen, dass einem andere auf die Füße treten. Contentklau, Beleidigungen, Verleumdungen, Grabbing von Accountnamen oder sich unfair weil wettbewerbsrechtlich unlauter verhaltende Konkurrenten, die Liste ist lang. Die Frage ist: Was tun, wenn man in seinen Rechten verletzt wird?

In vielen Unternehmen und Kanzleien bewegt man sich im folgenden althergebrachten Denkmuster: Liegt eine Rechtsverletzung vor, dann muss man rechtliche Gegenschritte einläuten. Gerade im Social Web können diese Schritte jedoch mitunter nicht die richtigen sein – zumindest dann, wenn es gleich das Erste ist, was man tut. Vor allem wenn Unternehmen ohne vorherige »Warnung« gegen Nutzer oder bedeutend kleinere Wettbewerber vorgehen, kann dies aus PR-technischer Sicht die unangenehme Folge haben, dass man als unsympathischer »Goliath« gesehen wird und sich die Öffentlichkeit auf die Seite des »Davids« schlägt – selbst, wenn der einen noch so klaren Rechtsbruch begangen hat. Das führt dann schnell zum sogenannten Streisand-Effekt, der Killer für die Reputation im Web 2.0.

Streisand-Effekt bezeichnet eine Situation, in der jemand versucht, die Verbreitung einer Information zu verhindern, damit aber das Gegenteil erreicht.

Bevor die Kavallerie losgeschickt wird, sollte man daher noch einmal überlegen, ob man nicht eine kooperative und kommunikative Lösung des Problems suchen will. Ein entsprechend »freundliches« Vorgehen wird nicht selten von der (Netz-)Öffentlichkeit sogar honoriert, hier kann man also durchaus nicht nur auf die Vermeidung eines PR-GAUs, sondern auch auf einen Imagegewinn hoffen. Das heißt jedoch natürlich nicht, dass von rechtlichen Schritten pauschal abzuraten wäre. Je nach Schwere der Rechtsverletzung – oder Uneinsichtigkeit des anderen – können diese am Ende des Tages natürlich doch geboten sein.

Teil III: Serviceteil

10 Tipps für Ihren Start ins Social Web

Achtung, fertig, los!

In diesem Buch haben Sie viel über Social Media und ihren Einsatz in der PR erfahren. Nun wird es Zeit, sich selbst in das Getümmel des Social Web zu begeben. Falls Sie noch keine oder nur wenig persönliche Erfahrung damit gesammelt haben, raten wir Ihnen, zunächst abseits vom Rampenlicht erste Gehversuche als »Privatmensch« zu machen, bevor Sie sich für Ihr Unternehmen hinauswagen.

In der Folge finden Sie also verschiedene Vorschläge, von denen wir meinen, dass es gut ist, wenn Sie sie erst einmal mit Ihrem privaten Profil umsetzen. Wenn Sie sich ganz auf berufliche Fachthemen konzentrieren und Ihre privaten Inhalte beiseite lassen, müssen Sie sich auch keine Sorgen um Ihre Privatsphäre machen. Konzentrieren Sie sich also auf Themen, die für Sie auch beruflich relevant sind. Dieses Vorgehen bringt den Vorteil, dass Sie sich auch Ihre persönliche Reputation im Social Web aufbauen.

1. Machen Sie sich vertraut

Möglicherweise nutzen Sie privat oder im Unternehmen bereits einzelne soziale Netzwerke wie Facebook, XING, YouTube und Twitter. Aber auch Wikipedia, Blogs, Foren und Kaufplattformen wie Amazon gehören dazu. Wo bewegen Sie sich bereits? Schauen Sie sich erst einmal um, wählen Sie dafür Angebote und Websites aus, von denen Sie sich spontan angesprochen fühlen. Blogs finden Sie übrigens sehr gut über die Google Blog-Suche. Vielleicht bekommen Sie auch Newsletter, in denen auf interessante Blogs verwiesen wird, oder Sie hören über Bekannte von empfehlenswerten Seiten. Die Medien sind voll von Beiträgen zu Social Media, lesen Sie sich ein und nehmen Sie die Fährte auf.

2. Hören Sie zu

Sie stoßen auf einem Kongress oder einer Party zu einer Gruppe, die Sie noch nicht kennen. Was tun Sie? Sie hören erst einmal zu, um zu erfahren, worüber sich diese Menschen unterhalten. Sehr schnell stellen Sie fest, was das Thema ist, wer die Wortführung übernimmt, wer nur provoziert und wer einfach zuhört. Diese Mechanismen erfassen Sie intuitiv. Sie werden sich erst ins Gespräch einbringen, wenn Sie ein gewisses Maß an Sicherheit gewonnen haben. Verfahren Sie im Social Web genauso. Hören Sie auch hin, wo und wie über Ihr Thema, Ihre Branche und Ihr Unternehmen gesprochen wird. Das tun Sie am besten regelmäßig und über längere Zeit.

3. Sammeln Sie Erfahrungen

Eröffnen Sie (kostenlos) bei den bekanntesten Plattformen einen Account. Fürs Erste dürfen Sie durchaus zurückhaltend sein, wenn es darum geht, Ihr persönliches Profil zu bestücken. Lassen Sie sich dafür Zeit, bis Sie sich etwas besser auskennen und abschätzen können, welche Informationen auf der jeweiligen Plattform üblich sind.

Sie müssen nicht alle Erfahrungen selbst machen. Falls Sie es noch nicht selbst tun, haben Sie bestimmt Bekannte oder Arbeitskollegen, die sich bereits auf Facebook, XING und Twitter bewegen. Fragen Sie diese, durchaus auch einmal offline, nach ihren Erfahrungen und Einschätzungen.

Wir empfehlen Ihnen übrigens, eine neue Mailadresse anzulegen, die Sie ausschließlich für Social-Media-Profile einsetzen. Sollte sie aus irgendeinem Grund missbraucht werden, können Sie sie problemlos wieder abstoßen, was bei Ihren privaten Hauptemailadresse oder einer Mail-Adresse Ihrer Firma natürlich nicht geht. Die meisten Plattformen verlangen für das Login Ihre Mailadresse, sie ist gewissermaßen Ihr Eintrittsticket ins Social Web. Annette Schwindt empfiehlt daher in »Das Facebook-Buch« (ebenfalls im O'Reilly-Verlag erschienen), diese im Profil nicht offenzulegen, um sie vor möglichem Missbrauch zu schützen.

Sie haben einige Blogs ausgemacht, die Sie für interessant halten? Dann wird es Zeit, sich mit einem Feedreader vertraut zu machen.

Feeds werden meist von den Betreibern von Nachrichtenseiten, Weblogs und Foren angeboten, um über neue Artikel auf dieser Website zu informieren. So erfahren Sie, auch ohne die Website explizit aufzusuchen, ob für Sie interessante Beiträge vorliegen. Der Reader-Markt ist momentan etwas ausgetrocknet, aber auch hier bietet Google mit seinem Reader eine gute Lösung.

Möglicherweise gibt es Themen, die Sie besonders interessieren und über die Sie gerne selbst regelmäßig schreiben möchten. Dann sollten Sie sich überlegen, ob Sie versuchsweise ein Blog aufbauen. Wordpress oder Blogger bieten Ihnen sehr niederschwellige kostenlose Angebote. Und wenn Sie nicht sicher sind, ob ein Blog für Sie auf Dauer das Richtige ist, dann dürfen Sie an gut sichtbarer Stelle durchaus dokumentieren, dass Sie hier erste Gehversuche machen und Erfahrungen sammeln. Wenn Sie sich sicher fühlen und wissen, dass das Blog für Sie das Richtige ist, entfernen Sie diesen Vermerk. Sollten Sie sich entscheiden, das Blog nicht weiterzuführen, dann ist es absolut sinnvoll, dies in einem kurzen letzten Post darzulegen. So vermeiden Sie, dass ein von Ihnen erschaffener Auftritt irgendwann ungepflegt im Web stehen bleibt.

4. Führen Sie Gespräche

Das Social Web ist ein Geben und Nehmen, und dies führt über den Dialog. Wissen zu teilen beginnt mit Fragen. Scheuen Sie sich nicht, Fragen zu stellen; wir haben die Erfahrung gemacht, dass die Hilfsbereitschaft im Social Web sehr groß ist. Aber auch hier gelten die Regeln aus der realen Welt: Geben Sie auch etwas zurück. Am Anfang ein Dankeschön für erbrachte Hilfe und dann zunehmend eigene Informationen, von denen Sie glauben, dass sie für die Community von Interesse sind. Reine Marketingbotschaften und penetrante Selbstdarstellung sind hier unerwünscht. Nehmen Sie jeden Gesprächspartner ernst und behandeln Sie ihn so, wie Sie das auch täten, wenn Sie ihm direkt gegenüberstünden. Das heißt, dass Sie das Gespräch zumindest zu Beginn durchaus mit einer gewissen Reserviertheit angehen. Das bedeutet aber auch, dass Sie Ihren Partner nicht mitten im Gespräch alleine stehen lassen.

Die Mischung aus direktem Austausch und regelmäßigem Hinhören ermöglicht es Ihnen, andere Menschen und ihre Interessen besser einschätzen zu lernen. Ergreifen Sie auch Gelegenheiten, andere Onliner persönlich kennenzulernen. Diese bieten sich immer wieder in Form von Fachveranstaltungen, Kongressen oder einer spontanen

Einladung zu einer Tasse Kaffee. Dies gibt Ihnen die Möglichkeit, Online mit Offline zu verbinden und im persönlichen Gespräch zu testen, inwieweit das Bild stimmt, das Sie sich gemacht haben.

5. Sie sind nicht allein

Sie bauen sich im Social Web Ihre persönliche Öffentlichkeit auf, indem Sie aussuchen, mit wem Sie sich auf den verschiedenen Plattformen verbinden und welche Inhalte Sie konsumieren. Haben Sie schon einmal ein Kleinkind beobachtet, wie es sich die Augen zuhält und triumphierend verkündet: »Du kannst mich nicht sehen?« Bloß weil Sie nicht alles sehen, heißt das noch lange nicht, dass Sie selbst nicht gesehen werden. Ihre Meldungen, Kommentare, Fotos, Film- und Tondokumente, die Sie ins Web stellen, können potenziell von mehr oder weniger jedem gesehen werden, auch wenn dies oft auf einem Zufall beruht. Oft wird vergessen, dass nicht nur Freunde/Kontakte/Follower eine Nachricht lesen. Es ist schwierig, zu durchschauen, auf welch verschlungenen Pfaden (via Freunde von Freunden oder Newsaggregatoren) Ihre Meldung beim Leser ankommt. Das Social Web kennt Vertrautheit, aber keine Vertraulichkeit. Was Ihr Vorgesetzter, Mitarbeiter oder Konkurrent nicht lesen soll, das stellen Sie gar nicht erst ins Internet.

6. Beweisen Sie Ausdauer

Auch wenn erste Kontakte erfrischend schnell entstehen, braucht es Zeit, um eine Beziehung aufzubauen und zu vertiefen. Das ist im Social Web genauso wie im realen Leben. Ihr Gegenüber will Sie kennenlernen und regelmäßig von Ihnen hören. Die konstante und verlässliche Präsenz im Web mit nutzwertigen Inhalten macht Sie zu einem wertvollen Gesprächspartner. Beweisen Sie aber nicht nur Ausdauer im Publizieren, sondern auch im Führen der Gespräche. Dazu gehört das Beantworten von Kontaktanfragen ebenso wie das Eingehen auf Kommentare im eigenen Blog. Letztlich bauen Sie im Web Ihre Reputation auf, sei es für Sie persönlich, für Ihre Organisation oder für eine Marke.

7. Überfordern Sie sich nicht

Die Möglichkeiten, sich im Social Web zu betätigen, sind immens, und täglich kommen neue Anwendungen hinzu. Wählen Sie die Plattformen aus, die für Ihren Zweck passen– also jene, auf denen

Sie auf Menschen und Themen treffen, die für Sie und/oder die Organisation, für die Sie arbeiten, wichtig sind. Wägen Sie aber auch immer den damit verbundenen Aufwand ab. Ein Blog sollte mindestens wöchentlich aktualisiert werden. Die Redaktion eines Blogposts verschlingt pro Woche schnell einen halben Arbeitstag, die Bearbeitung der Kommentare noch nicht mitgerechnet. Lernen Sie aber auch, nein zu sagen. Das ist gar nicht so einfach, vor allem, wenn eine Anwendung einen Hype erlebt und in aller Munde ist. Halten Sie jedoch die Augen offen, und passen Sie Ihr Engagement wo nötig den Entwicklungen an.

8. Pflegen Sie Ihre Social Identity

Wenn Sie auf mehreren sozialen Plattformen aktiv sind, dann tun Sie das immer im gleichen Stil. Egal, ob Sie privat oder im Namen einer Organisation unterwegs sind – schaffen Sie sich Ihre eigene Social Identity, die Sie sorgsam pflegen.

Wählen Sie einen Benutzernamen und einen Avatar, der zu Ihnen passt. Idealerweise kommunizieren Sie transparent, es fällt leichter, Kontakte zu knüpfen, wenn Sie Ihre Identität mit Bild und Namen sichtbar machen. Wenn Sie die Online-Identität für ein Unternehmen aufbauen, überlegen Sie, ob Sie im Profil namentlich vermerken wollen, wer spricht. Spätestens jetzt ist es an der Zeit, Ihr Profil aussagekräftig auszufüllen. Achten Sie auch hier auf Einheitlichkeit. Schützen Sie Ihren Namen auf allen gängigen Social-Media-Plattformen. Auch wenn Sie selbst kein aktives Profil betreiben, so können Sie zumindest verhindern, dass jemand anderer unter Ihrem Namen aktiv wird. Auf *www.namechk.com* können Sie testen, welche Profile noch verfügbar sind.

9. Bleiben Sie dran

Sehr wichtig für jede erfolgreiche Teilnahme am Social Web ist es, dass Sie kontinuierlich kommunizieren, Ihren Webauftritt sowie all Ihre Social-Media-Profile aktuell halten. Das gilt natürlich in besonderem Maße, wenn Sie im Namen eines Unternehmens kommunizieren: In der klassischen PR treten Sie auch erst dann an die Medien heran, wenn die Pressemappe vollständig und sorgfältig aufbereitet ist; dasselbe gilt für die Kommunikation im Social Web. Sie müssen in Ihrer Kommunikation mehr denn je crossmedial denken und handeln. Jede Botschaft, die über die klassischen PR-

Kanäle verbreitet wird, kann auch für das Social Web ein Thema sein und umgekehrt. Entscheidend ist auch, dass Sie die Informationen in punkto Aufbau, Länge und Formulierung an die jeweilige Plattform anpassen. Auch online gilt: Konzentrieren Sie sich auf die Kernbotschaften und behandeln Sie pro Mitteilung ein Thema.

10. Erkennen Sie die Grenzen

Und noch ein letztes Wort zur Rolle von Social Media in der PR: Auch wenn das Social Web in aller Munde ist, es vermag die klassische PR-Arbeit nicht zu ersetzen. Verlassen Sie auf keinen Fall alle alten Pfade, um sich mit voller Energie nur noch im Social Web zu engagieren. Die Kontakte zu Schlüsseljournalisten, gegebenenfalls zu Behörden und anderen Institutionen an Ihrem Standort, zu Ihren Aktionären, Spendern oder wer auch immer für Ihre Organisation wichtig ist, wollen weiterhin gepflegt sein. Und ziemlich sicher ist Ihnen für die Ankündigung des Tags der offenen Tür mit einem Artikel in der lokalen Zeitung mehr gedient als mit einem Blog, das von Menschen gelesen wird, die weit weg von Ihrem Unternehmen zu Hause sind. Und natürlich ist ein persönliches Gespräch mit Finanzanalysten vertrauensbildender als eine Presseinformation, die Sie via Online-Portalen platziert haben.

PR-Schaffende müssen auch in Zukunft konzeptionell stark sein und für jede Maßnahme, offline wie online, den geeigneten Kanal neu evaluieren. Im Social Web ist es essenziell, den Spagat zwischen Planung und Improvisation zu meistern. Ferner müssen PR-Verantwortliche entscheiden, wo neue Pfade begangen werden sollten; denn die Möglichkeiten zur Kommunikation potenzieren sich – die Ressourcen kaum.

Experteninterview Community Management

Einführung

Online finden Menschen zusammen, die sich nach ihren persönlichen Interessen organisieren und Gemeinschaften bilden. Ob Forumsdiskussion, XING-Gruppe oder Facebook-Fanpage: Überall, wo viele Menschen online zusammenkommen, sich vernetzen und austauschen, entstehen Communities. Wie bei jeder größeren Ansammlung von Menschen finden sich verschiedene Typen zusammen: diskussionsfreudige, mitteilsame, friedfertige, aber auch streitbare. Ab einer gewissen Größe brauchen solche Gruppen einen »primus inter pares«, der die Moderation übernimmt. Dies ist die Aufgabe eines Community Managers, der sich hauptamtlich um die Online-Gemeinschaft kümmert.

Für unser Experten-Interview stand uns Silke Schippmann Rede und Antwort. Sie ist erfahrene Community Managerin und war unter anderem in leitender Funktion bei XING und Qype tätig. Heute arbeitet sie als Senior Manager Community für die Ratgeber-Seite *wer-weiss-was.de*. Außerdem ist Silke Schippmann im Vorstand des Bundesverbands Community Management (*www.bvcm. org*), dem Berufsverband der Community Manager, aktiv.

Frau Schippmann, was sind Communities und wie lassen sie sich beschreiben?

Unter Community versteht man alle Arten von Gemeinschaften, die sich mit Hilfe technischer Plattformen organisieren. Die Menschen finden aufgrund gemeinsamer Interessen zusammen und organisieren sich zu Gruppen, die miteinander diskutieren, ihr Wissen teilen oder Fragen stellen und beantworten. Dabei ist es erst einmal unerheblich, ob es sich um ein Social Network mit Diskussionsgruppen handelt, wie zum Beispiel bei XING, um ein Forum oder um eine für einen speziellen Zweck gegründete Community, die die Technik von einem unabhängigen Plattformanbieter wie zum Beispiel Mixxt nutzt. Auch Fanseiten von Unternehmen bei Facebook kann man als Community begreifen und entsprechend managen.

Die Motivationen der Menschen, Teil einer Community zu werden, sind sehr unterschiedlich. Es gibt Menschen, die sich gern einbringen und eigene Inhalte beitragen, andere reagieren eher auf Themenvorschläge und diskutieren mit, und ein weiterer Teil verhält sich weitgehend passiv und liest vor allem mit, weil ihn das Thema interessiert. Die Aufteilung folgt in etwa der 90-9-1-Regel von Jakob Nielsen: Neunzig Prozent sind Mitleser, neun Prozent gelegentliche Diskutanten und nur ein Prozent produziert regelmäßig aktiv Inhalte. Alle drei Gruppen müssen durch das Community Management gezielt angesprochen werden. Das eine Prozent aktiver Inhalte-Produzenten muss man aber besonders sorgsam pflegen.

Wenn wir über Marken- oder Produkt-Communities sprechen, ist es noch wichtig zu wissen, dass die meisten Leute dort unterwegs sind, weil sie ihr Interesse und ihre Loyalität zum Produkt oder zur Marke zum Ausdruck bringen möchten.

Was genau ist Community Management und welche Aufgaben haben Community Manager?

Der Bundesverband Community Management definiert Community Management als »alle Methoden und Tätigkeiten rund um Konzeption, Aufbau, Leitung, Betrieb, Betreuung und Optimierung von virtuellen Gemeinschaften sowie deren Entsprechung außerhalb des virtuellen Raumes«. Community Manager kümmern sich also um eine ganze Reihe von Dingen: Sie beobachten, welche Themen in einer Online-Gemeinschaft besprochen werden, beantworten Fragen von Nutzern, vermitteln zwischen den Nutzern und den Betreibern der Community und sorgen dafür, dass eine Community aktiv bleibt. Außerdem haben sie die Aufgabe, mögliche Konflikte unter den Mitgliedern oder zwischen dem Betreiber und den Mitgliedern frühzeitig zu erkennen und dafür Lösungen zu entwickeln.

Sprechen wir über den Aufbau von Communities. Wie kann man das Wachstum einer Community anregen und das Aktivitätsniveau hoch halten?

Solange sich eine Community noch im Aufbau befindet, muss der Betreiber selbst für Inhalte sorgen. Damit Diskussionen zustande kommen und die bestehenden Mitglieder neue dazu holen, muss in der Community ständig was los sein. Das funktioniert zum Beispiel sehr gut über einen Vorstellungsthread, also eine speziell für die Selbstdarstellung der Mitglieder gedachte Diskussion. Die Leute wissen gern, mit wem sie es zu tun haben und zeigen selbst, wer sie sind und was sie können. Sehr beliebt sind auch Fotos, die entweder in die Nutzerprofile oder in die Diskussionen selbst integriert werden.

Ab etwa 1.000 Mitgliedern fangen die meisten Communities an, sich selbst zu tragen. Dann steuern nach der 90-9-1-Regel die Nutzer selbst Inhalte bei und stoßen Diskussionen an, und es ist am Community Management, die aktiven Nutzer bei Laune zu halten. Die aktivsten Mitglieder sollte man persönlich ansprechen. Es ist sehr wichtig, ihnen die Wertschätzung ihres Beitrags zur Community zu vermitteln. Als Betreiber muss man ihre Fragen, Wünsche und Kritik besonders ernst nehmen und, wo immer möglich, darauf eingehen. Ansprechbarkeit ist der Schüssel. Die Mitglieder sollten nicht einem anonymen Support-Team schreiben müssen, sondern sich an jemanden mit Namen und Gesicht wenden können.

Abhängig von der Größe der Community und der Zahl der Aktiven kann man zur Kontaktpflege eventuell persönliche Treffen für die engagiertesten Mitglieder organisieren oder – wenn es zu viele sind – regelmäßig zum Beispiel über Newsletter in Kontakt treten.

Lassen sich die aktiven Community-Mitglieder noch stärker unterteilen und dadurch genauer ansprechen?

Ja, und diese Möglichkeit sollte man auch nutzen! Jedes Community-Mitglied macht aus einer sehr individuellen Motivation heraus mit und spricht auf unterschiedliche Aktivierungsmechanismen an. Stephan Mosel vom Bewertungsportal Qype hat eine Nutzertypologie entwickelt, die dabei hilft, jedem das richtige Angebot zu machen.

Da sind zunächst die *Selbstdarsteller*, die gern mit ihrer Meinung glänzen. Alles, was hilft, diese sichtbar zu machen, werden sie mögen, zum Beispiel Sternchen, Punkte oder Badges für ihre Beiträge. Auch die *Sammler* kann man damit locken. Ihnen ist wichtig, viele Beiträge zu verfassen, und somit sorgen sie für viel Content. Die *Experten* wiederum möchten mit der Qualität ihres Beitrags glänzen. Das kann man unterstützen, indem man ihnen erlaubt, Dokumente hochzuladen und zu ihren eigenen Seiten oder Blogs zu verlinken. Dann gibt es noch die *Weltverbesserer,* die mit ihren Beiträgen zur Community etwas bewegen möchten, und die *Konnektoren,* die auf Vernetzung und vielfältigen Austausch mit anderen aus sind. Entsprechend sind für diese Nutzer Event-Funktionen interessant, die helfen, die Community ins »real life« zu tragen.

Natürlich lassen sich nicht für alle Nutzertypen gleichermaßen funktionale Angebote machen. Wenn man eine bestehende Community-Plattform nutzt, ist das ohnehin nur begrenzt möglich. Doch die Typologie hilft dabei einzugrenzen, wer die Community wirklich trägt und welche inhaltlichen Angebote man zu ihrer Stärkung machen kann.

Wie müssen wir uns die eingangs erwähnte Vermittlerrolle der Community Manager vorstellen?

Community Manager sind ja Beobachter der Diskussionen in der Community und auch Ansprechpartner für die Mitglieder. So gewinnen sie viel Wissen über die Wünsche, Fragen und auch Kritik der Community-Mitglieder und können diese an andere Stellen im Unternehmen weitertragen. Umgekehrt sind Community Manager auch Sprachrohr des Unternehmens in die Community hinein. In dieser Position sind sie natürlich auch für die Kommunikationsabteilung und insbesondere das PR-Team wichtige Ansprechpartner. Sie steuern einen wesentlichen Beitrag zum Issues Management bei, und können die Unternehmenskommunikation dabei unterstützen, den Community-Mitgliedern gegenüber eine Position zu vertreten.

Gibt es unterschiedliche Meinungen zu einem Thema, vertritt der Community Manager natürlich die Linie des Unternehmens und macht das auch transparent. Das Vertrauen der Community in einen offenen und fairen Umgang miteinander baut er auf, indem er andere Meinungen respektiert und in der Argumentation zwischen sachlicher und persönlicher Ebene unterscheidet. Seine Aufgabe als Moderator kann er nur dann erfolgreich wahrnehmen, wenn er von der Community als kompetenter und glaubwürdiger Gesprächspartner akzeptiert wird.

Wenn eine Community sehr groß wird, ist sie kaum noch mit einem Community Manager allein zu steuern. Wie kann man Community Management skalieren?

Das wichtigste Mittel zur Skalierung ist die Einsetzung von ehrenamtlichen Moderatoren. Dafür kommen in der Regel engagierte Community-Mitglieder in Frage. Bei XING wird man als Gründer einer eigenen Gruppe automatisch Moderator und kann Co-Moderatoren benennen. Bei meinem Arbeitgeber *wer-weiss-was.de* werden Anträge auf die Moderation bestehender Bretter – so heißen bei uns die Foren – vom Community Management geprüft und dann manuell freigeschaltet. Damit die Ehrenamtlichen ihre Rolle schnell ausfüllen können, empfiehlt sich ein Willkommenspaket, das die Moderationsrichtlinien erklärt, persönliche Ansprechpartner mit Kontaktdaten nennt und technische Funktionen für die Moderation erläutert. Je nach Plattform bekommen die Ehrenamtlichen bestimmte Administrator-Rechte und können so Funktionen für Mitglieder freischalten, unangemessene Kommentare melden oder auch Störenfriede sperren. Gerade bei schnell wachsenden Communities ist es wichtig, die operativen Aufgaben wie die Moderation frühzeitig zu verteilen, damit man sich als Community Manager der Aktivierung von Mitgliedern widmen kann.

Es kommt ja häufig vor, dass sich schon Communities rund um ein Unternehmen oder seine Produkte gebildet haben. Wie kann sich ein Unternehmen dort einbringen?

Als allererstes sollte man die Community kennenlernen, also lesen und zuhören, erst dann den Kontakt zu den Initiatoren und/oder Betreibern der Community suchen und signalisieren, dass man gern an der Gemeinschaft mitwirken möchte. Auf keinen Fall sollte man aggressiv vorgehen und eine Übergabe der Gruppe oder Fanseite verlangen oder gar mit Rechtsmitteln drohen. Das ist der sichere Weg, eine gewachsene Community gleich gegen sich aufzubringen. Ein offenes, ehrliches Kooperationsangebot mit dem Wunsch, miteinander ins Gespräch zu kommen, um Synergien zu nutzen, ist der bessere Weg.

Im Idealfall lässt der Initiator das Unternehmen gleich mitgestalten, manchmal ist er auch ganz froh, wenn ihm jemand die Arbeit abnimmt. Dann hat man schon eine fertige Community, die man aber sehr umsichtig und behutsam managen muss. Bei XING ist das zum Beispiel T-Systems gut gelungen. Dort gab es eine große, von Mitgliedern betriebene Gruppe für T-Systems-Mitarbeiter. Das

Unternehmen ist da soft und mit einem kooperativen Ansatz herangegangen und hat heute eine sehr aktive Alumni- und Mitarbeiter-Community bei XING.

Meine Empfehlung ist deshalb: den Betreiber kontaktieren, ein offenes Gesprächsangebot machen und das Engagement kooperativ angehen. Für eine rechtliche Auseinandersetzung gibt es kaum eine Handhabe, und sie hätte eine laute Auseinandersetzung zur Folge. Die Mitglieder würden das auch nicht verstehen. Es ist für Unternehmen außerdem wichtig zu wissen, dass die allermeisten Gemeinschaften aus einem freundlichen Antrieb heraus zusammenfinden. Ganz selten will jemand über eine Gruppe oder ein Forum Menschen gegen ein Unternehmen mobilisieren. Oft sind die Mitglieder eben schneller gewesen als die Firma selbst, und sie schätzen die marketingferne Umgebung, in der sie ihre Meinung frei äußern könnten. Dies gilt es zu respektieren und das Potenzial unbedingt zu nutzen!

Viele Unternehmen haben Angst vor Kritik, die in Foren, Diskussionsgruppen und anderen Communities geäußert wird. Wie geht man damit am besten um?

Das Wichtigste ist die Grundhaltung, mit der man an Gespräche im Netz ganz allgemein herangeht. Wer Angst vor Kritik hat, geht eher defensiv und begrenzend vor, statt das Potenzial zu nutzen und offen zu agieren. Wer Angst hat, vermeidet das Gespräch, statt es zu suchen. Das ist genau der falsche Ansatz. Ein Unternehmen, das sich in einer Community einbringen will, muss bereit sein, das offene Gespräch zu führen. Auch und besonders über kritische Themen. Wer nur Schönwetterdiskussionen will, wird nicht weit kommen, weil das der Kultur des Social Web und somit auch dem Community-Gedanken widerspricht.

Community Manager sollten öffentliche Kritik immer als Chance zum Gespräch begreifen. Wenn die Leute schon fragen und Interesse haben, sollte man den Ball aufnehmen und mitdiskutieren. So etabliert sich ein Unternehmen als Teilnehmer am Diskurs. Ich würde alles, was nicht grob geschäftsschädigend ist, tolerieren. Ein Austausch entwickelt sich dann, wenn ein Unternehmen seinen Standpunkt klar macht, indem es auf die Kritik eingeht und sachlich argumentiert. Bei der erstbesten Kritik die Kommentarfunktion abzuschalten oder Diskussionen zu beenden, geht gar nicht. Man muss als Unternehmen Kritik souverän aushalten können. Dadurch kann sogar das Ansehen bei den Community-Mitgliedern wachsen.

Oft ist das für den Community Manager leichter auszuhalten als für die internen Ansprechpartner in der Produkt-, Kommunikations- oder Rechtsabteilung oder in der Geschäftsleitung, weil er durch seine eingeübte Vermittlerrolle gelernt hat, über gewissen Themen zu stehen.

Begründete Kritik ist das eine, notorische Stänkerer, Krawallmacher und Trolle das andere. Wie geht man damit um?

Selbst beim übelsten Troll würde ich es, wann immer möglich, mit einer direkten Kontaktaufnahme versuchen. Eine E-Mail oder eine Nachricht über das Messaging-System der Community reicht manches Mal bereits, unter Umständen kann man sogar telefonieren. Das nimmt Aggression aus fast jedem Konflikt. Oft sind solche Leute überrascht, dass überhaupt jemand mit ihnen direkt sprechen will und fragt, warum sie sich so echauffieren. Hilft dies nicht und jemand ist wirklich nur auf Krawall aus, kann ein Verweis auf die Community-Regeln und ein zwei- oder dreistufiges Verwarnungssystem helfen. Wer zum dritten Mal die Hausregeln bricht und die Verwarnungen missachtet, wird eben rausgeschmissen. Wichtig ist, dass das Community Management die festgelegte Linie transparent macht und dabei bleibt. Die Moderationslinie muss deshalb frühzeitig definiert werden.

Oft hat man auch unter den aktiven Mitgliedern Verbündete, die Trolle melden, weil sie selbst nicht wollen, dass sie Diskussionen kaputtmachen. Die Regel »Don't feed the troll« ist in letzter Konsequenz kaum durchzuhalten. Wäre es so einfach, gäbe es bereits keine Trolle mehr. Wer es drauf anlegt, wird andere Mitglieder immer wieder dazu bringen, emotional zu reagieren. Da hilft nur Gelassenheit und ein Netzwerk von Ehrenamtlichen, die beim Melden und gegebenenfalls Sperren solcher Leute helfen. Wenn es sein muss, hundert Mal in einer Woche.

Deutscher Rat für Public Relations: Richtlinien zu PR in digitalen Medien und Netzwerken

Bei der Information und Meinungsbildung durch Medien hat es immer Versuche gegeben, die Interessen von Organisationen oder auch Einzelpersonen verdeckt in redaktionelle Inhalte einfließen zu lassen. Kodizes wie der Code d'Athènes, der Code de Lisbonne oder die »Sieben Selbstverpflichtungen der DPRG« sollen u.a. die klare Trennung von Journalismus und PR sicherstellen. Sie schaffen zudem die Möglichkeit, Verstöße gegen das Objektivitäts-, Unabhängigkeits-, und Transparenzgebot zu rügen oder zu mahnen.

Mit dem Internet ist ein Medium entstanden, das eine Vielzahl neuer Kommunikationsplattformen bietet und die Zahl der Akteure bei der öffentlichen Meinungsbildung deutlich erhöht hat. Internetauftritte, Blogs, Tweets, Foren und soziale Netzwerke ermöglichen es jedem Bürger, Informationen und Meinungen einer breiten Öffentlichkeit gegenüber zu kommunizieren oder öffentliche Diskussionen zu diesen Themen zu initiieren. Die Identität und die beruflichen Interessen des Absenders sind dabei häufig nicht offensichtlich. Unternehmen und Organisationen nutzen diese fehlende Transparenz, um professionelle Interessenvertreter in diesen Medien als vermeintliche Privatpersonen agieren zu lassen oder vergüten Privatpersonen dafür, dass sie institutionelle Interessen als persönliche Meinung kommunizieren. Diese Privatpersonen übernehmen dabei faktisch eine professionelle PR-Funktion.

Der Deutsche Rat für Public Relations hält es daher für erforderlich, die bestehenden Richtlinien und Kodizes um eine spezifische Richtlinie zur PR in digitalen Medien und Netzwerken zu ergänzen. Dabei geht es nicht darum, die freie Meinungsbildung von Privatpersonen zu reglementieren. Ziel ist vielmehr ein verbindliches Regelwerk für alle Personen, welche die Interessen von Unternehmen oder Organisationen in diesen Medien und Netzwerken professionell vertreten. Dies schließt ausdrücklich Privatpersonen ein, die für ihre Kommunikationsaktivitäten durch Zahlungen oder Sachleistungen vergütet werden.

Für den Nutzer von Internetangeboten muss es jederzeit mühelos möglich sein, zu erkennen, ob er es mit unabhängigen redaktionellen Inhalten, der Meinung von Privatpersonen oder mit PR als professionellem, interessegesteuertem Management von Informations- und Kommunikationsprozessen zu tun hat. Professionelle Kommunikatoren müssen daher selbst proaktiv und explizit anzeigen, wenn Äußerungen im professionellen Kontext geschehen. Unternehmen und Organisationen sollen ihr Online-Verhalten im Rahmen ihrer Corporate Governance schriftlich definieren und diese Verhaltensregeln veröffentlichen.

Parallel zum Vorgehen in den klassischen Medien wird der DRPR Verstöße gegen dieses Transparenzgebot in Eigeninitiative oder auf der Basis von Beschwerden auch im Online-Bereich rügen oder mahnen. In besonderem Maß gilt dies für Personen oder Unternehmen, die mit dem Erbringen derartiger unzulässiger Leistungen sogar werben.

I. Absendertransparenz in der Online-Medienarbeit

1. Online-Medienarbeit ist längst Teil des kommunikativen Tagesgeschäfts von Unternehmen und PR-Dienstleistern geworden. Hier entscheidet die Redaktion bei der digitalen Einsendung genauso wie bei der klassischen Pressemitteilung, ob sie das Material verwenden will oder nicht. Der Absender muss jedoch auch bei der digitalen Medienarbeit ersichtlich sein, beispielsweise also das Unternehmen, in dessen Auftrag eine Agentur Unterlagen an ein Online-Medium sendet.

2. Auch wenn Transparenz und Absenderklarheit für PR zentral sind, so soll dies keinesfalls überraschende Elemente in Kampagnen verhindern. Es ist beispielsweise ein häufiger Kampagnenaufbau, im Vorfeld eines Produktlaunches eine sogenannte »Mystery-Phase« ins Leben zu rufen, in der ein wie auch immer geartetes Geheimnis um ein Produkt oder eine Dienstleistung aufgebaut wird. In der Regel sollte dies Geheimnis kurzfristig gelüftet und der Absender genannt werden.

3. Werden über vermeintlich freie Redaktionsbüros, Redakteure oder Privatpersonen vergütete PR-Beiträge als scheinbar unabhängige redaktionelle Inhalte oder Privatmeinungen angeboten,

so ist dies eine unzulässige Täuschung. Ebenfalls irreführend ist es, wenn vermeintlich neutrale Institute oder ähnliche Institutionen aufgebaut werden, ohne dass kommuniziert wird, wer diese Institute bezahlt oder fördert.

4. Bieten Webseiten sowohl redaktionellen Content als auch bezahlte PR-Veröffentlichungen, so soll dies für den Nutzer unterscheidbar und nachvollziehbar sein

II. Absendertransparenz bei Kommentaren

1. Im Internet bieten zahlreiche Plattformen die Möglichkeit, Kommentare abzugeben oder die Kommentare anderer Personen zu diskutieren. Zu diesen Instrumenten der öffentlichen Meinungsbildung gehören beispielsweise Blogs, Tweets, Test- und Vergleichsplattformen, Foren, soziale Netzwerke und die Bewertungssysteme von Online-Shops oder Auktionshäusern. Für diese Platt-formen gilt ebenfalls das Transparenzgebot aus Artikel I.

2. Transparenz ist auch von im Web agierenden, nur scheinbar privaten Personen gefordert, die im Rahmen einer professionellen Kampagne den Eindruck vermitteln, hier entstehe eine Bewegung »von unten«. Greift beispielsweise der Marketingleiter einer Firma in genau dieser Funktion in eine Diskussion ein, gleich an welcher Stelle im Internet, und argumentiert für sein Produkt, so muss er seine Funktion und seinen Namen in einer für das jeweilige Medium üblichen Form klar erkennbar machen. Das gleiche gilt, wenn beispielsweise der Sprecher eines Politikers in einem Blog oder einem Tweet Partei für seinen Vorgesetzten ergreift. Auch hier müssen im Beitrag oder zumindest im Profil des Absenders Name und Tätigkeit transparent gemacht werden. Die gleichen Personen unterliegen selbstverständlich nicht diesen Anforderungen, wenn sie außerhalb ihres beruflichen Interessengebiets online kommunizieren.

Entscheidend ist stets die Frage, ob eine Person privat oder professionell tätig wird, sei es in Ausübung ihres Berufs, eines Beratungsmandats oder eines vergüteten Auftrags.

III. Absendertransparenz bei Mobilisierungsplattformen

Es ist im realen Leben wie im Web üblich, dass Unternehmen, Parteien und andere Organisationen ihre Mitglieder, Teilöffentlichkeiten oder die Gesamtbevölkerung dazu aufrufen, sich durch das Äußern einer bestimmten Meinung für eine Sache zu engagieren.

Dieser Aufruf darf jedoch nicht die Aufforderung einschließen, diese Meinungsäußerung anonym durchzuführen. Beteiligungsaufrufe müssen stets verlangen, dass die Unterstützer ihren richtigen Namen verwenden und gegebenenfalls klar kommunizieren, dass sie Mitglied einer Organisation oder eines Unternehmens aus dem angesprochenen Themenfeld sind.

IV. Absendertransparenz bei Sponsoring und Produktzusendungen

1. Für Unternehmen ist es gängige Praxis geworden, Blogs und ähnliche Plattformen in die Weiterentwicklung und Vermarktung von Produkten einzubinden. Dies trägt dem »Open Innovation«-Gedanken Rechnung, fördert also die Beteiligung der Öffentlichkeit bei der Entwicklung innovativer Konzepte. Auch hier muss der Absender unmissverständlich klar sein.

2. Unternehmen oder professionelle Dienstleister, die Blogs oder andere Online-Plattformen ganz oder teilweise finanzieren und dann dort ihre Produkte testen oder ihre Themen diskutieren lassen, müssen ihre Sponsorenrolle klar kommunizieren. Bei Produkttests oder -besprechungen, die aufgrund einer kostenlosen Produktzusendung erfolgen, muss durch den Auftraggeber die Offenlegung dieser Tatsache erfolgen.

V. Gemeinsame Verantwortung von Auftraggeber und Agentur

1. Beauftragen Unternehmen oder andere Organisationen Agenturen oder Einzelpersonen mit der Durchführung von PR-Maßnahmen im Internet, so gelten die Verpflichtungen aus Artikel I gleichermaßen für Auftraggeber und Auftragnehmer. Beide Seiten tragen hier gleichermaßen Verantwortung.

2. In der Praxis bedeutet dies, dass Auftraggeber die Aufgaben ihrer Auftragnehmer präzise definieren und ihre Durchführung kontrollieren müssen. Es ist nicht zulässig, die Verantwortung für Täuschungsversuche in der Online-Kommunikation durch schwammige Formulierung in Richtung der Auftragnehmer zu verschieben.

3. Treten Agenturen »pro bono« auf, so muss die Agentur als solche klar erkennbar sein.

Glossar

A

API Application Programming Interface

API steht für Application Programming Interface oder deutsch Programmierschnittstelle. Eine API definiert, wie Daten von einer Software an eine andere übergeben werden. APIs befreien gewissermaßen Daten aus ihrer Quelle und machen sie für andere Anwendungen nutzbar. Twitter zum Beispiel verdankt seinen Erfolg unter anderem der Bereitstellung einer API, die eine Fülle Zusatztools möglich macht.

Astroturfing

Als Astroturfing bezeichnet man gewöhnlich Kampagnen aus der Politik, der PR oder der Werbung, die den Anschein einer so genannten »Graswurzelbewegung« (engl. »grassroots movement«) erwecken, um die eigenen Botschaften zu verbreiten. Daher auch der Name: Astroturf ist ein amerikanischer Kunstrasenhersteller. Graswurzelbewegung nennt man eine politische oder gesellschaftliche Initiative, die aus der Basis der Bevölkerung entsteht. Bei Astroturfing handelt es sich dagegen um ein Vortäuschen der spontanen Meinungsäußerung. Dies ist nicht nur nach den einschlägigen Standesregeln für Kommunikationsprofis unzulässig, sondern gemäß Gesetz gegen den unlauteren Wettbewerb (UWG) auch verboten.

Augmented Reality

Wörtlich übersetzt eine »erweiterte Realität«, die mit computergestützten Programmen erreicht wird und alle Sinne ansprechen kann. Ein einfaches Beispiel von Augmented Reality ist es, wenn Bilder oder Videos per Einblendung/Überlagerung um Zusatzinformationen oder virtuelle Objekte ergänzt werden. Auf Diigo in den Bookmarks zu *PR im Social Web* finden Sie unter dem Tag *Augmented Reality* einen Link mit Beispielen aus der Praxis.

Avatar

Ein grafischer Stellvertreter einer echten Person in der virtuellen Welt. Onliner, die sich in ihrem Profil (Twitter, Facebook usw.) nicht mit eigenem Bild zu erkennen geben möchten, wählen stattdessen einen Avatar.

B

Backlink/Trackback

Eine Unterart des Hyperlink ist der Backlink oder Trackback. Diese Begriffe stehen nicht für eine eigene Technologie, sondern beschreiben den Umstand, dass eine Webseite auf eine andere verweist. Eine besondere Rolle spielen Trackbacks in Blogs. Blog-Software wie Wordpress oder Drupal ist so eingerichtet, dass sie unterhalb des eigentlichen Inhalts automatisch anzeigt, welche externen Seiten auf diesen Inhalt verlinken.

Barcamp

Eine offene Tagung nach dem Prinzip des Open Space, deren Ablauf und Inhalte von den Teilnehmern selbst entwickelt werden.

Blog

Siehe Weblog

Blogosphäre

Gesamtheit der Weblogs und ihrer Verbindungen, wobei der Austausch über die Kommentare sowie die gegenseitige Nennung und/oder Hyperlinks verläuft.

Blogroll

Liste von Blogs, die der Autor eines Blogs selbst regelmäßig liest. Für den Leser ist sie eine Linksammlung zu weiteren für ihn möglicherweise interessanten Weblogs.

Bookmarking

Siehe Social Bookmarking

Brouhaha

Der Ursprung des Wortes »Brouhaha« ist unklar, er bedeutet jedoch soviel wie Aufregung, Aufruhr, lebhafte Diskussion oder Gezeter. Brouhaha hat sich als Begriff für schnell aufkommende, erregte Diskussionen im Web eingebürgert. Ein Brouhaha verschwindet in der Regel genauso schnell, wie er gekommen ist.

Buzz

Basiert auf »to buzz«, engl. für summen bzw. schwirren; wird auch mit Gerede übersetzt. Buzz beschreibt die Wirkung traditioneller Mundpropaganda, also der Weitergabe von Informationen von Person zu Person.

C

Change Agents

Menschen, die einen Veränderungsprozess anstoßen. In diesem Buch verwenden wir den Begriff für Mitarbeiter, die aufgrund ihrer persönlichen Erfahrungen mit Social Media in der Lage sind, diese ihren Vorgesetzten und Kollegen authentisch zu vermitteln. Sie zeigen Chancen auf und sensibilisieren für Risiken. Sie zeichnen sich aus durch ihre Fähigkeit zu Dialog, Austausch von Erfahrungen und Wissen sowie durch ihr Arbeiten in verteilten Netzwerken.

Churn Rate

Begriff aus dem Prozessmanagement, der das Verhältnis von verlorenen zu neu gewonnenen Kunden bezeichnet.

Chat

Ein textbasiertes Echtzeit-Kommunikationsmedium. Es ergänzt viele Social Media Anwendungen, z.B. Facebook und Skype.

Community Management

Alle Methoden und Tätigkeiten rund um Konzeption, Aufbau, Leitung, Betrieb, Betreuung und Optimierung von virtuellen Gemeinschaften sowie deren Entsprechung außerhalb des virtuellen Raumes. Unterschieden wird dabei zwischen operativen, den direkten Kontakt mit den Mitgliedern betreffenden, und strategischen, den übergeordneten Rahmen betreffenden, Aufgaben und Fragestellungen. (Definition des BVCM Bundesverband Community Management.)

Corporate Publishing

Periodische Publikationen eines Unternehmens, die sich journalistischer Mittel bedienen, als Teil der Unternehmenskommunikation. Das können traditionelle Printprodukte wie Kunden- und Mitarbeiterzeitschriften sein, aber auch Online-Formate wie Podcasts, Blogs oder redaktionell gestaltete Videos.

Corporate Social Responsibility

Freiwilliger Beitrag von Unternehmen und Organisationen in ihrem wirtschaftlichen Verhalten zu einer nachhaltigen Entwicklung, der über die gesetzlichen Forderungen hinausgeht. Ein Schlüsselbegriff der Unternehmensethik, der die Frage nach der gesellschaftlichen Verantwortung von Unternehmen aufgreift.

Creative Commons (CC)

Creative Commons (CC) ist eine Non-Profit-Organisation, die in Form vorgefertigter Lizenzverträge eine Hilfestellung für die Veröffentlichung und Verbreitung digitaler Medieninhalte anbietet, gebräuchlich ist auch der Begriff »Jedermann-Lizenzen«. Ganz konkret bietet CC sechs verschiedene Standard-Lizenzverträge an, die bei der Verbreitung kreativer Inhalte genutzt werden können, um die urheberrechtlichen Bedingungen festzulegen.

Crowdsourcing

Auslagerung von (Unternehmens-)aufgaben, indem auf die Intelligenz und Arbeitskraft von Freizeitarbeitern im Internet gesetzt wird. Diese arbeiten kostenlos oder für ein geringes Entgelt – im Unterschied zum Outsourcing, bei dem die erbrachten Leistungen bezahlt werden.

Crossmedia

Crossmedia bezeichnet eine Kommunikation über mehrere Kanäle, die inhaltlich, gestalterisch und redaktionell verknüpft sind. Crossmediale Kommunikation führt den Nutzer zielgerichtet durch die verschiedenen Medien, verweist jeweils auf einen Rückkanal und ergibt ein konsistentes Gesamtbild.

Customer Relationship Management (CRM)

Unternehmen organisieren die Beziehungen zu ihren Kunden systematisch und folgen dabei einer festgelegten Strategie. Das Customer Relationship Management beinhaltet sowohl die Strategie als auch die Wahl der zur Umsetzung nötigen Instrumente. Der Kundenkontakt wird oft von einer CRM-Software gesteuert und protokolliert. Wenn → Touchpoints im Social Web bestehen und in die CRM-Strategie eingebunden werden, spricht man von Social Customer Relationship Management (SCRM).

D

Dashboard

Dashboards (engl. Armaturenbrett) führen Ergebnisse aus verschiedenen Programmen auf einer Webseite zusammen, nützlich zum Beispiel im Monitoring.

Digital Immigrants

Personen, die den Computer und das Internet erst relativ spät im Verlauf ihrer persönlichen Mediennutzungsbiografie kennengelernt haben. Sie tun sich daher im Umgang damit oft schwerer als die so genannten »Digital Natives«.

Digital Natives

Personen, die bereits ins digitale Zeitalter hineingeboren wurden und mit digitalen Medien aufgewachsen sind. Durch ihre frühe Sozialisation mit Medien wie dem Internet gehen sie damit ganz selbstverständlichen um.

Digital Residents

Personen, die ihren privaten und beruflichen Alltag weitgehend auf das Web abstützen. Sie bringen eine große Offenheit für den Austausch und die Kontaktpflege in der Online-Welt mit und wollen gestaltend eingreifen und hautnah miterleben.

Digital Visitors

Personen, die nur dann ins Internet gehen, wenn sie schnell und aktuell praktische Informationen erhalten wollen. Beziehungen bauen sie erst in der realen Welt auf, bevor sie diese im Social Web weiter pflegen.

E

Early Adopters

Im Prozess der Verbreitung von Innovationen sind Early Adopter die Ersten, die enthusiastisch alles ausprobieren, was neu und innovativ ist.

Early Majority

Im Prozess der Verbreitung von Innovationen folgt die Early Majority (oder auch die frühe Mehrheit) den Early Adopters. Sie verfolgt einen pragmatischen Ansatz und ist beim Ausprobieren von neuen Angeboten recht weit vorn mit dabei, weil sie davon einen Nutzen erwartet.

Embedding

Englisch »to embed« heißt einbetten oder einbinden. Embed-Code, der von Social Web-Diensten zu jedem einzelnen Inhalt angeboten wird, kann in einem anderen Kontext, z.B. im eigenen Blog, unkompliziert wieder eingebaut werden. Eine gute Methode, wenn man erreichen möchte, dass die eigenen Inhalte an vielen Stellen im Netz erscheinen.

Enterprise 2.0

Ein Unternehmen verwendet in seiner Informations-Architektur Web 2.0-Anwendungen wie Blogs und Wikis und bindet diese in sein Geschäftsmodell ein. Genutzt werden die Anwendungen intern für Projektkoordination, Wissensmanagement und die gesamte interne Kommunikation, extern für Marketing, → Social Customer Relationship Management (SCRM), Reputations- und Issues-Management, Imagebildung und Recruiting.

F

Failwhale

Meldung des Dienstes Twitter, visualisiert als Wal, die aufzeigt, dass das System aktuell nicht erreichbar ist.

Faven

Leitet sich ab von »favorisieren« oder bevorzugen. In Twitter können Tweets mit einem Sternchen versehen und so als Favorit markiert werden.

Feed, Feedreader

Siehe RSS(Feed)

Flashmob

Ein scheinbar spontaner Menschenauflauf, zu dem im Vorfeld via Twitter, Facebook usw. aufgerufen wurde. Besonderes Merkmal ist, dass zu einem verabredeten Zeitpunkt alle dasselbe tun. Heute werden Flashmobs wegen ihres viralen Potenzials zunehmend auch zu werblichen Zwecken eingesetzt. Sie finden in Diigo in den Bookmarks zu *PR im Social Web* unter dem Tag *Flashmobs* Links mit Beispielen aus der Praxis.

Flattr

Ein soziales Mikro-Bezahlsystem, dessen Name ein Wortspiel aus »to flatter« (schmeicheln) und »Flatrate« ist. Wer bei flattr mitmacht, legt eine monatliche Summe ab zwei Euro aufwärts fest, die er für Netzinhalte insgesamt ausgeben möchte, und verteilt diese Summe per Klick. Nach einem ähnlichen System funktioniert *Kachingle*.

Flickr

Flickr ist eine Foto-Community, die es Benutzern erlaubt, ihre Fotos online abzuspeichern, mit Kommentaren und Tags zu versehen und mit anderen Menschen zu teilen. Vergleichbare Dienste sind Picasa und Photobucket.

Folksonomy

Zusammengesetzter Begriff aus den englischen Wörtern folk (Volk) und taxonomy (Klassifizierung). Er drückt aus, dass jeder Nutzer beim Tagging (siehe Tags/Tagging) im gleichen Maße an der Kategorisierung von Inhalten im Netz teilnehmen kann.

Follower

Jemand, der bei Twitter die Meldungen eines anderen Twitterers abonniert und damit in seinen Nachrichtenstrom aufnimmt.

G

Gatekeeper-Medien

Die klassischen Massenmedien, hinter denen Verlage stehen und bei denen die Journalisten als so genannte Gatekeeper entscheiden, welche Inhalte publiziert werden und welche nicht.

Global Positioning System (GPS)

Ein globales Navigationssatellitensystem zur Positionsbestimmung und Zeitmessung. Die Geoinformation lassen sich von Applikationen nutzen und mit Daten aus dem Internet verknüpfen. Bekannte Anwendungen sind geobasierte Dienste wie Foursquare, Gowalla aber auch Facebook Places.

Groundswell

Der Groundswell ist ein sozialer Trend, bei dem Menschen sich via (meist sozialen) Technologien austauschen und gegenseitig informieren, anstatt sich – wie früher – an traditionelle Institutionen wie Unternehmen zu wenden.

H

Hashtag (#)

Hashtags werden bei Twitter häufig als Ergänzung des Mitteilungstextes in einen Tweet geschrieben. Sie ermöglichen es, den chronologischen Nachrichtenstrom zu Themen zu bündeln, So kann zum Beispiel #WM alle Tweets über die Weltmeisterschaft kennzeichnen. Beliebt sind solche Hashtags auch für die begleitende Kommunikation von Veranstaltungen oder auch Fernsehsendungen, zum Beispiel beim #tatort.

I

Inbound Link

Eingehender Link, d.h. ein Link, der von einer anderen Homepage auf die eigene Homepage oder das eigene Blog verweist.

Integrierte Kommunikation

Gegenseitige Abstimmung aller Kommunikationsdisziplinen in sämtlichen Unternehmensbereichen. Ziel ist es, die Wirkung und Effizienz der Kommunikation zu steigern, indem gezielt Synergien genutzt werden.

Issues-Management

Die systematische Auseinandersetzung eines Unternehmens mit Themen aus seiner Umwelt. Dabei geht es darum, in der Öffentlichkeit aufkommende Anliegen, die für die Organisation relevant sind, frühzeitig zu erkennen und entsprechend zu reagieren.

K

Kuratieren

Zusammentragen von nutzwertigen Inhalten aus dem Web in Form von Links. Diese werden aussagekräftig kommentiert, mit Tags versehen und interessierten Kreisen zugänglich gemacht.

L

Long Tail

Chris Anderson, Chefredakteur des Wired Magazins, hat festgestellt, dass es im Internet auch möglich ist, mit einer großen Stückzahl von Nischenprodukten Gewinn zu machen. Selten verkaufte Buch- oder Musiktitel, zum Beispiel, verursachen im konventionellen Verkaufsgeschäft hohe Kosten, im Web dagegen können sie auf kleineren Plattformen mit minimalem Aufwand vertrieben werden. Der Name leitet sich von der Ähnlichkeit der Verkaufsgrafik mit einem langen Schwanz ab.

Lurker

Vom englischen Wort »to lurk«: lauern, sich versteckt halten. Der Teil der Internetgemeinschaft oder Community, der sich nicht aktiv am Community-Leben beteiligt. Er liest mit und bleibt so auf dem Laufenden, trägt aber selbst nichts Eigenes bei.

M

Mashups

Neue Anwendungen, die durch die Rekombination bereits vorhandener Anwendungen entstehen und mehr als die Addition ihrer Teile bieten (z.B. Kombination von Google Maps mit Parkleitsystem).

Meme

Eine Informationseinheit in Form eines Textes, Lieds, Bildes oder Videos, die sich mit großer Beharrlichkeit und Dynamik im Internet verbreitet.

Multiplikatoreffekt

Beschreibt das Phänomen, dass eine viel beachtete Person die Meinung vieler weiterer Personen beeinflussen kann. Wie groß diese Einfluss ist, hängt vom Bekanntheits- und Glaubwürdigkeitsgrad sowie von Sympathie oder Antipathie ab.

Microblog/Microblogging

Eine Form des Bloggens, bei der die Benutzer kurze, SMS-ähnliche Textnachrichten veröffentlichen. Promineste Services sind Twitter sowie Yammer für den unternehmensinternen Gebrauch.

N

Netiquette

Ein Begriff, der sich aus Netz und Etiquette zusammensetzt. Die Netiquette regelt in Form von Empfehlungen die im Internet gängigen Umfangsformen.

Nickname

Englisch für Spitzname. In unserem Zusammenhang versteht man darunter einen Namen, den ein Computernutzer – in der Regel über längere Zeit – im Internet benutzt. Er ist meist mit einem Benutzerkonto und daher mit einer Anmeldung verbunden.

O

Onliner

Nutzer des Internets.

Open Graph

Ein von Facebook genutztes Protokoll, das die Verbindung zwischen Menschen und Objekten über die Website-Grenzen hinweg möglich macht. Sichtbar wird es durch »gefällt mir«-Buttons auf externen Websites, mit denen Leser auf Facebook kennzeichnen können, dass ihnen etwas gefällt.

Open Innovation

Kollaborative Produktentwicklung mit Beteiligung von Menschen, die nicht Teil des Kernentwicklerteams oder des Unternehmens sind. Durch die Öffnung des Innovationsprozesses nutzen Unternehmen außerhalb ihrer Organisation vorhandenes Wissen und vergrößern so das eigene Innovationspotential.

Opinion Leader

Persönlichkeit, die durch ihr Denken und Handeln die Einstellung einer breiten Öffentlichkeit beeinflusst.

Outbound Link

Ausgehender Link, der von der eigenen Homepage oder vom eigenen Blog auf andere Homepages oder Blogs verweist.

P

Peergruppen

Bezugsgruppen, an denen sich Menschen online wie offline orientieren – gemeint ist dabei die Kommunikation unter Gleichen (englisch Peer = Gleichgestellter, Ebenbürtiger).

Permalink

Abkürzung für permanenter Link, d.h. für einen Hyperlink, der im Gegensatz zu den meisten Links im Internet dauerhaft und unveränderlich sein soll.

Pingback

Methode, die es Web-Autoren erlaubt, eine Benachrichtigung anzufordern, sobald jemand ihre Dokumente oder Seiten verlinkt. Dies ermöglicht es den Autoren zu verfolgen, wer auf ihre Seiten verweist oder Teile davon zitiert.

Podcast, Videocast

Das Kofferwort Podcast setzt sich aus iPod und Broadcasting zusammen und bezeichnet eine Hördatei mit journalistisch aufbereitetem Inhalt. Ein Videocast ist die Entsprechung als Video: ein kurzer Filmbeitrag zu einem klar umrissenen Thema. Solche Beiträge erscheinen meist in einer Serie und können über einen Feed abonniert werden.

Posten/Posting/Post

Posten bezeichnet das Abfassen und Publizieren eines Beitrags in einem Blog, auf Facebook oder in einem anderen sozialen Netzwerk. Posting oder Post bezeichnet den Beitrag selbst.

Q

Qype

Eine beliebte Empfehlungsplattform. Nutzer tragen Orte ein, die sie kennen – zum Beispiel Restaurants, Friseursalons oder Modeboutiquen –, beschreiben und bewerten sie. Daraus entsteht ein Städteguide, der es erlaubt, Neues, Beliebtes oder Altbewährtes zu entdecken.

QR-Code

QR ist die Abkürzung für Quick Response, Bei einem QR-Code handelt es sich um einen zweidimensionalen Strichcode aus einer quadratischen Matrix aus schwarzen und weißen Punkten. Mit diesem Code können Webadressen, Telefonnummern und Texte maschinenlesbar dargestellt werden. Der Code kann zum Beispiel von vielen Smartphones gelesen werden.

R

Realtime-Web

Bezeichnet das Phänomen, dass sich viele Informationen schon kurz nach ihrer Veröffentlichung im Web verbreiten. Mittels Alerts, Twitternachrichten, Facebook-Update u.a. gelangt eine Neuigkeit blitzschnell zu zahlreichen Internetnutzern, ohne dass diese aktiv danach gesucht hätten.

Referrer

Die URL (Uniform Resource Locator), von der ein Benutzer auf die Website gekommen ist.

Rieplsches Gesetz

Das Rieplsche Gesetz der Medien besagt, dass kein Instrument der Information und des Gedankenaustauschs, das einmal eingeführt wurde und sich bewährt hat, von anderen vollkommen ersetzt oder verdrängt wird.

RSS (Feed)

Abkürzung für Really Simple Syndication. Dieser Service informiert den Nutzer, wo auf den bevorzugten Seiten und Blogs sich etwas verändert hat – vorausgesetzt natürlich, dass der Betreiber der Seite diesen Service anbietet und der Nutzer ihn abonniert hat.

S

Sentiment-Analyse

Sie begutachtet jede einzelne Fundstelle einer Marke im Social Web auf ihren Erwähnungszusammenhang hin und bewertet ihn nach einfachen qualitativen Kriterien. Dabei kann der »Klang« einer Veröffentlichung insgesamt oder nur in Bezug auf die Marke selbst in ein simples Skalensystem von »sehr negativ« bis »sehr positiv« eingetragen werden.

SEO

Ein Akronym für Search Engine Optimization (Suchmaschinenoptimierung) oder für Search Engine Optimizer (Suchmaschinenoptimierer). Damit eine Seite oder eine Plattform optimiert werden kann, ist es nötig, sich mit der Funktionsweise von Suchmaschinen vertraut zu machen. Diese Aufgabe übernehmen meist Spezialisten.

Shitstorm

Eine öffentliche Aufregung, die ein Unternehmen, eine Organisation oder auch eine einzelne Person zu Recht oder auch zu Unrecht ins Zentrum massiver Kritik stellt. Ein echter Shitstorm kann im Kern sachliche Kritik enthalten, besteht aber fast nur noch aus verbalen Attacken, Schimpf und Pöbeleien.

Social Bookmarking

Social Bookmarking-Plattformen ermöglichen es ihren Nutzern, Lesezeichen in Form von Hyperlinks auf persönlichen Seiten anzulegen, sie dort per → Tags zu gruppieren und mit Anmerkungen zu versehen. Üblichweise sind solche Sammlungen öffentlich und deshalb »social«. Wenn für eine Website viele Bookmarks angelegt werden, verbessert das ihre Chance, bei Google weit vorne in den Suchergebnissen aufzutauchen. Bekannte Dienste sind *www.diigo.com* und *www.mister-wong.de.*

Social Graph

Mit dieser kostenlosen Facebook-App lässt sich das Beziehungsgeflecht der eigenen Facebook-Freunde visuell darstellen. Je stärker sie untereinander verflochten sind, desto näher stehen sie im Zentrum. Personen, die nur wenige Kontakte mit den anderen Facebook-Freunden haben, werden in der Peripherie angezeigt. Auf diese Weise lassen sich sehr schön → strong ties und → weak ties aufzeigen.

Social Software

Internetbasierte Anwendungen und Programme, die Kommunikation, Interaktion und Zusammenarbeit unterstützen (z.B. Community-Plattformen, Blogs, soziale Netzwerke).

Spam

Unverlangte, meist werbliche Nachrichten, die in E-Mails, aber auch in Direct Messages in sozialen Netzwerken wie Twitter und Facebook sowie in Kommentaren auftauchen. Spamnachrichten werden meist in großen Massen verbreitet, ihr Versand ist strafbar.

Storytelling

Bewusster Einsatz von Geschichten zur Vermittlung von Wissen und Informationen. In der Unternehmenskommunikation hilft Storytelling, Fakten leicher verständlich zu machen, die Aufmerksamkeit des Lesers zu wecken und ihn anzuregen, eigenständig mitzudenken.

Streisand Effekt

Als Streisand-Effekt wird bezeichnet, wenn jemand versucht, die Verbreitung einer Information zu verhindern, damit aber das Gegenteil erreicht. Benannt wurde der Effekt nach Barbra Streisand. Sie verklagte 2003 den Fotografen Kenneth Adelman und die Website *Pictopia. com*, weil auf einem der dort eingestellten 12.000 Fotos der kalifornischen Küste eine Luftaufnahme ihres Hauses zu sehen war.

Strong ties

Der Soziologe Mark Granovetter unterscheidet bei der Qualität von sozialen Beziehungen zwischen starken und schwachen Beziehungen. Bei den »strong ties« handelt es sich um starke Verbindungen, die auf einem gemeinsamen Erfahrungsschatz, emotionaler Bindung und gegenseitigem Vertrauen basieren.

T

Tags/Tagging

Soziale Netzwerke setzen auf Tagging, also auf die Zuweisung von mehreren, von den Nutzern selbst gewählten Schlagworten (Tags, Keywords) zu einem Objekt. Die Objekte lassen sich nach verschiedenen Kriterien gruppieren. Die auf einer Plattform vergebenen Tags werden häufig als eine so genannte Tag Cloud, also in Form einer Wolke angezeigt. Die häufig verwendeten Begriffe sind dann größer geschrieben als die seltener erscheinenden.

Timeline

Bei Twitter die umgekehrt chronologische Sicht auf alle Tweets, veröffentlicht von den Twitterern, denen man folgt. Bei Facebook entspricht dies dem ebenfalls umgekehrt chronologisch angezeigten Nachrichtenstrom auf der Startseite.

Touchpoint

Die Schnittstellen eines Unternehmens zu ihren Kunden bezeichnet man im Customer Relationship Management als Touchpoints oder Kontaktpunkte, alternativ auch als Points of Contact oder Contact Points. Ein Unternehmen kann eine Fülle von Touchpoints haben, von deren Beschaffenheit es abhängt, wie der Kunde das Unternehmen wahrnimmt, zum Beispiel die Filiale, die Website, eine Telefonhotline oder ein Support-Angebot im Social Web.

Trending Topics

Realtime-Anzeige der Themen, die auf Twitter am intensivsten im Gespräch sind. Damit sie erfasst werden, muss einem Schlüsselbegriff ein Hashtag (z.B. #Blumenkübel) vorangestellt

sein. Twitter arbeitet mit einem Algorithmus, der nicht nur berücksichtigt, wie oft, sondern auch von wie vielen unterschiedlichen Accounts der Begriff getwittert wurde und wie schnell das Volumen insgesamt anwächst.

Troll

Teilnehmer auf sozialen Plattformen oder Internet-Medien, die mit provozierenden und oft beleidigenden Beiträge darauf abzielen, emotionale Reaktionen der anderen Teilnehmer hervorzurufen. Die Beiträge selbst werden meist als Trollbeitrag, Troll-Post, Troll-Posting oder Flamebait bezeichnet.

Twibbon

Eine Wortkombination aus Twitter und Ribbon (Schleifenband). Dabei handelt es sich um ein gemeinsames Erkennungszeichen vergleichbar mit einem Ansteck-Button, das für eine bestimmte Zeit ins Profilbild bei Twitter oder Facebook eingefügt wird. Genutzt wird es, um auf ein bestimmtes Thema optisch aufmerksam zu machen. Es kann Protest, Gedenken oder die Loyalität zu Staaten, bekannten Persönlichkeiten und Organisationen ausdrücken, auf Events hinweisen oder einfach nur dem Spaß dienen.

Twitterwall

Eine Darstellung von live geposteten Tweets, die mit Hashtagfilter zu einem Themenstrang zusammengezogen werden. Die Twitterwall wird während Veranstaltungen oft mit einer Projektion eingesetzt sowie parallel dazu im Internet, um die Reichweite der Veranstaltung zu vergrößern.

U

URL Shortener (Kurz-URL-Dienst)

Erlaubt es, Adressen von Websites in Kurz-URLs zu »verwandeln«, die auf die ursprüngliche, längere URL weiterleiten. Weit verbreitet ist die Nutzung von Kurz-URLs in Microblogging-Diensten und in den Status-Meldungen sozialer Netzwerke, die nur eine begrenzte Anzahl von Zeichen pro Nachricht erlauben.

V

Virales Marketing

Nutzt die sozialen Netzwerke und Medien, um mit meist ungewöhnlichem oder hintergründigem Content auf eine Marke, ein Produkt oder eine Kampagne aufmerksam zu machen. Der Begriff »viral« besagt, dass Informationen aufgrund ihrer ungewöhnlich hohen Attraktivität gleich einem biologischen Virus von Mensch zu Mensch weitergetragen werden und sich innerhalb kürzester Zeit weit verbreiten.

Vodcast

Abkürzung von Video-Podcast. → Podcast, Videocast

Vormedialer Raum

Prof. Dr. Thomas Pleil von der Hochschule Darmstadt hat den Begriff des vormedialen Raums geprägt. Damit meint er, dass Öffentlichkeit nicht mehr allein durch professionelle Kommunikatoren wie Journalisten und PR-Profis hergestellt wird. Im Social Web können Themen zum Beispiel via private Blogs, Facebook oder Twitter in die öffentliche Wahrnehmung gelangen. Diese Orte der Veröffentlichung können Konversationen und Diskussionen auslösen, ohne dass klassische Medien daran beteiligt sind.

W

Weblog (Blog)

Website, auf der Inhalte regelmäßig von einem oder von mehreren Autoren veröffentlicht und in zeitlich umgekehrter Reihenfolge angezeigt werden. Regelmäßige Aktualisierungen sowie Inbound und Outbound Links führen dazu, dass Blogs von Suchmaschinen besser gefunden werden als klassische Websites. Es gibt verschiedenartige Blogs, die nach ihrem Einsatzzweck unterschieden werden: CEO-Blogs, Knowledge-Blogs, Service-Blogs, Kampagnen-Blogs, Produkt- und Marken-Blogs, Customer-Relationship-Blogs, Krisen-Blogs u.v.m.

Weak ties

Der Soziologe Mark Granovetter unterscheidet bei der Qualität von sozialen Beziehungen zwischen starken und schwachen Beziehungen. Bei den »weak ties« handelt es sich um schwache Bindungen, wie sie zwischen Bekannten bestehen.

Widget

Widgets sind kleine Programme, die auf dem Desktop, auf Websites oder in Blogs meist in einem eigenen Fenster ausgeführt werden. Diese eigenständige Software übernimmt nützliche Aufgaben und Funktionen, zum Beispiel die eines Taschenrechners, Notizblocks, einer Uhr oder eines Kalenders.

Z

Zuhören

Im Zusammenhang mit dem Social Web bedeutet zuhören: für Inhalte erreichbar sein, systematisch, schnell und aufmerksam die Beträge der anderen lesen, Äußerungen auswerten und in Beziehung zum eigenen Unternehmen setzen, nachfragen, Empfehlungen abgeben und gezielt antworten.

Index

Über die Autoren

Marie-Christine Schindler ist Inhaberin von mcschindler.com in Zürich und spezialisiert auf PR-Beratung, Redaktion und Corporate Publishing. Die diplomierte PR-Beraterin BR/SPRV verfügt über 20 Jahre PR-Berufserfahrung in Agenturen und in der Erwachsenenbildung. Seit 1995 setzt sie das Web beruflich ein: in Form von Websites, Intranet und Online-Kommunikation. Die erfahrene Social-Media-Nutzerin ist spezialisiert auf die Weiterentwicklung der klassischen PR mit den neuen Möglichkeiten der Social Media. Sie legt Wert auf die Integrierte Kommunikation – bei der Beratung ihrer Kunden ebenso wie als Dozentin an verschiedenen Fachhochschulen. Im Rahmen ihrer Masterarbeit hat sie sich wissenschaftlich mit dem Thema PR im Social Web auseinandergesetzt. Sie führt ein Fachblog zu PR, Redaktion und Corporate Publishing auf *www.mcschindler.com*.

Tapio Liller ist Gründer und Inhaber von Oseon (*www.oseon.com*), einer Unternehmensberatung für PR und Online-Kommunikation in Frankfurt am Main. Oseon berät und begleitet Unternehmen aller Branchen auf ihrem Weg ins Social Web und entwickelt Strategien und Stories für erfolgreiche PR. Tapio verfügt über mehr als 10 Jahre Berufserfahrung in der internationalen PR. Auf Stationen bei Fleishman-Hillard und Hotwire betreute er unter anderem Automobilzulieferer, Unternehmensberatungen, Softwarehersteller, Internet-Startups und Online-Marketing-Dienstleister. Tapio Liller betreibt mit OpensourcePR.de ein viel gelesenes Fachblog über Kommunikation, Medien und Marketing. Er ist außerdem Mit-Initiator und Moderator der Fachtagung PR 2.0 FORUM, die regelmäßig die Chancen und Erfahrungen mit PR im Social Web aus Sicht der Praxis beleuchtet.

Kolophon

Das Design der Reihe O'Reillys Basics wurde von Hanna Dyer entworfen, das Coverlayout dieses Buchs hat Michael Oreal gestaltet. Als Textschrift verwenden wir die Linotype Birka, die Überschriftenschrift ist die Adobe Myriad Condensed und die Nichtproportionalschrift für Codes ist LucasFont's TheSansMono Condensed.